图像视域下的
唐长安风景园林文化模式研究

From the perspective of image:
Study on the cultural pattern of Tang Chang'an landscape architecture

崔陇鹏　著

图书在版编目（CIP）数据

图像视域下的唐长安风景园林文化模式研究 / 崔陇鹏著. -- 兰州 : 兰州大学出版社, 2024.6
ISBN 978-7-311-06635-2

Ⅰ. ①图… Ⅱ. ①崔… Ⅲ. ①长安(历史地名)—园林—管理—研究 Ⅳ. ①TU986.3

中国国家版本馆CIP数据核字(2024)第045396号

责任编辑　锁晓梅
封面设计　汪如祥

书　　名　图像视域下的唐长安风景园林文化模式研究
作　　者　崔陇鹏　著
出版发行　兰州大学出版社　(地址:兰州市天水南路222号　730000)
电　　话　0931-8912613(总编办公室)　0931-8617156(营销中心)
网　　址　http://press.lzu.edu.cn
电子信箱　press@lzu.edu.cn
印　　刷　兰州银声印务有限公司
开　　本　710 mm×1020 mm　1/16
印　　张　26.5(插页4)
字　　数　486千
版　　次　2024年6月第1版
印　　次　2024年6月第1次印刷
书　　号　ISBN 978-7-311-06635-2
定　　价　180.00元

国家社科基金后期资助项目
出版说明

后期资助项目是国家社科基金设立的一类重要项目，旨在鼓励广大社科研究者潜心治学，支持基础研究多出优秀成果。它是经过严格评审，从接近完成的科研成果中遴选立项的。为扩大后期资助项目的影响，更好地推动学术发展，促进成果转化，全国哲学社会科学工作办公室按照“统一设计、统一标识、统一版式、形成系列”的总体要求，组织出版国家社科基金后期资助项目成果。

全国哲学社会科学工作办公室

目　　录

图像目录

第二章

第三章

第四章

第五章

第六章

第七章

第九章

引　言

一、为什么研究唐长安风景园林

唐代是我国古代历史上的鼎盛时期，唐长安是中国古代建设的辉煌杰作，是中华文明的重要组成部分，其上承周、秦、汉、隋的都城文化，下启宋、元、明、清的府城文化，具有重要的民族文化价值与精神意义。

2021年，《西安历史文化名城保护规划（2020—2035年）》明确指出，要将唐长安城的整体空间格局保护、城址轮廓保护、文物遗存保护与展示利用等作为核心内容。唐长安时期有丰富的风景园林建筑，也存有大量的历史遗迹，如辋川别业、九成宫、华清宫、曲江池、太液池等，其不仅代表了唐长安文化的辉煌，也是后世风景园林效仿的典范。“研今必习古，无古不成今”，历史的主流是“古往今来”“鉴古知今”的传承和发展。唐长安风景营造是中国风景园林历史演化中的重要环节，通过唐长安风景园林的研究，可以窥探到整个庞大的风景园林文化模式体系，以及唐长安在其中所具有的承上启下的历史意义。

本书以唐代长安为契机，以文化模式为线索，通过挖掘和整理古代长安地区风景园林思想与实践的时空脉络和典型特征，诠释了有关中国唐代历史阶段风景园林营建的重要思想内涵和价值体系。本书重点提出了风景园林文化模式的概念，整理了唐长安风景园林营造中所包含的16种文化模式，对这些文化模式进行时空双向度的关联性研究，并对整个历史长河中出现的风景园林文化模式进行整合，形成一种环环相扣、源流清晰的风景园林类型谱系，进而探索唐长安风景园林营造对于整个风景园林思想体系的贡献。同时，本书还提出了唐长安风景园林“雄浑”的时代特征和依托“长安山水”的地域性特征，总结了唐长安风景园林的“象天法地、体国经野”的整体价值、“取巧形胜、因地制宜”的自然价值、“以文弘道、引经据典”的人文价值。本书对本土风景园林理论体系的建构和源流追溯具有重要意义，为当代风景园林建设的时代性和中国性提供本土智慧和创作源泉。

二、为什么从图像视域研究唐长安风景园林

唐长安的风景园林营造在中国风景园林史中具有重要的地位。唐长安时期的历史文化遗存丰富，是风景园林营建思想和实践体系的物质载体，蕴含形胜思想和民族精神，富含都城、帝陵、宫苑园林等诸多类型的营建活动。由于唐代风景园林历经千年，只留残垣断壁，诸多风景园林都无迹可考，但唐代及后世亦留下了诸多描述唐长安的风景图像，这些图像成为唐代风景园林遗世的最重要的图像资料，为当代展示了一千四百年前中华文明中绚丽的、气势磅礴的大唐景象。

唐长安风景园林留下了丰富的图像史料，如辋川图、九成宫图、华清宫图、曲江图等，都是后世反复临摹的对象，也是后世风景园林建设效仿的范式。此外，历代的山水画、方志图，还有敦煌石窟壁画以及日本绘画中，也都存在着大量的唐代风景园林图绘。历代唐长安风景园林的图像有数百张之多，其中不乏名家巨著之作，存在特定的文化意识和文化模式认知，是古人对心中理想景观模式的一种意象性表达。

中国风景园林的文化基因、文化模式隐藏在中国古代文学、绘画中，关于这一点，孟兆祯院士曾论述道："在数千年的中国历史中，东晋始有风景诗（田园诗），文学从写人、颂帝业转向写自然。魏晋南北朝开始有山水画，也是从写人物转向写自然。山水画以山水诗为意境和画题，山水诗借山水画二维表现形象，唐宋时期由山水诗画发展为成熟的三维的文人写意自然山水园，以王维之辋川别业和北宋艮岳为代表。至明清，设计者始终兼书、画和造园于一人。中国风景园林由文学绘画而来的历程印证了中国风景园林的主根和基础是文学。"[①]所以，从风景园林历史图像和文献中寻找中国风景园林学科的"主根"，是建立中国本土风景园林"本体语汇"和理论体系的必由之路。

唐长安的传世图绘中蕴含着深刻的中华民族文化基因与文化模式，这种基因与模式来自中华先民对于生存环境的长久认知，存在着中华民族文化精神的深刻印记，通过从图像视野对历史图像的分析和研究，可以深入挖掘隐藏在图像背后的文化内涵、文化精神以及图形背后潜在的思想意识，并追寻风景园林的文化模式及其形成演化规律。本书采用了图像分析方法中的图式法，即通过对同一风景园林的多个图像的解构、

① 孟兆祯:《敲门砖和看家本领:浅论风景园林规划与设计教育改革》,《中国园林》2011年第5期。

提取、对比、组合分析，最终形成具有多个图像特征的“整体图式”，从某种意义上，达成不同历史朝代、不同人群对同一风景园林文化模式的“共识”。这种“共识”是对风景园林“原型意象”与“集体意识”[①]的归纳和抽象，进而转化成风景园林的“图式语汇”，成为可被当代应用的景观范式。

三、为什么研究风景园林的文化模式

作为人类文明的重要载体，古老的风景园林已持续存在数千年，而作为一门现代学科，风景园林学科于2011年才成为一级学科，在此之前，中国的风景园林学一直在建筑学和林学一级学科内以不同形态存在。长期以来，由于风景园林学科一直依附于其他学科，故而忽略了自身的文化本源以及作为独立学科存在的价值和意义，纵观风景园林学界的经典著作，如《造园学概论》（陈植，1928），《江南园林志》（童寯，1937），《苏州古典园林》（刘敦桢，1964）、《中国古代园林史》（汪菊渊，1982）、《中国造园史》（张家骥，1987）、《中国古典园林史》（周维权，1990）等，都是以朝代、地域、社会属性、工程属性等作为风景园林类型划分的依据，一直没有摆脱以其他学科后缀的形式进行类型划分的方法，如明代私家园林、清代皇家园林等，这也就从根本上决定了该学科对于其他学科的依附性。由于风景园林学的“本体词汇”无法突破其按照时代划分、地域划分的局限，从而进入一种自循环、自适性的状态，这也是一直以来本土风景园林学科无法快速向前发展的根本原因。所以，如果想让风景园林学科具有自己的生命力，就必须重新挖掘风景园林的形成史和思想史，从图像视角研究风景园林文化模式，探索隐藏在这种文化模式背后的民族“原型意象”“集体记忆”，并从文化本源上寻找风景园林学的“本体语汇”及其故有的生命力，以具有中华民族精神、集体意识的文化模式作为风景园林类型划分标准，重新对风景园林的“类型”“语汇”“语义”进行划分和定义。

以山水建筑为物质基础，以人文精神为文化要素的景观构成，是中国风景园林最显著的特征，而以文化模式作为风景园林传承和扩散的方式，也是几千年来风景园林文化一直流传和生长的最根本原因。例如：

---

① 荣格在书中提出：心灵的最深层，是本能的“集体无意识”结构与“原型意象”。参见〔瑞士〕C. G. 荣格：《心理类型学》，吴康、丁传林等译，西安，华岳文艺出版社，1989年，第1版，第399-492页。

"蓬莱模式"以独特的东海蓬莱仙山为山水原型，以神仙传说与秦皇事迹为故事原型，一起构成了流传后世的"三山一池"的园林景观模式。再如："曲水模式"以独特的黄河九曲为山水原型，以王羲之等人的兰亭集会与曲水流觞的故事为原型，一起构成了流传后世的"曲水"景观模式。从古至今，这种文化模式数不胜数，如昆仑模式、砥柱模式、九宫模式、天阙模式、四海模式、洞天模式、五台模式、龙门模式、西湖模式等，正是它们构成了中国本土风景园林营造的"语汇"，如拙政园与留园都以"三山一池"为原型，圆明园以曲水流觞、西湖十景等众多文化模式为原型。这种风景园林的文化模式既不能以山水建筑作为类型划分标准，也不能以社会属性和文化功能作为类型划分标准，必须以一种独特的文化类型的划分方式形成景观"语汇"，这种文化类型体现出了独特的民族精神、文化思想，只有将这些风景园林的本体词汇重新挖掘，构建风景园林的词汇体系，才能突破长久以来风景园林类型按照时代划分、地域划分的局限，重新建构整个学科的基础和体系。

本书关于风景园林文化模式的研究，就是从几千年中华文明的大背景下，重新思考中华民族的文化模式对于风景园林形成的影响，挖掘风景园林体现出来的民族精神、文化属性特征，将文化模式作为风景园林类型划分的依据，重新定义和梳理景观的类型模式与类型谱系，形成风景园林学科独特的、自主的、具有生命力的发展之路。

四、唐长安风景园林文化模式研究的意义

本书基于图像提出了风景园林的文化模式的概念，摆脱局限于某一时代、某一地域的风景园林特征的研究，从整个历史长河中审视风景园林的发展和脉络，这些文化模式最大的特征是在整个历史长河和全国各地广泛的应用性，它突破了地域性、时代性的边界，形成了真正意义上的民族精神文化核心内涵。

（一）提出了风景园林文化模式的概念

在人类学者看来，景观人类学中的"景观"指的是人类对环境的主观性认知和看法，包含了个人或者集体对自然及建筑环境的文化认知与集体记忆，景观可以说是一种"文化意象"和"文化模式"，其中包含着先民对自然规律的认知，以及民族精神、人文典故、文化习俗等多种内容，是中华民族数千年来的"集体记忆"反映，具有更为广泛的人文价

值与意义。本书以唐长安为例，从历史空间双向维度对各种风景园林案例进行归纳整理，最终形成16个具有典型代表的文化模式：北辰、九宫、朝山、五台、蓬莱、高台、环水、洞天、天阙、山居、龙池、曲水、四海、五岳、八景、莲池模式等，书中不仅对这16个模式在空间维度进行案例搜索和对比研究，还从整个历史长河中对该文化模式的形成、演化发展进行对比研究，探索其历史源流和发展脉络，从而归纳该文化模式的特征，并形成风景园林的“本体词汇”，为风景园林学科基础“词汇”的建立取得了“先声”。

（二）梳理了风景园林文化模式及其特征

风景园林文化模式是一个极其庞大和复杂的系统模式，它不但具有特定的文化原型与典型图式特征，还具有融合性、再生性、演变性等特征。文化的碰撞、对立与共生都是新文化产生的前提条件，通过不断生长和一系列的动态演化，进而形成了层级化、类型化的复杂多样的文化模式谱系。

1.文化模式的层级性

一种大的文化模式中包含许多小的文化模式的现象，经常会出现不同层级的文化模式相互嵌套的特征，如山居模式包含辋川模式、桃源模式、习池模式等“子模式”，而辋川模式中又包含竹里馆、辋口庄模式，之所以存在多重的文化模式嵌套现象，是因为文化模式中的子模式系统的不断生长和补充完善，形成新的、独立的、可应用的文化模式。如山居模式中的辋川模式、桃源模式等“子模式”，出现在不同的朝代，又有不同的人物原型和文化精神，而辋川模式中竹里馆的“竹居模式”，在宋代被司马光等人所发扬和传承，并被明清后世所不断诠释，完成了对“独居幽篁”文化精神的解释，而所有的山居模式中的子模式，都起源于传统文人对山林隐居这一文化主题的诠释和发展。

2.文化模式的叠加性

文化模式具有组合叠加、交叉融合和再创造性，多种文化模式在同一风景园林营造中叠加。例如：汉代曲水流觞池具有“北辰”“曲水”“蓬莱”三种文化模式的叠加特征，唐代曲江具有“曲水”“蓬莱”两种文化模式的叠加特征；唐长安城风景体系中就采用天阙、北辰、九宫等多种模式，一起组合形成了帝王都城的景观意象。这对于风景园林学科的自主发展和传承创新具有重要价值。

3. 文化模式的语汇性

图式是文化模式的“语汇化”、应用化的表达形式，图式化相当于对具体对象的图像符号化。这种图像符号中蕴含着文化模式的“语义”和“精神”，通过揭示事物之间的空间方位关系，形成具有特定语义的空间图式，最终形成系统的本土景观语汇和语法体系，并应用于当代风景园林规划设计。

（三）诠释了风景园林文化模式的起源、演化、传播现象

长期以来，学界对于风景园林的源流的梳理，都是从历史上不同朝代的建筑宫殿园林、城市建设为脉络，并以不同地域对风景园林类型进行划分，而忽略了中国风景园林营造来自“内在文化模式”的“外在物化”这一根源性问题。例如，拙政园、留园都是“蓬莱模式”的外在体现，清漪园的昆明池是“西湖模式”的外在体现，所以，对于风景园林源流的梳理，需要通过对历史上不同朝代、不同地域的风景园林的案例背后隐藏的内在文化模式，进行文化原型的提取与类型化梳理，进而形成风景园林文化模式的类型谱系。本书亦是通过从历史、空间双向度对风景园林案例进行梳理，来解释风景园林文化模式的起源、演化、传播现象，从而摆脱了对某一时代、某一地域的风景园林特征研究的局限性，建立起一个完整的具有起源、发展、演化过程的模式类型谱系。

总之，在中华文明整个浩瀚的历史和广阔的地理空间中，能够称为风景园林文化模式的景观原型具有数百之多，本书对此方面的研究只是窥豹一斑。本书通过对风景园林史上的重要环节——唐长安风景园林——典型案例的梳理，挖掘隐藏在各个经典案例中的文化模式和景观原型，为风景园林学科提供新的研究思路和探索发展方向。当然，风景园林学基础词汇和理论体系的建立，还有待其他风景园林文化模式的挖掘和整理，如西湖模式、砥柱模式、洞庭模式、石林模式、七星模式等。一直以来，这些文化模式都游离于风景园林的边缘而没有被系统地整合，所以，对中国风景园林的源流和脉络的重新梳理，对风景园林的文化原型和文化模式的整理，对于风景园林学科基础和学科体系的建构具有重要意义。

绪 论

一、研究对象

唐长安风景园林

大唐是中国历史上一个空前辉煌的朝代。经历了前朝的积淀发展，一个统一的多民族中央集权的封建王朝就此创建，盛唐的中国成为亚洲乃至整个世界的中心。唐长安城，以隋大兴城为基础，是隋唐两朝的首都、京师。唐长安城初名京城，唐玄宗开元元年（714年）称“西京”①，也被称为“京城”②。长安城是隋文帝君臣建立、太子左庶子宇文恺具体规划布局设计的宏伟都城，反映出大一统王朝的宏伟气魄，体现了天下统一、长治久安的愿望，在城池规划过程中包含了“体国经野”“象天法地”的思想观念。唐王朝建立后，对唐长安城进行了多方面的完善，使城市空间布局更趋合理化，并成为当时世界上规模最大、建筑最宏伟、规划布局最为规范化的一座都城。唐长安城内百业兴旺、宫殿参差毗邻，唐朝诗人常称长安城有百万人口③，显示出古代中国民居建筑规划设计的高超水平。唐长安的风景园林建设伴随着城市、宫殿、寺庙一起有序地进行，并与城市整体规划融合和统一，其风景园林建设主要有以下几个方面：

其一，城市整体风景。唐长安城整体规划严整，其皇城居中、三重环城、布局对称、街衢宽阔、坊里齐整、形制划一、渠水纵横、绿荫蔽城、象天法地，依据天象星辰位置布局都城中宫城、皇城与郭城众坊里。

① 《唐会要·卷七十》：“武德以来称京城，开元元年十二月称西京。”〔唐〕王溥：《唐会要·卷七十》，上海，上海古籍出版社，2006年，第1版，第1470页。

② 《太平御览·居处部·卷十一》：“韦述《两京新记》曰：西京，俗曰长安城，亦曰京城。”〔北宋〕李昉：《太平御览》，上海，上海古籍出版社，2008年，第1版，第844-846页。

③ 《韩昌黎全集·卷三十七·论今年权停选举状》：“今京师之人，不啻百万，都计举者，不过五七千人，并其僮仆畜马，不当京师百万分之一。”〔唐〕韩愈：《韩昌黎全集》，上海，世界书局，1935年，第1版，第442页。

同时，唐长安城在“表南山之颠以为阙”[①]的隋大兴城的基础上，修“八水五渠”以润长安，满足城市用水和园林营造，利用《易经》中的“乾卦六爻”定义城内六条塬地，分别布置寺庙塔院，体现着天人合一与君权神授的神秘色彩。

其二，皇家宫殿园林。唐代在宫殿园林建设中，以东海蓬莱的“三山一池”为原型修建大明宫的蓬莱池、蓬莱亭；以东、西、南、北海的四海模式修建太极宫园囿，以象征唐长安的四海天下格局；以龙池为核心修建兴庆宫，营造“花萼相辉龙池畔”的风景园林。同时，唐代继承了隋代的离宫别苑，围绕长安城在四野的山林地修建“四方离宫”：东宫华清宫、西宫九成宫、南宫翠微宫、北宫玉华宫，并仿照蓬莱仙境营造离宫别苑的风景园林。

其三，城市公共园林、寺庙园林。唐长安城在满足皇家园林建设的同时，还在南郊营造“流水屈曲、有若蓬莱”的曲江池，创造了“君臣宴饮，与民同乐”的风景园林与佳话。此外，在城市中还营建有大量的寺庙园林，并通过莲池、佛塔的营建，形成市民所共享的宗教风景。

其四，私家别业。唐代的士大夫、官宦人家借助于终南山的幽静环境，营造私人庄园，成为后世效仿的典范，如王维营造的“辋川二十景”等。

其五，名山风景。唐长安依托华山、秦岭形成了华岳、南五台等典型名山风景；唐代道教和佛教的兴盛也为名山大川带来了生机，开启了后世佛教道场和道教“洞天福地”的建设。

其六，唐陵。唐陵开启了因山为陵的先河，并以“宫姓昭穆葬法”，在渭河北岸有“龙盘凤翥之势”[②]的冈峦之上修建了乾陵、昭陵以及“唐十八陵”，创造了“五陵春色”的唐陵风景，实现了自然景观与人文景观的有机联系。此外，还有许多其他风景建设，如唐代寺庙、佛塔、桥梁、关隘等，其遗迹在后世更是形成了“长安八景”的风景范例。

综上，唐长安风景营造中包含了诸多传统文化精华和经典风景原型，但在历经了千年的朝代更替和战火连绵之后，许多的风景园林都消失在历史的长河中，只留下诸多遗迹和残垣断片。但值得庆幸的是，这些珍贵的风景园林营造经验大都留存在历代的山水名画与方志图像中。如《九成宫图》《华清宫图》《大明宫图》《辋川图》等，被历代咏唱而得以

① 司马迁:《史记·秦始皇本纪第六》,上海,上海古籍出版社,2011年,第1版,第174页。

② 语出〔后晋〕刘昫《旧唐书·玄宗纪》。原句为:“初,上皇亲拜五陵,至桥陵,见金粟山有龙盘凤翥之势。”

传世，同时也留下了历代名家对唐长安风景园林的不同认知与不同诠释，为当代唐长安风景园林的研究留下了珍贵的史料文献。

二、研究综述

（一）唐长安风景园林研究的现状

二十世纪八九十年代至今，唐长安风景园林的研究日渐升温，诗、词、散文、戏曲、小说不同文体形式与园林的互动性研究成果颇丰，主要体现在以下方面：

1.唐代园林别业研究

日本妹尾达彦的《唐代长安近郊的官人别庄》中引述和搜集了不少唐方志文献。李浩的《唐代园林别业与文人隐逸的关系（上、下）》探讨唐代园林别业与文人隐逸之间的内在联系。隐逸思想对唐代园林别业的影响主要体现在崇尚自然简朴的园林，园林是园主个性的张扬，园林呈示了深远的意境[①]。李浩的《唐代园林别业考录》全面搜集、考订唐代园林资料，用考据之法，为园林史研究提供许多新材料[②]。此外，李浩的《论唐代园林别业与文学的关系》《唐代园林别业杂考》《唐代园林别业考论》等一系列对唐代园林的考察中，涉及了对终南山的园林和别业的数量及园主身份的考察[③]。台湾的侯迺慧[④]《诗情与幽境——唐代文人的园林生活》《唐公园文化》剖析了唐代文人造园理念及精神特质。美国的杨晓山所著的《私人领域的变形：唐诗歌中的园林与玩好》，通过解读唐宋园林诗歌，剖析了世俗观念下文人士大夫对私人空间审美的独到见解[⑤]。

2.唐代宫殿园林研究

在唐代，有众多依据天然胜地建造的离宫别苑，其中华清宫和九成宫最负盛名。其园林景致以自然山川为基底，追求人与自然的和谐统一。近年来，两者研究侧重点主要集中在以下几方面：

---

① 参见李浩：《唐代园林别业与文人隐逸的关系（上、下）》，《陕西广播电视大学学报》1999年第1期。

② 参见李浩：《唐代园林别业考录》，上海，上海古籍出版社，2005年，第1版。

③ 参见李浩：《论唐代园林别业与文学的关系》，《陕西师范大学学报（哲学社会科学版）》1996年第2期。

④ 参见侯迺慧：《诗情与幽境——唐代文人的园林生活》，东大图书出版社，1991年，第1版。

⑤ 参见〔美〕杨晓山：《私人领域的变形：唐宋诗歌中的园林与玩好》，文韬译，南京，江苏人民出版社，2009年，第1版。

唐华清宫的研究集中在以下两点：①华清宫史学研究。华清池管理处编制的《华清池志》对华清宫的历史沿革、布局范围、遗址文物、碑文石刻、砖雕古画、历史文献以及历代文人墨客所留下的诗词歌赋等资料进行了汇编整理[①]。骆希哲编著的《唐华清宫》考证了唐华清宫遗址、缭墙、宫墙、殿宇、汤池等建筑的位置布局和形制构造，系统性地研究了唐华清宫的历史沿革、规模布局、设计依据、营造特点及文化内涵等内容[②]。李令福、耿占军编撰的《骊山华清宫文史宝典》论述了骊山华清宫的沐浴文化沿革、园林建筑格局、分区规划特色、营建思想特点的内容与源流发展，并对华清宫的图像资料、文献记载及考古发现等资料进行了分类汇总[③]。②华清宫的传统图绘及园林营建的研究。刘家信的《〈唐骊山宫图〉考》对《唐骊山宫图》的成图年代、幅面碑文及绘图特点进行了分析总结[④]。朱悦战的《唐华清宫园林建筑布局研究》以《唐骊山宫图》和《津阳门诗并序》为线索，结合前人的研究成果和考古发现，对唐华清宫的规划布局、园林结构、建筑风格及形式功能做了分析[⑤]。张涛的《隋唐关中地区风景营造的本土理念与方法研究》，从人居环境科学的视角，以唐华清宫为例，探析了其特有的风景建构传统与营造理念方法[⑥]。张蕊的《从建筑宫苑到山水宫苑：唐华清宫总体布局复原考证》，利用考古信息、历史图文和地形图等，对唐华清宫的整体范围、景观位置、空间布局进行了确定，在绘制唐华清宫总体平面复原示意图的同时也分析了其营造意匠[⑦]。

唐九成宫的研究主要涉及以下三个方面：①九成宫史学及文化研究。王元军《隋唐避暑胜地九成宫》以史籍为依据梳理了九成宫的历史沿革[⑧]。李志兴《九成宫文化及其时代意蕴》探讨了九成宫文化及其价值对当今经济社会和谐发展的意义[⑨]。宝鸡市九成宫文化研究会编撰的《第二

---

① 参见华清池管理处:《华清池志》,西安,西安地图出版社,1992年,第1版。

② 参见骆希哲:《唐华清宫》,北京,文物出版社,1998年,第1版。

③ 参见李令福、耿占军:《骊山华清宫文史宝典》,西安,陕西旅游出版社,2008年,第1版。

④ 参见刘家信:《〈唐骊山宫图〉考》,《地图》1999年第2期。

⑤ 参见朱悦战:《唐华清宫园林建筑布局研究》,《唐都学刊》2005年第6期。

⑥ 参见张涛、刘晖:《隋唐关中地区风景营造的本土理念与方法研究》,《中国园林》2016年第32卷第7期,第84-87页。

⑦ 参见张蕊:《从建筑宫苑到山水宫苑:唐华清宫总体布局复原考证》,《中国园林》2020年第12期。

⑧ 参见王元军:《隋唐避暑胜地九成宫》,《文史知识》1992年第2期。

⑨ 参见李志兴:《九成宫文化及其时代意蕴》,《宝鸡社会科学》2010年第4期。

届全国九成宫文化研讨会论文集》[①]对九成宫的历史沿革、选址因素、功能性质、政治地位、宫殿名称、建筑文化、碑文石刻、遗址保护和旅游资源开发等进行了探讨并提出了见解。韩艺的《隋唐时期行宫研究》通过对包括九成宫在内的多个隋唐时期行宫的研究，探求行宫建设与当时政治、经济及文化的关系以及对后世行宫产生的影响[②]。②九成宫建筑及营造研究。祁远虎《唐九成宫、玉华宫历史地理之比较研究》以历史地理角度为切入点，比较了两宫的历史发展、布局、功能和地理环境演进等方面[③]。王树声《宇文恺：划时代的营造巨匠》[④]简析了仁寿宫的规划设计中对自然环境的利用和改造。樊广平的《九成宫和〈九成宫醴泉铭〉》[⑤]和康振友、孟磊松的《〈九成宫醴泉铭〉一段尘封的建筑史》[⑥]通过对《九成宫醴泉铭》的分析，阐述了九成宫的建筑技术和理念。刘银亮的《大明宫与九成宫建筑特点的比较》[⑦]探讨了九成宫规划设计对大明宫建造的影响，并比较了两者不同的特征。蔡昶的《隋唐时期宫殿建筑台基与基础营造研究——从考古学材料入手》通过九成宫在内的多个隋唐时期宫殿建筑台基与基础的比较研究，探寻隋唐时期建筑的营造技术[⑧]。③九成宫考古及复原研究。杨鸿勋的《宫殿考古通论》依据考古发掘报告对九成宫总平面格局和部分重要殿宇进行了复原研究[⑨]。李峻的《隋仁寿宫（唐九成宫）37号殿探讨性复原》针对37号殿址进行了探讨性的复原[⑩]。中国社会科学院考古研究所编著的《隋仁寿宫·唐九成宫——考古发掘报告》[⑪]为十几年对九成宫考古工作的总结报告，初步探

---

① 参见宝鸡市九成宫文化研究会:《第二届全国九成宫文化研讨会论文集》,西安,陕西人民出版社,2012年,第1版。

② 参见韩艺:《隋唐时期行宫研究》,硕士学位论文,福建师范大学,2018年。

③ 参见祁远虎:《唐九成宫、玉华宫历史地理之比较研究》,硕士学位论文,陕西师范大学,2010年。

④ 参见王树声:《宇文恺:划时代的营造巨匠》,《城市与区域规划研究》2013年第1期。

⑤ 参见樊广平:《九成宫和〈九成宫醴泉铭〉》,《文科教学》1997年第1期。

⑥ 参见康振友、孟磊松:《〈九成宫醴泉铭〉一段尘封的建筑史》,《建筑与文化》2016年第10期。

⑦ 参见刘银亮:《大明宫与九成宫建筑特点的比较》,《三门峡职业技术学院学报》2012年第6期。

⑧ 参见蔡昶:《隋唐时期宫殿建筑台基与基础营造研究——从考古学材料入手》,硕士学位论文,浙江大学,2016年。

⑨ 参见杨鸿勋:《宫殿考古通论》,北京,紫禁城出版社,2001年,第1版。

⑩ 参见李峻:《隋仁寿宫(唐九成宫)37号殿探讨性复原》,硕士学位论文,西安建筑科技大学,2002年。

⑪ 参见中国社会科学院考古研究所:《隋仁寿宫·唐九成宫——考古发掘报告》,北京,科学出版社,2008年,第1版。

讨了所发掘宫殿的名称、规模及建筑性质。

3.唐代山岳名胜的研究

终南山位于古都西安以南，是历代关中地区城市、建筑、园林选址营建格局中的重要大尺度自然形胜。目前关于终南山的已有研究成果大体可分为三类：历史地理学研究、宗教文化研究、风景图像研究。

（1）终南山历史地理学研究

在盛唐时期韦述的《两京新记》、宋人程大昌的《雍录》、宋敏求的《长安志》、清代徐松的《唐两京城坊考》、清毕沅《关中胜迹图志》等历史著作中都对长安城的规划营建有所涉及，北宋的吕大防还曾将唐长安城的布局作图刻石，虽因战乱整体残缺，但仍有着很高的参考价值。现代学者也都对长安城的规划思想进行了研究。刘芳的硕士论文《唐代文人与终南山》以终南山为论述对象，认为唐代文人的崇道狂迷、尚佛之风、隐逸文化、家国之念与终南山都有千丝万缕的关系[①]。另外还有王静的单篇论文《终南山与唐代长安社会》，这篇论文主要集中探讨了终南山和都城长安在地理位置、宗教、社会文化等各个方面的关系[②]。张欢的《终南山与盛唐的隐逸风尚》则从终南山的地理位置以及皇帝对隐士的优待的角度来说明[③]。张毅在《论唐都长安郊区的旅游风景区》中选取唐都长安郊区作为切入点，将旅游景区与唐代诗歌、史料等结合起来研究[④]。段玮婷在《唐终南山诗的文化意义研究》中对《全唐诗》中有关终南山的诗予以筛选整理，分析唐代终南山诗中所反映出的山水情怀、隐逸情怀、宗教情怀、心理情怀以及社会的变革、科举考试状况等社会现象，探讨唐代都市长安文化与秦岭山水文化的关系[⑤]。王树声《结合大尺度自然环境的城市设计方法初探——以西安历代城市设计与终南山的关系为例》从历代城市设计与终南山的关系入手，为探寻现代城市如何处理与大尺度自然环境的关系提供了历史的智慧[⑥]。

（2）终南山宗教文化研究

孔啸的《终南山北麓佛寺地景空间格局调查分析研究》研究了终南

① 参见刘芳：《唐代文人与终南山》，硕士学位论文，暨南大学，2007年。

② 参见王静：《终南山与唐代长安社会》，北京，北京大学出版社，2003年，第1版。

③ 参见张欢：《终南山与盛唐的隐逸风尚》，《西安文理学院学报（社会科学版）》2007年第4期。

④ 参见张毅：《论唐都长安郊区的旅游风景区》，硕士学位论文，陕西师范大学，2009年。

⑤ 参见段玮婷：《唐终南山诗的文化意义研究》，硕士学位论文，西北大学，2010年。

⑥ 参见王树声：《结合大尺度自然环境的城市设计方法初探——以西安历代城市设计与终南山的关系为例》，《西安科技大学学报》2009年第5期。

山北麓佛寺空间格局，探究佛寺与终南山、城市的历史演变与空间关系，从山水城市尺度分析终南形胜与地景空间的关系[①]。刘雅妮的《秦岭北麓西安段寺观园林发展演进及其造园艺术研究》对比史料中各个历史阶段秦岭北麓寺观园林的发展演变、主要景观构成，评价了秦岭北麓寺观园林的景观价值[②]。苏义鼎《西安地区佛寺建筑研究》对当代西安地区寺院建设的特点以及存在的问题进行了研究，探讨符合西安地区的佛寺发展理念以及佛寺建设理念，并从中得出符合目前中国佛寺发展、建设的普适性理念与方法[③]。苏婧《道教园林景观空间中的道家美学思想——以楼观台道教园林为例》一文中以楼观台道教宫观园林为研究对象，着重对其空间构成进行研究和分析[④]。另外在一些历史地理和宗教方面的论著中，也会涉及终南山文化。樊光春的《长安·终南山道教史略》论述了长安及与之紧密相连的终南山的道教文化历史[⑤]。赵超的《初盛唐的崇道狂迷——谈终南山道教与文人活动》，文章从道教的角度，通过李白、王维等和终南山道教有关的诗人群体来窥见初盛唐诗人的崇道风貌及其文化成因[⑥]。孙柔嘉的《先秦老庄的道家思想在园林景观中的设计表达》对先秦老庄道家思想在人与自然环境的哲学理念的研究，以楼观说经台为例，得出先秦老庄道家思想中对园林景观设计中的哲学理论指导思想[⑦]。

（3）终南山风景图像研究

张凯悦的《秦岭北麓山水画中蕴含的理想景观模式剖析》一文归纳总结出历代画者描绘秦岭的景观，其山水画中思想、构图、要素、景观模式（山势、水流、豁口、草木）对秦岭北麓的自然景观环境的影响，并推出理想景观的空间模式[⑧]。肖晗海的《隋唐时期西安城市山水图式及

① 参见孔啸:《终南山北麓佛寺地景空间格局调查分析研究》,硕士学位论文,西安建筑科技大学,2018年。

② 参见刘雅妮:《秦岭北麓西安段寺观园林发展演进及其造园艺术研究》,硕士学位论文,西安建筑科技大学,2014年。

③ 参见苏义鼎:《西安地区佛寺建筑研究》,博士学位论文,西安建筑科技大学,2013年。

④ 参见苏婧:《道教园林景观空间中的道家美学思想——以楼观台道教园林为例》,《南京林业大学学报(人文社会科学版)》2009年第3期。

⑤ 参见樊光春:《长安·终南山道教史略》,西安,陕西人民出版社,1998年。

⑥ 参见赵超:《初盛唐的崇道狂迷——谈终南山道教与文人活动》,《太原师范学院学报(社会科学版)》2005年第2期。

⑦ 参见孙柔嘉:《先秦老庄的道家思想在园林景观中的设计表达》,硕士学位论文,西安建筑科技大学,2016年。

⑧ 参见张凯悦:《秦岭北麓山水画中蕴含的理想景观模式剖析》,硕士学位论文,西安建筑科技大学,2017年。

其价值研究》通过对隋唐时期西安城市山水图式空间特征的深层次解析，提炼出隋唐时期西安城市山水图式的价值内涵，挖掘隐藏其背后的文化机制和空间法则[①]。

4.唐代帝陵的研究

早在20世纪60年代，杨正兴、杨云鸿写就的刊登于《文物》期刊的《唐乾陵勘察记》就率先从考古学的角度勾画了乾陵陵园的轮廓[②]，此后贺梓城的《关中唐十八陵调查记》[③]和刘庆柱、李毓芳的《陕西唐陵调查报告》使这一轮廓更加清晰[④]。杨宽在《中国古代陵寝制度史研究》中从历史学的角度对唐十八陵的陵墓制度有所研究[⑤]。孙迟的《略论唐陵的制度、规模及文物》[⑥]、周明的《陕西关中唐十八陵陵寝建筑形制初探》[⑦]，以及沈睿文的《唐陵的布局：空间与秩序》论述了唐陵的陵园秩序、分类、演变问题。

王双怀在《荒冢残阳：唐代帝陵研究》一书中对陵址的选择、对地形的利用以及唐陵环境的演变等问题进行了深入的研究和探索[⑧]。樊英峰的《乾陵历史地理初探》一文也对乾陵的历史地理状况进行了论述[⑨]。刘向阳的《唐代帝王陵墓》一书以大量的文献资料为依据，并以考古发现的实物史料为佐证，系统地阐述了唐代帝王陵墓的体制特点及其发生、发展和盛衰演变的过程[⑩]。沈睿文的《唐陵的布局：空间与秩序》一书以唐代的政治制度史为背景，对唐代帝陵系统进行了系统研究[⑪]，不仅深入探讨了唐代帝陵的分类和演变、神道石刻等的功能及其源流等重要论题，还以此为切入点，将唐代陵制与帝国统治秩序相联系，很好地做到了考古发现与史料记载的有机结合、互证。于志飞、王紫微的《从“昭穆”到长安——空间设计视角下的唐陵布局秩序》一文，对唐代陵墓制度进

① 参见肖晗海：《隋唐时期西安城市山水图式及其价值研究》，硕士学位论文，西安建筑科技大学，2019年。

② 参见杨正兴、杨云鸿：《唐乾陵勘察记》，上海，天马图书有限公司，2013年，第1版。

③ 参见贺梓城：《关中唐十八陵调查记》，《文物资料丛刊》1980年。

④ 参见刘庆柱、李毓芳：《陕西唐陵调查报告》，《考古学集刊》1970年。

⑤ 参见杨宽：《中国古代陵寝制度史研究》，上海，上海古籍出版社，1985年，第1版。

⑥ 参见孙迟：《略论唐陵的制度、规模及文物》，《陕西省文博考古科研成果汇报会论文选集》1981年。

⑦ 参见周明：《陕西关中唐十八陵陵寝建筑形制初探》，《文博》1994年第1期。

⑧ 参见王双怀：《荒冢残阳：唐代帝陵研究》，西安，陕西人民教育出版社，2000年，第1版。

⑨ 参见樊英峰：《乾陵历史地理初探》，《中国历史地理论丛》2000年第3期。

⑩ 参见刘向阳：《唐代帝王陵墓》，西安，三秦出版社，2003年，第1版。

⑪ 参见沈睿文：《唐陵的布局：空间与秩序》，北京，北京大学出版社，2009年，第1版。

行系统的研究[①]。张建林、史考的《唐昭陵十四国蕃君长石像及题名石像座疏证》[②]及李浪涛的《唐昭陵发现欧阳询书〈昭陵刻石文碑〉》两文对唐昭陵的石像、题名、刻石文碑进行了考证和研究[③]。

在国外，也有许多考古和历史学家对唐陵进行了长期的调查和研究，出版了不少学术论著。例如，日本学者足立喜六在1906～1910年利用在陕西高等学堂任教之闲暇，对唐帝陵进行了广泛深入的调查研究之后，在其《长安史迹研究》一书中反映了这些成果，书中配有大量唐陵当时的照片，并绘制了翔实的插图[④]。日本学者来村·多加史在其《唐代皇帝陵の研究》和《唐陵选地考》著作中对唐陵进行了综合研究，对研究唐陵有较高的参考价值[⑤]。

（二）唐长安风景园林研究的不足

综观唐长安风景园林研究的历程和研究现状，我们可以看到，研究的领域逐渐扩大，在一些重要的问题上不断深化，从规划到建筑布局到园林，从文物古迹到陵园文化，都有专文发表；但是我们也可以看到，以往对唐代文化遗产的研究还是围绕考古学、历史地理学、美术学、旅游和经济学的角度来展开的，在唐代风景园林图像方面，相关研究性的文章和论著数量甚少，目前也缺乏比较专业的学术论著。现有研究尚有以下的不足之处：

第一，唐长安风景建设史料的系统整理尚未展开。到目前为止，还没有学者对唐代风景园林文献资料进行综合整理和汇编。这种状况很难全面地反映唐代风景园林的全景，也难以反映唐风景建设的真实样貌，同时也制约了唐长安风景研究向纵深发展。

第二，已有成果多为单学科或断代性的，存在零散化、碎片化问题。现有大多数研究以唐方志早期的资料为主，对不同类型的园林进行史料性梳理，如台湾侯迺慧的《诗情与幽境——唐代文人的园林生活》《唐公园文化》及李浩的《唐代园林别业考录》等都是仅触及唐代私家园林、

① 参见于志飞、王紫微：《从“昭穆”到长安——空间设计视角下的唐陵布局秩序》，《形象史学》2017年第1期。

② 参见张建林、史考：《唐昭陵十四国蕃君长石像及题名石像座疏证》，西安，陕西人民美术出版社，2004年，第1版。

③ 参见李浪涛：《唐昭陵发现欧阳询书〈昭陵刻石文碑〉》，西安，陕西人民美术出版社，2004年，第1版。

④ 参见〔日〕足立喜六：《长安史迹研究》，王双怀、淡懿诚、贾云译，西安，三秦出版社，2003年，第1版。

⑤ 参见〔日〕来村·多加史：《唐代皇帝陵の研究》，学生社，2001年，第1版。

公共园林，对唐代风景园林的整体营造关注不够。

第三，现有成果较少关注图像文献与图像分析。目前除彭莱编著的《中国山水画通鉴·界画阁楼》外，另仅见赵雪倩、赵厚均、杨光辉等编纂的《中国历代园林图文精选》等少数的图像文献，对图像文献的搜集不够，对图像文献的研究则刚刚起步，更缺少针对传统图绘的、系统的图像分析方法。

第四，古代风景研究与当代风景建设互相隔绝，缺少系统的可应用的方法。风景园林的理论和方法的形成，需要大量的经典案例的归纳和深层次的文化理论的整理，以及形成大量可应用的景观模式，才能被当代风景建设所应用，而现阶段的研究中，对于风景园林文化模式研究的案例少之又少。

总之，现有唐长安风景园林的研究无论在广度还是深度上，都存在一定的不足之处。本书从图像视角对唐长安风景园林所做的系统性和整体性研究，从传承应用的角度对风景园林文化模式所做的归纳总结，对当代风景园林的理论构建具有积极意义，可供景观设计者借鉴。

三、研究内容与研究意义

（一）研究内容

隋唐时期的长安聚集了当时最先进的营建思想和最璀璨的社会文化，在中国都城营建史上举足轻重。本书以历代唐长安风景园林图像为切入点，结合隋唐时期长安山水特征及发展背景，在自然山水观、哲学观的基础之上，以“图像梳理—图像分析—文化模式提取—价值挖掘”为研究脉络，通过回溯到历史时期比对、反思、创新和继承，寻找古人人地和谐、顺应自然的风景园林营造思想和方法，帮助人们更好地理解城市山水空间的本质及其发展规律，并将其植入现代城市发展之中，营造和谐共融的城市文化生态空间环境。本书探讨了自然山水与城市营建的空间认知过程，挖掘隐藏其背后的山水法则与文化内涵，并设计和创造更符合民族文化特征的风景园林，体现风景营造的在地性和自然性、人文性，并传扬其文化精神。

全书主体由绪论和十章内容构成，主要研究内容如下：

绪论

本章对研究背景、研究意义、研究对象予以界定，并对国内研究现状和研究动态进行综合性的评述，初步建立本书的写作框架。

第一章　研究理论

本章基于传统图像特点，介绍图像分析理论与方法，以及如何应用图式分析方法对历史图像进行空间意义的分析。同时，本章提出风景园林文化模式的概念，并从文化模式的角度论述了风景园林的形成、文化模式与景观模式的关系等。

第二章　唐长安风景园林的形成背景与建设概况

本章通过对唐代的历史、社会背景进行解读，从唐长安城的山水环境、历史背景、宗教与风景文化、风景建筑艺术、人物与生活、人物与风景营造思想、行旅活动与风景等方面进行解读；同时，还从唐代诗词、绘画与风景观念，唐代山水田园诗、游仙诗、贬谪诗与风景建设的关系，唐长安风景建设概况、分类等多个方面进行论述。

第三章　唐长安城的皇家园林图像分析

本章首先从唐长安城风景规划思想出发，分析唐长安城"笼山水为苑"的整体风景规划营建方法与城市格局。唐长安城在继承了规划严整、"表南山之颠以为阙"[①]的隋大兴城的基础上，修"八水五渠"以润长安，满足城市用水和园林营造，还按照《易经》的"乾卦六爻"分别布置寺庙塔院。其次，在皇家宫殿园林建设中，大明宫以东海蓬莱的"三山一池"为原型修建后宫蓬莱池、蓬莱亭；太极宫以"四海模式"修建后宫园囿；兴庆宫以"龙池"为核心，营造"花萼相辉龙池畔"；唐代继承了隋代的离宫别苑，同时围绕长安城在四野的山林地修建"四方离宫"（东宫华清宫、西宫九成宫、南宫翠微宫、北宫玉华宫），并仿照蓬莱仙境营造离宫别苑的风景园林；在郊野宫殿中，本章重点论述了华清宫和九成宫，论述了其山水为苑、冠山抗殿、绝壑为池的营造特色。

第四章　唐长安城公共园林、寺庙园林图像分析

唐长安城南郊还建设有最早的城市公共园林——曲江池，创造了"君臣宴饮，与民同乐"的佳话，本章对曲江池景及其蓬莱意象进行分析，研究其所借鉴的历史景观原型。同时，唐长安城营建了大量的寺庙园林，本章主要对唐代的佛寺蓝本——《戒坛图经》——进行分析，并对典型的寺庙园林案例——唐代大慈恩寺——进行研究。

第五章　唐长安郊野山岳、别业、陵墓的图像分析

唐代道教和佛教的兴盛也为名山大川带来了生机，长安依托华山、

---

① 〔汉〕司马迁：《史记·秦始皇本纪第六》，上海，上海古籍出版社，2011年，第1版，第174页。

秦岭形成了华岳、南五台等典型名山风景，形成了“五岳之一、道教洞天”的华山，“崇佛尚儒、道隐山林”的终南山，也开启了后世的佛教道场和道教“洞天福地”的建设。此外，本章还论述了终南山私家别业建设。唐代的士大夫、官宦人家借助于终南山的幽静环境，营造私人庄园，成为后世效仿的典范，如王维营造的“辋川二十景”等。同时，唐陵开启了因山为陵的先河，并以“宫姓昭穆葬法”，在渭河北岸有“龙盘凤翥之势”的冈峦之上修建了乾陵、昭陵以及“唐十八陵”，创造了“五陵春色”的唐陵风景，应用了“天阙”“九宫”等布局，实现了自然景观与人文景观的有机联系。

第六章　唐长安风景园林的文化模式

本章从唐长安城风景案例出发，从历史和空间的双向维度对各种风景园林案例予以归纳整理，最终形成16种具有典型代表的文化模式：北辰、九宫、五台、蓬莱、环水、洞天、天阙、山居、龙池、曲水、四海、五岳、朝山、八景、莲池模式。本书不仅对这16种模式在空间维度进行了案例搜索和对比研究，还从整个历史长河中对该文化模式的形成、演化发展进行了对比研究，探索出其历史源流和发展脉络，梳理出风景园林文化模式及其特征。

第七章　唐长安城的整体营城模式

本章节主要陈述了唐长安城的整体秩序营造。首先，在城市布局上，其以山川为轴形成了“自然秩序”；以“象天法地”形成了“宇宙秩序”；以周礼营城形成了“礼制秩序”。其次，在所采用的历代经典模式上，应用“朝山模式”，形成了“表南山之颠以为阙”“北阙—南山”的山城相望格局，应用“北辰模式”布局唐十八陵，形成唐长安城与唐陵跨河相望的关系，以及城陵相守的乾陵和乾邑、昭陵和礼泉邑、五陵和富平邑等。再次，在城寺一体的布局上，形成了“玄都观—兴善寺”对峙成阙、“大明宫—大雁塔”南北相直、“庄严寺—总持寺”左右呼应、“庄严寺塔—昆明池”形势互补、“乐游原—昭陵”互望格局等。

第八章　唐长安风景园林美学特征与价值

本章挖掘和整理古代长安地区风景园林思想与实践的时空脉络和典型特征，诠释了中国唐代历史阶段重要风景园林营建思想内涵和价值体系，提出了唐长安风景园林“雄浑”的时代特征和依托“长安山水”的地域性特征，总结了唐长安风景园林的“象天法地”“体国经野”的整体价值、“取巧形胜”“因地制宜”的自然价值、“以文弘道”“引经据典”的人文价值。

第九章　唐长安风景园林文化模式在东亚地区的传播

本章主要探讨了文化模式的组合派生与再创造性，如唐代的曲江模式就是文化模式的组合派生与再创造的典型范例。与此同时，文化模式还具有演化与传播、扩散的特点，如天阙文化模式通过传播和扩散，使其成为中华民族文化的代表，具有更加广泛的人文意义。此外，唐长安文化模式在日本广为传播，如曲水文化模式、八景文化模式等，形成了具有唐风园林建筑特色的东亚地区“唐文化圈”。

第十章　结语

本章对全书的研究做出总结，并对唐长安风景园林的后续研究做出展望，通过对唐长安风景园林进行“图像梳理—图像分析—文化模式提取—价值挖掘”的系统研究，借古观今，经世致用，以获得对当代城市山水复兴的启示。

（二）研究意义

本书的研究意义和价值体现在以下几个方面：

第一，基于学科交叉研究带来新视野和新方法。本书从艺术学和风景园林学两方面进行学科交叉研究，艺术学中的图像分析强调意义、概念、思想的研究，而风景园林学强调空间、物质、形态的研究，两者相互补充，形成了风景园林文化模式研究中思想和物质的相互印证和整体统一，为未来风景园林学科的研究带来新视野、新方法、新观点。

第二，推进中国风景园林学科基础理论研究走向纵深。本书通过挖掘唐长安风景园林中的16种文化模式，并归纳其空间图式特征，形成了风景园林学科的“基础词汇”，补充了中国本土风景园林营造思想史学研究中的唐史部分，为宋、元、明、清的风景园林“基础词汇”挖掘和思想史研究奠定了基础，同时，本书研究建构了风景园林文化模式的理论体系，推进该学科基础理论研究走向纵深。

第三，传承中国风景园林文化基因，借鉴于当代城市建设。本书通过梳理唐长安风景形成的历史源流，分析古代图像中的图式关系，提炼风景园林文化模式，总结唐长安风景园林的图式特征与文化价值，挖掘唐长安的本土风景园林规划设计思想理念，汲取唐长安风景园林建设经验。同时，传承优秀中华文化基因，活化传统风景园林规划设计理论与技术方法，可借鉴于当代生态文明城市建设。

第四，构筑当代本土风景园林学科的学术自信与话语权。本书通过对唐长安风景园林建设经验的挖掘梳理，总结了中国古代风景规划设计的理念与方法，构筑了新时代中国本土风景园林营造的学术语汇、学术理论和学术话语权，让现代城市风景建设理论和方法更具有中国传统文化精神的同时，提升了当代中国本土风景园林学科的学术自信与学术价值。

四、研究方法与研究创新

（一）研究方法

1. 图像分析研究法

本书基于图像分析研究法中的图式分析法，对唐长安风景园林进行“图式分析—模式提取—价值挖掘”的系统研究，通过对同一风景园林的多个历史图像的解构、提取、对比分析，形成风景园林的“本体语汇”。

2. 历史文献研究法

本书立足于原始文献的考辨与论证，从文献的形式、内容、历史文化背景等方面对唐长安风景园林展开研究，挖掘文献的历史资料价值与文化艺术价值。

3. 田野调查、考古与文献结合研究

本书在对相关历史文献与“图绘”进行整理和挖掘的基础上，通过采用实地调研、测绘与考古相结合的方法，以期全面、客观地反映出唐长安风景园林的规划理念、建设方法与空间布局特征。

（二）研究创新

1. 以“图式分析”法对唐长安风景图绘进行“空间图式”研究和“语义”挖掘

本书基于图像分析法，创建了针对传统图像的全面而系统的分析方法，采用辨方正位、分景画方、合景理景的步骤，以“要素法”和“图层法”对唐代长安典型风景案例及其“图像”进行图式分析和深度解剖，挖掘风景营造的文化观念、思想制度、规划方法等，更加深入地诠释图像内部隐藏的文化语义与文化精神。

2. 以“文化模式”对风景园林学科“基础语汇”进行重新定义

本书从图像视角研究风景园林文化模式，探索隐藏在图像背后的民族“原型意象”“集体记忆”，从文化本源上寻找风景园林学的“基础语汇”，以具有中华“民族精神”和“集体意识”的文化模式作为其类型划分标准，重新定义和梳理景观类型谱系，形成风景园林学科独特的、自主的、具有生命力的发展之路。

3.以“文化传播”理论诠释文化模式的传播、同化和再创造现象

本书以“文化传播”理论研究唐长安风景园林文化模式在东亚地区的传播现象，探讨唐代东亚地区“唐文化圈”的形成，分析唐长安风景园林的文化特征与文化属性，以及开放共生、求同存异的文化精神和普适价值。同时，探讨文化认同在文化模式扩散、进化与再创造性中的重要作用。

第一章　研究理论

一、图像与图式研究

（一）传统图像的特点

现留存的历代唐长安风景图像有近百幅图，有唐代金碧山水画、宋元方志图与山水画、清代方志图和山水画等。这些图像的种类不同，描绘的唐代风景也不同（见表1.1、1.2）。此外，还有数百张的敦煌壁画，都反映出唐代风景园林的主题。这些作品中，唐代王维的水墨山水画与李思训的金碧山水画，为记载唐代风景园林建设留下了珍贵的图像史料。至今流传的金碧山水画，代表作约有十件，王维山水画虽已经失传，但历代皆有名家模仿。五代末至宋元时期，郭忠恕等名家的界画以及明清时期的名家山水画中，都有对于唐代风景园林建设的描述。北宋时期的方志图像也有一定的记录，北宋的宋敏求撰写《长安志》，元代李好文补充《长安志图》，记述唐长安城市图、宫坊图、古迹图和农田水利图等14幅图。宋代程大昌的《雍录》除记述长安山川、宫室、坊间及传说外，还对其内容进行一定的考证。清代毕沅的《关中胜迹图志》，研究陕西历史地理及文物古迹，篇前为图，附以各府州疆域名胜图；全书共附图61幅，其中西安地区的图共24幅，有关唐代风景园林建设的6幅。当代，对于唐代风景园林的建设的研究成果大体可分为三类：

表1.1　唐长安风景图像

风景区位/类型	风景名称	图像名称	图像出处	朝代
唐长安城内	太极宫	唐宫城图	宋敏求、李好文《长安志图》	宋、元
		唐西内图	毕沅《关中胜迹图志》	清
	兴庆宫	长安图	宋敏求、李好文《长安志图》	宋、元
	大明宫	唐三内图	宋敏求、李好文《长安志图》	宋、元
	曲江池	曲江图	李昭道	唐

续表1.1

风景区位/类型	风景名称	图像名称	图像出处	朝代
唐长安城郊宫殿	华清宫	唐骊山华清宫图	宋敏求、李好文《长安志图》	宋、元
		唐骊山华清宫图	宋敏求、李好文《长安志图》	宋、元
	九成宫	九成宫纨扇图、九成避暑图	李思训	唐
		明皇避暑宫图	郭忠恕	五代末宋初
		九成宫图	佚名	南宋
		汉苑图	李容瑾	元
		九成宫图	仇英	明
		九成宫图	袁耀	清
唐长安城郊别业	辋川别业	辋川图	毕沅《关中胜迹图志》	清
		临王维辋川图	郭忠恕	宋、元
唐长安城郊山岳	华山	太华图	宋敏求、李好文《长安志图》	宋、元、清
		华岳图	毕沅《关中胜迹图志》	
		少华山图		
		华山图	王圻、王思义《三才图会》	明
		少华山图	李可久、张光孝《华州志图》	明
	终南山	城南名胜古迹图	宋敏求、李好文《长安志图》	宋、元
		终南山图	毕沅《关中胜迹图志》	清
唐长安城郊寺庙	大雁塔	慈恩寺图	毕沅《关中胜迹图志》	清
	小雁塔	荐福寺图	毕沅《关中胜迹图志》	清
	东岳庙	东岳庙图	毕沅《关中胜迹图志》	清
唐长安城郊道观	楼观台	楼观图	毕沅《关中胜迹图志》	清
唐长安城郊陵墓	昭陵	唐昭陵图	宋敏求、李好文《长安志图》	宋、元
	建陵	唐建陵图	宋敏求、李好文《长安志图》	宋、元
山川形胜水利等	唐长安山水	奉元州系图	宋敏求、李好文《长安志图》	宋、元
	关中形胜	关中形胜图	王圻、王思义《三才图会》	明
	八景	唐长安八景图	碑林石刻	清
	水利	水利图	清雍正十三年（1735年）《敕修陕西通志》古迹卷	宋
		长安图	宋敏求、李好文《长安志图》	宋、元
	地理	雍录图	宋敏求、李好文《长安志图》	宋

表1.2　记载唐长安风景的古籍

古籍名称	记载风景	编纂者	朝代
《唐会要》	兴庆宫(龙池、花萼相辉楼、勤务政本楼)、城郊寺庙(慈恩寺、荐福寺、华严寺)、九成宫(永光门、咸亨殿、御马厩)	王溥	宋
《唐六典》	唐昭陵、唐乾陵、唐大明宫	张九龄、张说、李林甫、李隆基	唐
《括地志》	华山、骊山、终南山	李泰、萧德言	唐
《辋川集》	辋川别业	王维	唐
《雍录》	太极宫、东宫、香积寺	程大昌	宋
《长安志图》	终南山(石鳖谷、牛首山、灞水、浐水、澧水、涝水、芒水、滈水、潏水、兴教寺、牛头寺、华严寺、香积寺)慈恩寺、荐福寺 华山(西岳庙、华岳庙、太山庙、龙堂、龙亭、巨灵口、云台观、西王母、王母观、太清宫、玉泉院、望秦宫、潘少师祠、仙官观)	宋敏求、李好文	宋、元
《关中胜迹图志》	兴庆宫(明光楼、龙池龙堂、沉香亭南薰殿、金花落、新射殿)、九成宫(九成宫、杜水、醴泉、凤台山、西海、排云殿、天台山、碧城殿、御容殿、玉女潭、通济桥、五龙泉、和尚泉、慈善寺、火星庙)、少华山、华岳(西岳庙、云台观、太清宫、玉泉院、仙宫观、东文公祠、王母观、镇岳宫)唐昭陵、唐建陵	毕沅	清
《三才图会》	华山(岳庙、云台观、始皇城、玉泉院)、终南山、关中图	王圻、王思义	明

1.唐代遗世的风景图像

唐代流传至今的风景图主要为唐代金碧山水画（见表1.3），较有代表性的约有十多件。主要包括故宫博物院四件（《宫苑图卷》《宫苑图轴》《京畿瑞雪图》和《九成宫图》），台北故宫博物院三件（《曲江图轴》《上林密雪图》和《杜甫丽人行图》），上海博物馆的两件团幅（《山殿赏春图》和《云山殿阁图》）。此外，美国克利夫兰美术馆的《宫苑图》团幅和《仙山楼阁图》，据陈传席推断，“创作于隋至唐初，作者应属阎立本画派，而且应属于阎立本画派的早期作品”[①]。

① 陈传席：《论故宫所藏几幅宫苑图的创作背景、作者和在画史上的重大意义》，《文物》1986年第10期。

表1.3　唐代金碧山水画

<table>
<tr><th>作者</th><th colspan="2">图画作品</th></tr>
<tr><td rowspan="4">〔唐〕李思训</td><td></td><td rowspan="3"></td></tr>
<tr><td> 《京畿瑞雪图》 </td></tr>
<tr><td></td></tr>
<tr><td>《仙山楼阁图》</td><td> 《江帆楼阁图》</td></tr>
</table>

唐代金碧山水画中最为出名的是李思训[①]和李昭道的作品，如：李思训的《九成宫图》原名《九成宫纨扇图》，集中展示了九成宫的壮丽景色，该图系绘于唐高宗时期（670—684年），距今已有1300多年历史，原作于纨扇上，后镂于石而传世，是中国最早的纨扇“界画”图。李思训的《京畿瑞雪图》收藏于北京故宫博物院，描写了长安城当时的雪景及其深远意境，正如唐朝诗人杜牧《长安雪后》云：“秦陵汉苑参差雪，北阙南山次第春。车马满城原上去，岂知惆怅有闲人。”[②]

① 李思训，唐初著名画家，唐宗室李斌之子，生于高宗（李治）永徽二年（651年），少年得志。高宗咸亨年间，他年仅二十岁，就“累转江都令属”。武则天秉政，大杀唐朝宗室，他弃官潜匿山中。中宗（李显）神龙初，才公开露面，玄宗开元初年，官拜右（一说左）武卫大将军，卒于开元六年（718年）。李思训以其高超的绘画技艺著称于世，曾应诏画兴庆宫大同殿壁和掩障之嘉陵江三百里山水，数月始毕。

② 杜牧：《长安雪后》，载《全唐诗（下）》，上海：上海古籍出版社，1986年，第1版，第524页。

2. 唐以后各代绘制的唐长安山水画

描写唐长安的山水绘画，除了成就很高的李思训、李昭道父子外，到晚唐出了尹继昭，五代有卫贤、赵德义、赵忠义等人，五代末宋初有郭忠恕，宋代有赵伯驹等人。元代有王振鹏、李容槿，明代有仇英，清代有袁江、袁耀等人，他们都对唐长安的风景园林进行了想象和绘制。郭忠恕可以被称为界画艺术的集大成者，其作品《避暑宫图》被称为历代绘画中的神品。《避暑宫图》描绘唐长安九成宫，背山面水，宏伟壮观。从图下的宫门向内，亭台楼阁、水榭宫室、长廊庭院，层层深入。单是屋脊斗拱，就不下十几座，无不刻画工细精确，结构严谨华丽（见表1.4）。

表1.4　宋元避暑宫图

〔元〕佚名　仿郭忠恕 《明皇避暑宫图》	〔五代末宋初〕郭忠恕 《避暑宫图》	〔宋〕赵伯驹 《明皇避暑宫图》

（图片来源：中华珍宝馆）

3. 宋以后方志图像中的唐长安风景

（1）宋敏求、李好文《长安志图》图像

《长安志》为宋敏求撰成于北宋熙宁（1068—1077年）时期，主要以唐玄宗时期韦述编撰的《两京新记》为《长安志》的主要依据与理论基础，两书之间存在重要的传承关系，除《两京新记》外，据统计，《长安志》所引用的文献近两百册，其中包括《史记》《汉书》《后汉书》《三辅黄图》《禹贡》《关中记》《三秦记》《水经注》《元和郡县志》等。《长安志》全书共二十卷，除了记载长安城宫殿园囿、山川名胜、寺院宅邸外，其中十卷记述了京兆府所辖二十四县，内容包含建置沿革、河渠要塞、管辖范围等方面。

《长安志》详尽记述了都城地理位置与历史沿革，突出了长安城的都城文化，其中四卷按照历史朝代发展、从宏观到微观的视角考证记录了从周代至唐代长安地区城市布局与宫殿建筑的特点，如阿房宫、上林苑、建章宫、未央宫的名称由来、建筑形制、宫殿布局等皆有详尽说明。元代李好文在《长安志》的基础上补充大量图绘形成《长安志图》，其重要图绘如《汉三辅图》《汉故长安城图》《唐禁苑图》《唐京城坊市图》《太华图》《城南名胜古迹图》《唐建陵图》《唐乾陵图》《唐肃宗建陵图》《唐骊山宫图》《奉元州县图》等（见表1.5）。

表1.5　方志中的唐长安风景图绘

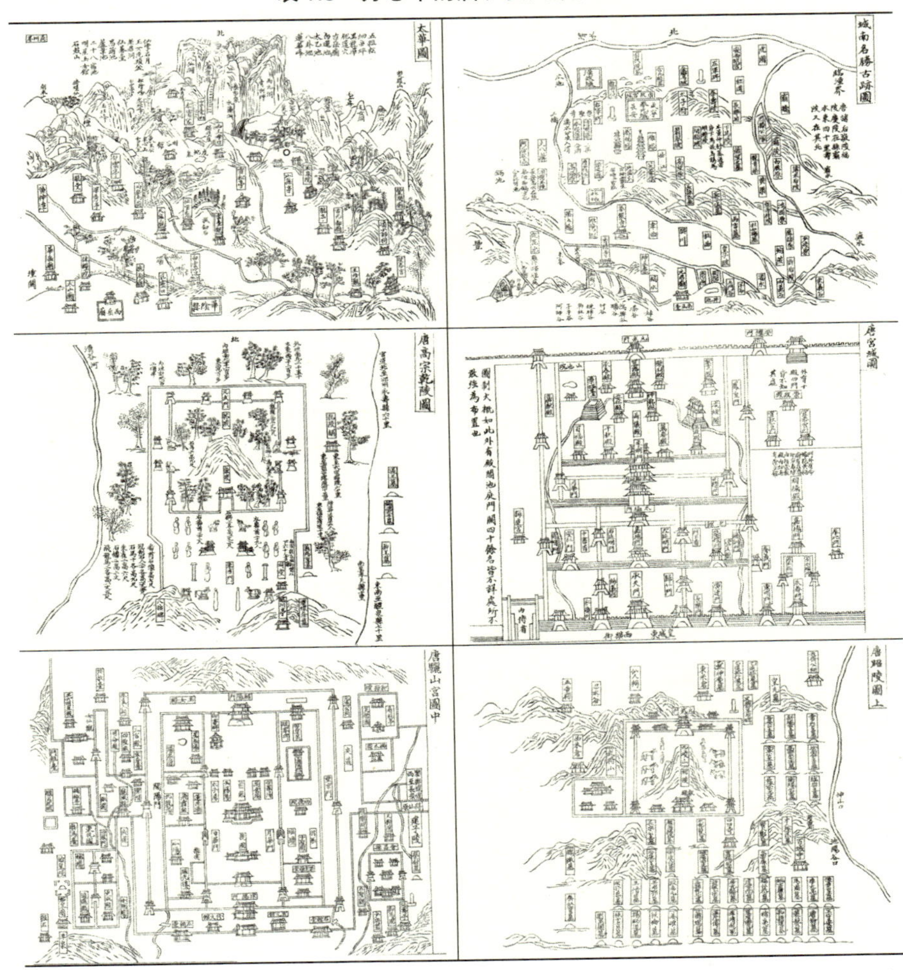

（图片来源：宋敏求、李好文《长安志图》）

（2）毕沅《关中胜迹图志》图像

《关中胜迹图志》共三十卷，由清代毕沅编撰，成书于乾隆四十一年（1776年），全书囊括了全陕西的胜迹，全书共附图61幅，其中西安部分有西安府疆域图、终南山图、鸿门图、楼观图、渭河图、泾河图、龙洞渠图、仙游潭图、灵台图、汉长乐宫与未央宫图、汉建章宫图、唐西内图、唐东内图、唐南内图、唐华清宫图、辋川图、韦杜二曲图、慈恩寺图、荐福寺图、南五台图、周文王陵图、唐昭陵图、灞桥图、金锁关图，共24幅。《四库全书总目提要》称："其书以郡县为经，以地理、名山、大川、古迹四目为纬，而以诸图列于前，援据考证，各附本条，具有始末。"①

4.敦煌壁画中的唐代风景和建筑

敦煌石窟壁画反映了北朝至隋唐四百年间的社会面貌，填补了该时期历史资料缺乏的空白（见表1.6）。敦煌壁画在某种意义上表现了一千年前的古代社会生活和丰富的文化，也是我们今天对唐代生活环境想象的依据。敦煌壁画大多以佛教经典为背景进行创作，反映出当时佛教的理想景观、佛家的经典教义，壁画主要以经变画和佛经故事画为主要题材，画面中对城市风景建筑的描绘都是融合在各个生动的画面之中，有寺庙、城、宫殿、住宅、塔、阙等形式，几乎囊括了所有建筑类型。这些建筑有以院落形式布局的组群建筑，有单体建筑，壁画中不仅细致地表达了建筑细部作法和色彩，如斗拱、柱坊、门窗等，还妥善处理了世俗与宗教主题的反差，反映了唐代的仪卫制度、吐蕃官制、归义军政权的管制，以及当时丝绸之路、各佛教圣地的场景。

敦煌壁画中的佛国净土世界的建筑环境，没有采用一般的中原汉化佛寺建筑，而是用大量的宫殿建筑来表示佛的庄严和繁花似锦的西方极乐世界，其色彩和画面都极具张力，通过局部的透视夸张，强化了图像的空间构图。敦煌壁画中的城市、风景和建筑的题材非常丰富，图像中包含着理想中的佛国天界的须弥山、华盖、莲花池等场景，体现出了人们对于佛国天界的向往。敦煌壁画中佛国世界的创造是以人们自身的生存环境为模板，以现实生活、现实世界为素材进行想象绘制。这为我们还原唐代生活环境提供了客观依据。

① 〔清〕永瑢、纪昀:《四库全书总目提要》,北京,商务印书馆,1933年,第1版,第688页。

表1.6 敦煌壁画中的唐代风景和建筑

朝代	壁画作品	
唐代		
	1.敦煌壁画217窟 《法华经变·化城喻品》图中的城市	2.敦煌壁画榆林25窟南壁 《无量寿经变·净土乐舞》图局部

	3.敦煌壁画159窟南壁 《观无量寿经变》图局部正中阁楼	4.敦煌壁画159窟南壁 《弥勒经变》(下半部)图局部

	5.敦煌壁画159窟 《观无量寿经变》图中的庭院	6.敦煌壁画85窟 《报恩经变》图中的院落

(图片出处:敦煌壁画)

从有关唐代风景的图像概况可以看出，传统图像大致可以分为山水画与方志地图两种。

（1）山水画的特点

传统山水画是中国古代常用的图像表达方法，其空间构图常采用三远法绘制，即仰视、平视、俯视，北宋画家郭熙在《林泉高致》中提出："自山上而仰山巅，谓之高远；自山前而窥山后，谓之深远；自近山而望远山，谓之平远。"三远法是中国山水画的一种特殊的散点透视法，其打破了焦点透视的局限，形成"方寸之内，咫尺千里"的画面效果，唐代画家张璪所提出的"外师造化，中得心源"的山水画艺术创作理论，指出艺术创作需要艺术家通过对自然的深入观察，从客观事物中汲取创作原料。再对其所表现的物象做分析研究、评价，在头脑中加工改造，进行有意识的艺术加工，来表达作者的心像世界和审美意象，主要讲究画中的空间意境之美。唐敦煌壁画也是借鉴了传统山水画的方法，采用多点透视法将不同的场景串接起来，通过局部强化放大，形成主次分明、均衡对称的九宫构图，进而将佛国与人间有机地结合起来。

界画也是山水画中的一种，界画一词起源于北宋郭若虚的《图画见闻志》，"画屋木者……今之画者。多用直尺，一就界画"[①]。《中国美术辞典》中界画概念分为两种，第一种认为凡是用以表现建筑题材的绘画被称为界画，第二种则认为需要通过界笔直尺为工具绘制的画作才能称为界画。晋代顾恺之称界画为"台榭"，唐朝界画则有"台阁""屋木""楼台"等称谓，宋元时期界画名称逐渐确定。界画主要用于表现建筑，其绘画技法往往与界尺相结合，体现出工整精确的特点。界画具有高度还原真实建筑的特色，其强调建筑的样式、细节，以及结构特征，但对于空间关系的真实性要求较低，尤其是山水环境与建筑的关系，往往通过意象来表达。

（2）方志地图的特点

我国古代具有悠久的图像历史和大量的图像留存。这些图像大都保留在《地方志》及各类志书中，如舆图、形胜图、八景图等。据《史记》载，在夏禹时，古人就已知可运用准、绳、规、矩作为测量工具。西晋时期，裴秀将前人制图宝贵经验总结提高，形成了"制图六体"的平面制图原则。"制图之体有六焉。一曰分率，所以辨广轮之度也。二曰准望，所以正彼此之体也。三曰道里，所以定所由之数也。四曰高下，五

---

① 〔宋〕郭若虚：《图画见闻志》，北京，人民美术出版社，1963年，第1版，第5页。

曰方邪，六曰迂直，此三者各因地而制宜，所以校夷险之异也。”[①]唐代，地图学家贾耽开始以“计里画方”的方式绘制地图，形成了有基本尺寸比例的图像模式，计里画方是用方格表示比例的方法。据《旧唐书·贾耽传》：“率以一寸折成百里……缩四极于纤缟，分百郡于作缋。”[②]宋代，在继承前人绘图经验的同时，开始采用平立结合的混合比例图像模式。清代，绘图技术在西方的影响下，有了长足进步和发展。清代康熙时期开始采用投影经纬法，用经纬线控制坐标制图。清雍正以后，更是采用方格网画法，即“网格法”，其法基于宋代平立结合图的改进，并借鉴传统“山水画”和“界画”的特色。先利用平格对图像中各点的位置进行模糊控制，然后将景物按照不同大小的单元格进行填充，景物需要采取一定的倾斜角度，将事物的正立面和侧立面同时表达出来，景物之间以山、水、树、云等空间要素进行连接过渡。

古代方志图常采用“制图六体”与“内折外容”等手法解决城市与山川环境比例不和谐的问题，使图绘简明扼要却较为精准地反映城市与城郭外青山的关系，改变了以往地图绘制中山川的统一画法。中国古代方志图通过散点透视的方法，将城市进行抽象的表达，其体现的是营造者和感受者的一种场景认知地图，与实际的空间地形和尺度都有一定的误差，但却清晰地反映出营造者内心的空间结构与场景意境，虽然图的比例和空间大小有缩放，但不同于中国古代山水画，有清晰的空间逻辑关系、方位布局及相互之间的层次关系。这为我们分析设计者意图，发现和总结古代风景营造的思想和规律提供了便利。

（二）传统图像研究的问题

传统山水画和地方志中的舆图、胜迹图都不是真正实测的、准确的图，而是具有相对位置关系的图像，图中景物的大小也通过局部缩放以强调和抽象的表达，多采用散点透视与平面图相结合的方法，将不同的景物同时表达在一张图上。这些传统“图像”往往具有非真实比例、散点布局的图式结构，体现的是古人对于风景的理想化认识模式，反映了我国传统的“风景园林”营造观念，如描述唐代风景营造的《辋川图》《长安志》《关中胜迹图志》等中的重要图像，其图画比例、空间关系与

① 〔唐〕房玄龄：《晋书·卷三十五·裴秀传》，上海，汉语大词典出版社，2004年，第1版，第817–818页。

② 〔后晋〕刘昫：《旧唐书·卷一百三十八·列传第八十八》，上海，汉语大词典出版社，2004年，第1版，第3179页。

真实的场景有非常大的差异性，风景园林的“富有生机与弹性”和学科制图的“衡以绳墨”之间，未必存在真正的对应关系，所以难以采用统一的比例及标准作为论证依据，这客观上对传统风景图像研究造成很大困扰，无法诠释传统图像中所隐藏的内涵，而目前的研究又缺乏较系统的“图式转译”和“图式解读”方法，故而对传统图像的研究造成很大的困扰。

（三）图式的概念与理论发展

1.图式

图典、图解、图示、图经、图式、格局分析等，都是图像展示和图像分析的方法（表1.7）。“图式”的概念最早是由德国古典哲学创始人康德在其著作《纯粹理性批判》中提出的，康德认为图式是潜藏在内心深处对于世界最本源的感知：“现在是清楚的，必须有一个第三者存在，一方面与范畴同质，另一方面又与现象同类，而使前者对于后者的应用成为可能。这个是居中媒介的表象（vorstellung）必须是纯粹的（没有一切经验内容），而同时又必须一方面是理智的，另一方面是感性的。这样一种表象就是先验的图式（scheme）。”[①]“图式”即“潜藏在人类心灵深处的一种技术，一种技巧，一种先验的范畴”[②]，心理学家皮亚杰（Piaget）将图式看作人类记忆中由各种信息和经验组成的一种动态、可变的认知结构。语言学家卡罗尔（J. Carroll）则将图式看作知识与经验在人类认知过程中所积累的基石。换而言之，图式既是人类关于社会现象与活动形成的稳定的认知结构与行为模式，又是对于事物诸多要素间联系的整体概括与抽象。它一方面是人类对现实事物的抽象性简化；一方面又可以反过来指导人们加工、处理新的信息。[③]一旦形成某种图式，交际信息的处理便会倾向于通过该图式进行。图式理论的运用，是主体利用已有的知识结构对客体信息进行辨别、整理、过滤，并从中寻找或发现其内在的关联，进行“自上而下”或“自下而上”的认知处理方式，其背景知识越丰富，大脑中建立起来的图式越多，处理信息的速度就越快。所以图式是用来认识世界、解释世界的途径，是人类知识积累与认知范畴的表现形式，更是人类的一种集体记忆。对图式的研究，可以用来感知和理解人类社会中的各种文化现象。

---

① 〔德〕康德:《纯粹理性批判》,蓝公武译,北京,商务印书馆,2009年,第1版,第142-143页。

② 〔日〕岩城见一:《感性论》,王琢译,北京,商务印书馆,2008年,第1版,第86-97页。

③ 参见肖晗海:《隋唐时期西安城市山水图式及其价值研究》,硕士学位论文,西安建筑科技大学,2019年。

表 1.7　图式概念及其定义

名　称	定　　义
图典	图典是图形的全面汇集与整合，具有丰富多彩、形象直观的查阅效果。
图解	是设计表达与交流的语言。图示与图式是不同层级的图解语言。
图示	一是用图形、图像和图画的表示，二是设计的表达工具和制图的规则或规范。
图经	附有图画、地图的书籍或地理志。以图为主或图文并重记述地方情况的专门著作。
图式	对关系、特征、规律和模式的概括和提炼。“图”是谋划、谋取，“式”的字义——法度、空间、秩序、尺度位置和主观态度。

2.空间图式

以建筑和风景营造为核心内容的“模式语言”起源于亚历山大的研究，成为学科发展重要的理论之一[①]。亚历山大在《建筑模式语言》中提出“空间”与“事件”的关联性，认为建筑、景观空间的营造与其所处时代发生的事件有着必然联系，在人与自然的相处过程中通过利用自然、改造自然逐渐形成了具有地域性、稳定性、传承性、文化性的人地相处观念与认知结构，而这种建立在山水与人文空间上的规律性认知法则与集体记忆则被认为是风景图式，并且从其诞生伊始，便对风景园林产生深刻的影响[②]。与亚历山大的思想一致，杰佛瑞·杰里科（Geoffrey Jellicoe）和苏珊·杰里科（Susan Jellicoe）从人类文化史的角度研究了人类环境的塑造历史，揭示了从古到今人居环境变迁的文化图式[③]。

王贵祥认为：“抽象空间图式是某一文化传统中，潜存着的对人类赖以生存的外在空间的方位形式的价值取向。这一价值取向依据于不同民族，不同文化与不同宗教信仰而变化，并影响到该民族文化诸多方面的追求，而首当其冲受到影响的即是建筑的空间及其构成。”[④]北京大学教授俞孔坚提出的理想景观模式[⑤]，也是指向了中国人内心的一种理想景观

① Alexander C. *Pattern Language*: *Towns*, *Buildings*, *Constructions* (Oxford: Oxford University Press, 1977).

② 参见戴代新、袁满：《C.亚历山大图式语言对风景园林学科的借鉴与启示》，《风景园林》2015年第2期。

③ Geoffrey Jellicoe, Susan Jellicoe. *The Landscape of Man*: *Shaping the Environment from Prehistory to the Present Day* (London: Thames & Hudson, 1975).

④ 王贵祥：《空间图式的文化抉择》，《南方建筑》1996年第4期。

⑤ 参见俞孔坚：《理想景观探源》，北京，商务印书馆，1998年，第1版，第20-39页。

的空间图式。本书主要讨论历史图像的空间图式，研究主要指向了风景园林的文化模式。

空间图式源自某一文化传统中潜存着的对人类赖以生存的外在空间、方位、形式的价值取向。[①]传统人居环境的营造，来自人类与环境最本源的关系形成的空间图式，这个图式的形态是心理围护与环境维护的叠合，并由于感知能力的差异而有不同程度的安全围护强度，围护强度与感知能力构成互补状态[②]，如“曼荼罗”“太极图”“九宫”“八卦”等都是人对自然认知的空间图式——“心理组织图式”[③]。可以说，图式是对于外界某一类型的现象的行为模式和认知结构。这种先验的模式可以指导人们对新信息的处理，图式强调各类因素之间的联系，是一种用于认识世界、解释世界的认知结构和知识表征形式，也是一种集体记忆。

图式作为一种认知模式，是通过主体人与客体环境之间的相互作用而形成的，图式受到主体所在的文化、政治、宗教、经济等因素的影响，所反映的正是所处时代的精神与文化内涵。《康熙字典》中记载的“图”具有谋取、谋划的含义，“式”具有法度、制度的意义，《清史稿》中所收录的《河工器具图式》四卷和《筑圩图式》则通过图画记录的方式阐释器具的做法，可见古汉语中“图式”二字具有规律性与指导性。

3.景观的空间图式

景观的“空间图式”关注景观营造中的共同空间特征、发展变化中的共同机理，以及景观空间形态的共同来源，强调时代背景下景观空间的共性，并与社会文化紧密联系，具有高度的概括性与抽象性。

风景园林的空间图式是专注风景空间营造的一种研究方法。风景图式中所指的环境可以分为自然环境与人工环境两方面，自然环境包括了山、水、塬、川等自然生态元素，这些自然环境构成了风景营建的骨架与基底，不同的自然地理要素则会创造出不同的山水空间图式；人工环境是人类物质劳动的结果，包括城市、宫殿、寺院、别业、陵墓等。风景图式所指的社会要素则包含了宗教、政治、习俗、文化等，这些观念与意识源于先民对于自然的理解与认知，同时指导着城市风景的形态布局与空间组织。

风景图式属于一种基于山水自然环境的特定空间图式，在人类与自然环境的长期相处过程中，人类通过顺应、改造、利用自然山水的物质

① 参见王贵祥：《空间图式的文化抉择》，《南方建筑》1996年第4期。

② 参见张玉坤：《居住解析——湘西苗族居住形态构成》，《建筑师》1992年第6期。

③ 王飒：《传统建筑空间图式研究的理论意义简析》，《建筑学报》2011年增刊第2期。

条件逐渐形成一种稳定的、具有文化属性与传承性的人居观念与营造智慧，其中包含着古代人民对于空间营造、风景利用的思维认知理念，中国传统风景营造受到天人合一的哲学观念影响，表现出人与自然的和谐统一，风景建设往往也是因地制宜，以求达到“全天逸人”的目的，综合了礼制思想、宗教信仰、地域文化等诸多因素，最终形成中国所特有的风景营造手法与理念。可以说传统风景图式是东方山水美学的集中体现，是在遵循自然规律的前提下，结合风景文化语境所产生的理想景观模式。

理想景观模式是中西方文化中普遍存在的一种景观现象，是根植传统文化，在不同的土壤下生长出不同的景观类型①，反映了人文与自然的高度融合②。受中国传统文化和宗教文化的影响，古代社会对某些空间结构特殊的景观有着统一的喜好，并且会在小说、诗词等文学作品中把这种理想景观特征赋予想象中的仙境神域，形成了昆仑山模式、一池三山模式、蓬莱仙山模式、风水佳穴模式、壶天模式等具有中国文化印记的景观模式。中国国土空间中的真山真水与这些理想景观模式互为映射，成为中国重要的风景名胜资源，反映了中国传统理想景观与宗教理想景观之间的密切联系。

风景图式是一种特殊的人类空间认知模式，它是城市与自然山水环境长期的互动过程中所形成的具有一定稳定性、普适性、文化性与传承性的一种人居理念和营城智慧，蕴藏着中国人对城市及其空间营造的一种思维认知方式和价值取向。它源于尊重自然生态环境，追求相契合的山环水绕的形意境界，继承了中国传统的山水观念与营城智慧，不仅包含天人合一的哲学与山水美学思想，更蕴藏着信仰、宗教、礼制等人文精神，具备很强的地域性、文化性和科学性。它是一种心智活动，一种内在经验的升华，一种规律性和理性的自然法则，同时也是认知和解读理想山水聚居发展的重要文化语境，影响古代城市的营建，旨在寻求城市与山水之间的共生模式，达到诗意的栖居。

风景图式是对城市、建筑、山水三者之间空间关系的直接反映，同时也是人们对城市山水空间的主动建构，指导人们进行城市山水空间的营造。它是人类进化过程中的生存经验和聚居文化综合的产物，通过生物基因的遗传以及文化基因的积淀而流传下来。按照环境感知程度，可

---

① 参见俞孔坚:《理想景观探源》,北京,商务印书馆,1998年,第1版,第20-39页。

② 参见梁璐、许然、潘秋玲:《神话与宗教中理想景观的文化地理透视》,《人文地理》2005第4期。

分为显性物理要素和隐性社会要素：显性物理要素主要指自然地理环境与人工环境，如山、水、川、塬等自然生态要素，是城市营建的生态基底，不同的自然山水骨架孕育不同的山水城市特色。在自然环境的基础上，经过人工干预所形成的则是人工环境，主要包括城市、离宫、寺观、别业、帝陵、园林等。隐性社会要素主要指城市山水空间背后蕴含的文化、习俗、政治和宗教等的社会行为与精神文化。

风景园林的空间图式反映的其实是风景背后较为稳定的、内在的特征和文化结构，即风景园林的文化模式及其特征。图像的图式是对这种文化模式的符号化表达，是一种抽象的景观文化符号，其不同于北大俞孔坚教授提出的理想“景观模式”。我国各地存在的“景观模式”非常多，寻找到这些“景观模式”背后的共性文化原型、文化精神，才是风景园林文化模式研究最根本的命题，如北辰模式。在唐华清宫中，表象上仅仅是建筑的方位布局体现出来的一种空间形态，但从本质上，这种空间布局体现出的是一种民族文化与民族精神，是一种受命于天的皇权象征，一种国家意义上的礼制格局，一种彰显天下正统的手段。所以，唐长安城所运用的文化模式，其不仅仅是一种“理想景观模式”，更是一种中华民族的深层次文化认知模式，理想景观模式只是其外在特征的体现，文化模式才是其本源和内在因素。

关于唐代长安城市、宫殿、陵墓、园囿、风景等建设的历史图绘留存众多，而且历朝历代都对唐代的风景进行想象和图绘。现实中的风景园林和理想中的风景园林往往存在差距，而这种差距更反映在不同时代中的人对于景观原型的不同理解上。正是从这一点我们可以看到，从唐代到清代的绘画中的唐代风景，表现出不同的特征和差异性，这种差异性来自不同的朝代对于唐代风景的不同理解，来自不同的社会环境中不同的审美标准。所以，本书以历代图绘与文献为基础，通过图像分析方法研究风景的形成机理与营造手法，以及历史上人们对于唐长安认知的共同心理图式和潜在传承的文化模式。

（四）传统图像的图式分析方法

面对当代风景史学及风景“图像”研究的不足，本书基于图式理论，以“原型—图式—模式”为研究脉络，以山水、城市、风景的整体格局为视角，通过对唐代长安典型风景案例及其图像的确认、分解、组合的研究，剖析唐代风景的类型特征及营造的文化观念、思想制度、技术手段等，诠释风景形成、演化的动态过程及内在机制，建构风景的“模式”

体系与“源流”脉络，完善长安风景营造史及其理论体系研究。

基于传统图像的特点和绘制方式，本书研究传统图像的图式转译问题，利用网格法和单元空间嵌套法，针对传统舆图（由于其具有相对的客观真实性）进行图式的分析研究，从而更好地诠释传统图像中景物之间的空间关系，诠释风景空间意境的营造。其方法可分为辨方定位、分景画方、合景理景三个步骤，详述如下。

首先，对图进行辨方定位。将周围山体作为地理空间标志，以确定图像的四向（东、西、南、北）。然后，以山水格局、空间类型为依据，对图像中的场景进行“分景画方”，并辨识游走的路径与空间流线。在图面中置入方格网，确定网格的基准点和核心单元块，并依据核心单元块赋予网格模糊尺度。一般意义上，图面坐标基准点是指图面上最重要标志或建筑的中心点，如重要的城池、建筑等，核心单元块指较为完整的一组单元建筑，它的位置一般位于图面的核心区域内（一般在图面左右各三分之一处以内）。画方的目的在于进一步掌控图像中场景的相应尺度，以防失其准望。将各个分场景的组团中心设为基准点，置入网格，并确保各个核心单元空间处于网格节点，通过网格所形成的模糊尺度，明确各个地理要素、核心景观之间的位置与距离。以网格对图面进行“模糊尺度”划分后，逐个寻找被纳入网格中的空间嵌套单元——单元景观，进行景观要素的提取，并以图式的方法进行表达。“画方”其意义还在于对原有图像以图式的方法进行解构，将完整景观拆解形成单一的景观要素。要素的重点在于表现个体差异性，对单一景观要素的特征、结构、空间形态提炼与归纳。建筑空间要素着重于单体建筑的形式与规制。山水空间、绿化空间的形态则注重其所围合形成的负形空间，基于图形关系反映其空间结构，如不同山体、水流的走向与形状将形成不同的空间围合效果。最后，在方格中进行寻景。寻景，首先要做的是定基，即确定基准点和核心单元块，图面坐标基准点是指图面最重要标志或建筑的中心点，以网格赋予图面“模糊尺度”计算。目的在于确立景观空间的层级与秩序，确立组团的空间边界，明晰组团的空间关系，剖析其图式中所含的空间关系和结构逻辑，以求诠释古人的风景规划理念、设计方法与营造意匠。

二、文化模式研究

（一）文化模式的理论发展

文化模式是文化人类学研究的主要课题之一，泛指某一民族或某一国家所具有的自身的、独特的文化体系。这个文化体系是由各种文化特质、文化集丛组合在一起的有机构成，是一种民族文化意识和一种共享的集体价值观，它是一种相对稳定的、固定的、内在的文化体系。一般意义上，不同的民族或不同的国家之间都有着不同的文化，即文化模式的不同，而每一种文化模式内部也必然有着自己相对的一致性，而形成这种一致性的主要原因，是因为这一群体有着统一的社会价值标准，或群体中的人有着共有的潜在意愿或潜在意识。

文化类型与文化模式是人类学理论中两个较为重要的概念。这两者在类别的基本单位问题上的分歧并不大，都能准确或不太准确地使用类似于“文化民族”的概念，分歧主要在于定型的基本标准问题。就后者而言，斯宾格勒的“基本象征符号/灵魂说”[①]和梁漱溟的“根本精神/意欲说”[②]属于一派，冯友兰的“共相/社会性质说”[③]属于另一派。冯友兰认为，定型的基本标准是一种“共相”的东西，“共相”也就是众所周知的“社会性质”，只有以此为标准才能进行文化类别的定型。这就蕴含着一种为后人常常忽略的逻辑，即文化类型与文化模式有着一定区别，即社会性质与民族精神不可相互等同。可以看出，冯友兰对文化类型与文化模式进行了区分，提出了两者的根本是“社会性质”与“民族精神”。

露丝·本尼迪克特（Ruth Benedict，1887～1948年）是20世纪美国杰出的文化人类学家，她所创立的文化模式论，特别是她的文化整体观和文化相对主义的主张，给文化人类学界以极大的影响。《不列颠百科全书》称她的理论“对于文化人类学，尤其是有关文化与个性这个领域的研究有着深刻的影响”。今天，每当人们研究文化问题，就不能不提到这位文化模式论的创始者。本尼迪克特提出，文化模式是诸多文化特征相互协调一致的组合状态和构成方式。在她看来，虽然每一种文化在表面

① 〔德〕奥斯瓦尔德·斯宾格勒：《西方的没落》，北京，商务印书馆，1963年，第1版，第220-230页。

② 梁漱溟：《东西文化及其哲学》，北京，商务印书馆，1999年，第2版，第75-87页。

③ 冯友兰：《新事论》，北京，北京大学出版社，2014年，第1版，第1-19页。

上都千姿百态和变化万千，但它本质上都时刻在整合为一种“统一文化形态”。她认为民族精神是一个民族带有历史性和行动一致性的价值秩序，是一种文化的主旋律。文化之所以具有一定的模式，就在于文化皆有其主旋律，即民族精神。①

美国著名学者哈维兰（William A. Haviland）对本尼迪克特的文化模式理论给予了高度的评价，认为《文化模式》这部著作看重文化与人格的相互关系，同时认识到文化差异的现实，产生了巨大而深远的影响。②

美国人类学家杰里·D.穆尔（Jerry D. Moore）在其著作《人类学家的文化见解》中介绍了本尼迪克特的人生经历和她的学术成果，其中重点说明了《文化模式》一书。穆尔认为，文化差异是对社会最基本的核心价值多方面的表达，这是形成各种不同的文化模式的前提，而人类学的目标就是记录下各种不同的文化模式。

日本人类学家绫部恒雄在《文化人类学十五种理论》中认为，本尼迪克特认可人类文化以多种多样的姿态存在于社会当中，并且每种文化的存在都值得尊重，各种文化围绕在一个主流文化周围。文化的主流即是指民族精神，文化通过民族精神得以整合，因为文化具有多样性，所以我们理解文化时必须考虑相对性。③

刘承华在《文化与人格——对中西方文化差异的一次比较》一书中用一种新的方式运用了文化模式理论，他把文化的内涵分成文化成果和文化模式两个层面，这两个层面的关系并不是各自独立的，而是相互影响的有机统一。文化可比较的范围包括一切的文化现象、文化形态和文化成果，比较文化模式是可以通过心理结构、生活形态、知识形态、艺术形态来进行比较的。刘承华先生认为，文化模式特征是通过人格结构表现出来的，他的理论与本尼迪克特文化模式理论有一定的联系，都是从微观的角度来解释文化模式。④

衣俊卿教授对文化哲学的思考，尤其是对本尼迪克特文化模式理论的研究在国内算是独成一派，他在《论哲学视野中的文化模式》一文中

---

① 参见〔美〕露丝·本尼迪克特:《文化模式》,上海,生活·读书·新知三联书店,1988年,第1版,第291-319页。

② 参见〔美〕威廉·A.哈维兰:《文化人类学》,上海,上海社会科学院出版社,2006年,第1版,第91-101页。

③ 参见〔日〕绫部恒雄:《文化人类学的十五种理论》,中国社会科学院译,北京,国际文化出版公司,1988年,第1版,第37-48页。

④ 参见刘承华:《文化与人格——对中西方文化差异的一次比较》,合肥,中国科学技术大学出版社,2002年,第1版,第179-249页。

详细论述了考察文化模式的方法，并分别从共时态和历时态角度对文化模式进行了剖析[①]。他在其著作《文化哲学——理论理性和实践理性交汇处的文化批判》中专门就文化哲学进行了系统的论述，不但给文化模式下了一个准确的定义，还从共时态与历时态两个方面进行了分析[②]。

郭艳君在《文化进化论与文化相对论：批判与反思》一文中认为，本尼迪克特的文化模式理论作为文化相对论的典型代表，反对“种族中心主义”，其文化模式理论已经进入了文化哲学的层面，对文化的价值进行探讨，各种文化模式的存在不是以个人的好恶来进行取舍的，都必然有其存在的理由。她超越了种族的中心，真正从人类的自身出发，从整体出发构建一种世界文化。[③]

王铭铭在《西方人类学思潮十讲》一书中提到了本尼迪克特文化模式理论，认为各个民族形成不同的性格特征的原因是他们选择的不同，文化所提供的可选择因素不同，所以构成文化整体的民族特征也不同，这样就可以区别于其他文化整体。[④]

费孝通在《论人类学与文化自觉》一书中提出了不同模式的比较研究，他认为文化模式是一个地区文化中的文化特质按照一定的内部关系长期形成的一种比较稳定的文化结构，在其中必有一个内部存在的一致性的思想和行为的整体。[⑤]

苏伦嘎基于对本尼迪克特不同文化模式的分析，着重探讨了文化模式整合的内驱力问题，并认为文化模式是由文化思维方式、价值观念和审美方式整合的文化整体性特征，是民族文化实体性存在的深层维度[⑥]。陈维莎通过对认知模式和文化模式的比较分析，发现了文化模式对于认知模式的影响以及两者所强调的不同点[⑦]。林召霞认为本尼迪克特在文化模式的研究上，不仅指出了文化的整合功能，而且强调了文化整体观和

---

① 参见衣俊卿：《论哲学视野中的文化模式》，《北方论丛》2001年第1期。

② 参见衣俊卿：《文化哲学——理论理性和实践理性交汇处的文化批判》，昆明，云南人民出版社，2005年，第1版，第51–91页。

③ 参见郭艳君：《文化进化论与文化相对论：批判与反思》，《哈尔滨学院学报（社会科学）》2002年第5期。

④ 参见王铭铭：《西方人类学思潮十讲》，桂林，广西师范大学出版社，2005年，第1版，第30–57页。

⑤ 参见费孝通：《论人类学与文化自觉》，北京，华夏出版社，2004年，第1版，第128–163页。

⑥ 参见苏伦嘎：《浅谈文化模式理论》，《内蒙古师范大学学报（哲学社会科学版）》2007年第1期。

⑦ 参见陈维莎：《认知模式与文化模式的相互关系》，《才智》2009年第28期。

文化相对主义。[1]张景慧认为，本尼迪克特文化模式理论的形成理论来源有其师博厄斯文化相对论思想的精髓，有将弗洛伊德精神分析学的方法灵活运用，有借用尼采在《悲剧的诞生》中对于人的精神的划分以及她多年的钻研、调查研究等。[2]

此外，一些学者还涉及中国古代传统文化模式的研究，如余卫国认为以道家所代表的自然主义、以儒家所代表的人文主义和以墨家为代表的科学主义之间的异质互补、交融互动，不仅构成了中国传统文化模式中的三个要素、三块基石和三大传统，而且构成了中国传统文化奔腾向前和绵延发展的内在机制和精神动力。[3]张世君提出先秦"三礼"著作《周礼》《仪礼》和《礼记》中的方位符号系统建构了独具中国特色的方位文化模式，得到物质文化文本的证实。[4]曾蒙认为文化模式对一个民族的物质器物层面和精神思想层面都有着极大影响。中国古代社会文化的典型特征便是伦理文化模式。其以血缘宗法为基础，以情为载体，追求的最高境界则为"和"。王秀芬认为，我国"天人合一"的文化模式致力于塑造人与周围世界通达的审美化生存方式，该文化模式虽然发源于东方世界，但其审美意义却超越本土而彰显出大格局与大智慧。[5]

综上，文化模式源自对特定文化思想的总结，而文化思想是对人类各种活动经验的解释与表达，构成的是各民族的信念结构、价值体系与思维模式。如果将风景园林营造活动作为人类思想、行为所映射出的有意义的文化模式来理解，那么中国风景园林思想是对其营造活动经验的解释与表达，塑造了中华民族关于环境、人及其栖居行为之间的意义理解方式、生活价值信念与设计思维模式。千百年来，中国风景园林就是以文化模式作为其传承和应用的法则，只有认识到这一点，风景园林学科才能拥有自主的学科体系，而不依附于其他学科存在。通过不断对中国古代经典风景园林案例的历史源流回溯和文化脉络梳理，挖掘中国风景园林的营造思想与文化精神，最终形成风景园林文化模式的类型谱系。这种以风景园林文化模式作为风景园林类型划分和谱系梳理的标准，跳出了特定地域空间、特定历史时期对于风景类型划分的禁锢，形成新的

---

① 参见豖召霞:《本尼迪克特的文化模式思想研究》,《学理论》2011年第2期。

② 参见张景慧:《本尼迪克特文化模式的理论来源及其形成脉络》,《赤子》2015年第7期。

③ 参见余卫国:《自然、人文和科学的统一——论中国文化模式的内在结构和精神特质》,《学术探索》2004年第9期。

④ 参见张世君:《"三礼"方位符号域的文化模式》,《中国文化研究》2014年第2期。

⑤ 参见王秀芬:《"天人合一"文化模式的审美功用及其"新时代"价值》,《渤海大学学报(哲学社会科学版)》2019年第4期。

风景园林语汇体系和应用法则，才有可能让风景园林学科具有自己独特的生命力和生生不息的传承性。

（二）景观的文化模式

在人类学者看来，“景观”指的是人类对环境的主观性认知和看法，包含了个人或者集体对自然及建筑环境的文化认知与集体记忆。[①]景观可以说是一种“文化意象”，人类学系统中“景观”的概念以文化习俗为核心[②]，它更侧重以人为核心的环境营造，强调人与人、人与环境互动的状态和情景。

文化景观是文化生态学中的重要概念，主要探讨人类文化和自然环境之间的相互关系，是自然景观要素和文化要素的叠加，是物质实体与文化内涵长期空间耦合生长的产物，体现着地方上的环境风貌特征和文化精神，包含着一定社会群体的集体记忆、民俗地理、信仰理念、文化意识。沈福煦在《中国景观文化论》一文中提出景观文化的“社会文化性”[③]，认为景观与社会的伦理、宗教、习俗等文化息息相关，景观文化与景观之间是一种相互影响的“反馈环”，文化建造各种景观的同时，景观也影响着社会文化的生成和发展。文化景观的概念让景观本身具有了社会文化所具有的生命力，我们可以从生态文化视角下研究景观与社会文化一起产生、发展、进化和传播的过程，进而强调文化在景观中的主导性，从文化象征意义研究人地关系，从非物质的社会活动、宗教信仰等方面研究文化对景观的外在形式、空间形成的作用。文化生态学强调文化不是一个统一的整体，相反是由表征的不同实践组成的。[④]这为文化景观提供了具有系统性、多层次的透视过程，强调了文化景观具有的“人”的能动性和“活”的复杂性。

景观的文化模式是文化景观所具有的共有性文化意象，石守谦在《移动的桃花源：东亚世界中的山水》一文中，界定风景的文化意象概念时认为，文化意象是同一个文化圈的人所共享，甚至在他们之间促生出某种“同体感”，这种具有高度共享性的意象，其存在的情况可以见到若干不同的类型，如超越现实的理想世界之想象（如净土、桃花源等），或

---

① 参见葛荣玲：《景观人类学的概念、范畴与意义》，《国外社会科学》2014年第4期。

② 参见常青：《建筑学的人类学视野》，《建筑师》2008年第12期。

③ 沈福煦：《中国景观文化论》，《南方建筑》2001年第1期。

④ Claval P, Entrikin J. N., “Cultural Geography: Place and Land Scape between Continuity and Change,” in Strohmayer U, Benko G., *Human Geography: A History for the 21st Century*（London: A Hodder Arnold Publication, 2004）, pp. 25-46.

是具体典范人物、景观之形象（如李白、龙门山等），又或是诉诸以物质形式存在的器具、物品之样貌等。石守谦将景观的文化意象分为：理想世界的文化意象、胜景与胜境的文化意象、典范人物的文化意象、轶闻与传奇的文化意象等四类[①]，说明了景观文化模式产生的原因、内在动力和生成法则，同时也说明风景文化模式存在的普遍性和延续性。

景观文化模式的研究直指风景园林的精神和物质起源，探索风景形成背后所隐藏的习俗、仪式、宗教等隐形因素，其更强调文化精神的属性，具有更加稳定的和内在的本源性价值，其重在文化意义的表达和文化价值的体现。正是因为内在隐形文化因素的存在，外在特征相似的景观会具有不同的文化模式，而外在特征不同的景观也会具有同样的文化模式，如中国传统文化中的北斗七星模式，可以用城市、城墙、建筑等不同的要素表达，虽然外在形式完全不一样，但都可以反映同样的空间图式和文化模式。同样，中国的佛塔和印度的桑奇窣堵波具有非常大的差异性，但都是对佛教须弥山文化模式的反映，都反映出文化模式中文化精神和文化意义的重要性，而景观的外在空间形式只是文化精神和文化意义的表征。

景观的文化模式一般由文化原型与空间范式两部分构成，文化原型主要是指风景园林产生中的故事原型及人物精神性，空间范式主要是指参与风景构成的各物质之间的空间位置关系。例如："中流砥柱"的文化原型是大禹治水，反映出大禹通过征服自然来创造人类生存空间的历史事迹，反映出中华民族百折不屈的民族精神，而砥柱山与黄河的空间关系反映出来的就是"中流砥柱"的空间范式。这种文化模式的形成来自先民对历史人物及其英雄事迹的信仰和其赖以生存的外在自然环境的认识。空间范式是人类认知客观环境时反映出来的从具体到抽象，再由抽象到具体的过程。每一个民族在其原初时期，由于经历了不同的空间体验，渐渐萌生和积淀了一些不同的空间观念，渐而在民族潜意识中积存了一些比较固定的空间模式，并深刻地影响着这一民族的空间创造。[②]例如：四合院的空间范式就是中华民族几千年来对于盆地这种自然生存空间的反映。同时，空间范式也反映出各个民族对赖以生存的外在空间形式的文化价值取向，这一价值取向根据民族、文化与宗教信仰的不同而变化，并影响到该民族生存或文化精神等诸多方面的追求。

---

① 参见石守谦：《移动的桃花源：东亚世界中的山水画》，上海，生活·读书·新知三联书店，2015年，第1版，第13–72页。

② 参见王贵祥：《空间图式的文化抉择》，《南方建筑》1996年第4期。

从斯图尔德（Julia Haynes Steward）提出的文化生态学的研究方法角度看，景观与文化模式的产生源于当地独特的生态地理环境对人类行为的影响，而人类的行为又形成了特定的文化，文化与生态环境的结合产生了特定的风景。这种“自然—人文”之间的长期互动影响作用，使得风景从文化源地产生、发展和扩散，最终形成了独特的文化景观。文化景观是地理环境与文化内涵长期空间耦合生长的产物，体现着地方环境风貌特征和文化精神的结合，蕴含着深刻的中华文化基因与悠久历史，具有鲜明的民族意识和文化特色。在近千年的演化发展中，地域特色的文化景观形成了一种固定的风景范式和文化审美，并流传至中华大江南北，最终完成了从“在地性”到“普适性”的风景文化传统，形成一种全民族的文化意识且成为中华文化的标识。

（三）唐长安风景园林的文化模式

中国风景园林思想形成于中国先民生存的上古时期，从对山川、河流、森林等产生敬畏和崇拜开始，风景意识就已经逐渐产生，伴随着昆仑、蓬莱、砥柱等风景原型的出现，形成了中国早期的风景园林文化的起源，其产生的时间甚至超前于建筑技术和城市规划的思想体系的形成。从本质上看，山岳崇拜、自然崇拜都是风景产生的根源，风景是人类对于自然环境的敬畏以及在与其相互适应共生的过程中形成的对自然规律的认知。这种敬畏和认知在历史长河中逐渐形成了一种深刻的民族文化基因，被融入了整个中华文明的体系中，如昆仑文化、蓬莱文化、砥柱文化等具有中华民族思想意识的风景文化。可以说，风景园林是基于独特的山水环境与地域文化基因而产生的，文化基因通常起源于传说与历史故事，如曲水流觞、黄帝铸鼎、大禹治水、鲤鱼跃龙门等。由人文传说与地方风景结合形成风景文化模式，因其产生的基因不同，具有多种空间属性，城市、建筑、园林都仅是这种风景文化模式所借用的创造和表达思想的手段，通过建筑和城市空间布局，来反映创造者思想的手段，最终形成了城市风景园林，并以城市的历史、社会、地域等因素为基础寻求城市文脉的延续以及历史积淀下的文化模式。所以城市的风景园林中，体现的不仅是物化的山水树木和宫阙楼台，更多的是设计者的思想，设计者对于自然的认知，设计者对于天地之道的理解，对于文化模式的传承，如昆仑模式、九宫模式、蓬莱模式、天阙模式、四海模式、洞天模式、五台模式等。这些模式都源自中华民族的文化信仰、民族精神，是中华民族的文化模式在风景园林营造中的反映，这些文化模式带有深厚的民族文化基因，体现了千百年来中华民族对于自然生态环境的认知，对于空间方位地理的认知，对于自然规律、人伦楷模的认知。唐长安风景园林文化模式多源自上古时期先民思想中的诸多风景原型，以及历代形成的范式，这些文化模式在历代的演化和发展中，逐渐地形成了一定的范式和遵循法则。

唐长安风景园林是一千年前唐代长安社会文化与自然景观共同构成的产物，是一种消失了的历史景观，也可以称之为一种历史上存在过的文化景观。唐长安的风景园林主要产生于理想世界的文化意象、胜景与胜境的文化意象两类，反映出早期人类朴素的自然环境认知观念中的一种理想景观，它们是古人对理想环境的向往和想象，主要存在于宗教神话、仙境神域以及人居环境中。因所处时代及自身情境的多重因素，理想景观多在现实的山水园林、建筑造景中被仿建，如昆仑仙山、蓬莱仙岛、桃花源等，并经后世不断吟咏仿建，理想景观逐步被模式化，形成具有特定文化内涵的景观模式——昆仑模式、蓬莱模式、桃源模式等。[①]这些景观模式及其所蕴含的文化意象，共同构建了中国传统景观模式体系。

唐长安风景园林的文化模式，就是在对唐代风景营造案例挖掘的基础上，从城市宫殿园林、城市公共园林、郊野私家别业、名山胜地风景、陵园风景、长安八景建设中，总结和归纳的多种常用的风景范式：天阙、蓬莱、四海、龙池、北辰、洞天福地、五台等景观文化模式。唐长安城风景文化模式的研究是对其营造过程中所应用的和不断出现的经典风景的总结，这些文化模式上承古代文化基因，下启后世文明，对于整个本土风景园林理论的形成与发展具有重要的意义。这些典型模式在唐代文化熔炉中，被广泛应用，同时又被不断诠释，相互交融，形成新的文化范式，如曲江文化，综合了儒家的曲水文化与道家的蓬莱文化，二者糅合、交融形成一种新的景观范式，在宋代艮岳中被应用。在中国风景园林漫长的发展过程中，这种经典范式在相同的文化框架和社会习惯审美中，具有一定的结构特征和固定模式。这种模式高度统一，并贯穿于景观设计的各个方面，成为设计的一种方法或一种形式的深层结构，也就是在类型学中提出的类型，它可以被持续重复设计应用。典型范式的研究，需要从历史的长河中如大浪淘沙般不断地挖掘和提炼，更需要归纳其类型，甄别和判断其价值，进而达到对本土风景理论的建构。

---

① 参见俞孔坚:《理想景观探源》,北京,商务印书馆,1998年,第1版,第42-46页。

中国本土风景园林营造在历代的发展中，产生了上百个经典文化模式及景观范式，形成于历史长河和中国古代思想文化的深层次孕育下，影响着中国数千年人居营造，具有经久不变的文化基因和深厚的传统底蕴。中国本土风景园林营造不仅具有中国本土营造的典型性特征，还具有被历朝历代所传承、被大江南北所不断效仿的普适性价值，传承了中国古代文化的精髓和中国上千年的思想价值，构成了本土营造的核心观念，体现了本土人居营造的方法和作用。它所蕴含的人文价值、纪念价值、精神价值具有不可估量的作用，在当代的本土人居营造传承和发展上，都具有非常重要的意义。

本书对不同朝代风景营造的经典案例通过大量实证性的梳理、考察、对比分析研究后，找出了不同文化模式之间的共通性和差异性，并对其模式进行总结，寻找不同意识形态和不同文化下对于同一景观模式的理解。对于唐长安中所应用的文化模式，本书采用图像、测绘、考古、查阅古文献等方式，进行多种证据组合论证，并通过不同时期的相同模式的关联性对比研究，论证文化模式的客观存在性。更重要的是本书通过探寻中华民族早期的自然崇拜、图腾崇拜、生殖崇拜的心理图式所反映在景观空间中的物象，并为这种景观物象的产生寻找其背后的动机和人类学的证据，进而达到寻找中国本土风景园林文化模式产生的根本原因和内在动力。

三、景观文化模式的形成、传播与演化

（一）景观文化的起源与景观文化原型

1.文化的起源与景观文化模式

从人类学的视野看，文化起源于原始宗教信仰，而宗教信仰又源于原始崇拜，人类早期的原始崇拜有自然崇拜、祖先崇拜、图腾崇拜等。从早期人类懵懂的自我意识觉醒、敬畏自然现象伊始，产生了一系列自然神的原型。自然崇拜的对象除了山岳、大河、大海、森林，还有日月星辰、风雨雷电等，都体现了原始先民对于自然的朴素认知形态。人类后期产生的很多景观，都源于自然崇拜，如北辰、朝山、四海、高台、环水等，都是人对于自然山水的抽象模仿和概念化。

理想景观模式与现实环境具有巨大的反差，是因为这种景观模式源自现实环境，而又被人主观理想化，正是因为这些理想环境不可到达，

如昆仑山、蓬莱山，所以人们只能采用现实环境去抽象和想象。人们通过对自身所处环境的认知，揣测神所处环境的意象，认为人的环境是神的环境的复制，而本质上其实是先民自己创造了自己心中的神和神的环境。

除了对自然现象的崇拜以外，祖先崇拜、生殖崇拜也成为原始人对于生命产生和自我认识的重要阶段。生殖崇拜产生于人类生命延续的诉求，例如：早期的曲水文化起源于春日里在水边举行的大众节庆祭祀，“流觞”原本属于一种祭水仪式，其与“浮卵”还有一种同型关系。在上古先民看来，天命中的曲水送卵与人事中的曲水流觞，正是上苍赐人以子与人答谢上苍之关系，以流觞设祭，最初蕴含了先民对上苍送子的深挚谢意，后来演化成景观中的曲水流觞文化，其实就体现出来的是鲜明的生殖崇拜，都是反映了人类早期物质、精神上的诉求。

除此之外，对动物崇拜也是原始人类祭祀行为中的一种普遍现象，从而促使人类社会逐渐出现了图腾崇拜、灵物崇拜等，通过模拟某一动物并与之在心理上加以认同，而确立的文化特征和相应的图腾制度，建立起氏族祖先和其守护神之间的契约和神秘关系，并通过将自己装扮成图腾物的模样，相信会得到守护神的庇护。华夏民族选择龙作为自己的图腾，无论是上古的黄河九曲、龙门文化，还是后来出现的龙池、龙舟文化，都反映出来华夏民族对于龙图腾崇拜的特征。而华夏民族通过坚信自己是龙的后代，并以图腾物来装饰和暗示达到与龙的精神的一种契合，进而产生了龙图腾和龙文化模式，成为华夏民族的一种标志。

宗教崇拜是原始崇拜的高级阶段，是在原始崇拜文化沉积的基础上，通过文化基因代代相传，最终形成了较完善的形态。宗教结束了原始崇拜作为早期人类的朦胧精神意识与认识自然（自我）的最初使命，宗教通过诠释一个信仰体系和描述出一个理想世界，诱导世人通过遵守一定的规律和法门，或者通过修行的方法而获得到达彼岸的可能性。宗教所诠释的理想世界大都脱胎于原始崇拜中的理想景观，如道教的昆仑和蓬莱仙境以及佛教的须弥山，都来自对早期人类认识原生世界的想象。

景观文化产生于原始崇拜和宗教崇拜中对理想世界景观的想象与模仿。当人类在不断地发展和社会演化中离其最早的原生环境越来越远，这一原生理想景观变成了人类城市和社会环境中所不可捕捉和不可到达的仙境，园林是对现实社会中不可达到的理想景观的模仿，是现实社会的反向世界，体现的是人类对于其本源世界的想象，而原始崇拜和宗教所产生的心理预期远远超越了现实中的景象，形成了一种不可达到的、超时空所产生的距离感，风景才产生了审美关系，正如英国心理学家布诺所认为的，只有当主体与对象保持一种恰如其分的心理距离时，对象才是美的。不仅是风景学，所有的艺术形式都存在这样一种特征，音乐建筑的抽象性、戏剧的虚拟性，正是因为与审美主体天然的距离感，使人们对于想象的理想景观产生了一种可望而不可即的崇拜感和神秘感。所以，风景园林产生于人类对自然的崇拜和审美，而这种审美源自人类与自然分离后，对客观事物的主观认知。正所谓距离产生美，正是因为人通过建造城市、墙体、房屋，进行了人类社会与自然界的区分，所以才形成了风景的美学。风景园林的创造是将人类诞生的场所——自然，作为崇拜的对象，在城市中进行不断模仿和抽象表达，进而建立起人和自然的关联。当然，这种审美首先来自自我意识，当人类以自己为核心去创造世界的时候，都是以人自身的尺度以及自身的审美标准来建立人造物的。正如笛卡尔的“我思故我在”和海德格尔的“此在”“存在主义”，人类往往是通过认知对象、创造对象，来确认自我和存在的价值与意义的，其中已经包含了自我意识和对象意识，以及最初体验的自觉性和目的性。正是因为人类是从自身审美出发去评判美的，所以我们在理想景观原型中，都会意识到一种对称、居中、环合、平衡的美，同时体现出自然中的高低、明暗、动静等这样互补的、动态的、均衡的美，甚至是具有节奏的、韵律的、对比的，来自物体和物体的空间关系所产生出来的美感。

2.文化原型与景观文化模式

“原型”概念最初起源于社会哲学，古希腊哲学家柏拉图认为，任何的实体都具有其永恒不变的本质形式——“理式”，即原型和模子，是不依存感性世界而存在的、上帝的完美的原型作品[1]，而世界上的事物都通过模仿来获得其形式，所以万事万物无不携带着上帝的印迹。景观、建筑的原型则是起源于对自然的模仿和再造，正如古罗马建筑师维特鲁威指出，史前人类受到自然启发而主动搭建庇护来模仿自然。[2]这暗示着建筑、景观等起源于自然，即从混沌和变化的自然中认识和找到规律，并通过模仿来创造景观与建筑。阿尔多·罗西提出“类型”的概念，认为

① Dancy, R. M., “The Genesis of the Theory of Forms: Aristotle's Account,” *Plato's Introduction of Forms* (Cambridge: Cambridge University Press, 2004), pp. 11-19.

② Pollio M, Gwilt J., *The Architecture of Marcus Vitruvius Pollio: In Ten Books (Book Ⅱ, Chapter I)* (London: Forgotten Books, 2018).

人类的再创造是建立在自然“初型”（archetype）的基础上[①]：通过“类型”化设计，反映了人类为了满足自身需求而进行的对自然的改造[②]；相比于“类型”，“原型”包含了时间维度的概念，以及原始模型或参照对象在不同时间维度下的各个状态[③]。所以，原型是景观和建筑产生的起点，是先民对于生存自然环境的最原始的认知，其“源于人类的主观能动性，是人类利用自然规律并反作用于自然的改造行为。”[④]

中国风景园林的文化原型，大都出自《山海经》中的记载。《山海经》是中国最早的文化古籍之一，其中记载了上古时期人类的活动与历史，包含有大量的文化原型，可以从中探究中国古代风景园林文化模式的产生。从时间轴上对整个景观的产生和发展及其源流谱系进行系统的梳理，《山海经》以昆仑神话体系为代表，大量描述了上古时期神话传说中存在的昆仑山、昆仑台、玄圃、瑶台、瑶池、东海仙山等，其中记载的东海三山、太阳鸟、不死草等神话传说，后来演化出了蓬莱神话的“一池三山”，而“昆仑台”和“一池三山”逐渐发展为后世风景园林中的山水池苑和亭、台、堂、榭、楼等。昆仑山景观文化原型在几千年的发展演化中，在各朝各代不断被完善、广泛应用和流传，其景观文化原型在唐长安城风景园林中大量显现，例如，唐长安城中模仿昆仑山而建的大明宫含元殿、蓬莱殿等高台宫阙，模仿蓬莱山而建的曲江池蓬莱山和大明宫蓬莱山，都反映出对于早期文化模式和景观原型的文化传承。

从地理学的角度看，《山海经》中所描绘的古代地理位置关系，不难发现古人在《山海经》中所认知的世界地图，是以昆仑山为天地的中心而建立起来的人类文明，例如，《河图括地象》曰：“地祇之位，起形高大者有昆仑山，广万里，高万一千里，神物之所生，圣人仙人之所集也。出五色云气、五色流水，其白水南流入中国，名曰河也。其山中应于天，最居中，八十一城布绕之。”[⑤]昆仑山还是大河的起始发源地，从昆仑山向下形成赤水、洋水、黄水、青水、河水等五色水，例如，《淮南子·地形训》：“河水出昆仑东北陬，贯渤海，入禹所导积石山。赤水出其东南

---

① P. Condon, “A Built Landscape Typology: The Language of the Land We Live,” in K. A. Franck, & L. H. Schneekloth, eds., *Ordering Space: Types in Architecture and Design* (New York: Van Nostrand Reinhold, 1994) pp.79-94

② De Chamoust, R. L'Ordre Francois, *Trouve das La Nature* (Paris: Nyon, 1783).

③ R. Moneo, “On Typology”, *Oppositions* 13(1978): 22-45.

④ J. Li, H. Dong, & J. Jiang, “Prototyping in the Design of Built Landscapes,” *Landscape Architecture Frontiers* 4(2020): 90-103.

⑤ 孙珏：《河图括地象》，北京，商务印书馆，1935年，第1版，第5-10页。

陬，西南注南海丹泽之东。赤水之东，弱水出自穷石，至于合黎，余波入于流沙。绝流沙，南至南海。洋水出其西北陬，入于南海羽民之南。”[①]从西北向东流，最终进入东海、南海等地。从某种意义上来说，昆仑神话不仅是中国文明的起源，更是整个风景园林文化的起源。

在《山海经》中有大量对于昆仑山景观的描写，反映出中国先民对于最早的生存环境的理想认知，《山海经》中主要提到的昆仑山和蓬莱仙山都是先民们所向往和崇拜的不可到达的圣地，先民们认为人类是由居住在昆仑山的女娲按照自己的模样所创造出来的，而模仿这种圣地和理想环境就可以获得上天的认可。

昆仑山上的玄圃是传说中神仙的居处，《淮南子》曰：“悬圃在昆仑阊阖之中。‘玄’与‘悬’古字通。”北魏郦道元《水经注·卷一·河水一》：“昆仑之山三级：下曰樊桐，一名板松；二曰玄圃，一名阆风；三曰层城，一名天庭。是为太帝之居。”[②]悬圃是最早的风景园林的原型，是人和神可以相会的地方，这里到处都是奇花异草，人也可以受到神的指点而长生不老，进而进入天堂和极乐世界。与其说先民是按照神的宫殿和园林来营造自己的园林，不如说先民是按照自己所生存的环境来想象神的居所，按自己的形象来想象神的形象，而这种神的形象和神的居所，是先民以自己的生存环境为蓝本进行想象和夸张的理想景观。当人类从原始自然环境中分离出来，通过墙的建造将人类与自然界进行分离和隔断，通过环水、围墙、房屋，分离出人的社会，完成了对于自我的和人类社会的认知，而这种人工的和非自然的空间和社会环境中，人类希望通过模仿神仙的居所而建立起人和上天的关联，来证明自我存在的价值，以及证明自己和神的关联，证明自己是神的后代，渴望回到理想的神的世界。所以人类社会中所出现的风景园林无一不是体现出对于理想景观的模仿，其中又呈现出对于神的生活世界与故事的诠释。

总而言之，昆仑山文化模式是上古时期先民最早对于自然环境的认知，后世出现的各种文化模式，都受到其深刻的影响，与其有着直接的或者间接的传承关系，如昆仑文化对于高台模式、环水模式、砥柱模式、天阙模式、朝山模式、蓬莱模式、西湖模式、龙池模式、山居模式、洞天模式都有深远的影响。昆仑山文化模式是古代先民心中的一种共识和集体意识，是中华民族文化的起源，后世的风景园林都是以这一文化原

---

① 〔西汉〕刘安：《淮南子·地形训》，哈尔滨，北方文艺出版社，2013年，第1版，第71-84页。

② 〔北魏〕郦道元：《〈水经注〉校证·卷一·河水一》，陈桥驿点校，北京，中华书局，2007年，第1版，第2页。

点出发，对人类起源时的理想环境进行模仿和再现。昆仑山文化模式伴随着中华民族自身的发展，经久不衰且源远流长。

（二）景观文化模式的传播与演化

景观文化模式的扩散与传播，是指具有特定文化模式的景观由文化发源地向外辐射传播或由一个社会群体向另一群体的散布过程，也是文化景观迁徙的一种方式。扩散是一种地理空间的相互作用，景观依托自然环境和历史发展呈现整合扩散特征。在扩散的过程中，其文化因素和空间因素都会跟随文化景观而传播，也会被不同的民族所传承。所以，景观文化的扩散和迁徙，是景观发展生长的重要标志，通过扩散和迁徙并与新的地理环境和人文环境结合形成新的人文景观，就是对于景观原型及其范式的传播和继承。同时，文化传播学派认为，新文化的创造与产生是由不同的文化相融合而产生的。

文化景观的内核就是“文化模式”，文化模式通过文化符号的有机组合储存文化信息，不同的景观基因表达出不同的景观风貌，景观图像的空间图式就是用于表达文化基因的“文化符号”或“景观词汇”。文化符号是被人们普遍认同的典型表征形象，是高度浓缩的文化表征，文化信息的保存、理解、传播和发展最终都要转化为符号的形式。文化景观具有典型性、地域性、持久性的特征，它不仅代表着地方上的自然山水、植被环境、建筑形式等显性基因特征，还传承着历史文化、民族信仰、生活习惯等隐性基因特征。文化景观蕴含着景观发展过程中的地理环境、历史文化及艺术价值等多种信息，对景观风貌起决定性作用，是景观遗传和变异的基本单位，主要通过模仿的方式进行。如许多文化景观都具有“桃花源”的文化意象，这种共同特征也可以看作景观的文化基因，这种文化基因保证了文化景观在各地传播过程中保持一定的稳定性，而文化传播中文化基因也进行着不断的进化和变异。换言之，“遗传”与“变异”是景观文化模式最主要的特征，所以文化模式具有融合性、再生性、演变性等特征，而文化的碰撞、对立与共生都是新文化产生的前提条件。

所以，文化模式是一个随着民族的发展不断生长的过程，文化的传播变异以及文化的演化都是新的文化形成的主要原因。正是因为文化景观具有文化的属性，可以伴随着文化的传播而传播，所以才具有生长、传播、演化的特性。文化景观的传播，像不同文化适应新的环境一样，需要经过一个融合和适应的过程。在这个过程中，外来的文化景观与本土的文化景观之间要发生一种相互同化的作用。同时，文化本身为了适应新的环境而产生变异，或与当地文化融合形成新的文化景观，文化景观的发展就在于不断地互相吸取营养，结果双方互补共同进步生长的连锁反馈，这种外在的形式表现也可以理解为文化的生态演替。

（三）文化模式的本土性与民族性

唐长安风景园林的文化模式，包含了中华民族内在的哲学观念，如对于特定的自然山水环境的认知，对于特定的宇宙星象的认知，对于特定的农耕文化中产生出的天、地、人伦关系的认识。从文化的民族性、主体性和地域性上来说，文化具有相对的主观性。例如，中国人所认识的美丽的富士山和日本人所认知的神圣的富士山，具有文化意识上的区别。再如，砥柱文化、龙门文化，体现出中国固有的一种民族精神和心理图式认知，而对于其他外来民族来说，这种模式仅仅停留在美学层面的认知，并没有形成深层次的心理图式结构。所以对于文化模式的认定，必须从精神和物质两方面，进行深层次的判定，既不能陷入唯物主义的机械论，也不能陷于唯心主义的未知论。在这一点上，海德格尔所提倡的“存在主义”“诗意的栖居”等理论，则能从地域文化、民族多样性角度对于文化模式具有更加客观的认知。

文化模式的研究，从根本上来说，是挖掘中华民族集体意识中的一种深层次文化基因和千百年来形成的共同文化记忆。这种文化基因和共同文化记忆，并不具有完全的客观性和准确性，会随着历史空间的发展不断地改变。文化模式本身会受到外来文化的影响，也会受到政治的思想价值的影响，是一种集体意志和共同合力的表现。例如，龙门模式在每个时代所表现出来的精神和文化价值都有所不同，在宋、元、明、清各代，因为民族意识形态的不同而反映出来不同的特征。

文化模式的研究是需要对历史上所不断应用的、反复出现的经典案例进行整体性归纳总结的。这些典型模式上承古代文化基因而下承后世文明，对于整个本土营造理论的形成与发展具有重要的意义。从某种意义来说，文化模式研究更像是一种文化基因研究，它将文化当作生物一样来研究，研究其基因的形成机理、产生、组合和演化发展的过程，像辨析基因的类型谱系一样来辨析文化的类型谱系，为我们认识文化产生的本源与演化发展过程提供了一种客观的、科学的、具有逻辑的样本。

文化模式从根源上是围绕着特定人群形成的一种共享的认知模式，具有特定的民族性和地域性，同时，文化模式又具有演化发展性，在历史中被广泛应用，同时又不断诠释、相互影响形成新的文化模式。例如，曲江文化就是传承于儒家的曲水文化与道家的蓬莱文化的交融，而形成一种新的景观模式。在中国营造园林漫长的发展过程中，在同一的文化框架和社会习惯审美下，这种经典案例都具有一定的文化模式和空间结构特征，如同整个传统文化的发展一样，这种模式高度的同一性并且贯穿于营造设计的方方面面，成为一种设计的方法或一种深层次的内在结构，也就是类型学中提出的可以不断重复应用的类型模式。文化模式和典型范式的研究，需要从历史的长河中如大浪淘沙般不断地挖掘和提炼，更需要归纳其类型，甄别和判断其价值，进而对本土营造理论建构和当代建设形成借鉴意义。

中华文明的发展虽有阶段性，但没有间断和转移，中华文明之所以是世界上仅有的持续的、不间断的古代文明，是因为其文化精神的主旨和核心就是开放、共荣、共生等先进理念，中华民族的文化正是因为进行连续不断的进化发展，并以一种开放、包容的姿态，不断地吸收其他民族的文化，才形成一种开放包容的文化观。唐长安风景园林文化模式的传播与扩散，也是随着唐文化的整体扩散和迁徙对外输出的，而唐文化中正是因为曲水文化、八景文化、龙门文化、蓬莱文化具有文化包容性，所以才会被东亚各国所积极地应用。

第二章　唐长安风景园林的形成背景与建设概况

隋开皇元年（581年），隋国公杨坚废北周静帝，建立隋朝，设都于长安地区，但因汉长安旧址屡经战火，残破不堪，加之其水质咸卤、不宜饮用，遂在旧址西南区域建立新都，因杨坚在北周被封为大兴公，新建都城沿用其封号称为“大兴城”。隋都城由宇文恺与高颎主持规划修建，宫城居中，皇城环绕，内置衙署，最后修建外郭城，大兴城将宫阙、官府聚集于皇城内部，形成与坊市分离的格局，城市功能分区也极为明确，其规划方式借鉴了北魏洛阳城，但是相比于洛阳更为规整，清晰。

唐武德元年（618年），李渊攻占隋大兴城，改国号为唐，同时将“大兴城”更名为“长安城”。唐长安在隋大兴城的基础上进一步扩建，贞观八年（634年）建永安宫（大明宫），后成为皇帝居住理政的主要宫殿，随之城内经济、政治中心东移。初唐时期，长安城内建筑古朴简洁，自贞观之后，宫殿官邸逐渐走向奢靡。玄宗时期，长安城营建之风达到顶峰，原兴庆坊扩建成兴庆宫，城东南建设曲江公共园林。“安史之乱”之后，奢靡之风并未停止，权臣追求亭馆第舍，但长安城整体格局几乎无变化。总体上，唐长安延续近三百年，其文化具有多元性与开放性的特征，文化的繁荣昌盛也带动了风景营造的繁荣，同时给后世留下了许多珍贵的文化瑰宝。

一、唐长安城的山水环境——关中盆地

（一）群山环抱

长安位居关中，其地山河险峻，四关相守，具有天然防御边界，是古代城市营建的理想栖居地。宋敏求《长安志》云：“京城南侵终南子午谷，北据渭水，东临浐灞，西枕龙首。”[①]其城北临渭水天然河道屏障，

① 〔北宋〕宋敏求：《长安志·卷六·宫室四》，辛德勇点校，西安，三秦出版社，2013年，第1版，第231页。

南靠终南山脉，东望骊山，西有岐山、六盘山、陇山等山系，北邻渭水的自然地理环境呈现出向内聚焦的城市形态，形成了群山环绕的壶中天地。城南的终南山脉自秦汉时期就有“终南在望”之说，秦咸阳“表南山之颠以为阙”[①]，汉长安“南直子午谷”，唐长安城中也有“大明宫—大雁塔—牛背峰”的朝山轴线。另外，自唐代始，文人大夫多在终南山营建别业的传统，使得终南山极具人文色彩。就城市内部而言，台塬地貌也源于城市周围山系，横亘城市内外的龙首原、少陵原、白鹿原、神禾原，造就了长安城塬隰相间的城市格局（图2.1）。

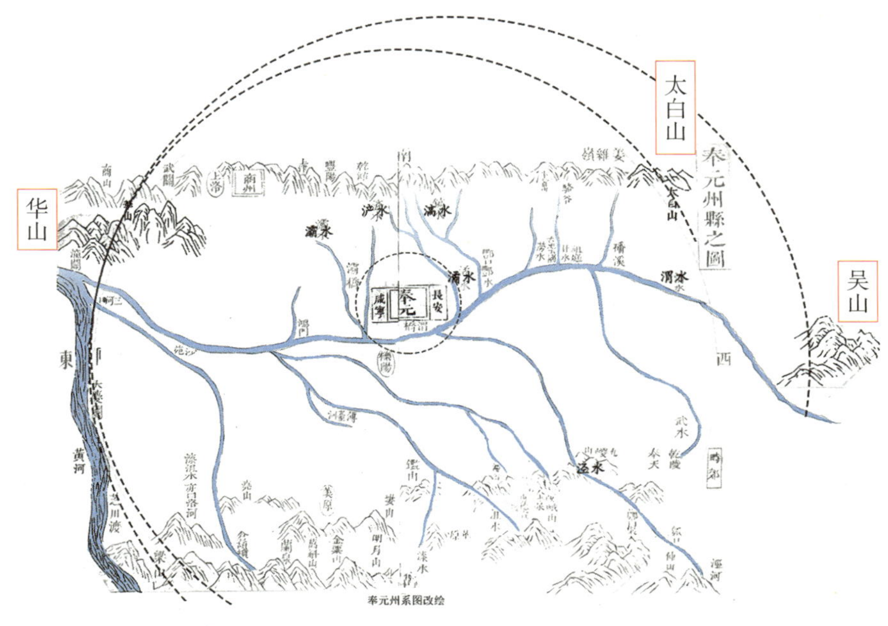

图2.1　长安群山环绕图

（图片来源：据〔元〕李好文《长安志图》改绘）

（二）八水绕城

自西汉时期，长安就有八水之说。西汉文学家司马相如的《上林赋》对长安八水有这样的描写：“终始灞浐，出入泾渭；酆镐潦潏，纡馀委蛇，经营乎其内。荡荡乎八川分流，相背而异态。”[②]“八水绕长安”一说也源自此说。长安八水指城北的泾水、渭水，城东的浐水、灞水，城

① 〔汉〕司马迁:《史记·秦始皇本纪十六》,上海,上海古籍出版社,2011年,第1版,第174页。

② 〔西汉〕司马相如:《上林赋》,哈尔滨,黑龙江美术出版社,2023年,第1版,第4页。

西的潏水、沣水、涝水，以及城南的滈水，八水均为黄河水系（表2.1），其中渭水地位尤为重要，是黄河的一级支流，而其余七水均注入渭水，成为渭水的一级支流或二级支流。围绕渭水，除泾水地处渭水北侧，浐、灞、潏、沣、涝、滈则均位于渭水之南（图2.2）。

表2.1　唐长安八水分布

河流	发源地	流经区域	与其他河流关系
泾水	宁夏回族自治区六盘山老龙潭	经甘肃省平凉市和泾川县进入陕西省，经高陵县、泾渭堡，在马东村、马西村处注入渭水	渭水最大支流
渭水	甘肃省渭源县鸟鼠山	由渭源县东南流，东西横贯关中盆地，最后在潼关县入黄河	黄河一级支流
浐水	陕西省蓝田县南山谷	流经白鹿原西和少陵原东，经魏寨乡，在东灞桥区十里铺附近注入灞水，合灞水北流入渭。	渭水二级支流，灞水最大支流
灞水	陕西省蓝田县渭源乡麻家村秦岭北坡	灞源、冯家湾、玉山镇等	渭水一级支流
沣水	陕西省长安县内终南山北侧的丰谷	丰溪口、秦渡镇、客省庄、三里桥、一支在咸阳东丰东乡邵家村入渭，另一支在长安县西马坊村入渭。	渭水一级支流
滈水	陕西省终南山石砭峪	经清岔流入石砭峪水库，出峪后经王曲、皇甫至香积寺汇入潏水	沣水之东，潏水之西，渭水三级支流
涝水	陕西省户县南部秦岭中	在元村十二户东北直入渭水	渭水一级支流
潏水	陕西省长安县终南山大义峪	从咸宁皇子陂入境，经长安县申店乡丈八沟、鱼化寨、三桥镇东，北流入渭水	渭水一级支流

渭水，发源于甘肃省渭源县鸟鼠山，由渭源县东南流，东西横贯关中盆地，北岸有泾水、石川水注入，南岸有灞水、沣水、涝水汇入，最后在潼关县入黄河。渭水是流经关中地区的最大河流，流经长安之北，从春秋时期到秦汉、隋唐，渭河都是重要航道。渭水两岸支流发育具有较大的差异性，支流数量总体呈现出南多北少，渭水南侧支流均发源于秦岭山脉，唐长安城则地处两者之间，加之城东骊山崇高地势，使得长安地区总体呈现出东南高、西北低的格局。渭水支流走向与地形地势相一致，除了个别支流呈现西南—东北流向，其余均由东南流向西北方向。

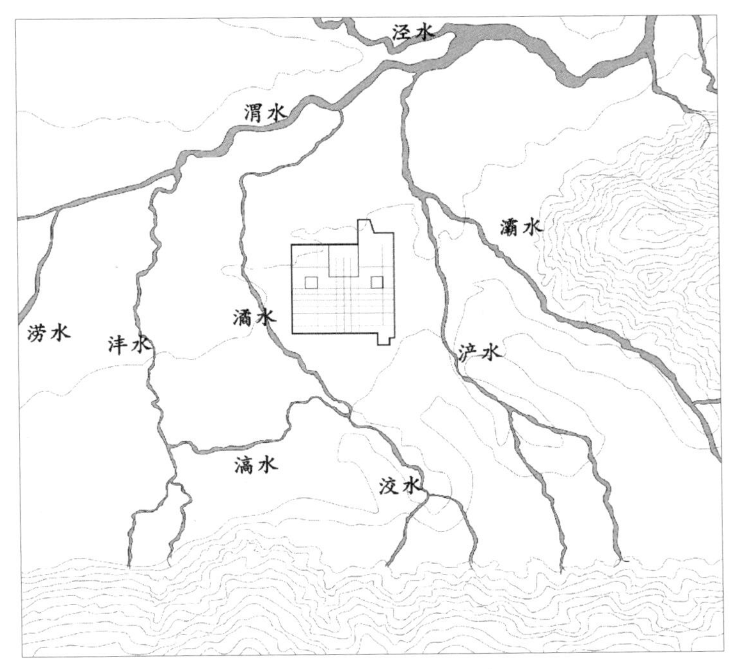

图2.2　唐长安八水绕城

（图片来源:作者自绘）

泾水，发源于宁夏回族自治区六盘山中南部老龙潭，经甘肃省平凉市和泾川县进入陕西省，经高陵县、泾渭堡，在马东村、马西村处注入渭水，是渭水最大支流。《白渠谣》云："泾水一石，其泥数斗，且溉且粪，长我禾黍。"泾河是关中平原上开发利用得最早的河流之一，战国时期开凿的郑国渠、汉代修建的六辅渠、白渠，关中地区因此而成为千里沃野。

灞水，发源于陕西省蓝田县渭源乡麻家村附近的秦岭北坡，流经灞源、冯家湾、玉山镇等地区。浐水与灞水合流入渭，灞水也是汉唐长安的天然屏障，灞水原名滋水，春秋时期为纪念秦穆公的功绩，将滋水更名为灞水。西汉时期，汉文帝死后，在灞水西岸修建霸陵。此外，灞水是长安城东重要的交通要道，唐代在此设立驿站，亲友出行多在此地折柳相送，唐代杨巨源诗云："杨柳含烟灞岸春，年年攀折为行人。"灞水旁遍植柳树，春日柳絮如雪飘散，即为长安八景之一的"灞桥风雪"所描绘的景色。

浐水，发源于陕西省蓝田县南山谷，《水经》有云："浐水出京兆蓝田谷。"流经白鹿原西和少陵原东，经魏寨乡，在东灞桥区十里铺附近注入灞水，之后合灞水北流入渭，是灞水的一级支流，渭水的二级支流。浐水毗邻长安城东，长安五渠中的龙首渠、黄渠均引自浐水，流向惠施城东各坊、曲江池、兴庆宫等。

沣水，发源于陕西省长安县内终南山北侧的丰谷，流经丰溪口、秦渡镇、客省庄、三里桥，一支在咸阳东丰东乡邵家村入渭，另一支在长安县西马坊村入渭水。全河可分为三段，由丰溪口至秦渡镇是上游，从秦渡镇至客省庄是中游，从客省庄至渭水是下游。据记载，大禹曾经治理过沣河，西周的丰、镐二京就建在沣河东西两岸。秦咸阳、汉长安也位于沣河、渭河交汇处。

滈水，发源于陕西省终南山石砭峪，经清岔流入石砭峪水库，出峪后经王曲、皇甫至香积寺汇入潏水。滈水处于沣水之东、潏水之西，是渭水三级支流。《类编长安志》中有记载："滈水：按《长安图》，本南山石鳖谷水，至香积寺与沉珂交，谓之洨河。西北入石巷口，灌昆明池，北入古镐京，谓之镐水。"[①]滈水上游称为洨水，发源于南五台山石鳖谷，向西北流经香积寺，向西汇入沣水。

潏水，发源于陕西省长安县终南山大义峪，从咸宁皇子陂入境，经长安县申店乡丈八沟、鱼化寨、三桥镇东，北流入渭水，是渭水的一级支流。潏水在牛头寺院分流，一支径流经由香积寺南部汇入洨水，继续西流在渡镇附近注入沣水，另一支则径直北上。汉长安城的主要生活、生产用水均来自潏水。隋唐时期杜正伦绕着神禾原的北侧开掘了一条人工河道，自此潏水改道流入沣水。唐代的清明渠的水源也来自潏水，宋代的张礼《游城南记》曰："清明渠，隋开皇初引沈水西北流，曲而东流入城。"[②]这里的沈水即指代潏水。

涝水，发源于陕西省户县南部秦岭山脉中，汉代时期流经上林苑，也称"潦水"，司马相如《上林赋》中记载"终始灞浐，出入泾渭；酆镐潦潏，纡馀委蛇，经营乎其内。"[③]涝水在唐代处于长安城外西侧，上游流经秦岭山脉的众多山区沟壑，出秦岭则进入渭水平原，流域平坦，滋育沿线农田沃野，最终在元村十二户东北方向注入渭水。

长安八水对于城市有着重要意义，不仅是城市生产、生活用水的来源，同时起到城市景观水源与调节关中盆地气候的作用。另外八水对城

① 〔元〕骆天骧：《类编长安志·卷六·山水》，黄永年点校，北京，中华书局，1990年，第1版，第172–173页。

② 〔宋〕张礼：《游城南记》，上海，上海古籍出版社，1993年，第1版，第30–40页。

③ 〔西汉〕司马相如：《上林赋》，哈尔滨，黑龙江美术出版社，2023年，第1版，第4页。

市内部的漕运提供基础，隋唐长安以“长安八水”为源，开凿龙首渠、永安渠、清明渠、黄渠、漕渠五条人工引水渠，形成城市灌溉网络系统，将城外之水引入城内，以供城市用水需求。长安五渠分布于城市西部、东南部、西北部，满足了城市内部各个区域的生产、生活用水，并建立漕运用水、景观用水系统（见图2.2）。

（三）“六爻”塬地

长安城建于今关中平原之上，此地气候温暖湿润，土壤肥沃，物质资源丰富，交通便利。长安城在隋唐时期位于龙首原南部，秦岭之北，渭水之南。地势东南高、西北低，有六条横亘于龙首原之上的高坡通贯全城。其建都史最早可追溯到西周时期的镐京和丰京，当时周人的活动遍布于此，后秦始皇建都咸阳，西汉建都长安，隋唐建都长安，可以说长安是唐代以前国家立都的首选之地，具有丰富的都城营建历史。

隋文帝在建都时，考虑到汉长安城环境恶化，“汉营此城，经今将八百岁，水皆咸卤，不甚宜人”，渭水不断南移，汉长安城有被淹没的危险，以及宫室破败年久失修，不能与新朝相匹配，因而决定营建新都。大兴城的营建十分迅速，十个月内便完成了宫城、皇城、外郭城等大兴城的主体建筑。曲江依旧延续了汉代作为风景区的功能。除此之外，为解决城市供水问题，还在大兴城周边开凿了龙首渠、清明渠和永安渠，永安渠和清明渠分别引自洨水和潏水，都流经宫城与皇城。这三条河渠的开凿，基本满足了城内供水的需求。

隋开皇二年（582年），在汉长安东南龙首山南部台塬营建隋大兴城，其地“川原秀丽，卉物滋阜”，虽为台塬，整体上广袤开阔，但实则塬隰相间，错落起伏。广义的龙首原是指从南山北麓伸向渭河的诸高冈梁塬的统称，程大昌《雍录》记载：“（龙首原）北行之势，垂坡东下，以为平原，是为龙首原也。原有六坡，隐起平地。隋文帝包据六坡，以为都城，名曰大兴，以其正殿亦名大兴。大兴殿所据，即其东垂之坡，自北而南第二坡也。”[①]长安六爻即横亘于长安城内的六条黄土台塬，是龙首原向西发育的支脉，这些黄土台塬地处高地，不仅具有军事上的防御意义，而且统领全城，是城市视线的聚焦点，是建造宫阙、官府、佛塔、道观的形胜之地（见图2.3）。

① 〔宋〕程大昌：《雍录》，黄永年点校，北京，中华书局，2005年，第1版，第26-35页。

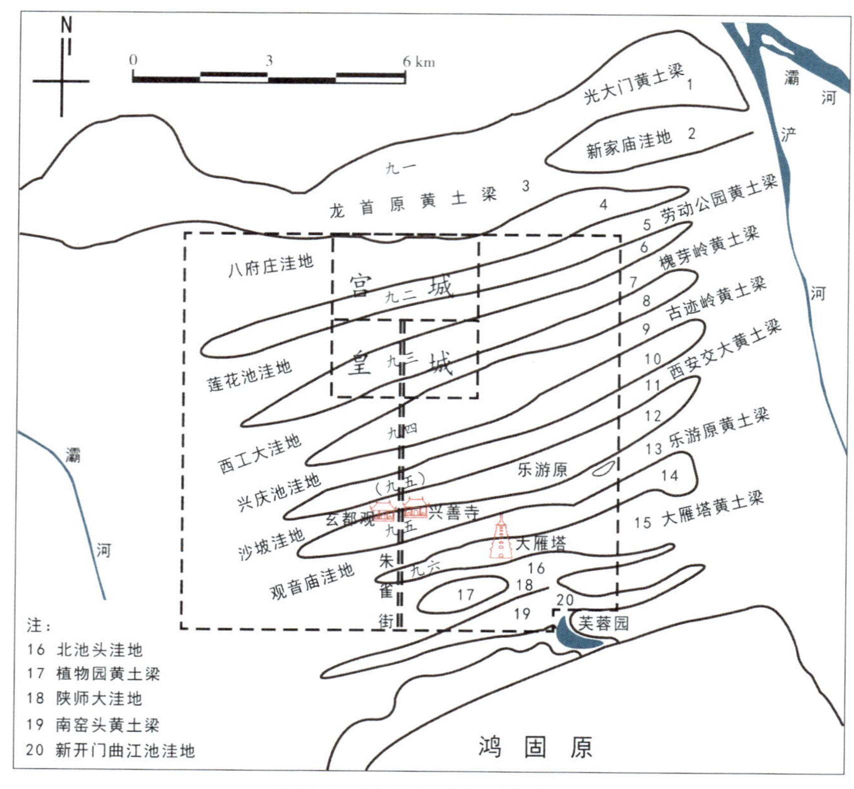

图2.3　隋大兴城六爻与曲江

（图片来源：摹自李令福《隋大兴城的兴建及其对塬隰地形的利用》）

二、唐长安的宗教思想和理想景观

中国古代本土宗教文化主要是儒教和道教，其生根于传统文化的土壤，蕴含了早期中国先民探索发现的自然、哲学等方面的文明智慧。春秋时期，以孔子为代表的儒家，通过对《周易》《周礼》等经典文化的传承发扬，奠定了儒家在中华文化中的主导和统治地位。以老子、庄子为代表的道家，集古圣先贤之大智慧，总结了古老的道家思想的精华，形成了无所为而无所不为的道德理论。东汉末年道教以黄、老道家思想为理论根据，承袭春秋战国以来的神仙方术，融会《河图洛书》《易经》[①]等经典著作中的理论，形成了朴素的具有辩证思想的道教文化。东汉年

① 《三易》之一（另有观点：认为易经即三易，而非周易），是传统经典之一，相传系周文王姬昌所作，内容包括《经》和《传》两个部分。《经》主要是六十四卦和三百八十四爻，卦和爻各有说明（卦辞、爻辞），作为占卜之用。

间，佛教西来，经历了汉、晋、南北朝等多个朝代的发展与演化，形成可以与儒教、道教分庭抗礼的宗教文化，影响甚为广泛。至唐代，在政治领域，形成以儒学为立国之本，在思想领域，则形成了儒、释、道长期并存的局面。在唐代发展的近三百年间，儒、释、道思想互相交融，成为唐长安风景园林营造思想的主要来源。

（一）儒家的“礼乐”思想及其理想景观

1.儒家的“礼乐”思想

中国古代城市风景园林营建在漫长历史中深受儒家思想的影响，儒家继承了周朝的礼制与礼乐文化，其思想主要反映在儒家经典的《周礼》中，“礼制尊，统于一”，“礼”源于“天道”，形成于上古时代的祭祀与习俗，用于规范人们的行为、区别人世间的是非对错；乐的感性形式就是礼的仪式、规范，乐的内容则是尊卑贵贱的等级观念和孝悌、忠恕的伦理观念。儒家认为，礼为德之端，乐为德之华。礼是最高行为规范和指导思想，乐则用于协调秩序、促进和谐，即“用乐之和弥补礼之分”。礼的根本在乐和诗，礼要靠乐和诗来风行天下，“礼乐”文化的本质在于引导人心向善，而“美善合一”是孔子所推崇的礼乐文明的最高境界。

礼乐思想反映了儒家对于天道、天命的继承，强调“天道”与“人为”合一的精神①。由此反映出，古代人民将“天”视为具有人格与意志的最高主宰，通过对天象的观察来思考人事，“与天同者大治，与天异者大乱”，则是对天人合一思想的解释。孔子在礼乐文化的基础上，提出仁政思想以及“仁”和“礼”的治国原则。

2.儒家的理想世界及其“营国制度”

“大同世界”是儒家所孜孜以求的理想社会，体现了孔子对上古尧、舜时代的高度崇敬与对人类美好未来的憧憬。孔子曰：“大道之行也，天下为公。选贤与能，讲信修睦。故人不独亲其亲，不独子其子，使老有所终，壮有所用，幼有所长，鳏、寡、孤、独、废疾者，皆有所养，男有分，女有归。货恶其弃于地也，不必藏于己；力恶其不出于身也，不必为己。是故谋闭而不兴，盗窃乱贼而不作，故外户而不闭，是谓大同。”②大同世界，是在儒家所倡导的“礼乐”的基础上而建立的，“大

① 参见王树声：《“天人合一”思想与中国古代人居环境建设》，《西北大学学报（自然科学版）》2009年第5期。

② 〔西汉〕戴圣：《礼记·礼运》，张博编译，沈阳，万卷出版公司，2019年，第1版，第185-197页。

同”即是将“同”收摄于一个整体的“和”的视域之中。如“天子作民父母，以为天下王”[①]，“上治祖祢，尊尊也，下治子孙，亲亲也，旁治昆弟，合族以食，序以昭缪，别之以礼义，人道竭矣”[②]。在儒家看来，大同世界是绝对完美的，它超越了民族、国家乃至文化的差别，而“大同世界”的形成，则需要民众遵循“礼”“义”、心生“仁”爱，故孔子提出：“克己复礼为仁。”（《论语·颜渊》）“克己”就是约束自己，这是内在的心性道德要求；“复礼”就是符合礼制的行为规范。所以，儒家理想中的“大同世界”的营建，在《周礼》中有着明确的规定，大至天下九州、天文历法、一城一国，小至宫室、沟洫、道路，都是遵循礼制和相应的尊卑等级而建立的[③]。《周礼》的思想对中国古代的城市及其风景建设都产生了重要的影响，主要体现在以下几个方面：

首先，《周礼》建立了五服的差序格局和国家层次，以及九畿、九服[④]的“天下”概念。《周礼》曰：“惟王建国，辨方正位，体国经野，设官分职，以为民极。”通过平行于五服、九服等封疆层次和具有差序的政治与礼乐制度，形成了王室权威从中心向外围扩散、渐次减弱的空间格局，确立了包含山水空间秩序在内的国家政治秩序。

其次，《周礼》建立了四方、五岳、九镇和王城之择“地中”的关系。而在礼乐秩序上，基于天象、山川的权力象征和祭祀体系，如星象对位，五岳、九镇的识别、命名及主祭者等级对应的祭祀体系，如《春官·保章氏》有“以星土辨九州之地，所封封域皆有分星”[⑤]，同时《春官·大宗伯》还明确了其他山川、百物的识别，以及相应的差序祭祀体系[⑥]，即，明确了周王或其代表对天地、日月、风雨、鬼神及疆域内五

① 〔春秋〕孔子：《尚书·卷十二·洪范（下）》，北京，中华书局，1986年，第1版，第306页。

② 〔西汉〕戴圣：《礼记·大传》，张博编译，沈阳，万卷出版公司，2019年，第1版，第285-301页。

③ 参见贺业矩：《考工记营国制度研究》，北京，中国建筑工业出版社，1985年，第1版，第1-38页。

④ 五服，周王室近亲或有功殷商贵族组成的邦国体系，即《地官·大司徒》所言的公、侯、伯、子、男。而九畿、九服和九州之制，是在五服的血缘型邦国层次上，又叠加了华夷空间划分。其中，九畿为《夏官·大司马》中所谓的侯畿、甸畿、男畿、采畿、卫畿、蛮畿、夷畿、镇畿、蕃畿；九服为《夏官·职方氏》中与九畿基本对应的侯服、甸服、男服、采服、卫服、蛮服、夷服、镇服、蕃服。而五服基本在“九州”疆界范围内，即“九州之外，夷服、镇服、蕃服也”。

⑤ 杨天宇：《〈周礼〉译注》，上海，上海古籍出版社，2004年，第1版，第380页。

⑥ 《春官·大宗伯》云：“大宗伯之职，掌建邦之天神、人鬼、地示之礼，以佐王建保邦国。以吉礼事邦国之鬼神示，以禋祀祀昊天上帝，以实柴祀日、月、星、辰，以槱燎祀司中、司命、风师、雨师，以血祭祭社稷、五祀、五岳，以狸沉祭山林、川泽，以疈辜祭四方、百物。”杨天宇：《〈周礼〉译注》，上海，上海古籍出版社，2004年，第1版，第274-275页。

岳、四方的祭祀仪典，并成为国家政治秩序建构的重要组成部分。

再次，《周礼》在城市营造上确立了“营国制度”和等级规范。《周礼·考工记》记载：“匠人营国，方九里，旁三门。国中九经九纬，经涂九轨。左祖右社，前朝后市，市朝一夫。”①《周礼》中的“营国制度”是儒家思想对古代城市规划影响最为直接的体现（见图2.4）。它描绘的规则方正、均衡对称、经纬方格、中心轴线的理想化模式，均来源于“礼”。《礼记》云：“礼者，天地之序也。”“序”即为“礼”的核心思想，礼制思想与等级制度的联系，逐渐演化成社会规范，地上建筑与环境的东、西、南、北方位对应，亦使用标志天上四大方位的“四象”或“四灵”符号，反映了对自然空间以及环境注重协调统一的思想观念，如建筑开间、屋顶形式、院落进数、斗拱梁栋、装饰彩画、屋顶脊兽等均有礼制规范约束。《礼记·礼器》就曾对坛台的尺度做了规定：“天子之堂九尺，诸侯七尺，大夫五尺，士三尺；天子、诸侯台门。此以高为贵也。”②这种有序的等级制度实则是封建社会关系在建筑上的反映。

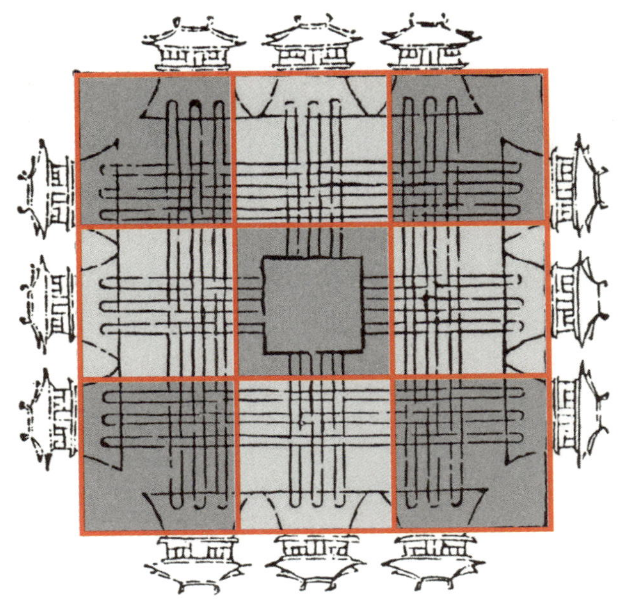

图2.4 《周礼》九宫布局

［图片来源：作者改绘自清康熙五十四年（1715年）《三礼图考》］

① 杨天宇：《〈周礼〉译注》，上海，上海古籍出版社，2004年，第1版，第665页。

② 〔西汉〕戴圣：《礼记·礼器》，张博编译，沈阳，万卷出版公司，2019年，第1版，第178-195页。

（二）道家的“道法自然”思想及其理想景观

先秦时期，道家思想处于萌发阶段，关于宇宙的形成，“道之形成说”认为“道”即是宇宙。老子《道德经》记载：“天下万物生于有，有生于无”，且“道生一，一生二，二生三，三生万物”[①]。“道”生万物，是一切物质的起源，老子的《道德经》以宇宙发生论为视角，肯定了道是宇宙的终极存在，以及“有”与“无”之间的相对关系。另外，道教奉行神仙思想，追求长生不老，认为通过修炼可以得道成仙，进而升入仙境——神仙居住之地。道家对神仙的向往和追求，也表现在道家对宇宙世界的建构上。

1.道家哲学思想——“道法自然”

“道法自然”是道家哲学的核心，老子哲学常常被称为一种“自然”哲学，在对待人与自然的关系上，道家主张“道法自然”的自然观。在老子的理念中，“道”生成万物，即“人法地，地法天，天法道，道法自然。”[②]庄子认为圣人就是应该顺应自然，以“无为而尊”。庄子认为：“夫虚静、恬淡、寂漠、无为者，天地之平而道德之至也，故帝王、圣人休焉。”[③]也就是说，“无为”是自然之道。中国古代道家推崇的“自然之道”，在古代城市规划建设中体现出一种极具生态意识的规划思想。例如，“营城必治野”，即在建设城市的同时，对城市内外的自然与人工环境进行同步的环境整治，这也是遵循“自然之道”的体现。此外，道家还继承了《易经》中的核心思想，将自然（天、地）与人作为整体来考虑。[④]《易经》认为，宇宙万物皆相互联系和依存，特别是天象的变化往往与人事相关，通过观测星象来推断时事成为道家预测未知的一种方法。《周易》有云：“观乎天文，以察时变；观乎人文，以化成天下。”[⑤]在道家思想的影响下，城市营建中形成了“象天法地”与“形胜”理念，并以“取势”为城市选址的原则。

2.道家仙境模式——蓬莱、“十洲三岛”、洞天福地

道家仙境模式包括“蓬莱”“十洲三岛”“洞天福地”等。蓬莱仙山，有“三山”或“五山”之说，三山，即蓬莱、方丈和瀛洲。“五山”，即

---

① 〔春秋〕老子：《道德经》，徐澍、刘浩注译，合肥，安徽人民出版社，1990年，第1版，第110-124页。

② 〔春秋〕老子：《道德经》，徐澍、刘浩注译，合肥，安徽人民出版社，1990年，第1版，第70-80页。

③ 〔战国〕庄周：《庄子·外篇·天道》，孙通海译注，北京，中华书局，2007年，第1版，第211页。

④ 参见周干峙：《中国城市传统理念初析》，《城市规划》1997年第6期。

⑤ 〔西周〕姬昌：《周易·卷三·贲卦第二十二》，黄寿祺、张善文译注，上海，上海古籍出版社，2016年，第1版，第310-321页。

在三山基础上加入“岱舆”“员峤”两神山。据战国时期的《列子·汤问》云：“渤海之东不知几亿万里，有大壑焉，实惟无底之谷，其下无底，名曰归墟。八纮九野之水，天汉之流，莫不注之，而无增无减焉。其中有五山焉：一曰岱舆，二曰员峤，三曰方壶，四曰瀛洲，五曰蓬莱。”[①]《搜神记》中则将三山或三岛扩充成为九岛，“上岛三洲谓蓬莱、方丈、瀛洲也，中岛三洲谓芙蓉、板苑、瑶池也，下岛三洲谓赤城、玄关、桃源也。三岛九州鼎峙混一之中，又有洲曰紫府，踞三岛之间”[②]。另外，对于岛上建筑《上清道类事相》描述：“蓬莱山有金楼阁，高六百四十里”[③]，《山海经》亦记载：“蓬莱山在海中。上有仙人宫室，皆以金玉为之，鸟兽尽白，望之如云，在渤海中也。”“蓬莱之山，玉碧构林。金台云馆，皓哉兽禽。实维灵府，玉主甘心。”[④]后世诸多画家也根据历史记载描述来绘制出心中的蓬莱仙境（见图2.5）。

图2.5 〔清〕袁耀《九成宫图》(蓬莱想象图)

(图片来源:天津博物馆藏)

① 〔战国〕列御寇:《列子·汤问》,张燕婴、王国轩等译注,北京,中华书局,2012年,第1版,第136页。

② 〔晋〕干宝:《搜神记》,北京,中国书店,2018年,第1版,第10-15页。

③ 〔唐〕王悬河:《上清道类事相·卷二·洞神经》,上海,上海商务印书馆,1923年,第1版,第25-31页。

④ 〔晋〕郭璞注:《山海经·卷十二·海内北经》,周明初校注,杭州,浙江古籍出版社,2000年,第1版,第191-192页。

“十洲三岛”模式形成于东晋时期，道教在蓬莱仙山“三山一池”的基础上将其扩充为“十洲三岛”。“十洲”即：瀛洲、玄洲、长洲、流洲、聚窟洲、生洲、祖洲、炎洲、凤麟洲、元洲；三岛即：蓬莱、瀛洲、方丈。《洞天福地岳渎名山记》记载：“十洲三岛、五岳诸山皆在昆仑之四方、巨海之中，神仙所居，五帝所理，非世人之所到也。”[①]此外，道教发展了“三十二天”学说，《法苑珠林》记载：“天有三十二种，欲界有十，色界有十八，无色界有四，合有三十二天也。”[②]其后进而发展形成“三十六洞天、七十二福地”的学说，认为除海外仙山以外，神仙居所还存在于名山大川之中，“洞天福地”被当作贯通天地的神仙居所，实指历代道士修炼之场所，东晋时期《道迹经》记载：“五岳及名山皆有洞室。”

（三）佛教的“万物一体”思想及其理想景观

1.佛教哲学思想——“万物一体”

佛教起源于二千五百年前的古印度（天竺），随着汉末佛教传入中国并历经了魏晋、隋唐而兴盛，从士大夫到平民百姓阶层都对这种提倡“慈悲为怀”“众生平等”的宗教产生了浓厚的兴趣。佛教虽为外来文化和外源宗教，但自东汉传入以来，逐渐与中华民族原有的信仰体系相互融合，并成为中国民族文化的一个有机部分。

“万物一体”[③]为佛教的核心哲学观念，佛教创始人乔答摩·悉达多认为“万物”属于“果相”，而大部分人根据“果相”去为人处世，就是把“果”当作了“因”，而把本是“因”的“我执”当作了“果”。这都是一种无常“我相”，皆空性，二元性境界本属空相，“万物”亦本属幻相，只因心中有执念，而将幻相信以为真。“万物”只不过是心识的一面镜子，对“万物”烦恼与苦难的看法及其诠释，必然来自其背后的执念，要想彻底摆脱这种二元幻相，就必须“化二为一”，从一体性的本质去重新看待问题，所以“无我相”且无“众生相”，进而“无分别心”“无执念”进入“万物一体”的大乘境界。

佛教认为“一阐提人皆得成佛”“一切众生，皆当作佛”，说明一切

① 〔五代〕杜光庭：《〈洞天福地岳渎名山记〉全译》，贵阳，贵州人民出版社，1999年，第1版，第3-9页。

② 〔唐〕释道世：《法苑珠林·卷五》，北京，中华书局，2003年，第1版，第133-134页。

③ 参见刘培功、单虹泽：《从“大同世界”到“万物一体”——论儒家人类命运共同体思想及其当代价值》，《河南社会科学》2019年第8期。

众生皆可得佛性，因而是绝对平等的，“佛性”与“众生之性”是相通达的。基于“万物一体”和“众生平等”的基本观念，佛教还提出了“业力轮回”及“因果报应”，建立了人的前世、来世、今世的三世之间的时空关系，并以“佛性”或“众生之性”为基础在此世建立起一种“慈悲共同体”，让时间在空间结构的心理真实中流动，让众生都依据自己的善业或恶业，在前世、今生、来世，以及地狱、人间和莲花般的佛国净土中得到不同的归宿，由此传达出佛教的善念旨义和普度众生的力量密境。[①]

2.佛教理想世界——“大千世界”与“须弥山”

佛教宇宙观是佛陀对世界的认知，佛经中“芥子须弥”的表述即展现出了佛教宇宙观中世界的微小与广袤无垠，其所蕴含的空间是佛陀和众生所居住的“大千世界”。佛典以三个大千世界为一佛土，每一大千世界由无数小世界所构成[②]，佛教《法华经》云：“三千大千世界，抹为微尘。”佛教称广大的世界为“大千世界”，而每一“大千世界”历劫则碎为一微尘，所以佛教认为“一微尘可观大千世界，一滴水可见日月天光。一法通则万法通，观一物可观万物。宇宙万物同一气，一气可通宇宙万物”。

佛教在建立“因果轮回”“大千世界”观念的同时，还描绘了一个“超越轮回”的佛国净土世界——“须弥山”，亦称宝山、妙高山、妙光山，是佛教经义中的极乐世界。须弥山是由金、银、琉璃和玻璃四宝所构成的神山；山高八万四千由旬[③]；山顶为帝释天，四面山腰为四天王天；周围是七香海和七金山（七轮围山），第七金山外有铁围山所围绕的咸海，咸海之中有四大部洲，佛国净土是由无数个这样的须弥世界构成的。

在须弥世界中，“自无色界至海底风轮，以须弥山为中心，周边围绕四大部洲、九山八海及日月，构成了须弥世界的基本体系。”[④]须弥山“九山八海”“四大部洲”等的空间布局中，均体现着佛教宇宙观中严格

---

① 参见唐小蓉、陈昌文：《藏传佛教物象世界的格式塔：时间与空间》，《宗教学研究》2012年第1期。

② “千四大洲，乃至梵世。如是总说，为一小千；千倍小千，名一中千界；千中千界，总名一大千；如是大千，同成同坏。”〔印〕世亲：《阿毗达摩俱舍论·卷十一》，〔唐〕玄奘译，北京，宗教文化出版社，2019年，第1版，第260-288页。

③ 由旬是古印度计算距离的单位，1由旬可能约13千米。

④ 赵晓峰、毛立新：《“须弥山”空间模式图形化及其对佛寺空间格局的影响》，《建筑学报》2017年增刊第2期，第92-98页。

的层级性，其向心、对称的空间格局体现的是以须弥山为“点”，以东、南、西、北四个方位构成“十字”及“方”“圆”涵盖为要素的空间模式。这一空间秩序在须弥世界中的各大部洲、园囿及其他建筑中也有所体现。

佛教学说较早就传入中国，在唐代，佛教的理想景观——“须弥山”——已广为传颂。如，唐敦煌遗书《三界九地之图》就从上往下描绘了佛教世界中的无色界四天、色界十八天、欲界六天、日宫、月宫、四大洲、九山八海、地狱、金轮、水轮、风轮、虚空等，系依据唐玄奘的佛经译本所绘制，是我国对佛经中须弥山空间图像最早的描绘（见图2.6），该图是“目前发现的世界上最早最完整的佛教三界九地图，也是最早最完整的佛教三千大千世界图、佛教天人合一图。”[①]据《佛说长阿含经》中载：“以何因缘有须弥山？有乱风起，吹此水沫造须弥山。”[②]更为系统和完善的说法见于《彰所知论》：“成世界因……从空界中十方风起……于地轮上复澍大雨，即成大海，被风钻击，精妙品聚成妙高山。”[③]此皆记载须弥山是由大海之中的强风搅拌而成的，并成为统帅一小世界的中心。《阿毗达摩俱舍论》中的《分别世品》载：“于金轮上有九大山，妙高山王处中而住，余八周匝绕妙高山。于八山中前七名内，第七山外有大洲等。此外复有铁轮围山，周匝如轮，围一世界。”[④]可以看出，须弥世界的空间布局水平方向上，以须弥山为中轴构成“九山八海”的格局；垂直方向上，自下而上由海下四轮（虚空轮、风轮、水轮、地轮）和须弥山组成欲界、色界及无色界。[⑤]图像形式的须弥山模式主要存在于敦煌壁画中，主要表现形式为莫高窟经变，包括华严经变、文殊经变、维摩诘经变等。

3.佛教空间的中国化

佛教自东汉由丝绸之路传入中原以来，逐渐融入中华民族的信仰体系，最终形成了中国特有的佛教理想景观模式，主要表现在佛域空间的地理山水择址、建筑空间格局、园林景观要素等，这种景观模式同样与

---

① 王韦韬:《敦煌中晚唐须弥山图像龙王考》,《艺术品鉴》2018年第8期。

② 〔后秦〕佛陀耶舍:《佛说长阿含经·卷二十一·平江府碛砂延圣寺》,上海,上海古籍出版社,1995年,第1版,第1216-1306页。

③ 转引自丁剑:《佛教宇宙观对佛教建筑及其园林环境的影响研究——以北方汉传佛教建筑为例》,硕士学位论文,河北工业大学,2015年。

④ 〔印〕世亲:《阿毗达摩俱舍论·卷八至卷十一·分别世品》,〔唐〕玄奘译,北京,宗教文化出版社,2019年,第1版,第190-288页。

⑤ 参见王韦韬:《4至10世纪敦煌地区须弥山图像研究》,硕士学位论文,南京艺术学院,2018年。

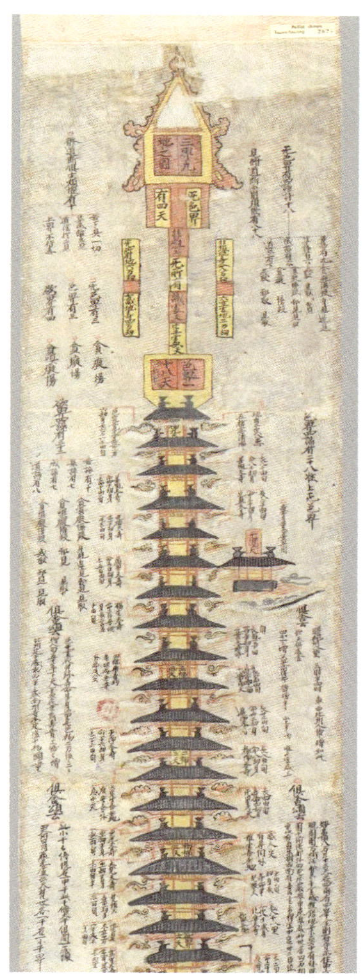

图2.6　佛教景观原型——《三界九地之图》

（图片来源：敦煌遗书P.2824法国国家图书馆藏）

须弥世界的宇宙模式密不可分。佛教传入以来，先后在各地建立佛刹作为其主要的传播场所。最早的佛寺是于东汉洛阳所建的白马寺，其佛寺建筑群落空间布局以佛塔为中心，周匝环绕廊庑，形成类似须弥山的宇宙空间模式，见于《魏书·释老志》："自洛中构白马寺……为四方式。凡宫塔制度，犹依天竺旧状而重构之。"①此外北魏洛阳永宁寺、三国洛阳佛图寺，均呈东汉制。《魏书·释老志》载："（魏明帝）徙于道阙，

① 〔北齐〕魏收：《魏书·卷一百一十四》，上海，汉语大词典出版社，2004年，第1版，第2443页。

为（佛图寺）作周阁百间。”[①]《后汉书·陶谦传》载：“（佛图寺）上累金盘，下为重楼，又堂阁周回。”[②]其均体现出佛寺以佛塔为中心，呈回字形布局，象征须弥世界的宇宙空间模式。在禅宗佛法的影响下，佛寺在处理建筑与自然景观环境的关系上，通过佛教活动，形成具有佛教思想文化精神的“佛域空间”，产生了一系列各具地域特色的“须弥圣境”。中唐后期，佛教将这种思想艺术与终南山山水形胜相融合，主要表现为伽蓝七堂和五方布局，并形成一定的空间范式，影响了后世各地的寺庙和佛教圣地的风景营造。

三、唐代人物生活、诗词、绘画与风景营造

（一）唐代人物及其风景营造思想

唐朝时政治统一，疆域广大，经济繁荣昌盛，文化兼容并蓄。唐代的文人士大夫常参与风景营造，文人寄情于山水，通过风景营造表达闲情雅致，同时其诗文、绘画使得山水园林文化进一步传播，并逐渐演变为书、画、诗文、园四位一体的园林模式。如唐代的王维、柳宗元、白居易、杜甫等均在诗文、绘画方面记述了其山水园林的特点以及意境的塑造，在园林史中留下了自己独特的印记。

王维，唐朝著名诗人、画家、造园家，被称为南宗画鼻祖，王维辋川别业是在初唐诗人宋之问所建造的蓝田别业的基础上整治扩建而成的。王维将山水画的构图和立意运用在辋川二十景的修建上，使得每一处景色不仅具有形式上的美，而且具有意境之美。另外，《山水诀》《山水论》作为画论在后世广为流传，其内容除论述了山水画作的技法以外，还记述了众多山水营造的手法，例如：“远山无石，隐隐如眉”，指出山水营造的远近关系；“山腰掩抱，寺舍可安”，则指出建筑的选址原则与要求；“主峰最宜高耸，客山须是奔趋”，则表明山体选择的主次之别；“水断处则烟树，水阔处则征帆。临流石岸，欹奇而水痕”，则反映了园林营造中的理水方式以及植物与水体之间的联系。

唐代大诗人柳宗元可以称之为理论与实践并重的风景营造家，他的

---

① 〔北齐〕魏收：《魏书·卷一百一十四》，上海，汉语大词典出版社，2004年，第1版，第2443页。

② 〔南朝宋〕范晔：《后汉书·卷一百三》，上海，汉语大词典出版社，2004年，第1版，第1448页。

风景营造与其被贬生活息息相关。在永贞革新失败后，柳宗元被贬往永州，任职司马，其间积极参与地方风景营造，建造了法华寺雨亭、龙兴寺西轩与龙兴寺东丘等多处景点。柳宗元在永州建有八愚园林，并于园中溪石上题有《八愚诗》[①]。其营建中对丘、泉、沟、池、堂、亭、岛、嘉木、异石等要素的因借，而使园林中的不同景观在空间上相互联系，人工构筑与自然元素相互融合，而又有步移景异之趣。柳宗元继承了前人园林营造的经验，通过“以画造园”的方式渲染园林意境，另外总结归纳前人的经验，开拓“以文传园”的方式，使得园林艺术进一步流传。柳宗元在《永州龙兴寺东丘记》记载：“旷如也，奥如也，如斯而已。”他认为园林的意境创造可以分为两种，即“旷”和“奥”，“旷”指的是一种大尺度范围的旷远广阔的意境，而“奥”则是小而隐匿、宁静悠远的小尺度空间上的感受。

白居易是唐代文人造园家中的代表人物。他有大量的诗歌、文章描写山水园林，并且通过造园实践总结理论知识。白居易认为，郊野园林需要与环境相契合，顺应原生野趣。造园的意义不仅在于物质享受，而且在于陶冶高尚情操、养心怡性，园林营造是心性与心境物化的结果，通过营造幽深的环境来达到心境上的平和。白居易先后营造了四处别业园林，即庐山草堂、洛阳履道坊宅园、长安新昌坊宅院以及渭水别墅园，并且写出《池上篇》与《庐山草堂记》来描述山居园林的特点。

（二）唐代文人的行旅活动与风景营造

唐代官员经常在住所附近郊游。长安城内官员众多，城市周边的曲江、乐游原、渭水、蓝田、终南山等都是节假日旅游的热门场所。杜甫名篇《丽人行》中有“三月三日天气新，长安水边多丽人。态浓意远淑且真，肌理细腻骨肉匀。绣罗衣裳照暮春，蹙金孔雀银麒麟”的句子，就是描写春暖花开时节，杨氏兄妹及官员家眷在曲江游宴的场景。宋摹本《虢国夫人游春图》描绘的是唐天宝年间杨贵妃的姐姐虢国夫人和秦国夫人及其侍从春天出游的盛况（见图2.7）。

---

① “愚溪之上，买小丘，为愚丘。自愚丘东北行六十步，得泉焉，又买居之，为愚泉。愚泉凡六穴，皆出山下平地，盖上出也。合流屈曲而南，为愚沟。遂负土累石，塞其隘，为愚池。愚池之东为愚堂，其南，愚亭。池之中为愚岛。嘉木异石错置，皆山水之奇者，以余故，咸以愚辱焉。”〔唐〕柳宗元：《柳河东全集·卷二十四·序（三）》，上海，世界书局，1962年，第1版，第273页。

图2.7 〔北宋〕赵佶《摹虢国夫人游春图》(局部)

(图片来源:辽宁省博物馆藏)

唐人留恋大自然的美景，会寻找各种机会出去游赏，如文人科举取士时的赴考、漫游求学时的旅行记录以及出仕为官时的赴任贬谪等，造就了盛唐时期行旅诗的兴盛。行旅诗内容风趣且富有变化，不仅描写旅途时的情形状态，还将行旅活动和社会活动结合起来。如杜甫的《旅夜抒怀》:“细草微风岸，危樯独夜舟。星垂平野阔，月涌大江流。名岂文章著，官应老病休。飘飘何所似，天地一沙鸥。”这首诗大约写于他离开成都的旅途中，诗中写出了原野的广阔和江流的气势。寓情于景，感慨自身的悲惨境遇。

在唐人眼中，长安城一年十二个月中，月月都有美景，而且四季变化，各有不同。例如:

一月,“终南往往残雪,渭水处处流澌”(〔唐〕谢良辅《忆长安·正月》);

二月,“百啭宫莺绣羽,千条御柳黄丝”(〔唐〕鲍防《忆长安·二月》);

三月,“青门几场送客,曲水竟日题诗”(〔唐〕杜奕《忆长安·三月》);

四月,“芳草落花无限,金张许史相随”(〔唐〕丘丹《忆长安·四月》);

五月,“竞处高明台榭,槐阴柳色通逵”(〔唐〕严维《忆长安·五月》);

六月,“尘惊九衢客散,赭珂滴沥青骊”(〔唐〕郑概《忆长安·六月》);

七月,“绣毂金鞍无限,游人处处归迟”(〔唐〕陈元初《忆长安·七月》);

八月,“更爱终南灞上,可怜秋草碧滋”(〔唐〕吕渭《忆长安·八月》);

九月,“更想千门万户,月明砧杵参差”(〔唐〕范灯《忆长安·九月》);

十月,“万国来朝汉阙,五陵共猎秦祠”(〔唐〕樊珣《忆长安·十月》);

十一月,“御苑雪开琼树,龙堂冰作瑶池”(〔唐〕刘蕃《忆长安·十一月》);

十二月，“取酒虾蟆陵下，家家守岁传卮”（〔唐〕谢良辅《忆长安·十二月》）。

唐长安的魅力，更多的在于城中的众多名胜之地。如唐长安城东南有开放性城市公园——乐游原和曲江池，西汉时原本为皇家乐游苑，到了唐代，在其上起亭造阁，加之此地在城内地势最高，成为长安士民登高望远的场所。例如：唐人所云，“爽气朝来万里清，凭高一望九秋轻”（钱起《乐游原晴望上中书李侍郎》），“今日南方惆怅尽，乐游原上见长安”（张祜《登乐游原》），“城隅有乐游，表里见皇州”（张九龄《登乐游原春望书怀》），所述的就是此地。杜甫曾在原上与友人宴饮作诗云：“公子华筵势最高，秦川对酒平如掌”（《乐游园歌》）。杜牧将离开长安时亦在乐游原作诗：“清时有味是无能，闲爱孤云静爱僧。欲把一麾江海去，乐游原上望昭陵”（《将赴吴兴登乐游原一绝》）。这首诗描述了诗人站在乐游原的顶部，回望唐太宗的昭陵，想出守外郡为国效力，又不忍离京，表达出了其空有一身抱负，却不能施展的伤感之情。身在晚唐的李商隐为此深深感伤而创作出了：“向晚意不适，驱车登古原。夕阳无限好，只是近黄昏”（《登乐游原》）。这首诗描写了诗人傍晚独自驱车登上乐游原，心中感到忧郁，看到夕阳西下的无限美好景色，但已接近黄昏而无力挽留，在感叹自己生命的同时也感叹国家由盛而衰的命运。

曲江池与乐游原毗邻，从白居易“独行独语曲江头，回马迟迟上乐游”的诗句中，就可以看出两个景区间的距离。曲江池在隋代时因池中碧水映天，芙蓉盛开，隋文帝改池名为芙蓉池，园名芙蓉园。唐人韩愈诗曰：“曲江千顷秋波净，平铺红云盖明镜”，便是当时诗人眼中曲江芙蓉的写照。每逢良辰佳节，上至皇帝嫔妃、公卿权贵，下至读书士子、平民商贩，倾城出动，来此游乐，可谓唐代最大的可供大众游览的公共园林。“曲江初碧草初青，万毂千蹄匝岸行”，“二月曲江头，杂英红旖旎”，“三月三日天气新，长安水边多丽人”描述的就是曲江盛况。

（三）唐代诗词、绘画艺术与风景营造

隋唐时期，伴随着繁华盛世与审美新风尚一起出现的，是一种独特的绘画样式——宫观山水画。宫观、楼阁都是皇家贵族的居所，亦是传说中的神仙居所。在早期绘画之中，宫观、楼阁常常与山水一起作为人物画的背景题材。隋唐的宫观山水画中多以山水与贵族出游、骑射为主

题展开故事情节的叙述，神秘飘逸的山水衬托着富丽堂皇的宫观、台阁，喻示着神仙般的仙境，反映出当时贵族上层阶级奢华富贵的物质生活以及逃世游仙的思想[①]。

唐代宫观山水画的大成者主要是“二阎”和“二李”。“二阎”是阎立德、阎立本兄弟，均精于建筑工程画。“二李”是李思训和李昭道父子。李思训是唐朝宗室，官至羽林大将军，其代表作为《江帆楼阁图》。其画作层叠山峦上布满青松，远处江水拍打江岸，意境深远，格调高雅，有装饰效果。故宫博物院收藏有几幅曾认为代表了李思训风格的宫观山水作品，它们分别是《宫苑图》和绘有《九成避暑图》的纨扇以及绘有《京畿瑞雪图》的纨扇。这几件作品都反映了早期宫观山水画的形态，表现了帝王贵妃、王侯公卿、皇亲国戚的游乐生活，其中的《宫苑图》卷，画出了逶迤群山中的丹楼朱阁、雕梁画栋，其结构森严细密，错综复杂，有些飞檐重叠多达三四层，周围台树阁道栉比相连，环洞石桥点缀其间，错落有致，人马穿插，湖中碧波荡漾，呈现出一派绚丽奢华的宫苑园囿游乐之景象。另一幅《京畿瑞雪图》绘雪景楼阁，山水以重青绿敷色，画法古拙，明显带有李思训金碧山水派的特点。

李昭道的艺术得自家传，也擅长作宫廷山水画。据史书记载，李昭道首创画海景图之法，其画风繁密工巧，线条较为纤细，因此唐代绘画评论家认为“笔力不及思训”，但却能“变父之势，妙又过之”。他能变革其父的构图形式，所以在奇巧方面超过了李思训。李昭道曾随唐玄宗在“安史之乱”后入蜀避祸，画有《明皇幸蜀图》，形象地描绘了四川的山川风景。

《明皇幸蜀图》由李昭道绘制于唐“安史之乱”时期，长55.9厘米、宽81厘米，现藏于台北故宫博物院（图2.8）。唐玄宗“安史之乱”时期，首都长安城被攻陷，遂逃亡四川蜀地，《明皇幸蜀图》即表现玄宗临幸蜀地的场景。画作的上景描绘蜀地崇山峻岭、烟雾茫茫；中景可见林木掩映，栈道崎岖；下景则为玄宗及其随行人马休息的场面，以表现玄宗舟车劳顿之苦。画作中人物刻画细致入微，动作、神态均有表现；山峰、巨石、林木、流水等自然环境的描绘，也充分显示了李昭道对于山水风景意境的理解。

---

① 参见彭莱:《中国山水画通鉴·界画楼阁》,上海,上海书画出版社,2006年,第1版,第30–52页。

图2.8 〔唐〕李昭道《明皇幸蜀图》

（图片来源：台北故宫博物院藏）

唐代除了宫廷山水画之外，文人山水画也有了很大发展，代表画家为王维、卢鸿等人。王维代表作为《辋川图》《雪溪图》和《江山雪霁图》等，内容多以其田园居所、自然山水景观为主，其画作风格气韵流畅，笔墨细润，格调清雅，画中有禅意，因此王维被誉为“南派山水画鼻祖”[①]。后人认为他创造了水墨渲染之法，与唐代李思训的青绿金碧画为两种风格流派。明人称王为南宗，李为北宗。唐代朱景玄《唐朝名画录》云：“王维，字摩诘，……复画辋川图，山谷郁盘，云飞水动，意出尘外，怪生笔端。”[②]宋代郭若虚《图画见闻志》云：“唐王维善画山水人物，笔踪雅壮，体涉古今。尝于清凉寺壁画辋川图，岩岫盘郁，云水飞动。”[③]宋代《宣和画谱》载：“至其卜筑辋川，亦在图画中，是其胸次所存，无适而不潇洒，移志之于画，过人宜矣。重可惜者，兵火之余，数百年间，而流落无几。”[④]

---

① 参见王璜生、胡光华：《中国画艺术专史·山水卷》，南昌，江西美术出版社，2008年，第1版，第126–131页。

② 〔唐〕朱景玄：《唐朝名画录》，温肇桐注，成都，四川美术出版社，1985年，第1版，第16–17页。

③ 〔宋〕郭若虚：《图画见闻志》，北京，人民美术出版社，1963年，第1版，第7页。

④ 〔北宋〕佚名：《宣和画谱·卷十·山水一》，岳仁、潘运告译，长沙，湖南美术出版社，2010年，第2版，第212页。

“辋川”是王维在蓝田县的别墅名。“辋川图”极有名，今佚。后用以比喻优秀山水画或喻美景。宋代文彦博的《题辋川图诗》云：“吾家伊上坞，亦自有椒园。……每看辋川画，起予商可言。”元代张养浩的《双调·落梅引》曰：“每日乐陶陶辋川图画里，与安期羡门何异?”后世以“辋川”为题的画作还有许多，涉及的画家有五代末宋初的郭忠恕，宋代的赵伯驹，南宋末元初的赵孟頫，元代的王蒙，明代的莫是龙、仇英、谢时臣、沈周，清代的金学坚、沈源、曹夔音、王原祁等。中国历代文人们都有一种“隐居”情结，或者如陶渊明“世外桃源”那样的精神追求。

王维就是此方面的典型代表，一方面是王维的影响力大，另一方面辋川是另一个“世外桃源”。如诗作《辋川别业》云：“不到东山向一年，归来才及种春田。雨中草色绿堪染，水上桃花红欲燃。优娄比丘经论学，伛偻丈人乡里贤。披衣倒屣且相见，相欢语笑衡门前。”《辋川集》是记录诗人在辋川的华子冈、文杏馆、木兰柴、临湖亭、竹里馆、柳浪、白石滩、漆园、椒园等景点所作的诗的合集。如《山居秋暝》：

空山新雨后，天气晚来秋。
明月松间照，清泉石上流。
竹喧归浣女，莲动下渔舟。
随意春芳歇，王孙自可留。

嵩山别业可以称之为真正的隐士园林，嵩山别业又名卢鸿草堂。卢鸿[①]，字浩然，是唐朝著名的诗人、山水画家。与其他文人不同，卢鸿终生布衣，从未做官。自归隐嵩山后，卢鸿经营别业庄园，并选取别业及其周边特色景观十处，分别为草堂、倒景台、樾馆、枕烟庭、云绵淙、期仙磴、涤烦矶、幂翠庭、洞元室、金碧潭，并因景赋诗，编为一卷，名为《嵩山十志十首》。诗集描写、记述了别业建筑、山水景观、自然形胜以及园林营建等。《十志诗图》对十处景观以山水画卷的形式做了描绘。如同王维对辋川别业的表达，卢鸿也通过山水诗、山水画、山水园林营造三者相结合的方式，表达他心中对山水文化的理解。嵩山别业建筑多为茅草搭建、形式朴素，《嵩山十志十首·草堂》描写了草堂的样貌以及建造过程：“草堂者，盖因自然之谿阜，前当墉洫；资人力之缔构，后加茅茨。将以避燥湿，成栋宇之用；昭简易，叶乾坤之德，道可容

① 又名卢鸿一。

啚都城图》)

膝休闲。谷神同道，此其所贵也。”草堂为卢鸿讲学的场所，也是十景中最为重要的建筑场景。金碧潭则是一处自然水景，《嵩山十志十首·金碧潭》曰：“金碧潭者，盖水洁石鲜，光涵金碧，岩葩林茑，有助芳阴。鉴空洞虚，道斯胜矣。而世生缠乎利害，则未暇游之。”描绘出一幅流水潺潺、奇石林立的自然景观图。《嵩山十志十首》《十志诗图》较为完整地表现出嵩山别业十景的样貌，通过文学与绘画艺术进一步将别业园林的造园思想与理念升华，展现了唐代文人对山水文化的深刻理解。

四、唐长安城整体风景规划与建筑营建

（一）唐长安城的整体格局

自唐高祖李渊建立唐朝、定都长安以来，长安城基本上继承了隋大兴城的城市格局（见图2.9）。贞观八年（634年），唐太宗李世民在长安城东北龙首原高地主持修建永安宫，即之后的大明宫。除此之外，初唐时期并未做过多扩建、改建。至唐高宗李治时期，长安城开始兴建土木，在永徽三年（652年）为保存玄奘西行所带来的经卷，在曲江附近的晋昌坊内修建楼阁式砖塔——慈恩寺塔（大雁塔），高五层，后经加建至九层，经过多次修建、改建，最终定为七层。大雁塔落成后，成为长安城的标志性建筑物，并且与城北的大明宫含元殿、城南的牛背峰共同形成了贯穿南北的城市次轴线。永徽五年（654年），工部尚书阎立德率领三万丁夫修建长安城的外郭城。龙朔二年（662年），唐高宗下令进一步修建大明宫，从此长安城的政治、经济中心开始东移。大明宫地处长安东北角，遂称为“东内”，与其相对的皇城太极宫，称为“西内”（见图2.10），并与兴庆宫一起，统称为“三内”（见图2.11）。在大明宫南部，翊善坊与永昌坊被拆分为永昌、来庭、光宅、翊善四小坊，坊间路南北直通丹凤门。另外，唐高宗时期还在城南大业坊和安善坊修建“中市”以供商品交易，后在长安元年（701年）废除。景龙元年（707年），中宗下令在安仁坊修筑荐福寺塔（小雁塔）。

大明宫的建成与投入使用，使得长安城政治、经济、文化东移，从而造就了“东密西疏”的城市格局。除此之外，从地理因素来分析，地势东高而西低，择高而居也是造成“东密西疏”的一个原因。

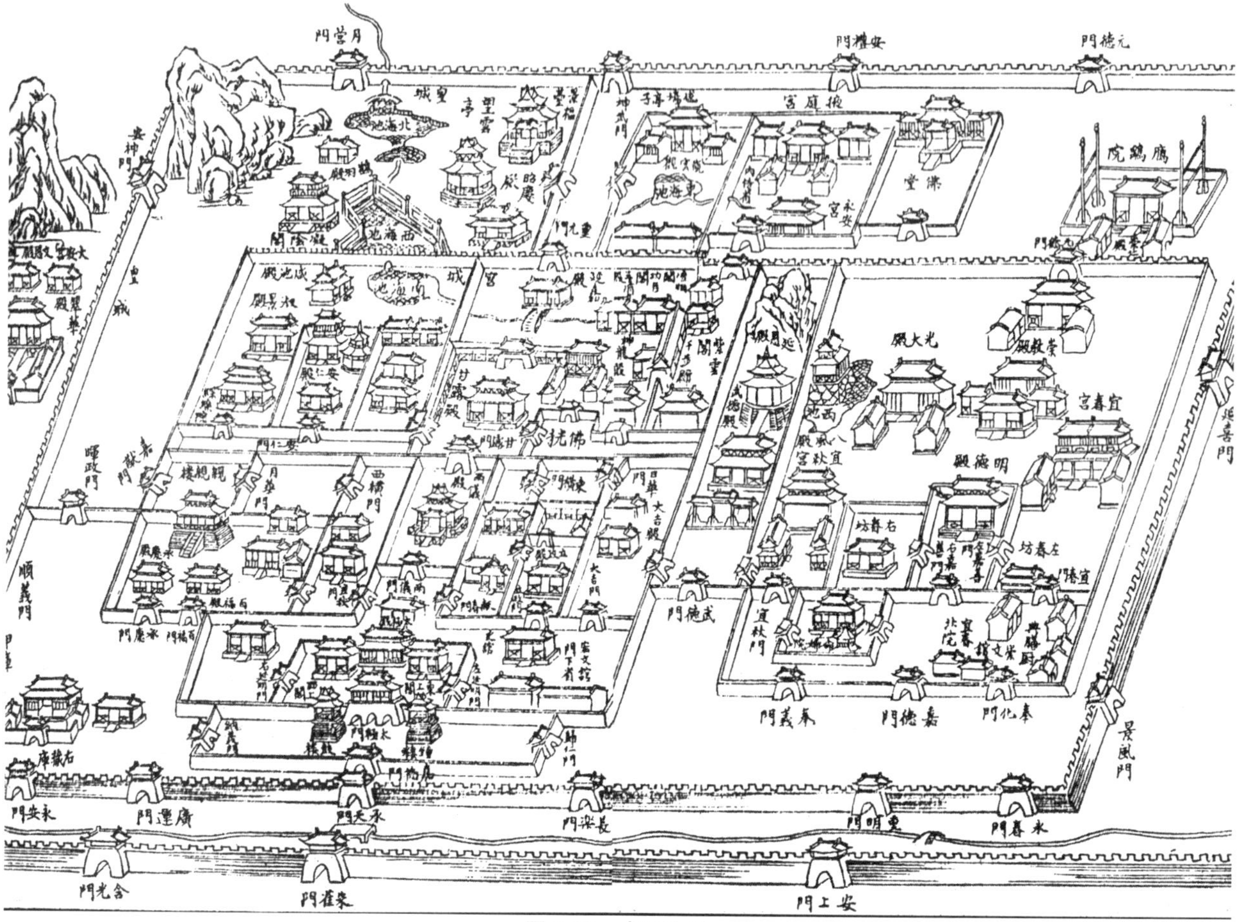

图2.10　唐西内图

（图片来源：〔清〕毕沅《关中胜迹图志》）

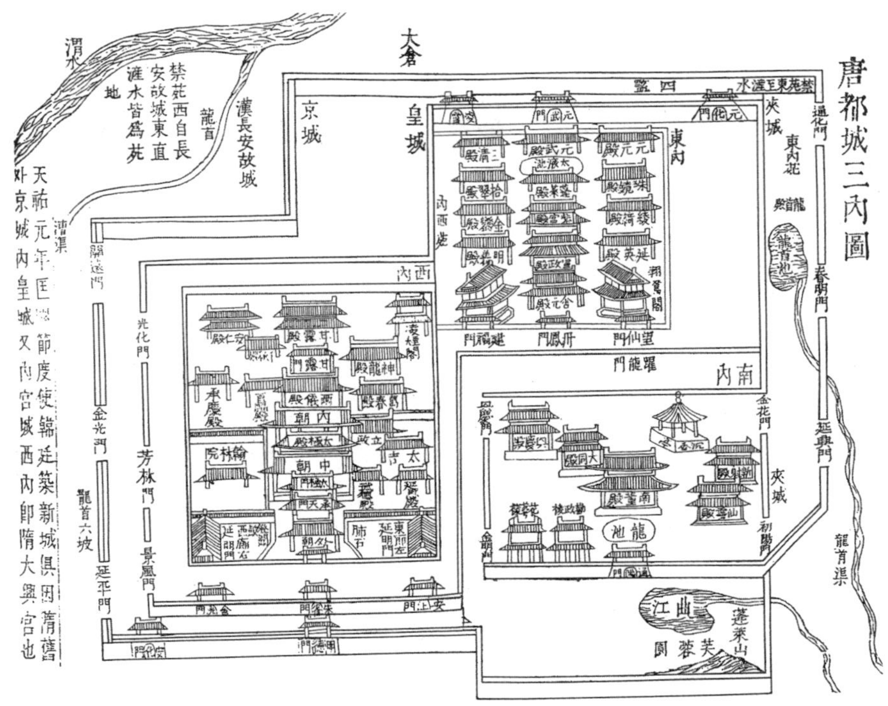

图2.11　唐都城三内图

（图片来源：清康熙七年（1668年）《咸宁县志》）

初唐时期，百业待兴，城内的各项建设也盛行简朴之风。贞观元年（627年），唐太宗下诏："自王公以下，第宅、车服、婚嫁、丧葬，准品秩不合服用者，宜一切禁断。"[①]初唐名臣魏征位于永兴坊的宅邸原是隋臣宇文恺的旧居，形式规模与普通民居并无两异，甚至"先无正堂"。右仆射温彦博"家贫无正寝"，中书令岑文本"宅卑湿，无帷帐之饰"。然而至玄宗时期，即开元二年（714年）到天宝十三年（754年），一改往昔节俭之风，兴建土木，此时期也是长安城建设最为频繁的阶段，玄宗将位于兴庆坊的宅邸大规模改建和扩充，形成"南内"兴庆宫，修筑龙池、南薰殿、大同殿、勤政务本楼等。开凿黄渠，引终南之水入曲江池，"都人游玩（曲江），盛于中和、上巳之节"。此时，曲江作为城内的公共园林，周边亭台遍布，南岸高地芙蓉园有紫云楼、彩霞亭、临水亭、山楼、水殿等景观建筑，刘昫《旧唐书》称之为"四岸皆有行宫台殿，百

① 〔唐〕吴兢：《贞观政要·卷六·论俭约》，南京，江苏凤凰科学技术出版社，2018年，第1版，第157页。

司廨属”[①]。天宝元年（742年），开凿漕渠以利城市内部木材、薪炭运输。漕渠始于秦岭山脉，向北在金光门入城，经过西市的放生池后，转而流向宫城，最后注入东南禁苑。兴庆宫连接了城北大明宫与城南禁苑，进而促成夹城的修建，形成了南北宫苑一体的格局，以便皇帝从东内和南内两宫间自由来往。诗人杜牧诗云："六飞南幸芙蓉苑，十里飘香入夹城。"（《长安杂题长句六首》）

盛唐之后，长安城基本保持着原有的城市格局与面貌，偶有小修小补，但变化甚微。元和十二年（817年）到元和十五年（820年），唐宪宗下令对大明宫先后进行了四次改建工程。太和九年（835年），唐文宗派神策军一千五百余人对曲江池进行修筑，在芙蓉园北部重新修建紫云楼，同时对长安城街道的树木进行修剪补植。总体而言，中唐时期，鲜有朝廷领头的大型兴建活动，其中主要原因在于执政者对于城市环境的保护措施得当，唐朝制定诸多法令来约束各种破坏城市的行为，如大历二年（767年）颁布法令以保护行道树："其种树栽植，如闻并已滋茂。亦委李勉勾当处置，不得使有斫伐，致令死损。"[②]

到了晚唐，政治上逐渐衰落的唐王朝已经无力对长安城进行大规模修建，所以长安城在整体格局上基本没有变化。但晚唐执政者对于环境的重视，使得长安城市格局和面貌，与盛唐几乎无异；对于前朝历史遗迹的保护，具有一定成就。宝历元年（825年）、会昌元年（841年）先后两次对汉长安城未央宫进行保护修建。在第二次保护修建时，唐武宗提出了"欲存列汉事，悠扬古风勿使华丽，爰举旧规而已"[③]的原则。自唐僖宗到唐昭宗在位的二十余年间，长安城屡遭战火，城内宫室园囿、衙署民居均被毁坏殆尽。中和三年（883年），黄巢农民起义军在唐朝将领王重荣、李克用的进攻下撤离长安，在撤出长安前大肆抢掠民众，毁坏城市建筑物，"长安室物及民居所剩无几"。而后在藩镇进入长安后，长安城被进一步毁坏。大明宫也遭焚烧，损毁严重。光启元年（885年）田令孜撤退长安前"焚坊市"，长安城自此"宫阙萧条，鞠为茂草矣"[④]。天祐元年（904年），军阀朱全忠挟天子迁都洛阳，韦庄在《长安旧里》

---

① 〔后晋〕刘昫：《旧唐书·卷十七（下）·文宗本纪下》，上海，汉语大词典出版社，2004年，第1版，第472–473页。

② 〔唐〕王溥：《唐会要·卷八十六》，上海，上海古籍出版社，2006年，第1版，第1867页。

③ 周绍良：《全唐文新编·卷七百六十四》，长春，吉林文史出版社，1999年，第1版，第9086–9099页。

④ 〔后晋〕刘昫：《旧唐书·卷十九（下）·僖宗本纪》，上海，汉语大词典出版社，2004年，第1版，第612页。

中描述长安城："满目墙匡春草深，伤时伤事更伤心。车轮马迹今何在，十二玉楼无处寻。"自此，历经三百余年辉煌历史的长安城被彻底毁坏，在历史的长河中留下浓墨重彩的一笔。

（二）唐长安城风景规划思想

中国古代城市在选址、防御、规划、绿化、防洪、水利等方面，从长期的营建实践中积累了丰富的经验。唐长安城作为中国城市营建史上的高峰，在继承《周礼》和《管子》营城思想中的"理性"和"自然"的原则同时，形成了独特的中国传统城市形态理论，其城市形态与空间结构受传统文化与宗教文化的影响，在相地、立意、规划等方面体现出高度的呼应性与统一性。唐长安城建设中以六爻、八水五渠、天阙为代表的城市模式，体现出以皇权政治为中心的营建方式，突出地反映出"象天法地"、帝王为尊、百僚拱侍的特点。

1.长安六爻布局

（1）地形特征与乾卦之象

六爻本是一种中国的传统占卜方法，源自《周易》六十四卦之首的乾卦，具有至吉的含义。隋代宇文恺在营建大兴城时，将乾卦六爻含义引入城市建设，以代表横亘于城市内部的台塬高地，并将重要建筑设置于此，形成城市的骨架。据唐代李吉甫《元和郡县志》记载："初，隋氏营都，宇文恺以朱雀街南北有六条高坡，为乾卦之象，故以九二置宫殿以当帝王之居，九三立百司以应君子之数，九五贵位，不欲常人居之，故置玄都观及兴善寺以镇之。"[①]由此可知，长安六爻确立了城内重要建筑的位置。

宇文恺巧用"六爻"将《周易》的乾卦理论引入城市的布局，符合"古人建邦设都，必稽玄象"的规划思想。原是乾卦之名的六爻，在长安城则是实指横亘于长安城内的六道高坡。宇文恺在营造大兴城时将这六道高坡赋予乾卦六爻的意义，依其地势营建建筑，使其地处台塬，形成城市的布局与骨架（见图2.12）。

据唐代李吉甫《元和郡县志》记载，初九卦象为"潜龙，勿用"，地处龙首原高地，隋代建设禁苑，唐代在城东北部营建大明宫。九二之地卦象为"见龙在田，利见大人"，置殿以当帝王之居，是真龙栖居之地，居于长安中心轴线，因此隋大兴宫（唐代太极宫）设置于此。九三设置

① 〔唐〕李吉甫：《元和郡县图志·卷一》，贺次君点校，北京，中华书局，1983年，第1版，第88–98页。

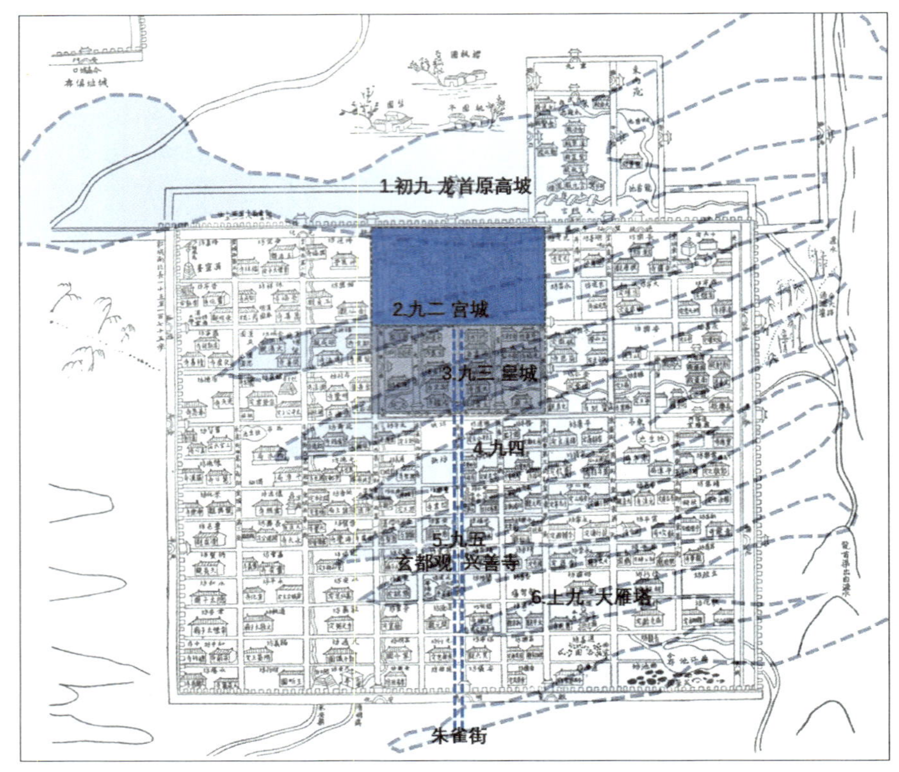

图2.12　长安六爻布局

（图片来源：作者自绘）

皇城，其中官府聚集，立百司以应君子之数，其卦象“君子终日乾乾，夕惕若厉。无咎”也是对于官员大臣的勉励之词。以六爻模式布局的建筑营建在皇城之外，则是隋唐时期佛教文化的产物，九五卦辞为“飞龙在天，利见大人”，此卦为周易六十四卦中的至吉之卦，宇文恺在营建时遵循“九五贵位，不欲常人居之”的原则，所以设置兴善寺与玄都观镇之，以尊神明。在《增订〈唐两京城坊考〉》中记载：“大兴善寺，尽一坊之地。初曰遵善寺。隋文承周武之后，大崇释氏，以收人望。移都先置此寺，以其本封名焉。”[①]玄都观位于隋唐长安城崇业坊，东与靖善坊大兴善寺毗邻。原为北周通道观，隋开皇二年从汉长安故城迁此，改名玄都观。九五高地的南边有乐游原，是一处著名的登高赏景之地，宇文恺在其南侧修建灵感寺（后改建为青龙寺）。上九之位地处长安城南，唐

① 〔清〕徐松：《增订〈唐两京城坊考〉》，李健超增订，西安，三秦出版社，1996年，第1版，第58页。

代建大慈恩寺，修筑大雁塔。此外，隋大兴城先造宫城，再造皇城，最后修筑外郭城，与两汉之后的晋、齐、梁、陈等国都皇城内部散居宫阙、市场、民居不同，大兴城将皇城、宫城对应台塬，以将官府、宫殿集中的方式，使得其规划分区更加明确。

唐灭隋后，在大兴城的基础上进行了增筑和改建。在都成东北高地上建大明宫，唐高宗因太极宫地势低，不利于养病，继续修建地势较高的大明宫，此后这里逐渐成为唐长安的政治、经济中心。大明宫的修建，在一定程度上打破了大兴城棋盘式的格局。唐玄宗时，将自己作为皇子时居住的兴庆坊宅邸扩建为兴庆宫，作为新的政治中心。唐长安城不仅是全国的政治、经济中心，还是文化中心，多种宗教汇集于此，因此，长安城内建有多种宗教建筑，如佛教的大慈恩寺、荐福寺等，道教的玄都观等。

（2）风水形胜与营建思想

长安六爻体现设计者对于形胜之地的分析与利用，“形胜”即“地形险固，故能胜人也”[①]。第一，高耸的黄土台塬与其相邻的洼地是选址中“近水利而避水患”的体现。宫城、皇城以及宗教寺庙、佛塔等地处高地则远离积水侵袭，以延长建筑寿命，同时贯穿长安城内的渠道为其提供了稳定的水源。第二，长安六爻高地增强了地区的防卫性。太极宫、皇城内部的官府百司、兴善寺、大慈恩寺塔均为长安城内的重要建筑，地处险阻，“居台塬以为固”是十分必要的，所以选取难以侵袭、便于控制与防御的台塬高冈地带。第三，起到城市内部点景和控制视点的作用。居高位者可一览全城风貌，广袤天地尽收眼底；居低位者可远观楼阁佛塔。“据其形，得其胜，斯为形胜”，长安六爻融入了大量的自然地理与人文地理的内涵，六爻的形成源自整体思维模式与古代地理学中对位置环境关系中形势的关注，将城市景观、建筑上升为“形胜”。这也可以说是顺应地形、整合人文要素的结果。

“长安六爻”的都城建设不仅是传统文化与人文思想的融合，更是顺应天理、尊重自然的典范，宇文恺将六爻高冈囊括于城内，借乾卦卦象，以“天”喻城、以“龙”喻皇帝，立意深远。在都城规划中于六爻高冈处设置重要公共建筑，与普通居民区形成区分，以梁洼相间的方式处理水造景，形成景观上的高下呼应。其巧妙利用高冈地形规划、营建的做法，既烘托了建筑宏伟的气势，又为城市的立体空间增加了错落有致的

---

① 参见赵安启：《唐长安城选址和建设思想简论》，《西安建筑科技大学学报（自然科学版）》，2007年第5期。

层次感，更将《周易》乾卦理念运用在都城设计中，为城市营建赋予了深厚的文化内涵，也给城中百姓的内心留下了庄严、神圣的感觉，从而实现了“天人合一”的人居环境理念。

2.长安五渠八水

（1）地形特征与五渠八水

长安地区开渠引水历史悠久，西周时期《诗经·公刘》中就有关于渠道的相地选址的记载，“相其阴阳，观其流泉”，然后“度其湿原，彻田为粮”，即观河流流经区域，依其走向以及土质环境开辟农田，引筑水渠。到了秦汉时期，沣滈之间的农田遍植稻粱，土地肥沃，并有“土膏”的美誉。隋文帝建大兴城，是因为旧长安城“汉营此城，将八百岁，水皆咸卤，不甚宜人”[①]，遂选择旧城龙首山南营建新都。隋唐长安城诸水环绕，为将水源引入城内，相继开凿了很多渠道，形成周密的生产、生活用水系统。另外，唐代朝廷对于水利设施的建设与管理非常重视，在中央机构设立“都水监”，以负责川泽津梁之政令，有时还会派出一些“专使”对水利工程进行巡察，而且还制定了我国现存最早的一部水利管理行政法典——《水部式》，对各级官吏的水利管理职能做出规定[②]。

长安城区位得八水之利，坐落于水泽中央，北有泾、渭，东临浐、灞，西有沣、涝、潏三水，南有滈水，八水为长安城的供水设施建设提供基础。隋唐长安以“长安八水”为源，开凿龙首渠、永安渠、清明渠、黄渠、漕渠等五条人工引水渠，形成城市灌溉网络，将城外之水引入城内以供城市用水需求。长安五渠分布于城市西部、东南部、西北部，满足了城市内部各个区域的生产、生活用水，并建立漕运用水、景观用水系统。

龙首渠，因以浐水为源又名浐水渠，开凿于唐开皇二年（582年），《长安志·卷九·唐京城三》曰：“至长乐坡西北，分为二渠。”[③]其中西渠经过通化门南流入外郭城，经永嘉坊，向西南流入兴庆宫注入龙池，又流经胜业坊、崇仁坊西入皇城，经少府监、都水监、太仆寺西侧，向北流去，在长乐门附近进入宫城，后经长乐门东，沿着太极宫东侧墙垣向北而流，到达紫云阁后向西至咸池殿与清明渠河流汇入东海。东渠则

① 〔北宋〕司马光：《资治通鉴·卷一百七十五·长城公下至德二年条》，北京，中国纺织出版社，2011年，第1版，第262-263页。

② 参见梁克敏：《唐代城市管理研究》，博士学位论文，陕西师范大学，2018年。

③ 〔北宋〕宋敏求：《长安志·卷九·唐京城三》，辛德勇点校，西安，三秦出版社，2013年，第1版，第304页。

在长乐坡向北而流，经过通化门到达外郭城东北隅，继而西流进入东内苑龙首池，后又分支，一支向东北流，途经凝碧池、积翠池后汇入大明宫太液池，另一支进入大明宫而后西流进入苑内。

永安渠开凿于隋开皇三年（583年），引自洨水，也称为洨渠，自长安城西南大安坊西街入城。宋敏求的《长安志》有记载，坊内建筑有大安亭，附近有水池，自大安坊西向北而流，经过大通、敦义、永安、延福、崇贤、延康六坊之西，注入西市的放生池，之后又北流经过布政、颁政、辅兴、修德四坊之西向北流去，直至景耀门后出城进入芳林苑。出苑后，分为两支，一支北流注入渭河，一支东流注入大明宫太液池内。

黄渠修建时间较晚，开凿于唐武德六年（623年），引自潏水。根据宋代张礼的《游城南记》记载："黄渠水出义谷，北上少陵原，西北流经三像寺。鲍陂之东北，今有亭子头，故巡渠亭子也。北流入鲍陂。鲍陂，隋改曰杜陂，以其近杜陵也。自鲍陂西北流，穿蓬莱山，注曲江。由西畔直西流，经慈恩寺而西。"①黄渠出义谷十里分为两渠，一支向西合于丈八沟，另一渠东北流，经少陵原而向北流，注入长安城东南隅的曲江池，《长安志·卷八·唐京城二》"进昌坊"条记载：大慈恩寺"寺南临黄渠，水竹深邃"②，从新昌坊的西南隅流出，然后折而向西南方向流，在升平坊的东南隅流过后折而转向西北，过永宁坊、亲仁坊、长兴坊，在崇义坊的东南隅转而北上穿过务本坊与龙首西渠汇合（见表2.2）。

表2.2　唐长安五渠分布

名称	渠道开凿时间	渠道水源	渠水流向	出处	覆盖区域
清明渠	开皇初年（581年）	潏水	"引潏水自丈八沟分支，经杜城之北，曲而东北流，经京城之南的安化门入城。入城后，经大安坊的东南隅，又曲而东，经安乐坊之西南隅，曲而北流，经安乐、昌明和朱雀街西第一街左右各坊。"	张礼《游城南记》	长安城中西部分，以及宫城中的南海、西海、北海

① 〔宋〕张礼：《游城南记》，上海，上海古籍出版社，1993年，第1版，第11–21页。

② 〔北宋〕宋敏求：《长安志·卷八·唐京城二》，辛德勇点校，西安，三秦出版社，2013年，第1版，第286页。

续表2.2

名称	渠道开凿时间	渠道水源	渠水流向	出处	覆盖区域
龙首渠	开皇二年（582年）	浐水	“至长乐坡西北，分为二渠：东渠北流，经通化门外至外郭城东北隅，由小儿坊东南向西折入东内苑，入东内苑为龙首池，入苑后又分为南北两支渠，一支东北流经凝碧池、积翠池后西北流注入太液池，另一支进入大明宫南部向西流去，再折而北流，入千苑内。”	《长安志·卷九·唐京城三》	长安城东北部分，宫城中的北海、大明宫太液池
永安渠	开皇三年（583年）	洨水	“自南郊香积寺西南筑香积堰（又称福堰）引洨水西北流，经石栏桥、第五桥至外郭城西南，通过景耀门至大安坊西侧的南北大街的南端，沿街流入城内。”	《长安志·卷十二·长安县》	长安城西半部分，大明宫太液池
黄渠	唐武德六年（623年）	潏水	“黄渠水出义谷（引潏水），北上少陵原，西北流经三像寺。鲍陂之东北，今有亭子头，故巡渠亭子也。北流入鲍陂。鲍陂，隋改曰杜陂，以其近杜陵也。自鲍陂西北流，穿蓬莱山，注曲江。由西北岸直西流，经慈恩寺而西。”	张礼《游城南记》	长安城东南部分
漕渠	唐玄宗天宝元年（742年）	潏水	“京兆尹韩朝宗自南郊分滑水，向北流至外郭城西面，自金光门入城，东流经群贤坊和西市北部流至西市东边，凿潭木材和薪炭，迁西市之街，以贮材木。”	《新唐书》	运输渠道，运输木材薪炭

漕渠顾名思义是用于漕运的渠道，开凿于唐玄宗天宝元年（742年），引自潏水。漕渠的作用在于将秦岭山脉中的木材、薪炭运往宫中，以供取暖之用，同时也为宫城增加了一条新的取水渠道。漕渠从秦岭山脉始，向北在金光门入城，后经过西市放生池，转而流向宫城，最后注入禁苑（见图2.13）。

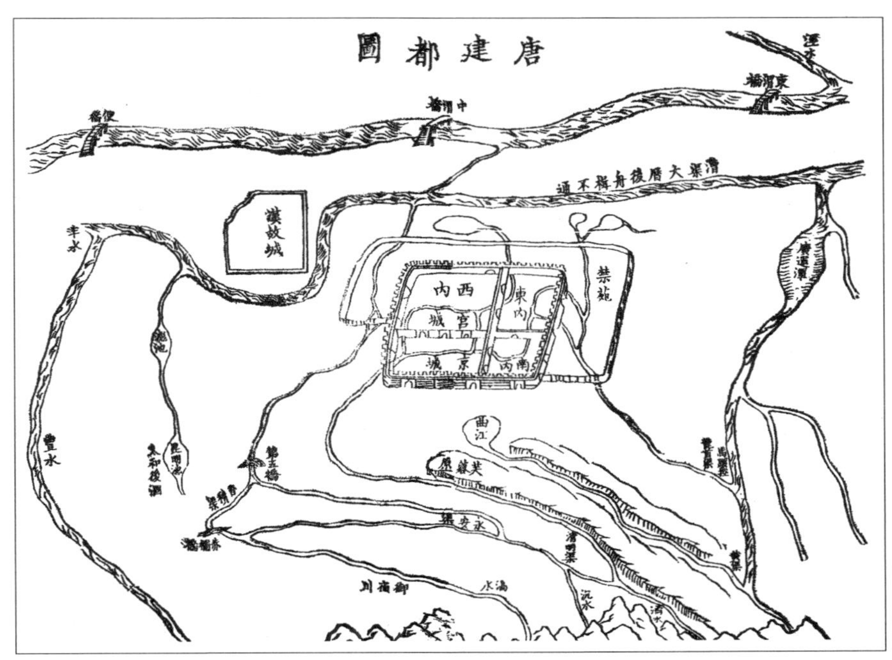

图2.13　唐都城八水五渠图

［图片来源：清雍正十三年（1735年）《敕修陕西通志·古迹卷》］

（2）八水五渠系统与城市功能

纵观长安八水，其作用与意义体现在以下几个方面：第一，八水为长安地区的主要水源。八水一方面灌溉滋育河道平原区域农田，另一方面通过城内渠道建设将八水水源引入城内供居民日常生活、生产。第二，营造良好的景观环境。在城内，八水水系横贯全城，为城东南曲江园林、城西市放生池、城北与城东的宫殿、园囿等区域提供景观用水；在城外，郊野园林也得到八水惠施，城南辋川别业、樊川、韦曲和杜曲等风景名胜水源均来自八水水系。第三，八水调节了长安地区气候。长安地处西北，气候干旱，水流的蒸发与蓄热作用，调节了长安地区的温度与湿度，在一定程度上使得长安地区更为宜居。

长安城内五渠的建设是基于八水体系，可以说二者的关系是相辅相成的。五渠采用就近引水的原则，如龙首渠引城东浐水，居于城中西部的清明渠、漕渠、黄渠都是引城西南部的潏水，永安渠引潏水之西的洨水，皆为就近取水。另一方面，五渠是因循地势建造的。利用长安城西北低、东南高，以及城内冈原洼地相间的地势条件建造五渠，五渠渠水顺应地势自高向低而流，贯穿长安城各个里坊。八水是自然水系，五渠为人工水利设施，五渠的存在以八水作为前提，长安八水五渠体系反映古代劳动人民利用自然与改造自然的营建智慧。

3.唐长安城与山岳的空间关系

关中平原地区在地理空间上，南有终南山脉，东望骊山。终南山作为秦岭山脉中段，与秦代都城咸阳、汉代首都长安形成对望之势，“表南山之颠以为阙”成为其都城营建的准则。根据《史记·秦始皇本纪第六》对于阿房宫的记载，“东西五百步，南北五十丈，上可以坐万人，下可以建五丈旗。周驰为阁道，自殿下直抵南山，表南山之颠以为阙”[①]，将城市规划与自然环境相结合，依托自然山体的象征意义增强城市入口的视觉艺术效果，体现其宗治礼法、等级制度，创造与自然之间的和谐联系。不少文献中记载，隋唐长安城与终南山子午谷形成对望关系；韦述《西京记》记载：“大兴城南直子午谷”；李林甫主持编纂的《唐六典》曰：“今京城，隋文帝开皇二年六月，诏左仆射高颎所置。南直终南山子午谷，北据渭水，东临灞浐，西次沣水”[②]。同时也有关于长安城南直石鳖谷的观点，《吕氏图》云：“南直石鳖谷。”程大昌在《雍录》中也提出，“《西京记》云：‘大兴城南直子午谷。’今据子午谷乃汉城所直，隋城南直石鳖谷”[③]。隋唐长安城内部以“朱雀门—明德门”为轴线东西呈现出基本对称态势，择中立宫，两市相对，各坊东西分布均匀，外部则将这条轴线继续向南延伸，直至终南山石鳖谷，形成了长安城朝望石鳖谷的空间格局。

唐代长安城除延续继承了隋大兴城的“朱雀门—明德门—石鳖谷”朝山轴线外，还开辟了“大明宫—含元殿—大雁塔—牛背峰”朝山轴线。随着大明宫的建设，唐代长安的政治、经济中心向东移动，大明宫“南接都城之北，西接宫城之东北隅，亦曰东内。”大明宫建于贞观八年(634年)，位处高地，居高临下，可以远眺城市里坊，全宫分为外朝与内廷两部分，外朝三殿含元殿、宣政殿、紫宸殿处于同一轴线上。含元殿则是大明宫内最为宏伟的建筑，建于龙朔三年（663年），高出地面十余米，含元殿由于地处高位，向南可望大雁塔与终南山之势，有“远望终南千峰了如指掌，俯视京城坊市街陌如在槛内”之说。大慈恩寺塔建设选址时，充分考虑了与终南山牛背峰的关系。南山是古代人心中的宗教圣地，“终南在望”成为大多数寺庙选址的依据。大慈恩寺由玄奘主持建造，建于永徽三年（652年），由此可见，含元殿与大雁

① 〔西汉〕司马迁:《史记·秦始皇本纪》,上海,汉语大词典出版社,2004年,第1版,第86页。

② 〔唐〕李林甫:《唐六典·卷七》,陈仲夫点校,北京,中华书局,1992年,第1版,第216页。

③ 〔宋〕程大昌:《雍录》,黄永年点校,北京,中华书局,2005年,第1版,第53-60页。

塔在规划修建之时就考虑到了与牛背峰之间的朝向关系。

唐长安城在其规划之初即考虑到与周边山川地理环境的关系，八水绕城、三面环山的格局既滋养了关中沃野，为城市居民提供了便利，也形成了以山体为屏障、具有军事防御意义的地理空间。唐长安城市营建模式是中国传统文化的重要组成部分，其建设理念与规划逻辑蕴含着古代匠人营国的智慧，其文化成就在世界范围内独树一帜。唐长安典型城市模式对后世城市规划与建设提供指导思想，在各地衍生出不同的城市风貌，形成了以唐长安城市模式为特征的文化现象；其规划模式对其他都城规划产生了重要影响，如日本的平城京、平安京等。

（三）唐长安风景建筑营建

唐长安城的整体风景建设是通过各种景观构成要素共同实现的，如城墙、里坊、院落、宫殿、塔庙、阁楼等（图2.14、图2.15）。这些构成要素不是孤立存在的，而是相互联系和相互依存的。从城市内外和功能上划分，长安城内的风景建筑主要为皇室宫殿及供居民游览的公共园林、寺庙等，长安城郊风景涉及行宫、别业、寺庙、道观、山岳、陵园及桥梁等，风景建筑的特色体现在房屋的木构架、斗拱、屋顶、门阙，还有建筑小品等方面（图2.16、图2.17）。

图2.14　合院，敦煌壁画第85窟（局部）

（图片来源：中华珍宝馆）

图2.15　城门图，敦煌壁画第9窟(局部)

（图片来源：中华珍宝馆）

图2.16　角楼，敦煌壁画第172窟(局部)

（图片来源：中华珍宝馆）

唐代的建筑历经千年，现存的只有佛光寺大殿和南禅寺大殿，其建筑空间格局和外形样式都得以较好地保留。唐代建筑和城市空间的画像，大都保存在墓室壁画和敦煌壁画，敦煌壁画中的建筑形式大都以宫廷和唐长安城为模板，建筑的形式多以庑殿顶和歇山顶为主（图2.17）。空间也以城市院落、坊殿为主。虽然这些画像都出自敦煌壁画，但真实地反映了唐代的建筑形式以及宫廷的建筑风格和辉煌的场景，反映出人们对于理想世界的追求，以宫廷为模板对神的世界进行的创造。梁思成曾在其笔记中通过敦煌壁画对唐代的建筑以及造型特点和样式做出了推断。

图2.17　歇山顶建筑，敦煌壁画第148窟（局部）

（图片来源：中华珍宝馆）

唐代建筑规模宏大，规划严整。砖石建筑在唐代进一步发展，唐代的建筑不再像先秦时期需要夯土台外包小型木构建筑来解决，也不像汉代那样依赖夯土高台周围架木结构的建造方法。隋唐时期，木结构的技术进入成熟期，长安大明宫的含元殿、麟德殿是大型木构殿宇的代表，殿堂、厅堂和亭榭三种构架样式在唐代已经定型，殿堂构造的代表为山西五台县的佛光寺东大殿。

敦煌壁画中有大量描绘唐代城市的图像，从画中可以看到唐代城市多呈方形，城市由城墙围合，城墙中部有高大的城门楼；城楼基颇窄而高耸，进深较大；城楼上有一圈的环廊，可以作为观望；廊的周围有栏杆，廊檐下有斗拱，屋顶多用歇山。城门楼比城墙厚出许多，下大上小，收分明显。城墙上有城垛，城墙外侧还有砖和花纹饰面。城墙角部有角楼，也是一座正方形的建筑物，比城门楼矮小一些。

敦煌壁画所描绘的唐代城市图像中，城内以里坊为主，合院、多进院的形式在唐代已经普遍存在。院落通常有回廊或有围墙，其一侧还有专门关马的院子。院落的大门是一座独立的建筑物，有一层或两层的；其围墙多以木架廊和土墙相结合建造，廊顺着围墙环绕一周，若是遇到阴雨天，可由大门走回廊到院中堂室内，在回廊的四角有两层的角楼（图2.16），下层有出入口和楼梯。院落中的建筑多以一层或两层的歇山或庑殿顶为主，建筑的柱子通常以红色为主（图2.18），柱子底部通常有高大的台基、柱础等重要构件，建筑台基四周雕刻着莲花

图2.18　红柱与台基，莫高窟217窟主室南壁（局部）

（图片来源：中华珍宝馆）

等装饰性要素，在台的周围也安装有镂空雕刻的栏杆。

唐代建筑由于斗拱宏大、举架较低，所以屋顶曲线较为平缓，唐代建筑举高与进深比值约为1∶6，而宋代建筑则达到了1∶3，唐代殿堂式建筑以及重要宗教建筑多采用庑殿顶与歇山顶，并且宫殿建筑广泛使用重檐庑殿，如大明宫含元殿、麟德殿；歇山顶常见于主要殿堂建筑的附属建筑，含元殿前的双阙——翔鸾阙与栖凤阙——就使用了重檐歇山顶。另外山，西五台山佛光寺大殿使用庑殿顶，南禅寺大殿为歇山顶。

从屋顶上看，唐代建筑房顶是用瓦盖的。屋脊的鸱尾，还有吻兽等装饰性构件，在唐代已较为多见。如《旧唐书·玄宗本纪上》记载："开元十四年六月戊午，大风，拔木发屋，毁端门鸱吻。"[①]由于唐代建筑歇山收山较深，所以山花三角形部分较小。

唐代斗拱在吸收魏晋南北朝时期的多种风格后逐渐定型，它的艺术

① 〔后晋〕刘昫：《旧唐书·卷八·玄宗本纪上》，上海，汉语大词典出版社，2004年，第1版，第154页。

与结构高度统一，每一个构件都有其明确的结构上的职能，同时又因其苍劲的力度感和鲜明的节奏感而使人获得一种美感并呈现出雄壮宏大的面貌，常常用“雄大之斗拱”来形容唐代斗拱。初唐时期，斗拱宏大，结构简洁。盛唐时期，增加了补间辅作及曲脚人字拱与蜀柱的支撑结构，其他结构大致与初唐相仿，其建筑风格依然是大方的，无任何矫揉造作的风气。晚唐时期，斗拱的结构功能略有减弱，尺度方面也有所缩小，其装饰性的功能逐渐显现，斗拱层数增加，内部构造更加复杂，开始逐渐由简洁朴素走向华丽。

作为楼阁之间相互连接的飞桥，在唐代已经非常多见。水渠桥栏杆的景观要素，在唐长安中也频频出现。作为园林建筑的亭也非常多，有四角亭、六角亭、八角亭、圆亭等种类。门阙作为城墙或宫廷的主要标识，在墓室壁画中也频频出现。“阙”是设置在城门、宫殿、陵墓以及祠庙前的表示尊崇的礼制建筑，一般成对出现，具有门户的含义，是古代建筑的起始空间。唐大明宫含元殿在其殿前两侧设有栖凤阙、翔鸾阙，大殿用龙尾道与之相连，使得整体平面呈现出“凹”字形。

第三章　唐长安城的皇家园林图像分析

一、唐长安城内的皇家园林建设

唐长安城内建设有大量的皇家园林，其主要分为城内和郊野皇家园林建设，城内的皇家园林主要有大明宫、太极宫、兴庆宫等，郊野的皇家园林主要为华清宫、九成宫等。本节分别主要对唐长安城三大内宫皇家园林进行论述。

（一）大明宫——“一池三山”的再现

1.唐大明宫皇家园林概述

大明宫是大唐帝国的大朝正宫，位于唐京师长安（今西安）北侧的龙首原，是当时最为重要的政治统治中心，紧临唐长安城东北角（图3.1）。大明宫北侧的禁苑地域广阔，集游赏与政教、礼仪于一体，与大明宫共

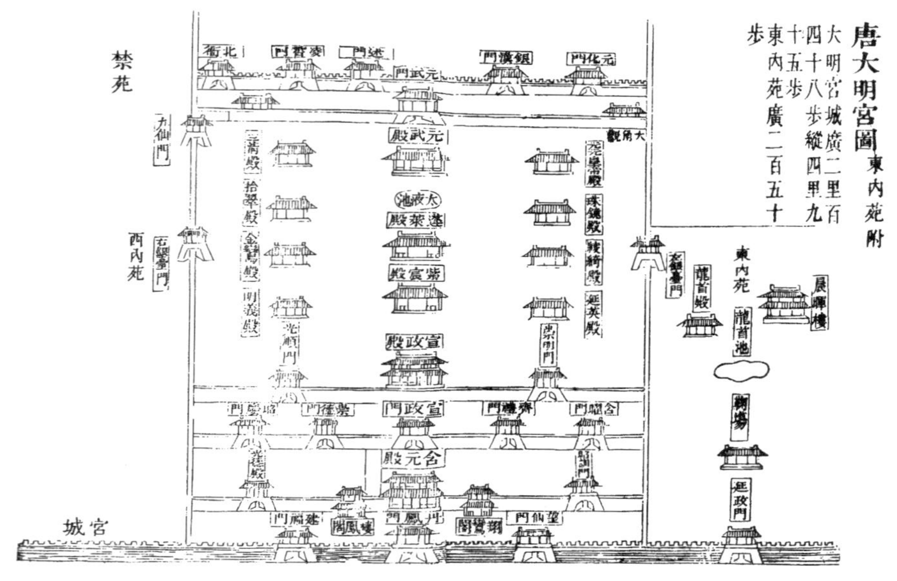

图3.1　唐大明宫图

（图片来源:〔清〕乾隆《长安志图》）

同构成了隋唐皇家园林活动的重要场所，对后世产生了深远的影响。大明宫作为唐长安的政治文化中心，是中国古代规模宏大、规划严谨、制度完备的建筑群，反映了唐代宫殿的规划建制在继承和创新方面的高度成就，堪称中国乃至东亚宫殿建筑的巅峰之作。大明宫作为唐代皇家大型宫殿的代表之作，在历代都有记载（表3.1）。

表3.1　典籍汇总

典　籍	作　者	记载内容
《两京新记》	韦述	记载了长安的街坊、官舍、府宅、园林位置、建置
《旧唐书》	刘昫	记载了大明宫的位置，建成的年代及宫中殿、亭、观等
《增订〈唐两京城坊考〉》	徐松	记载了西京长安和东京洛阳这两个都城的街道、市场、官署、宅第、寺庙殿的形状、位置，以及某些居住于街巷的人民的生活面貌
《关中胜迹图志》	毕沅	记录了大明宫建筑的名称及这些建筑的方位
《西安府志》	严长明	记载了古代西安的自然地理、建置沿革、名山大川、贡赋物产、风俗民情、胜景古迹、艺文金石、历代大事等
《三辅黄图》	佚名	主要记载唐长安城布局
《唐书》	刘昫	记载唐长安城布局
《唐六典》	李林甫等	记载唐长安城布局
《唐大明宫遗址考古发现与研究》		记载国内外学术界在大明宫遗址考古及历史、古建复原等方面的主要研究成果
《盛唐大明宫》	董长君	记载了大明宫遗址发掘保护及研究

2.大明宫宫殿与园囿布局

（1）大明宫宫殿的布局

大明宫作为宫殿建筑群，有着严谨的布局。宫内地形是：南端为平地，中部为一东西走向的高地，南面陡坡，北面缓坡，坡北为太液池，池之东北面为平地。自含元殿起，其北诸殿都建在高地上，主殿含元殿、宣政殿、紫宸殿三殿又建在地形最高处，在宫中可以俯瞰整个长安城。隋唐一改魏晋南北朝三百多年中一直沿用的主殿、东堂、西堂的三殿并列的宫殿布局制度，原法周礼布局改为依进深序列布置的“三朝之制”，以显示统一盛世的气魄。大明宫以含元殿为外（大）朝，宣政殿为治

（中）朝，紫宸殿为内朝。含元殿的三层台阶，都用石块包住，装有青石雕花栏杆，殿前龙尾道地面铺素面砖，坡段地面铺莲花砖。高大的殿宇，东西对峙的阁阙，左右延伸的龙尾道以及巨大的殿前广场，形成了含元殿极其壮大恢宏的空间氛围与场面，正与西汉时萧何所说的“天子以四海为家，非壮丽无以重威”的天子之居的象征性意义相合。含元殿所在的南北轴线上就成了大明宫宫苑的主要轴线，南起丹凤门，北止元武门，轴线上依次坐落着含元、宣政、紫宸、蓬莱元武等大殿，其中还穿插着宫内的主要池苑——蓬莱池（太液池）。

大明宫内分朝区、寝区、后苑三部分，用东西向横墙、横街分割。规划以50丈为网格模数并结合大明宫所处复杂地形构成了合理而灵活的布局。[①]如果用作图法把北宫墙画成南面同宽，假定全宫为矩形，在其间画对角线求其几何中心，则寝区主殿——紫宸殿——基本位于对角线交点之上，和此前所见“择中”的传统手法是一致的。

（2）大明宫禁苑的布局

大明宫禁苑主要是以汉长安城旧址，梨园和以鱼藻池为主的池苑（图3.2）。禁苑内的园林风景主要分布在鱼藻池所在的区域。据史料记载，鱼藻池曾多次举行龙舟竞渡的活动，开创了北方皇家园林池苑戏舟的先河。

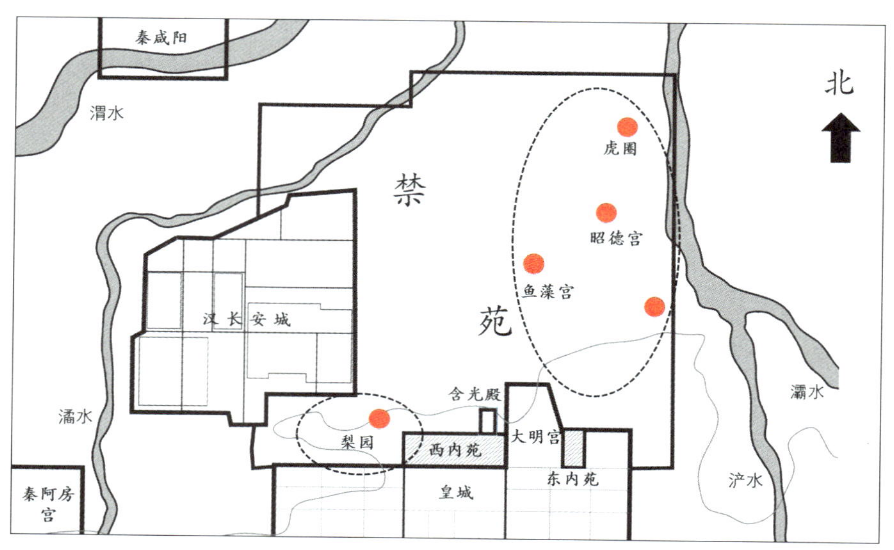

图3.2　隋唐大明宫禁苑布局

（图片来源：作者自绘）

① 参见傅熹年：《中国古代建筑史（第二卷）》，北京，中国建筑工业出版社，2001年，第1版，第375-376页。

隋唐时期的禁苑由于地邻禁中（国都长安），加之历朝帝王不同的需求，故建筑类型亦不同于一般的离宫。据《唐两京城坊考》记载，禁苑被划分为三部分，苑中建筑种类繁多。结合宋朝宋敏求《长安志》记载，现将禁苑、西内苑、东内苑的建置列表如下（表3.2）：

表3.2　禁苑内建设统计表

名称	类型	建筑名称
禁苑	宫	望春宫　九曲宫　鱼藻宫　未央宫　咸宜宫　昭德宫　光启宫　元沼宫
	殿	升阳殿　骥德殿　会昌殿　落雁殿　含光殿　白华殿
	池(潭)	鱼藻池　广运潭
	亭	南望春亭　北望春亭　临渭亭　放鸭亭　诏芳亭　西北角亭　南昌国亭　北昌国亭　流杯亭　球场亭子　桢兴亭　蚕坛亭　神皋亭　七架亭　青门亭　桃园亭　坡头亭
	园	芳林园　樱桃园　梨园　葡萄园　明水园
	楼	西楼
	圈	虎圈
	桥	青城桥　龙鳞桥　栖云桥　凝碧桥　上阳桥
	院	飞龙园　月坡
西内苑	宫	大安宫
	殿	观德殿　含光殿　垂拱前殿　戢武殿　文殿　翠华殿　歌舞殿　永安殿
	池	广瑶池　白莲池
	亭	甘露亭
	楼	通过楼　广达楼
	园	樱桃园
	台	冰井台　祭酒台
东内苑	殿	龙首殿　承晖殿　球场亭子殿　看乐殿
	池	龙首池
	院	灵符应贤院
	坊	小儿坊　内教坊　御马坊

上列统计表从侧面反映出，隋唐时期皇家园林建筑主要以宫、殿、亭、池、园为主，加之穿插于大小宫殿中的水系，附以廊桥、亭楼，可观可游可憩。

3.大明宫历史图像分析

我国自宋代以来，便有编写地方图志的传统。这些方志地图种类多样，大到山川图示，小到建筑布局，此外因录入的年代不同、作者不同，所表现的内容也详略各异，这都是后期进行相关研究的重要资料。在本次的大明宫池苑研究中，通过参考早期地方图志，我们可以更加直观地了解到盛唐时期大明宫的宫城布局以及周边皇家园林的分布，通过不同年代方志图绘的对比，也可了解蕴含其中盛唐建设的文化传统。

由于方志地图多采用传统的近乎山水画似的方法绘制，加之地图绘制者的知识水平和对现实世界的认知千差万别，从而使得方志地图的质量良莠不齐。因此，在利用方志地图进行相关研究时，不能拿来即用，而应该像探讨历史文献的史料价值那样，对方志地图的准确性问题进行必要的探讨。

（1）《陕西通志》唐长安城宫图

根据清代《陕西通志·唐大明宫图》中记载的唐长安宫城图，可以大致了解当时大明宫园囿与殿宇的空间布局。大明宫宫城遵循皇城的严谨布局，图上清晰地反映着大明宫的主要建筑与宫城内外的主要水系，再现了唐大明宫皇家园林的繁华景象（图3.3、3.4、3.5、3.6）。

图中按照历史记载绘制了大明宫的含元殿、宣政殿、紫宸殿等三大殿，以及蓬莱池、蓬莱岛、蓬莱殿、含凉殿、龙首池等。苑中有太液池，池中有一蓬莱山，山上有蓬莱亭。大明宫中有一池，名曰蓬莱池，池中有一山，名曰蓬莱山，山上建一亭，称之为蓬莱亭。其蓬莱池内的“一池三山”具有一定的特殊性，作为“三山一池”的源头，大明宫的蓬莱池内选择用一座蓬莱山来代替三山，仿照海上仙境营造“蓬莱、方丈、瀛洲”这样的“一池三山”山水理念。

（2）《宋元方志》唐禁苑图

宫苑中的水系是营造园林的重要手段，唐长安大明宫通过建造龙首渠直接从终南山引水入园，来营造大明宫中的众多湖池。在《宋元方志》唐禁苑图中，对唐大明宫的禁苑水系做出了清晰的标识（图3.4）。禁苑水系主要节点如下：太液池（蓬莱池）、龙首池（东内苑）、凝碧池（禁苑）、鱼藻池（禁苑）、广运潭（禁苑）九曲池、广瑶池（西内苑）、白莲池（西内苑）。太液池又称蓬莱池，是大明宫宫苑中最重要的池景，池中有一山，山上建宫殿名为蓬莱殿，营造的即是“海中仙山”的仙境意象。“一池一山”的山水模式，在大明宫的宫苑中也多次出现，如东侧的龙首池，禁苑内的鱼藻池和九曲池。

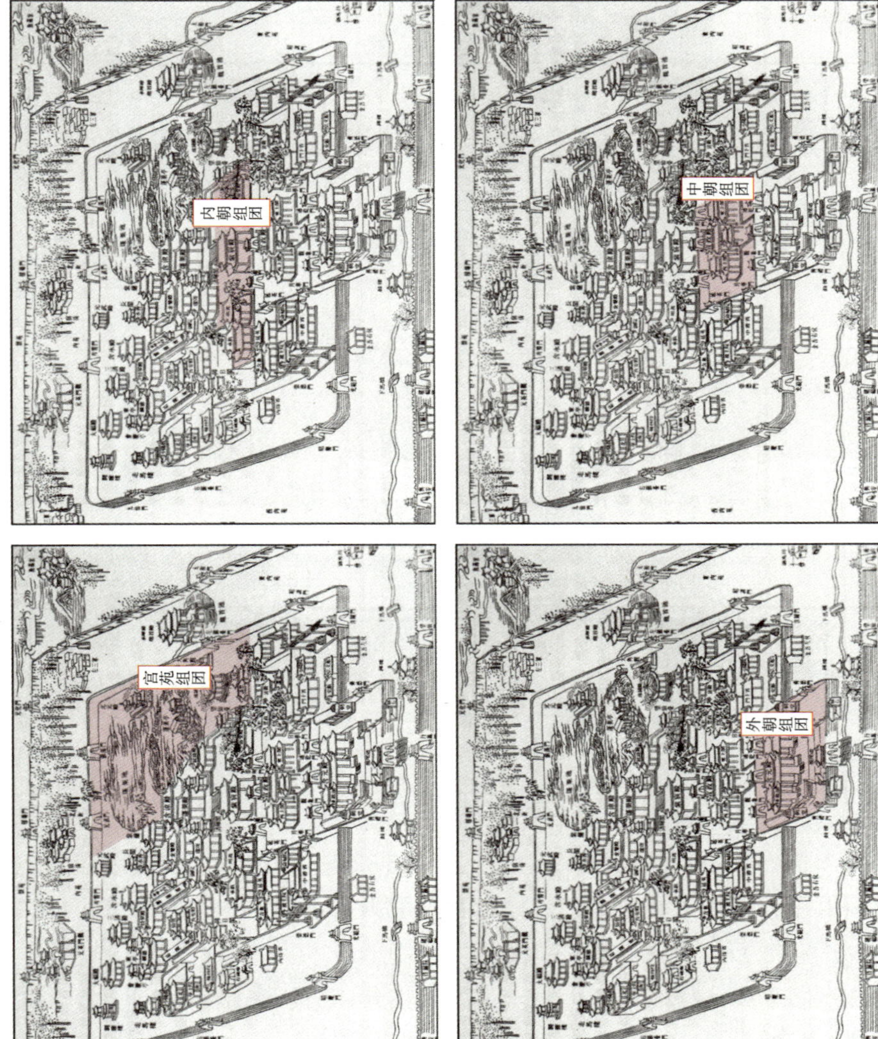

图3.3 大明宫外朝、中朝、内朝、宫苑组团示意

（图片来源：据清《陕西通志·唐大明宫图》改绘）

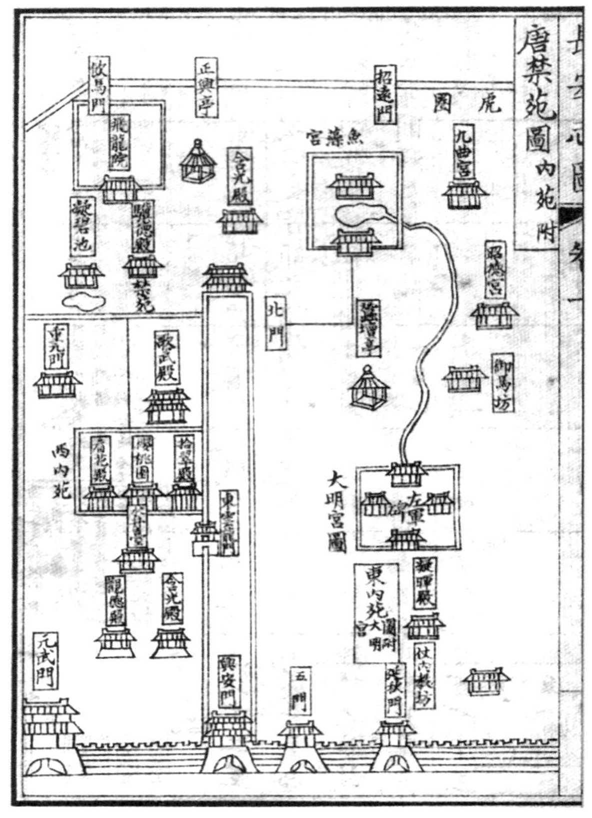

图3.4　鱼藻池及场景示意图

（图片来源:《宋元方志·唐禁苑图》）

“鱼藻”一名出自《诗经》①，鱼藻池位于唐长安城北禁苑②，以湖面水色、划船游弋的娱乐场所而著名（表3.3）。唐代李昭道所绘的《龙舟竞渡》图描绘的是宫廷欢度端午的场景（图3.5），华丽的宫廷楼阁在画面的右下角，湖水大片留白，远处为青绿的山峦。画面中的人物虽小却清晰可辨，生动有趣。大明宫禁苑内的鱼藻池有大量的竞渡记载，曲江虽有广大的水面，却无龙舟活动。据文献记载，唐代李昭道所绘《龙舟竞渡图》描绘的场景可能就是鱼藻池龙舟竞渡的盛况。

---

① “鱼在在藻，有颁其首。王在在镐，岂乐饮酒。鱼在在藻，有莘其尾。王在在镐，饮酒乐岂。鱼在在藻，依于其蒲。王在在镐，有那其居。”选自《诗经·小雅·鱼藻之什》，许渊冲英译，长沙，湖南出版社，1993年，第1版，第496页。

② 禁苑是皇家风景游乐与狩猎区，周长60公里，东距浐河，北枕渭河，西包汉长安城，东西长18公里，南北宽11公里，四周有围墙。苑内地势陂陀起伏，树木苍翠，池塘相望，有宫、殿、院、亭、台、楼、榭、桥、蹴鞠场等数十处。

表3.3 唐代皇帝幸鱼藻池（宫）统计表

皇 帝	时 间	事 迹	出 处
唐德宗	庚戌	幸鱼藻宫	《旧唐书》卷13《德宗下》
唐顺宗	不详	尝侍宴鱼藻宫，张水嬉	《旧唐书》卷14《宪宗上》
唐宪宗	不详	侍宴鱼藻宫	《旧唐书》卷14《宪宗上》
唐穆宗	元和十五年八月壬辰	幸鱼藻池，发神策军两千人浚鱼藻池	《旧唐书》卷16穆宗本纪
	元和十五年九月辛丑	观竞渡，角觝于鱼藻宫，用乐	《旧唐书》卷16穆宗本纪 《新唐书》卷8穆宗皇帝纪
唐敬宗	宝历元年五月庚戌	幸鱼藻宫观竞渡	《旧唐书》卷17敬宗本纪 《新唐书》卷8敬宗皇帝纪
	宝历二年三月戊寅	幸鱼藻宫观竞渡	《旧唐书》卷17敬宗本纪
	宝历二年五月戊寅	幸鱼藻宫观竞渡	《旧唐书》卷17敬宗本纪

图3.5 〔唐〕李昭道《龙舟竞渡图》及局部

（图片来源：中华珍宝馆）

广运潭：根据记载，位于鱼藻池东侧。承担的是漕运的功能，在运粮、货物装卸之时，给船只停泊提供便利条件。鱼藻池与广运潭的连接，使鱼藻池不再单单只是龙舟竞渡的景观池苑，在一定程度上也起到了漕运的功能，这样就使得鱼藻池同时具备了景观和使用的双重功能。

九曲池：禁苑中有九曲池，在大明宫东北①。

凝碧池：水源来自龙首渠②，池上有凝碧亭。王维有诗曰："万户伤心生野烟，百僚何日更朝天。秋槐叶落空宫里，凝碧池头奏管弦。"③而同源的积翠池，由于资料匮乏，具体的情况已无从考证。

（3）《元王孤云大明宫图》研究

大明宫图全称为《元王孤云大明宫图》（下文简称《大明宫图》），出自元代画家王振鹏。作者王振鹏，为永嘉人（今温州），是元朝著名的画家，普颜笃汗赏识他的才华，赐号"孤云处士"。其代表作有《阿房宫图》《龙舟竞渡图》《仙山楼阁图》等，其中属《大明宫图》最为著名，原画宽31.1厘米，长668.3厘米，画于皇庆元年（1312年），以后由美国大收藏家顾洛阜先生收藏，晚年捐献给了纽约大都会艺术博物馆。

该画卷从左到右展开（图3.6）来看，大明宫位于山水环绕的蓬莱仙境之中，宫殿位于高台之上，按照轴线序列空间依次展开。首先，顺着高台踏步来到宫殿前广场，通过牌楼和门阙，进入宫殿园囿之内，跨过三座并列的金水桥，直通主大殿，大殿位于高台之上，重檐金銮殿，四周回廊环绕。紧接着，通过大殿后可直到后宫，这里楼阁林立，山石叠构，建筑群被山石分隔在不同的空间中，通过廊桥进行连接，时而跨越虹桥，时而穿越栈道，在山石之间蜿蜒而行。再次，穿过后宫至后庭，豁然开朗，高楼耸立，与山石、树林、瀑布交相辉映，琼楼玉宇好似空中楼阁；院落开合变化，忽隐忽现，融于山水之间。过后庭的高台宫阙，又见湖泊水面，烟波浩渺，湖上龙舟竞渡。过虹桥上蓬莱仙岛，这里仙阁林立，自雨亭、龙头喷泉等奇幻景色层出不穷，宛若蓬莱仙境。最后，过蓬莱仙岛，可见大明宫城墙后门，门外水面开阔，长桥路远。总体来说，整幅图气势庞大，画中亭台楼阁各具特色，院落场景之间用连廊和流水逐个串接，其中也不乏形态各异的树木和山石，还时不时有龙舟穿梭其中，生动活泼，描绘出一派天上人间的宫廷仙境气象。

---

① 据《唐两京城坊考·卷一》："去宫城十二里，在左右神策军后"位于鱼藻宫之东偏北。据《长安志》记载，"九曲宫中有殿舍，山池内有九曲池。"〔清〕徐松：《唐两京城坊考》，方严点校、张穆校补，北京，中华书局，1985年，第1版，第61-65页。

② 据《类编长安志》记载，龙首渠分为两渠之后，一支北流，经过长乐坡西北，注入凝碧池和积翠池。参见〔元〕骆天骧：《类编长安志·卷六·山水》，黄永年点校，北京，中华书局，1990年，第1版，第190-191页。

③ 王维：《菩提寺禁裴迪来相看说逆贼等凝碧池上作音乐供奉人等举声便一时泪下私成口号诵示裴迪》，载《全唐诗（上）》，上海，上海古籍出版社，1986年，第1版，第300页。

图3.6 〔元〕王振鹏《大明宫图》

（图片来源：中华珍宝馆）

大明宫图中大都是元人虚构的场景，表达出对于唐代盛世场景的想象，但图中按照记载绘制了许多的园林景观，如金水桥、自雨亭、龙舟等。“自雨亭”的名称首次出现在唐代宫廷中，后来逐渐出现在唐长安城里坊住宅中，成为唐代常见的城市景观。唐玄宗时长安官吏王家宅中还建有自雨亭，事见《封氏闻见记》：“至天宝中，御史大夫王鉷有罪赐死，县官簿录太平坊宅，数日不能遍。宅内有自雨亭，从檐上飞流四注，当夏处之，凛若高秋。”[①]大明宫的这座自雨亭利用了激水来营造景观的氛围（图3.7）。

图3.7 唐大明宫“自雨亭”

（图片来源：〔元〕王振鹏《大明宫图卷》局部）

同时《大明宫图》中出现的龙舟，反映了当时唐代已有竞渡的园林活动。据史料记载，唐德宗于贞元十二年（796年）九月至鱼藻宫，次年七月下诏浚湖渠。诏书称：“鱼藻池先深一丈，更淘四尺。”[②]唐宪宗曾于元和十五年（820年）八月调神策军两千人浚鱼藻池，同年九月再到

① 〔唐〕封演：《〈封氏闻见记〉校注》，赵贞信校注，北京，中华书局，2005年，第1版，第44页。

② 〔宋〕宋敏求：《长安志·卷六·宫室四》，辛德勇点校，西安，三秦出版社，2013年，第1版，第44页。

鱼藻宫观看竞渡。唐敬宗于宝历元年（825年）五月观看竞渡，同年七月诏令淮南节度使王播建造二十只游船，次年五月再次来到鱼藻宫观看竞渡。可以猜测元代张振鹏所绘为大明宫赛龙舟、观竞渡的盛大场景。

4.小结

唐大明宫以含元、宣政、紫宸、蓬莱、元武等大殿所在的南北轴线为主要轴线，形成“前朝后寝”的宫殿格局，并通过龙首渠将终南山之水引入宫内，形成太液池（蓬莱池）、龙首池（东内苑）、广瑶池（西内苑），白莲池（西内苑）等众多园林水池。宫内主要的池苑太液池，以蓬莱仙境为原型，营造蓬莱池、蓬莱岛、蓬莱宫、蓬莱亭等景观。除了模仿蓬莱仙境外，大明宫还营造虹桥、自雨亭、瀑布、山石等人工景观，形成奇特的皇家园林风景。同时，大明宫利用汉朝留下的园囿营造禁苑，引水形成凝碧池、鱼藻池、广运潭、九曲池等水池，还经常在鱼藻池宽广的水面上举行龙舟竞渡等娱乐活动，形成天上宫阙、人间蓬莱的皇家园林风景范式，从而被后世不断地歌颂和模仿。

（二）太极宫——“四海模式”的典范

1.太极宫概述

太极宫建于隋初唐睿宗景云元年（710年），时称“大兴宫”，规划设计师是宇文恺，后改称为太极宫。隋初建新都，认为龙首山景色宜人，宜建都邑。《唐实录》中写道：“帝城东西横亘六冈，此六冈从龙首山分陇而下，东西相待。朱雀街自北而南，为街所隔，故山冈片为十二也，符易象卦六爻。”[①]隋唐长安城的设计师宇文恺依据《周易》的六爻理论，将龙首原的山冈与“六爻”一一对应。其“九二”是“见龙在田”，象征着真龙盘踞在地上。所以宇文恺将史书上所描述的“九二置殿以当帝王之居”的地方，顺势规划为宫城所在的位置，由于都城“九二”为高冈地势，因此宫城太极宫位于都城高地上。然而，宫中并非每个地方都是高冈地势，太极宫中最重要的承天门、太极殿、两仪殿被规划在“九二”高冈处。“九二”“九一”由高到低，形成低洼地形，时人引水入宫城，被宇文恺规划为后庭园林生活区，形成一系列水体景观，并开凿了东海、西海、南海、北海四个人工池沼（图3.8）。太极宫因其为唐长安都城的正宫，因此又被称为京大内。而唐太极宫实际上是太极宫、东宫、掖庭宫的总称，位于都城北部居中。

① 〔宋〕程大昌：《雍录·卷三》，黄永年点校，北京，中华书局，2005年，第1版，第58-66页。

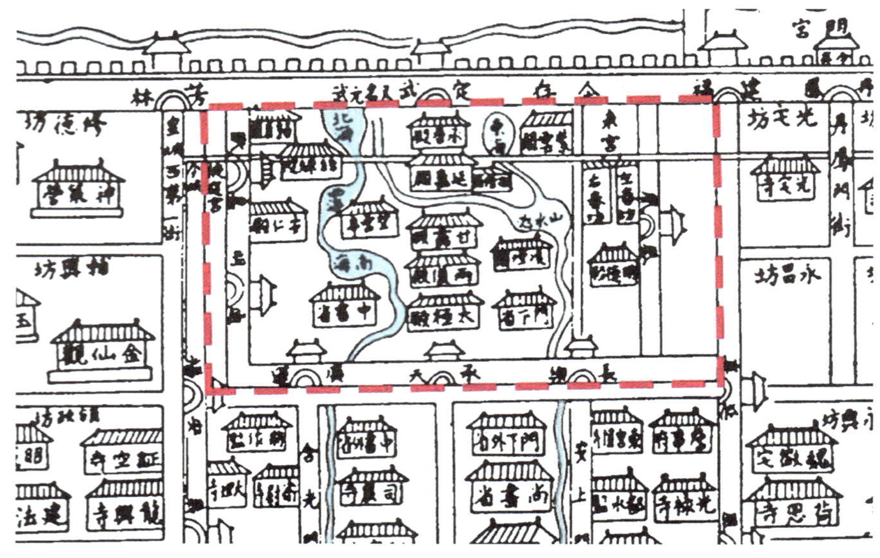

图3.8　太极宫城内的园林

（图片来源：据〔清〕王森文《汉唐都城图·唐长安城图》改绘）

2.太极宫历史图像分析

最早的太极宫图为唐朝时期《唐两京坊考》中的《阁本太极宫图》，所谓“阁本”，即秘阁藏书，但因长安历经战火，古图早已失传。此外，南宋学者程大昌也根据前人资料绘制了关于太极宫的地图，收录在《雍录》中。宋代的赵彦卫《云麓漫钞》卷八中提到，吕大防于元丰三年（1080年）碑刻出《长安图》，另外还刻制了更大比例的《太极宫图》。宋碑《长安图》上的太极宫图形，仅是《长安图》上的一部分。此图比例尺为1∶9000，定向为上北下南，这幅图是以计里画方的方法，用二寸折一里的比例尺画出。此图在金元战乱中被毁，20世纪分别出土的部分残片中，拼接后太极宫依然可见（表3.4）。

表3.4　历代太极宫图

编　号	作　者	图　名	时　代	出　处
1	吕大防	《唐太极宫图》	元丰三年（1080年）	西安碑林藏拓本
2	北宋皇宫秘书省所藏	《阁本太极宫图》	北宋初年	《雍录》
3	程大昌	《唐六典太极宫图》	南宋	《雍录》
4	李好文	《唐宫城图》	元	《长安志图》

续表3.4

编　号	作　者	图　名	时　代	出　处
5	徐松	《西京宫城图》	清	《唐两京城坊考》
6	沈青崖	《唐西内图》	清	《陕西通志》
7	董曾臣	《唐宫城图》	清	《长安县志》
8	董佑诚	《唐西内太极宫图》	清	《咸宁县志》

元代，太极宫的图形出现在《长安志图·唐宫城图》中，由李好文参考有关资料于至正二年（1342年）绘制而成，但图中存在多处错误，关于四海池的表述也不符合实际。清代《唐西内图》是一幅太极宫鸟瞰图，绘制于清乾隆四十一年（1776年），其图幅大小为18厘米×30厘米，定向为上北下南。此图所涵盖的信息量较大，标注高达上百处，是一幅较详细的《太极宫图》。徐松的《唐两京城坊考》、毕沅的《关中胜迹图志》，都是在留存的资料中总结并绘制了太极宫的布局图，清代的一些地方志书也都载有太极宫的图，但都失真较为严重。本书则是基于《唐西内图》，对太极宫的园囿布局进行解析论证。

3. 太极宫布局

（1）宫殿布局

从吕大防《长安图·太极宫》（图3.9）看太极宫布局，整个太极宫分为东、中、西三部分，东面是太子东宫，中部是皇帝居住的宫城，西面是太仓和掖庭宫。宫城中部自南向北被划分为前、中、后三部分。承天门以南为前部分，承天门以北、太极殿以南为中部分，朱明门以北为后部分。前、中部分为“前朝区”；后部分是寝居区和园林区。太极宫仍旧是传统的“前朝后寝”模式。

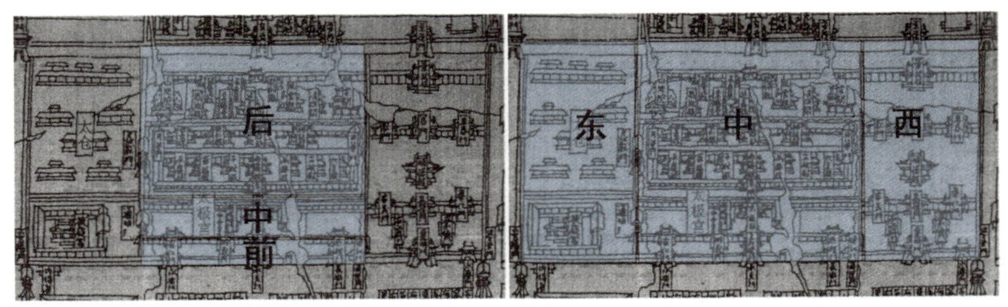

图3.9 〔北宋〕吕大防《长安图·太极宫》

（图片来源：据西安碑林藏拓本改绘）

（2）太极宫苑

太极宫作为唐初的宫城，主要是兼具居住、宴游的功能。为满足不同的需求，隋唐两朝修建了各种不同类型的建筑群。这些建筑极大地扩大了宫城空间，也丰富了游玩趣味。历史资料中关于太极宫建筑——四海池——描述为，“太极宫有四海池，分东、西、南、北，皆以海名，夸其大也。太宗六月四日举事苑中，高祖方游海池不知也，则宫之于苑，亦已远矣。”①意为太宗发动玄武门之变之时，高祖李渊在后苑四海泛舟游玩。

通过对多种文献的对比分析可知，延嘉殿位于中轴线上甘露殿的北侧，是太极宫后庭园林区最核心的宫殿（图3.10）。《唐两京城坊考》中提到“甘露殿之北曰延嘉殿”，《阁本太极宫图》绘制在两仪殿的正北方向。《长安志》也是以延嘉殿作为后庭园林的核心宫殿进行叙述的，围绕延嘉殿周围的便是“殿、阁、廊、台、亭”等建筑要素及“四海”“金水河”等水系景观，且在西内苑西北方设置有山池院（表3.5、表3.6）。

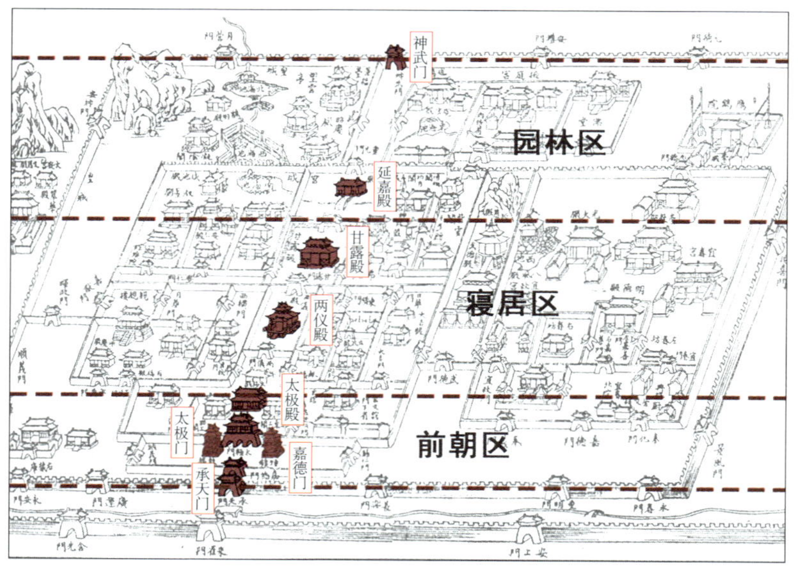

图3.10　太极宫功能分区及中轴线主要建筑

［图片来源：据〔清〕毕沅《关中胜迹图志·唐西内图》改绘］

① 〔宋〕程大昌：《雍录·卷六》，黄永年点校，北京，中华书局，2005年，第1版，第125-135页。

表3.5　太极宫空间布局

方　位	建筑物描述
延嘉殿南	延嘉殿南有金水河，往北流入苑殿，西有咸池殿
延嘉殿北	延嘉殿北有承香殿，殿东即玄武门，北入苑
延嘉殿西	延嘉殿西有昭庆殿，昭庆殿西有凝香阁，凝香阁西有鹤羽殿
延嘉殿西北	延嘉殿西北有景福台，景福台西有望云亭
延嘉殿东	延嘉殿东有紫云阁，紫云阁西有南北千步廊，紫云阁南至尚食院，西北尽宫城，紫云阁南有山水池阁，次南即尚食内院，紫云阁之西有凝阴殿，凝阴殿南有凌烟阁，又有功臣阁，在凌烟阁之西，东有司宝库，凝阴殿之北，有球场亭、宏文殿、观云殿、北海池、南海池、东海池、西海池。

表3.6　太极宫延嘉殿周围建筑物一览

建筑类型	名　称
殿	延嘉殿、咸池殿、承香殿、昭庆殿、鹤羽殿、观云殿、宏文殿、熏风殿、就日殿
阁	紫云阁、凌烟阁、功臣阁、凝阴阁、凝云阁、山水池阁
池	北海池、南海池、东海池、西海池
河	金水河、清明渠、永安渠
廊	东“南北千步廊”、西“南北千步廊”
亭、台	望云亭、球场亭、景福台

1）山池院

在延嘉殿的西北有山池院。唐代宫苑中多有假山湖石，以山池石壁的形式居多，小山小池，布局紧凑。唐太宗《小池赋》：“引泾渭之余润，萦咫尺之方塘……叠风纹兮连复连，折回流兮曲复曲……牵狭镜兮数寻，泛芥舟而已沈……虽有惭于溟渤，亦足莹乎心神。”[①]白居易《官舍内新筑小池》：“勿言不甚广，但足幽人适。”[②]文人寄情方寸之间，通过抽象思维，以片山勺水，以小池喻江湖，来“莹乎心神”。整个宫苑像是一个后花园，有海池四相连环和亭台楼阁之胜，苑中有假山，为模仿“不周山”的意象所设。

2）凌烟阁

延嘉殿东侧有一座建筑名为凌烟阁，这是唐太宗李世民嘉奖功臣的地方。颞部悬挂了开国功臣长孙无忌、魏征、尉迟敬德等二十四名功臣

① 李世民：《小池赋》，载董浩、阮元等：《全唐文》，上海，上海古籍出版社，2018年，第1版。

② 白居易：《官舍内新筑小池》，载《全唐诗（下）》，上海，上海古籍出版社，1986年，第1版，第1057页。

的画像，后又多次被效仿。“画阁凌虚构，遥瞻在九天。丹楹崇壮丽，素壁绘勋贤”，出自唐代诗人刘公兴。《雍录》曰：“凌烟阁在西内三清殿侧，画像皆北面，阁有中隔，隔内面北写功高宰辅，南面写功高诸侯王，隔外面次第图画功臣题赞。案西内者，太极宫也，太宗时建阁画功臣在宫内也。画皆北向者，阁中凡设三隔，以为分际，三隔内一层画功高宰辅，外一层写功高侯王，又外一层次第功臣，此三隔者虽分内外，其所画功臣相貌皆面北者，恐是在三清殿侧，故以北面为恭耶？”[①]

3）四海

整个西内苑位于延嘉殿西北侧。西内苑的东北侧有景福台，台上置阁，台西南有望云亭，再南有昭庆殿。西北侧有山池院，旁北有鹤羽殿，南为凝阴阁，与东北侧望云亭隔北海池、西海池相望，海池由清明渠引水入城自北向南为北海池、西海池、南海池，从城南流出。龙首渠引水入城，形成东海池，从城南流出。“北入宫城广运门，注为南海，又北注为西海，又北注为北海”[②]；“北流入宫城长乐门，又北注为山水池，又北注为东海”[③]（图3.11）。

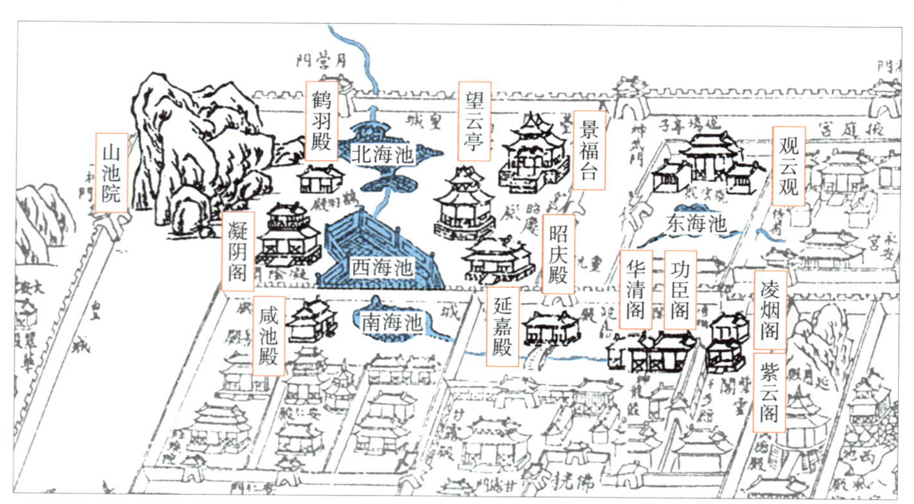

图3.11　太极宫园林区建筑及东、西、南、北海

（图片来源：据〔清〕毕沅《关中胜迹图志·唐西内图》改绘）

① 〔宋〕程大昌：《雍录·卷四·凌烟阁》，黄永年点校，北京，中华书局，2005年，第1版，第66-80页。

② 〔清〕徐松：《唐两京城坊考·卷四·清明渠》，方严点校、张穆校补，北京，中华书局，1985年，第1版，第220-225页。

③ 〔清〕徐松：《唐两京城坊考·卷四·龙首渠》，方严点校、张穆校补，北京，中华书局，1985年，第1版，第218-223页。

4.小结

唐长安太极宫依据周易六爻理论，将太极宫中最重要的宫殿设在“九二”高冈处，在中轴线上依次布置太极、两仪、甘露、延嘉等宫殿，形成“前朝后寝”的格局。同时利用由“九一”和“九二”高低错落形成的地洼地形，以龙首渠引水入宫形成一系列水系景观，并开凿了东海、西海、南海、北海四个水池，采用殿、阁、廊、台、亭等建筑要素营造景观，且采用湖石假山在延嘉殿西北方的山池院内模仿不周山，形成寓意四海天下的皇家山水园林。

（三）兴庆宫——“花萼相辉龙池畔”

1.兴庆宫概述

兴庆宫是唐长安三大宫之一，又称“南内”，原为唐长安城的隆庆坊，位于长安外郭东城春明门内。垂拱初年（685—688年），隆庆坊中一民井，井水涌出，溢浸成池，俗称隆庆池。武周皇帝大足元年（701年），赐宅于五王子（宁王宪、申王㧑、岐王范、薛王业、临淄王李隆基），后引入龙首渠之水致水面扩大。唐中宗神龙元年（705年），兴庆池已经弥亘数顷，深数丈，常有夔龙状云气升空，民称“五王子池”。唐景云元年（710年），睿宗长子宁王李宪让位于其弟李隆基，唐先天二年（713年），李隆基登基称帝。唐开元二年（714年），兄弟献宅，同年，隆庆宫因避讳“隆”改兴庆宫，池遂改称“龙池”，同年九月开始营造宫室，初为离宫。开元十四年（726年），唐玄宗由大明宫移兴庆宫居住听政。

2.兴庆宫历史图像分析

目前保存的《兴庆宫图》主要为北宋元丰三年（1080年）吕大防的《兴庆宫》碑刻图。据南宋赵彦卫《云麓漫钞》记载：“长安图，元丰三年正月五日，龙图阁待制知永兴军府事汲郡吕公大防，命户曹刘景阳按视，邠州观察推宫吕大临检定。其法以隋都城大明宫，并以二寸折一里，城外取容，不用折法。大率以旧图及韦述《西京记》为本，参以诸书及遗迹。考定太极、大明、兴庆三宫，用折地法，不能尽容诸殿，又为别图。”①此图内容详尽，注记正规，符号完美，有着独特的图式符号。地图上方刻有图名“兴庆宫”三个大字，其旁注出实地缩小的比例：“每六寸折地一里”，图上共有25处竖排的名称注记，字体端正工整，外围均有方框，既醒目又便于判读，注记排列位置和方法与现代图基本一致。

① 〔宋〕赵彦卫:《云麓漫钞·卷八》，傅根清点校，北京，中华书局，1996年，第1版，第197-204页。

名称注记有五座宫殿（兴庆殿、大同殿、南薰殿、新射殿、长庆殿），两座楼阁（勤政务本楼、花萼相辉楼），还有堂（龙堂）、亭（沉香亭）、落（金花落）、院（翰林院）和20个门（兴庆门、金明门、通阳门、明义门、初阳门、跃龙门、丽苑门、芳苑门、瀛洲门、大同门、仙灵门、明光门）等注记（图3.12）。

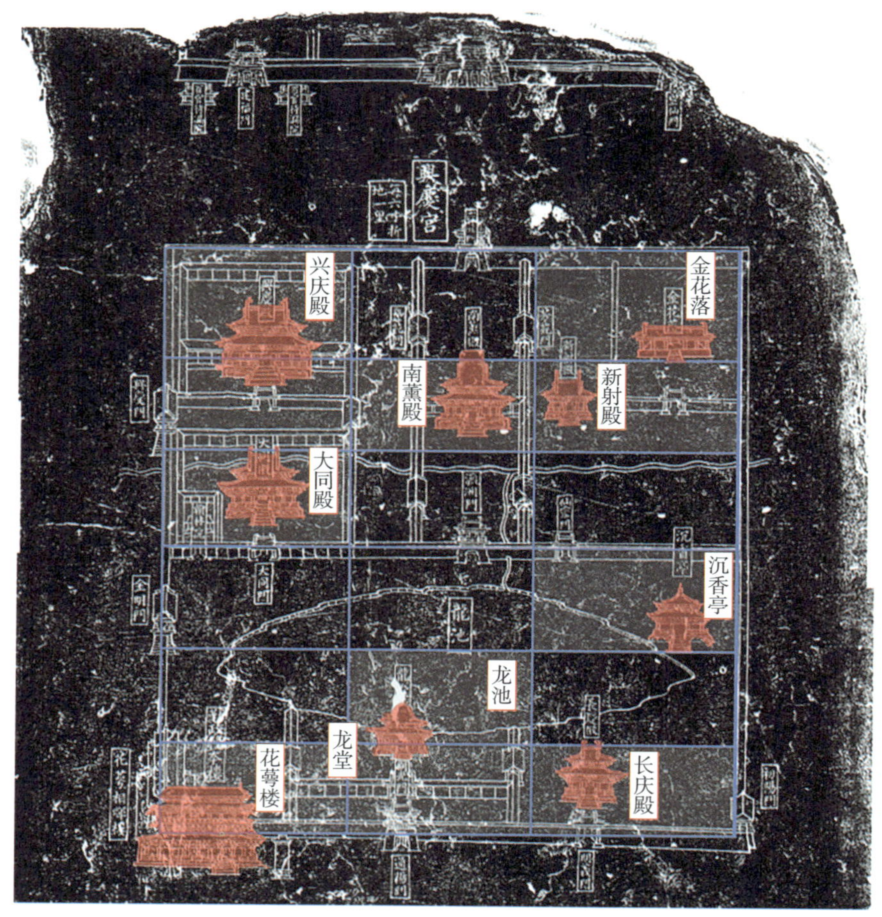

图3.12　兴庆宫布局图

（图片来源：据〔北宋〕吕大防《兴庆宫》碑刻图改绘）

纵观全图，宫殿中有一堵东西走向的隔墙，把兴庆宫分成北部宫殿区和南部园林区。北半部的主要建筑兴庆殿，是唐玄宗在开元、天宝年间的政治活动中心，以后成为退位皇帝的闲居之处。兴庆殿南面是大同殿，《长安志》载："殿前左右有钟楼、鼓楼"，"殿内五龙鳞甲飞动，每欲大雨即罩烟雾”，壁上画有“嘉陵江三百里山水”。翰林院（翰林学士所居）坐落在西南面，金花落（宫人所居）位于东北角。宫殿正门是兴庆门，位于西墙北段，门向西开，这与其他宫殿正门均向南开而有所不同。南半部是唐玄宗游乐区，有专供皇帝、后妃游乐划船的龙池和以沉香木结构建成的沉香亭。西南隅的勤政务本楼表示“勤于务本，关心民情之意”，是玄宗制定国策、颁布诏令和举行朝会大典的地方。花萼相辉楼取自《诗经·棠棣》篇中“花复萼，萼承花，互相辉映”之句，因而得名，象征着唐玄宗五兄弟之间的相扶相助之情。此楼富丽宏伟，巍峨壮观，是玄宗当年诗赋考试和文武大臣观赏花灯的场所，唐人张说有诗“花萼楼前雨露新，长安城里太平人，龙衔火树千重艳，鸡踏莲花万岁春”①，就是描述当年在花萼楼前观赏花灯的盛况。

《兴庆宫图》精度之高、内容位置之准也是其他同名图所无可比拟的。经检验，其图上内容与志书记载、实地勘测比较，基本上是一致的。例如，宫墙范围长度纵向大于横向，与实际相符。在宫殿建筑上，据宋《长安志》载：“西南隅勤政务本楼，其西曰花萼相辉楼”，“通阳门东曰明义门，门内曰长庆殿”，“明皇为太上皇居兴庆宫，每置酒长庆殿楼，南俯大道徘徊观览”。这种记载与《兴庆宫图》一致，并得到了实地勘测的证实。

3.兴庆宫布局

从整体格局分布来看，兴庆宫北部为宫廷区，主要建筑有兴庆殿、大同殿、新射殿、金花落等，南边苑林区主要有花萼相辉楼、勤政务本楼、沉香殿、龙堂等建筑（表3.7）。不同于其他宫殿南苑北宫的布局，兴庆宫大体呈北宫南苑的格局。兴庆宫南部以龙池为核心，围绕龙池布置一系列亭、楼、殿、堂等。在整个空间序列中，“龙池”占据主导地位，统领全局，一切都以龙池为中心进行景观楼阁布置。

表3.7　兴庆宫主要建筑汇总

名称	类型	建筑名称
宫廷区	院	合炼院
	楼	钟楼　鼓楼
	殿	兴庆殿　南薰殿　新射殿　大同殿　金花落　长生殿　积庆殿　冷井殿　义安殿　同光殿　荣光殿　咸宁殿　会宁殿　同乾殿　飞仙殿

① 张说:《十五日夜御前口号踏歌词二首》,载《全唐诗(上)》,上海,上海古籍出版社,1986年,第1版,第231页。“千重艳”,一作“千灯艳”。

续表3.7

名称	类型	建筑名称
苑林区	楼	花萼相辉楼　勤政务本楼　明光楼　明义楼
	殿	文泰殿　长庆殿
	堂	龙堂
	坛	五龙坛
	亭	沉香亭
	碑	龙池颂德碑
	院	待漏院　飞龙院

开元、天宝时期，兴庆宫是唐朝的政治权力中心，宫苑范围逐渐扩大，由原隆庆坊基础上占用其他坊扩大，在原来基础上又兴修了多个宫殿。此时兴庆池水域面积广阔，遍植荷花等，上巳之日更有宴禊之事。当时唐玄宗不惜花费高昂代价从城东浐河通过龙首渠引水入兴庆池，使之成为唐都城内仅次于曲江池的第二大水域。区别于曲江池的公共园林性质，龙池的建造，更多出于巩固皇权的需要，体现了强烈的政治色彩与私人性。兴庆宫对于普通百姓来说是遥不可及的，所以关于兴庆宫的记载也多出自民间故事以及文人骚客的笔下。唐代诗人温庭筠就有“九重细雨惹春色，轻染龙池杨柳烟”[①]的诗句，从中可以看出，当时兴庆池景致的不同寻常。

（1）龙池

兴庆池原来是凹地，后因井水外溢以及雨水汇集成小池，靠近五王子宅，便称为五王子池。后来引浐水之力龙首渠灌之，便日以滋广。到景龙年间（707—709年），弥亘数顷，有云雾之气，相传有黄龙出没其中。据《唐会要》记载，唐开元年间（713—741年）“龙见于兴庆池”，“浸溢顷余，望气者以为龙气”，“中有龙潭，泉源不竭”[②]，兴庆池后来也称龙池。据《宣室志》记载，兴庆池曾有一小龙出游宫外御沟水中。又据《册府元龟·卷二六》《全唐文·卷二九九》，以及裴光庭的《贺雨表》记载，开元十九年大旱，玄宗于五月、七月两次在兴庆池祭祀求雨。因此兴庆池曾被称为“龙池”“景龙池”。而且“隆”与“龙”音近，与玄宗李隆基名字中的“隆”字相同，所以后来被附会为玄宗龙兴的征兆，

---

① 温庭筠：《长安春晚二首》，载《全唐诗（下）》，上海，上海古籍出版社，1986年，第1版，第1481页。

② 〔唐〕王溥：《唐会要·卷二十二》，上海，上海古籍出版社，2006年，第1版，第504页。

称为“龙池”。据《类编长安志》记载，由于龙池地势低，雨水易积涝，从而形成一片水域。水域初期规模不大，后引浐水灌入池中，扩大水域面积，唐长安城通过人工引水将水系串联起来，使得长安城不缺水源供给，这也让龙池得以“弥旦数顷”。《雍录》记载：“龙首渠横贯新射殿、仙灵门、南薰殿、瀛洲门、兴庆殿、大同殿之间，分水经瀛洲门与仙灵门之间注入龙池。”[①]且龙池之所以能变洼地成“弥旦数顷”，是因为引浐水之力，但是当时唐玄宗为了宣扬君权神授以及皇位的合法性，再加上它原是唐玄宗作为皇子时的宅邸，故而官方将它宣传成龙兴之处，为了宣扬君权神授以及出于雩祭的需求，唐玄宗便在龙池开展朝祭五龙的活动。

龙池名称由“浸溢顷余，望气者以为龙气”“中有龙潭，泉源不竭”而来，玄宗亲撰乐章《龙池乐》，并配舞蹈。初为一组侍宴应制之作，用于宴会娱乐，以歌颂祥瑞、圣德。后主祭龙神，用于雩祭等祭祀活动。《龙池乐章》所配舞蹈，由十二名舞者表演，前面四人持金莲引舞。舞者身着五色纱云衣，头戴莲花冠（又一说戴芙蓉冠），着无忧履，用雅乐，唯独没有用磬。这种形式在当时比较新颖，可能和当时流行的民间舞蹈有关。郊祀天地、舞雩求雨，以示对神灵的敬畏。《旧唐书·音乐志》载：“玄宗作龙池乐为此乐以歌其祥。”[②]

从龙池景观中可以大体明确，龙池设龙堂、五龙坛等祭祀性空间在轴线重要位置，且龙池之上不进行大型游玩活动，体现的是皇家龙文化信仰。不同于其他水域景观，兴庆宫龙池更多表现在精神层面的纪念性上，贴合封建社会君权神授，崇拜龙的信仰，维护封建统治，以表示得位正统。

（2）五龙坛

据《唐会要·卷二十二》记载，开元二年（714年），朝廷下诏“祠龙池”，同年六月，蔡孚献《龙池集》，唐朝大臣们做三百多篇“龙池乐章”。此后每年仲春举行祭祀典礼，龙池成为国家重要的祭祀场所。到开元十六年（728年），建设五龙坛及相关活动的祀堂，国家正式主持祭祀五龙神。开元二十年（732年），《大唐开元礼》记载祭礼的具体过程，兴庆宫“龙池”祭五龙神成为唐朝重大祭祀活动之一，此后每年仲春月都有相关祭祀活动举行。

---

① 《雍录》记载：“龙首渠横贯新射殿、仙灵门；南薰殿、瀛洲门；兴庆殿、大同殿之间，由瀛洲门东侧分水注入龙池。”“兴庆之能变平地以为龙池者，实引浐之力。”〔宋〕程大昌：《雍录》，黄永年点校，北京，中华书局，2005年，第1版，第76-89页。

② 转引自闫运利：《〈唐享龙池乐章〉相关问题考辨》，《南京艺术学院学报：音乐与表演版》2017年第1期。

兴庆宫内举行的五龙祭祀活动，被纳入官方祭祀礼典之中。五龙指的是掌管风、雨、雷、电的神明，在古人观念中的五龙分别为青龙、黄龙、赤龙、黑龙和白龙。五龙的信仰形成于战国时期，本源于中国传统的五行学说。诸子百家中《墨子》《鬼谷子》等著作都有关于五龙的记载。[①]龙池的神话也带动了唐朝祭龙活动的开展。《唐会要》记载："开元二年闰二月诏，令祠龙池。"[②]早在开元二年，祭祀活动已经开始在龙池边开展了。当时祭祀活动具体内容有待考究。直至开元十六年（728年），龙池前设置五龙坛和祀坛，国家正式主持祭祀五龙的活动。开元二十年（732年），具体的祭礼过程被记载在《大唐开元礼》之中。龙池祭五龙神成为唐玄宗时期法定祭祀活动之一，此后每年春季都有祭祀活动。上元元年（760年）"安史之乱"时期，唐肃宗下诏罢所有中、小祀礼，"闰四月己卯，罢中小祀，其祭遂废"[③]，祭五龙神活动至唐德宗贞元（790年）六年六月己酉才重启。李唐王朝五龙祠的祭祀仪式采取道教的投龙之法，体现了道教五行文化与儒家传统五方观念的交融，道教的祈雨仪式正式开始进入王朝的祭祀典礼之中。从《唐明皇南内宫室活动系统示意图》中可以了解到祭祀区有单独入口，而且居中轴线布局，从五龙坛到龙堂再到龙池，呈现出递进关系（图3.13）。[④]

（3）龙堂

据《唐语林·卷五》记载，唐明皇每逢亢旱，"禁中筑龙堂祈雨"[⑤]。唐王朝为维护其封建统治，以示正统，听闻龙池有黄龙出没，遂建龙堂祭祀祈福，故《明史》记载："唐德宗祈雨兴庆宫龙堂，并派人祈祷于群神"[⑥]。

（4）大同殿

唐王朝取代隋朝起，为了宣示其合法性，一直以道教老子李耳为先祖。李渊称帝后，并宣称："李氏将兴，天祚有应。"故唐历代皇帝都尊崇道教，供奉老子。到了唐玄宗时期，大同殿成为祭祀道教祖先和炼丹的重要场所。唐玄宗移居兴庆宫，在开元二十九年（741年），梦玄元皇帝降临后，"爰舍正殿，以为法堂"，大同殿便成为宫内崇道的主要场所。

---

① 乾坤启圣吐龙泉：唐代兴庆宫的五龙神祭祀。

② 〔唐〕王溥：《唐会要·卷二十二》，上海，上海古籍出版社，2006年，第1版，第504页。

③ 〔北宋〕王钦若：《册府元龟·卷三四·帝王部·崇祭祀》，北京，中华书局，2003年，第2版，第345-360页。

④ 从唐明皇主要活动路径可分为三条：其一，去北侧宫殿区，面见大臣、上朝等，主要建筑有兴庆殿、大同殿、南薰殿、新射殿等。其二，去南边苑林区的花萼相辉楼，与兄弟进行交流、赋诗，以及举办大型盛世活动。其三，主要与贵妃去沉香亭、大唐芙蓉园等地方观光游玩。

⑤ 〔宋〕王谠：《唐语林》，上海，古典文学出版社，1957年，第1版，第157-158页。

⑥ 〔清〕张廷玉：《明史·卷四十九·礼志三》，北京，中华书局，2000年，第958页。

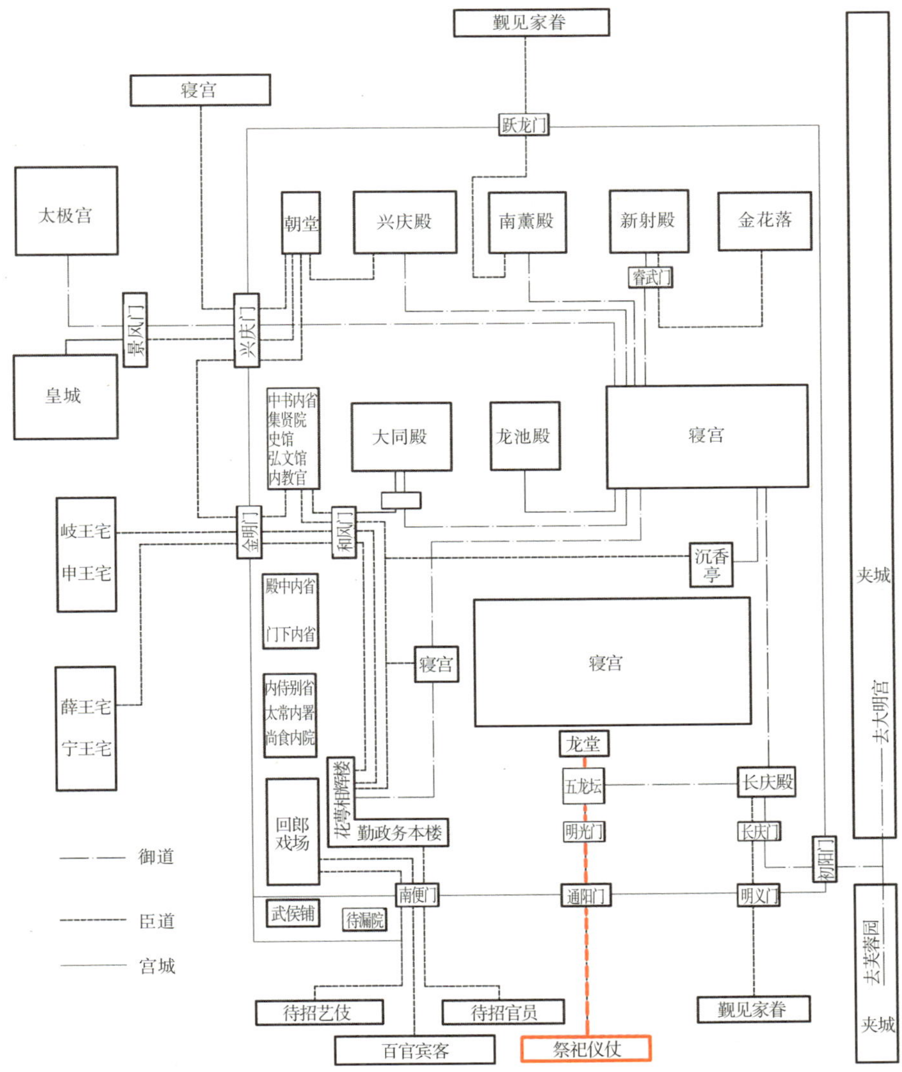

图3.13　唐明皇南内宫室活动系统示意图

（图片来源：作者自绘）

在玄宗开元、天宝年间，大同殿置放老子尊像、传度授箓以及呈现祥瑞方面不绝于史笔。在此殿内，唐玄宗设立“修功德处”，举行斋戒授箓、供奉太上老君像、召见道士炼丹等与道教相关的活动。[①]

（5）南薰殿

南薰殿位于龙池北岸，南薰殿整体造型是重檐歇山顶，面阔七开间，

① 参见徐涛：《“大同殿”及相关绘画考》，《美术研究》2009年第3期。

用于重阳佳节赏菊之所。相传，每逢重阳佳节，宫内菊花盛开，玄宗与杨贵妃便在南薰殿设宴赏菊。李白也曾经作诗曰："水绿南薰殿，花红北阙楼"[①]。

（6）花萼相辉楼

花萼相辉楼，简称"花萼楼"，是兴庆宫中楼殿建筑的精华，兴建于开元八年（720年），紧邻勤政务本楼，位于兴庆宫内的西南隅。楼取名于《诗经·小雅·鹿鸣之什》中的《棠棣》，"棠棣之华，鄂不韡韡。凡今之人，莫如兄弟"[②]，象征纪念兄弟之间的友悌之情，以花和萼相互扶持、相互辉映之天性比喻兄弟之爱。唐玄宗建此楼也是为了表达对兄长让位的感激。从《新唐书》[③]的记载中可以看出，宪王让位于楚王，遂建此楼纪念兄弟之情，表达对兄长让位的感激之情，也是为自己树立了一个宣扬孝悌的典范。据《唐会要》记载："又因大哥让朱邸，以成花萼相辉之美，历观自古圣帝明王，有所兴作，欲以助教化也。我所冀者，式崇敦睦，渐渍薄俗，令人知信厚尔。"[④]花萼楼的另一功用是庆祝生辰、与民同乐。据《旧唐书》记载："八月癸亥，上以降诞日，宴百僚于花萼楼下。百僚表请以每年八月五日为千秋节，王公以下献镜及承露囊，天下诸州咸令宴乐，休暇三日。"[⑤]每年八月十五为千秋节，休假三日。另外，勤政务本楼、花萼相辉楼临街而建，为了显示唐玄宗亲近百姓、聆听百姓的夙愿，唐玄宗在《游兴庆宫诗序》中云："登勤政务本及花萼相辉之楼，所以观风俗而动人，崇友于而敦睦。"可见此二楼具有非凡的政治意义和纪念意义。

---

① 李白：《宫中行乐词其八》，《全唐诗（上）》，上海，上海古籍出版社，1986年，第1版，第388页。

② 《诗经》，许渊冲英译，长沙，湖南出版社，1993年，第1版，第306页。

③ "睿宗将建东宫，以宪嫡长，又尝为太子，而楚王有大功，故久不定。宪辞曰：'储副，天下之公器，时平则先嫡，国难则先功，重社稷也。使付授非宜，海内失望，臣以死请。'因涕泣固让。时大臣亦言楚王有定社稷功，且圣庶抗嫡，不宜更议。帝嘉宪让，遂许之，立楚王为皇太子。"〔北宋〕欧阳修、宋祁：《新唐书·卷八十一·列传第六》，上海，汉语大词典出版社，2004年，第1版，第2291页。

④ 《唐会要·卷三十·兴庆宫》："新作南楼，本欲察氓俗，采风谣，以防壅塞，是亦古辟四门达四聪之意，时有作乐宴慰，不徒然也，又因大哥让朱邸，以成花萼相辉之美，历观自古圣帝明王，有所兴作，欲以助教化也。我所冀者，式崇敦睦，渐渍薄俗，令人知信厚尔。"〔唐〕王溥：《唐会要·卷三十》，上海，上海古籍出版社，2006年，第1版，第650页。

⑤ 《旧唐书·卷八·玄宗本纪上》："开元十七年秋，八月癸亥，上以降诞日，宴百僚于花萼楼下。百僚表请以每年八月五日为千秋节，王公以下献镜及承露囊，天下诸州咸令宴乐，休暇三日。仍编为令，从之。"〔后晋〕刘昫：《旧唐书·卷八·玄宗本纪上》，上海，汉语大词典出版社，2004年，第1版，第156–157页。

（7）勤政务本楼

玄宗取名勤政务本楼是为了勤勉政事。凡颁发诏令、举行大型宴会、会见外国大使等活动都会在此楼举行，将帅出征、改元、大赦等活动也都在此楼前广场举行，取代了原东内大明宫丹凤门和西内太极宫承天门的作用。同时，勤政务本楼也是唐玄宗和文人骚客论赋谈诗之所。在《开元天宝遗事》中记载，唐玄宗在勤政楼上架起高七尺、装饰华丽的山座，召集文人骚客来楼上谈诗论赋，谁讲得好便可以升上山座。当时著名诗人张九龄曾技惊四座荣登山座。王维在《三月三日勤政楼侍宴应制》诗云："彩仗连宵合，琼楼拂曙通"，"仍临九衢宴，更达四门聪"[①]。勤政楼是唐玄宗发布政令体察民情之所。[②]据记载，开元八年（720年），勤政务本楼建在兴庆宫西南隅紧贴南宫墙处，墙外便是长安对外商贸"东市"。开元、天宝年间，众多大型娱乐活动都是在楼下的春明门街上进行，唐玄宗则在楼上欢宴举乐。"纵士庶观看百戏竞作"。皇帝在《游兴庆宫诗序》中说："登勤政务本及花萼相辉之楼，所以观风俗而动人。崇友于而敦睦。"勤政务本楼南侧春明门大街宽约一百二十米，楼前形成了一个面积约为十二万平方米的广场。《明皇杂录》中，唐玄宗的生辰为八月五日千秋节。玄宗在位期间每年这天都会举办大型的庆祝活动。唐玄宗与在勤政楼下的众人一起观看表演。开元二十四年（736年）十二月毁道政坊西北角、东市东北角，以扩广勤政楼前占地面积。在距离勤政楼以南约二十米，加了一道复城，用以保障皇帝安全。庆典活动随之从宫外广场转入夹城之中，花萼相辉楼与勤政务本楼成了看楼，楼下的

① 王维：《三月三日勤政楼侍宴应制》，载《全唐诗（上）》，上海，上海古籍出版社，1986年，第1版，第295页。

② 据记载，兴庆宫龙池西南方的"花萼相辉楼"和"勤政务本楼"为两座主要殿宇，楼前广场遍植柳树，用于举行乐舞、马戏等表演。花萼相辉楼紧邻西宫墙，从楼上可望见隔街宁王与薛王的府邸，唐玄宗每听到二王作乐时，必召他们升楼与之同榻坐，或到二王府邸赋诗宴嬉。唐玄宗的这种兄弟之情在当时传为美谈。楼之以"花萼相辉"为名，亦寓手足情深之意，此处则体现出中国古典园林意境内含文化意蕴这一特色。唐代高盖在《花萼楼赋并序》中写道："幸夫花萼之楼，遥窥函谷之云，近识昆池之树。"意思是说，登上花萼楼，远处可见函谷关上的飘云，近处可见城西昆明池中的树木。宫中的勤政务本楼相当于兴庆宫的正殿，是玄宗主要的听政视事之处。此楼创建于开元八年（720年），玄宗以勤勉政事取名为勤政务本楼，大型活动都在此楼进行。如742年正月，唐玄宗改元天宝，宣布大赦天下。天宝十三载（754年）三月北庭都护程千里献俘阿布思等。据《唐会要》记载：高等文官的诗赋考试也在勤政务本楼进行，"天宝十三载（754年）十月一日，御勤政楼，试四科举人"。勤政楼又是玄宗和文人学士谈诗论赋之地。王维《三月三日勤政楼侍宴应制》诗云："彩仗连宵合，琼楼拂曙通。"〔唐〕王溥：《唐会要·卷二十》，上海，上海古籍出版社，2006年，第1版，第650页。

夹城广场成为各种娱乐演出活动的地方。

（8）沉香亭

牡丹亭也称为沉香亭，语自“取木沉香”，传为玄宗专为杨贵妃而建，是玄宗与杨贵妃观赏芍药、牡丹，游乐、宴饮的地方。沉香亭是用沉香木而建的，故而称为“沉香亭”。亭前遍栽各色牡丹、芍药，玄宗和杨贵妃一年一度在此赏花、宴饮，有人伴奏，有人唱歌，玄宗本人也吹笛相和，一派热闹景象。玄宗还请翰林学士诗仙李白进诗咏牡丹花开，李白则作《清平调词三首》，其一就提到了沉香亭[①]。沉香亭建筑呈四角攒顶形式，上盖琉璃瓦，下面朱柱挺立，雕梁画栋，门窗精雕细刻，剔透玲珑，金碧辉煌，极为壮丽，是园内最别致的一座亭子。登高置身亭上，可远眺龙池西侧的花萼楼，龙池北为南薰殿和西山叠石，北山丛林，龙池碧波，尽显诗情画意。

（9）新射殿与金花阁

横街以北新射殿是皇上习武操击兵之地，其门名为“睿武门”，功能上是统一的。所以睿武门就是新射殿的前门，而仙灵门是寝宫之南门，设金花落驻禁军。金花阁原名金花落，是南内宫最后一座建筑，五开间，歇山顶，筑造在高台之上。据传，金花阁本是数年一度为玄宗选秀女时秀女们集中居住待选的地方。但贵妃入宫后，原功能废止，并按照贵妃之意改造成供贵妃一人独处练舞练曲的阁楼群，名字改成金花阁（图3.13）。

（10）兴庆殿

兴庆殿是唐兴庆宫正殿，是玄宗会见大臣的地方，位于宫殿西北角，大同殿以北（图3.13）。龙池殿是兴庆殿的正衙殿，据《唐六典》记载：“兴庆殿即正衙殿，有龙池殿”[②]。据《通鉴》记载：“天宝十三载御灌龙殿门张乐宴群臣。”此处灌龙殿门疑为龙池殿门的传抄笔误，应为“御龙池殿门灌龙门张乐宴群臣”。南薰殿是兴庆宫宫殿，皇帝退朝后在这个地方休息，位于兴庆宫中北部。

4.小结

兴庆宫总体呈北宫南苑格局，建筑坐南朝北，北部呈现出轴线宫殿的布局。南部以龙池为中心，建筑散布于湖的四周，自由错落，尤其以花萼相辉楼、沉香亭等为代表。靠近湖边为亭台，可近距离观赏。因为远离湖边则需要更加高大的建筑才能登高远眺，所以花萼相辉楼与勤政

---

① “名花倾国两相欢，常得君王带笑看。解释春风无限恨，沉香亭北倚栏杆。”出自李白：《清平调词三首》，载《全唐诗（上）》，上海，上海古籍出版社，1986年，第1版，第388页。

② 〔唐〕李林甫：《唐六典·卷七》，陈仲夫点校，北京，中华书局，1992年，第1版，第219页。

务本楼都属于高大建筑。龙堂、五龙坛建于水边用于祭祀祈雨。位于正中表明居中为尊，表明君权神授得位正统。

综上所述，兴庆宫原是李隆基称帝以前做临淄王时与其他四王的旧邸，后经扩建，才达到当时的规模。其布局和规模与太极宫、大明宫有着明显的不同，另成格局。兴庆宫的规划布局有以下几个特殊点：

（1）兴庆宫的正门朝西开，不同于同时期的其他宫殿布局，正门向南开。我国传统建筑布局大多是负阴抱阳，坐北朝南，尤其是北方地区。《增广贤文》中写道："衙门八字开，有理无钱莫进来。"[①]从《礼记》中的"天子负南向而立"、《易经·说卦传》中的"圣人南面而听天下"可见，南面意味着权力的象征。古代卿大夫及州府官员等升堂听政都是坐北向南，中国历代大多都城皇宫殿堂和州县官府衙署是南向的。而兴庆宫却一反寻常，正门开在西侧。可能与其后来的扩建布局功能改变有着重要的关系。

（2）宫殿北部主要楼阁殿堂的位置，不是在一条中轴线上而是多轴线。南部建筑以湖为中心环湖布局。封建帝王的宫殿整体布局一般是南宫北苑，主要建筑在主要轴线上。《礼记·明堂位》中记载："天子五门，皋、库、雉、应、路。""诸侯三门，分作三朝五门"，唐称大朝、常朝和入阁。传统建筑格局讲究的是规整与对称，兴庆宫却是另类的存在，分散于宫苑各处，楼、阁、殿、堂、亭等建筑更像园林的建筑布局。不同于其他宫殿的庄严规整，因其错落有致的布局，使其严谨中带有活泼自由的氛围。殿堂多为楼阁，多为高大建筑，宫内主要建筑为花萼相辉楼与勤政务本楼，不称其为"殿"，而称其为"楼"，而且出现了亭（沉香亭）。

（3）南部宫苑围绕龙池有亭、堂、楼、殿等园林建筑。大明宫有太液池却无亭，太极宫无池也无亭，唯独兴庆宫有池有亭。兴庆宫池名龙池，水域面积广阔；亭为沉香亭，因唐时旧亭"取木沉香"而得名，亭前广种芍药、牡丹，唐玄宗和杨贵妃一年一度在此赏花。兴庆宫位于大明宫与芙蓉园、曲江之间。开元二十一年（733年），为了不被平民打扰以及方便自己跟皇室贵族通往大明宫和曲江池，玄宗在贴东城墙内侧修筑了一道夹城墙，作为官员、戏班、外臣的等候之地。这也是兴庆宫不同于其他宫殿的地方。

总之，兴庆宫作为唐长安重要宫殿和园林建筑，不同于其他宫殿园林景观，主要体现出纪念性的特点，整个空间布局通过仪式性的轴线、

---

① 〔明〕佚名：《增广贤文》，魏明世编译，北京，中国纺织出版社，2015年，第1版，第100-109页。

列仗或其他形式来强化纪念性主题，或以楼命名，或人文碑刻，多为纪念性景观和建筑，因而成为唐长安一道独特的风景。

二、唐长安城郊的皇家园林建设

（一）唐长安城郊皇家园林概述

唐代建设有大量的皇家离宫，主要分布于唐长安四郊，以及长安到洛阳的沿途道路上，用于皇帝出行、避暑。唐长安城郊野地区最著名的“四大离宫”分布在长安城的东、南、西、北四方的崇山峻岭之处，又称为四方离宫（图3.14），分别为：东宫（华清宫）、西宫（九成宫）、南宫（翠微宫）、北宫（玉华宫）。

1.翠微宫

翠微宫于唐贞观二十年（646年）奉敕而造。骊山游人云：“翠微寺本翠微宫，楼阁亭台几十重”[①]；温庭筠在《题翠微寺二十二韵·太宗升遐之所》一诗中有述：“涧籁添仙曲，岩花借御香。野麋陪兽舞，林鸟逐鹓行。镜写三秦色，窗摇八水光……兰芷承雕辇，杉萝入画堂”，“岚湿金铺外，溪鸣锦幄傍”[②]。除此之外，李太白乃至李世民也都曾经用他们的笔墨记述了辉煌的翠微宫。

2.玉华宫

玉华宫建于宜君县之凤凰谷，由唐初著名的建筑工艺大师阎立德设计，营建于唐贞观二十一年（647年）。唐太宗对玉华宫的环境和建筑艺术十分满意，亲自撰《玉华宫铭》予以赞赏，现只有太子李治的《玉华宫山铭》传世，赞曰：“顺访峒山，镌芳金石。道光轩驾，声流姬迹。矧此崇岩，介通帝宅。峻侔峒柱，祥韬金碧。饮渭南通，鸣岐西格。炎生肇授，彤暑初融”，“丹溪缭绕，旋树玲珑。径分余雪，岭界斜虹”，“云飞御鹤”[③]，足见万山丛中的玉华宫是非常典雅、壮丽的。加之太宗晚年“有内热之疾，以至厌九重之居，常避暑于空山之中，作为离宫”。这样一来，“夏有寒泉，地无大暑”，“清凉胜于九成宫”的玉华宫便成为“太

① 骊山游人：《题故翠微宫》，《全唐诗（下）》，上海，上海古籍出版社，1986年，第1版，第1930页。

② 温庭筠：《题翠微寺二十二韵·太宗升遐之所》，《全唐诗（下）》，上海，上海古籍出版社，1986年，第1版，第1472页。

③ 王仲德：《玉华寺》，西安，三秦出版社，1994年，第1版，第147–149页。

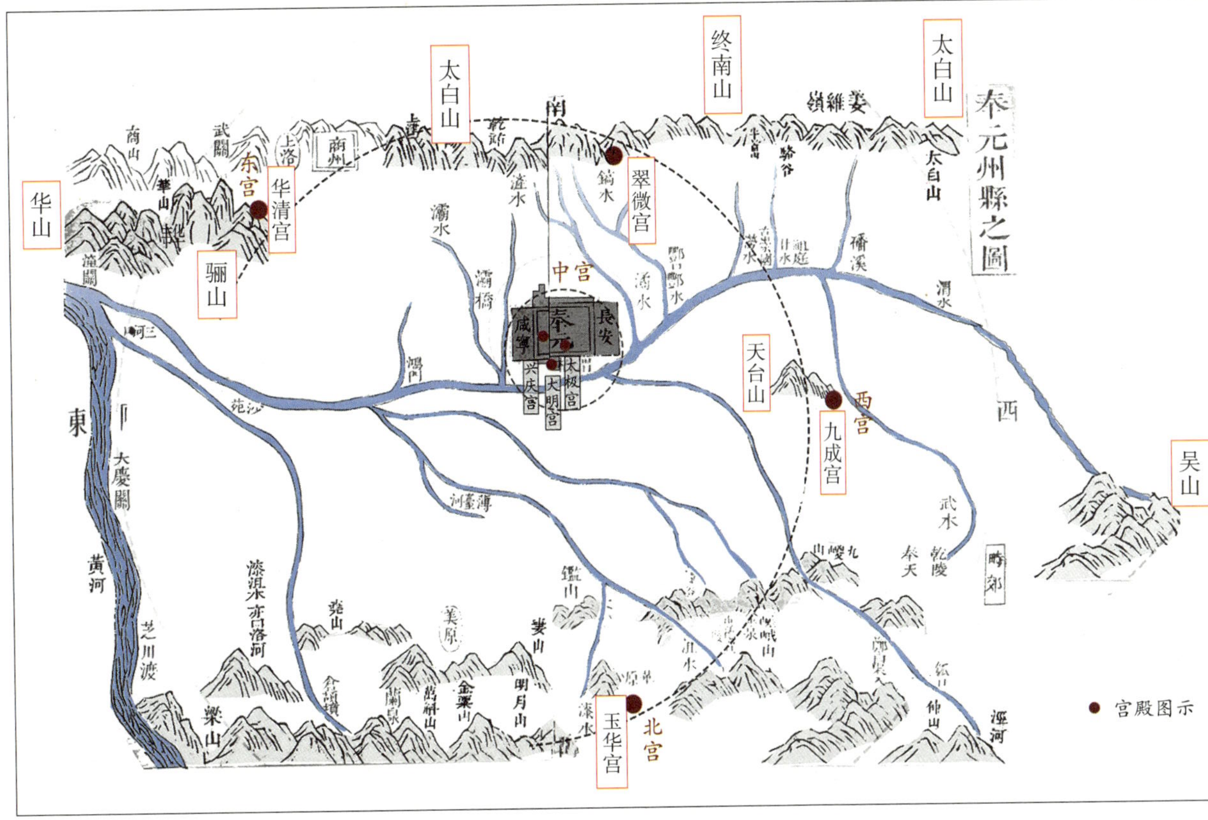

图3.14　唐长安离宫分布

（图片来源：据《奉元州县图》改绘）

宗避暑胜地”。清代陕西巡抚张祥和路过宜君时，留下了赞美宜君、脍炙人口的诗篇。其中之一是《再宿宜君》：“寒入宜君暑不存，地非风穴即风门。往还再宿山城上，江海涛声彻夜鸣。更无蛇蝎闹昏虫，金锁居然不漏风。避暑唐宗真得地，年年飞白玉华宫。”①

3.华清宫

华清宫亦称骊山宫，位于陕西省西安市临潼区骊山北麓。因其有骊山之形胜、温泉之疗效而供历代帝王游幸，以至于在唐代盛期扮演着长安副都的角色，具有大内正宫与温泉离宫的双重性质，其集沐浴、游赏与政教、礼仪于一体的规划建设，对后世产生了深远的影响。

4.九成宫

隋唐时期在今麟游县城所在地修筑了举世闻名的避暑离宫九成宫（仁寿宫），享有“离宫之冠”的美称，隋文帝、隋炀帝、唐太宗、唐高宗、武则天都曾在此避暑议政。这里曾一度成为全国政治、文化中心，留下了大量珍贵的文物古迹，举世闻名的《九成宫醴泉碑》和《万年宫铭碑》成为历史见证。

唐时期的皇家离宫营造仍然继承了秦汉以来皇家园林规模宏大、自然景观与人工构筑相结合的特点，利用自然山水，采用“笼山水为苑”的做法，将周围胜景纳入其中，而建筑仅作为观景之用，零星点缀于山林之中、河岸之畔。同时，在魏晋南北朝所奠定的风景式山水园林美学下进一步实践，不再强调纯粹自然山水的野趣，而是通过这些建筑与山水的结合，营建出诗情画意的人文山水意境。

（二）华清宫——山水为苑、星象北辰

1.华清宫概述

华清宫虽盛名于唐，但自周朝至清末，历代均有所营建（详见表3.8）。唐华清宫共建有六门、十殿、四楼、二阁、五汤、六园及百官衙署、公卿府第。所有宫殿建筑均布置在宫城内或宫城与缭墙之间，南区禁苑将骊山西绣岭包裹其中。山上排布有无数游乐赏玩、祭祀衬景的各类功能性建筑。唐华清宫穷尽山河之胜，山下宫殿区富丽堂皇，山上园林区鳞次栉比。诗人白居易《骊宫高》中的“高高骊山上有宫，朱楼紫殿三四重”②与杜牧《过华清宫绝句三首（其一）》中的“长安回望绣成

① 铜川市地方志编纂委员会：《铜川市志》，张立主编，西安，陕西师范大学出版社，1997年，第1版，第947页。

② 白居易：《骊宫高》，载《全唐诗（下）》，上海，上海古籍出版社，1986年，第1版，第1047页。

堆，山顶千门次第开”[①]，都是对当时华清宫盛况的描述。

表3.8 华清宫营建沿革

人物朝代	营建活动	人物朝代	营建活动
周幽王	修“骊宫”烽火戏诸侯	唐玄宗	大筑罗城于汤所、群起宫殿楼阁数重、环置百司公卿府邸，改“温泉宫”为“华清宫”
秦始皇	“砌石起宇”而建“骊山汤”		
汉武帝	大加修饰成离宫别馆	后晋高祖	赐道士居住，改名“灵泉观”
北魏刺史元苌	“剪山开障，因林构宇”	宋仁宗	授刘子颙主持修容
北周武帝	重修园林宫苑而成“皇堂石井”	元代道人赵志渊	募捐加以修葺
隋文帝	修屋宇，并植松柏千余株	明孝宗、明神宗	地方官员均加以复修
唐太宗	营建宫殿、御汤，又名“汤泉宫”	清康熙	巡抚鄂海翻新修饰迎接天子西巡短驻
唐高宗	易名“温泉宫”	清光绪	县令沈家祯于旧址之上修建“环园”

2.华清宫历史图像分析

唐代时期的“华清宫”作为其历史的顶峰，备受时人称颂，自然也留下了弥足珍贵的图绘资料。唐华清宫的原貌虽已不复存在，但通过对其传世图绘的研究与文献梳理，可对唐华清宫的风景营造方法与规划理念有所发现。

（1）华清宫历史图像

唐华清宫虽留下不少的图绘资料与文献记载，但遗憾的是唐代的图绘资料目前尚未发现。本章通过文献资料的梳理，搜集到唐华清宫的历代图绘8幅（详见表3.9）。传世的唐华清宫图绘主要有：五代时期的《乞巧图》；北宋游师雄所绘制的《唐骊山宫图》（但目前尚未确定有宋版真迹留存）；元代李好文版较之前者稍晚，但图绘内容更加清晰、翔实，同时补充了《唐骊山宫图》的下图——昭应县城至渭水一带的景观。此外，还有明代仇英的《贵妃晓妆图》、清代袁江的《骊山避暑图》等，都是表现唐代华清宫的杰作。

① 杜牧：《过华清宫绝句三首（其一）》，载《全唐诗（下）》，上海，上海古籍出版社，1986年，第1版，第1320页。

表3.9 华清宫图绘资料及其文献出处

图名	年代作者	文献出处
《唐骊山宫图》	〔北宋〕游师雄	李令福、耿占军《骊山·华清宫文史宝典》（陕西旅游出版社2007年版）
《唐骊山宫图》	〔元〕李好文	〔元〕李好文《长安志图》
《骊山图》	〔明〕王圻、王思义	〔明〕王圻、王思义《三才图会·地理八卷》
《温泉馆图》	明代华清池碑刻	李令福、耿占军《骊山·华清宫文史宝典》
《华清宫图》	〔清〕毕沅	〔清〕毕沅《关中胜迹图志》
《骊山图》	清乾隆四十一年	清乾隆四十一年《临潼县志》
《骊山图》	民国十年	民国十年《临潼县志》
《华清宫图》	民国十年	民国十年《临潼县志》

《乞巧图》创作于五代时期，纵162厘米，横111厘米，是乞巧题材画作以及早期建筑绘画中的力作。该图描绘了诸多秀美女子于美轮美奂的建筑群中乞巧的场景。据《开元天宝遗事》记载：唐太宗与妃子每逢七夕便在华清宫夜宴，宫女们各自乞巧。而唐玄宗更是在宫中建造乞巧楼，楼上陈列瓜果酒炙，摆设坐具以祭祀牵牛、织女二星。这幅《乞巧图》不仅真实描绘了历史上仕女乞巧的场景，还在一定程度上反映了唐代古建筑的样式和形态（图3.15）。

图3.15 〔五代〕佚名《乞巧图》

（图片来源：中华珍宝馆）

明代仇英创作的《贵妃晓妆图》，以杨贵妃清晨在华清宫端正楼对镜理髻为中心，将宫女奏乐、采花和携琵琶等情节同现于一个画面，集中表现了贵妃爱牡丹、喜簪花、善声乐、好打扮的习性，从中反映出杨贵妃纵情享乐的生活内容。除了对人物细致的刻画外，还可以看到华清宫端正楼

图3.16 〔明〕仇英《贵妃晓妆图》

（图片来源：中华珍宝馆）

的一脚，台基、柱础、栏杆、柱子、卷帘、屏风及家具等细节俱在，此外庭院中还刻画了两棵古树及一处方池，池中有假山、花卉，此图现藏于北京故宫博物院（图3.16）。

清代袁江的《骊山避暑图》，画幅以唐明皇（玄宗）在骊山避暑游乐为题材，描绘出楼台殿阁散缀于崇山峻岭之间，山上苍松劲拔，山下湖光一色的山水美景。全图以遥摄全景构图法展现雄伟壮丽的宫阙建筑群落。画中穿插有众多人物，如紧张忙碌的宫女、在丹墀上进出的太监，气氛显得紧张仓促。宫门外的车马行列引人注目。该图展现出作者高超的技巧和雅俗共赏的绘画风格。该图现藏于首都博物馆（图3.17）。

图3.17 〔清〕袁江《骊山避暑图》

（图片来源：中华珍宝馆）

（2）《唐骊山宫图》考证

《唐骊山宫图》创作于900余年前，成图在北宋元祐三年（1088年），武功人游景叔题字立碑，置于临潼。到元代至正二年（1342年）又经李好文在保持原图内容和风格的前提下缩小摹绘成副本，距今已有650余年历史。现存世图幅为24厘米×54厘米，图上注有“南”字，方位为上南下北，此图下方有碑文150字，概述了华清宫的历史和典故[①]。游师雄所绘的《唐骊山宫图》距唐末不到200年，且同时期出现了对长安考证

① 参见刘家信：《〈唐骊山宫图〉考》，《地图》1999年第2期，第45-48页。

所留下有比例尺度的吕大防《长安图》，因此可以认为宋图是较为真实的，而元图是宋图的摹本，故而具有重要的研究意义。《唐骊山宫图》重现了千年前盛唐时期华清宫气势恢宏的人文地理景观，是研究华清宫的重要史料，所以本章以元代李好文版展开分析（图3.18）。

《唐骊山宫图》由上、中、下三部分组成，虽略有衔接，但内容迥异。上图以环绕游廊揽山中名胜，反映骊山北麓地貌风景；中图以宫墙殿堂规整布局，描绘华清宫建筑汤池布局；下图以较小比例置陈布势，浓缩渭水南岸人文景观。中图平面图重纪实，比例较大；上、下图涉猎周边环境，重写意且比例较小。

该图地理要素详尽、名称注释齐全，专有标记符号多达220余处，对唐华清宫内的地物、水系、地貌、植被等均有详细记录。地物包括建筑、宫门、城墙等；水系包括渭水、戏水、山泉和温汤，其中沐浴场所的水系分布得到了重点表示；地貌包括骊山北麓诸多山峰、山谷、山塬、山岩、山洞等自然景观；植被包括当时开辟的花园、果园，以及明皇与贵妃山盟海誓的见证——连理木。此外图上还对华清宫的位置及其周边的遗址故城做了注记。

（3）《唐骊山宫图》特征

《唐骊山宫图》由北宋画家游师雄在继承唐代“计里画方”的基础上采用平立结合的混合比例绘制而成，虽不是比例图，但相对真实、可靠，空间格局也基本相符。张蕊的论文《从建筑宫苑到山水宫苑：唐华清宫总体布局复原考证》一文，利用华清宫宫城区测绘图结合唐尺的单位换算，证实了华清宫按照方五丈的网格模数为基准布局[①]。由此可见《唐骊山宫图》的中图宫城区是有比例尺度的，图中的城墙建筑和测绘图中的遗迹位置在空间比例关系上一致，并且该图具备了“计里画方”与“网格法”的图绘特征。本章旨在探索《唐骊山宫图》中的空间关系和结构逻辑，因此在网格划分中以“不失其准望”为前提，以便于定位重要建筑和组团为原则，用网格模数对组团划分，以开展图式研究。

3.景观图式分析

基于传统图绘的特点和绘制方式，本章运用“计里画方”和“网格法”对其进行图式分析，从而更好地诠释传统图绘中景物之间的空间关系和营造风景环境的匠心，其方法可分为辨方定位、分景画方、寻景揽胜三个步骤。

---

① 参见张蕊:《从建筑宫苑到山水宫苑:唐华清宫总体布局复原考证》,《中国园林》2020年第12期,第135-140页。

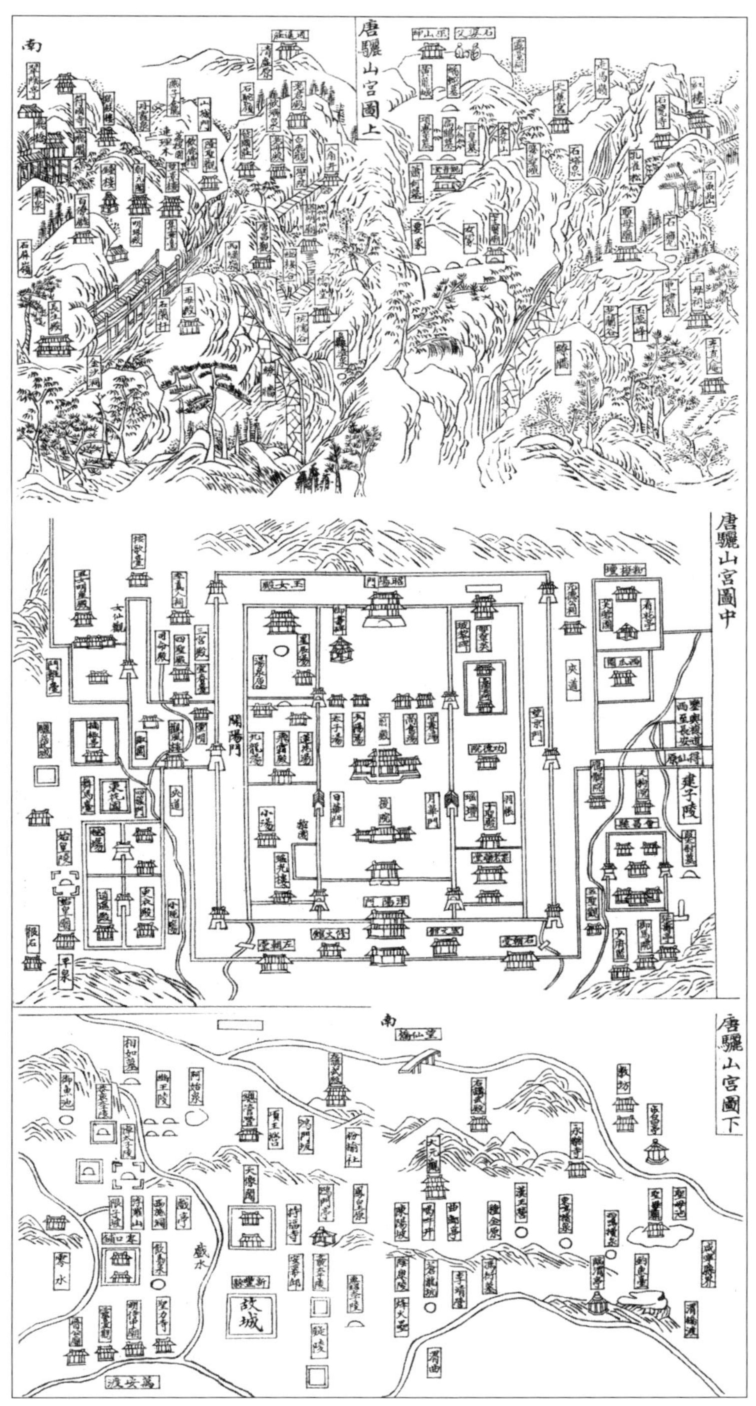

图 3.18 《唐骊山宫图》

（图片来源：〔元〕李好文《长安志图》）

（1）辨方定位

辨方定位的目的在于掌控图绘中场景的方向，将周围节点作为地理空间标志，以确定图绘的四向（东、西、南、北）。唐华清宫南依骊山，北临渭水，宫城四门北曰津阳、南曰昭阳、东曰开阳、西曰望京（如图3.19），结合元代李好文《唐骊山宫图》上注有的“南”字，可以确定其方位为“上南下北、左东右西”。此外，从清乾隆四十一年（1776年）《临潼县志》中的《疆域图》（如图3.20）也可再次验证《唐骊山宫图》的方位。

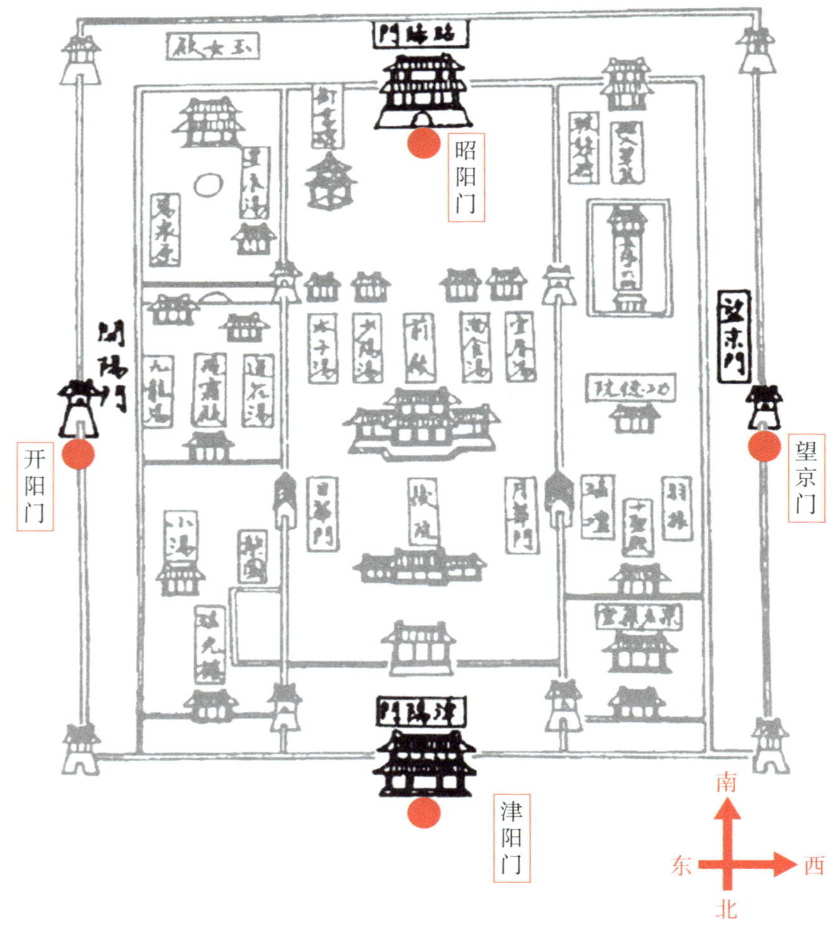

3.19　宫门定位图

（图片来源：据〔元〕李好文《长安志图·唐骊山宫图》改绘）

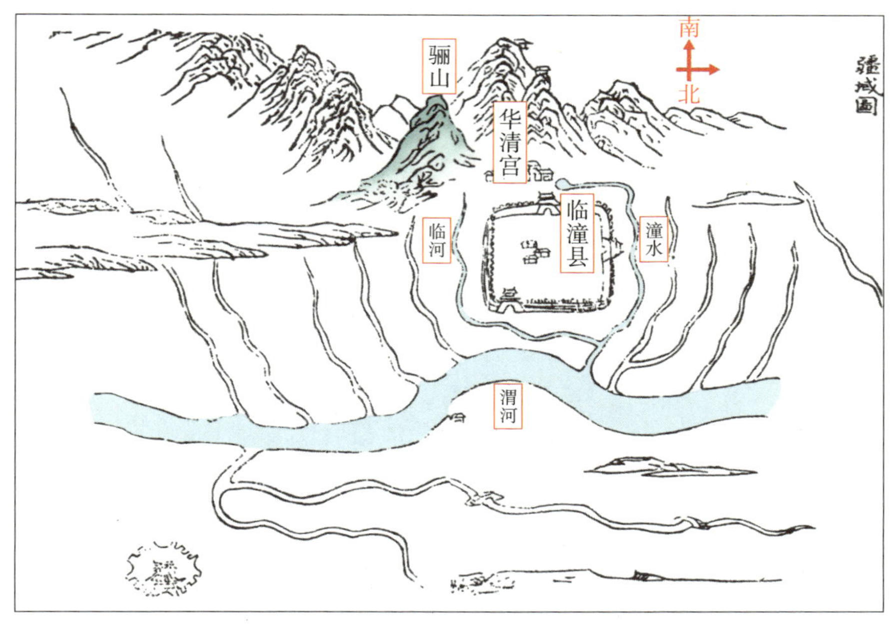

3.20　山水定位图

（图片来源：据〔清〕《临潼县志·疆域图》改绘）

（2）分景画方

分景是以山水格局、空间类型为依据，对图绘中的场景进行划分。《唐骊山宫图》由上、中、下三部分组成，因其属于古代行宫范畴，故其中图有着规整的礼制布局和清晰的轴线延伸。根据贯穿上、中、下三图的轴线布局，可分为：石婆父组团、按歌台组团、零水组团；红楼组团、朝元阁组团、宫城组团、望仙桥组团；老母殿组团、粉梅坛组团、圣母庙组团十个场景（如图3.21）。十个场景以主体建筑为中心，依山就势、因地制宜，结合华清宫的多轴线布局形成骊山胜景。

画方的目的在于进一步掌控图绘中场景的尺度，以防失其准望。以中图"内宫城"为核心单元块，以"前殿"为基准点置入网格，并确保各个核心单元空间处于网格节点，通过网格所形成的模糊尺度，明确各个地理要素、核心景观之间的位置与距离。通过网格可以发现，华清宫的景观分布虽受山地影响，但大体分布均匀，充分考虑了依骊山禁苑而成的华清宫鳞次栉比的自然山水大背景。

结合骊山的实际地貌，通过分析景观空间的整体架构发现，唐华清宫的营建在不同的空间维度上均有其特定的理念。从山水的宏观视角来看，唐华清宫遵循了"山水成苑"的结构图式与建构逻辑，其中"山水

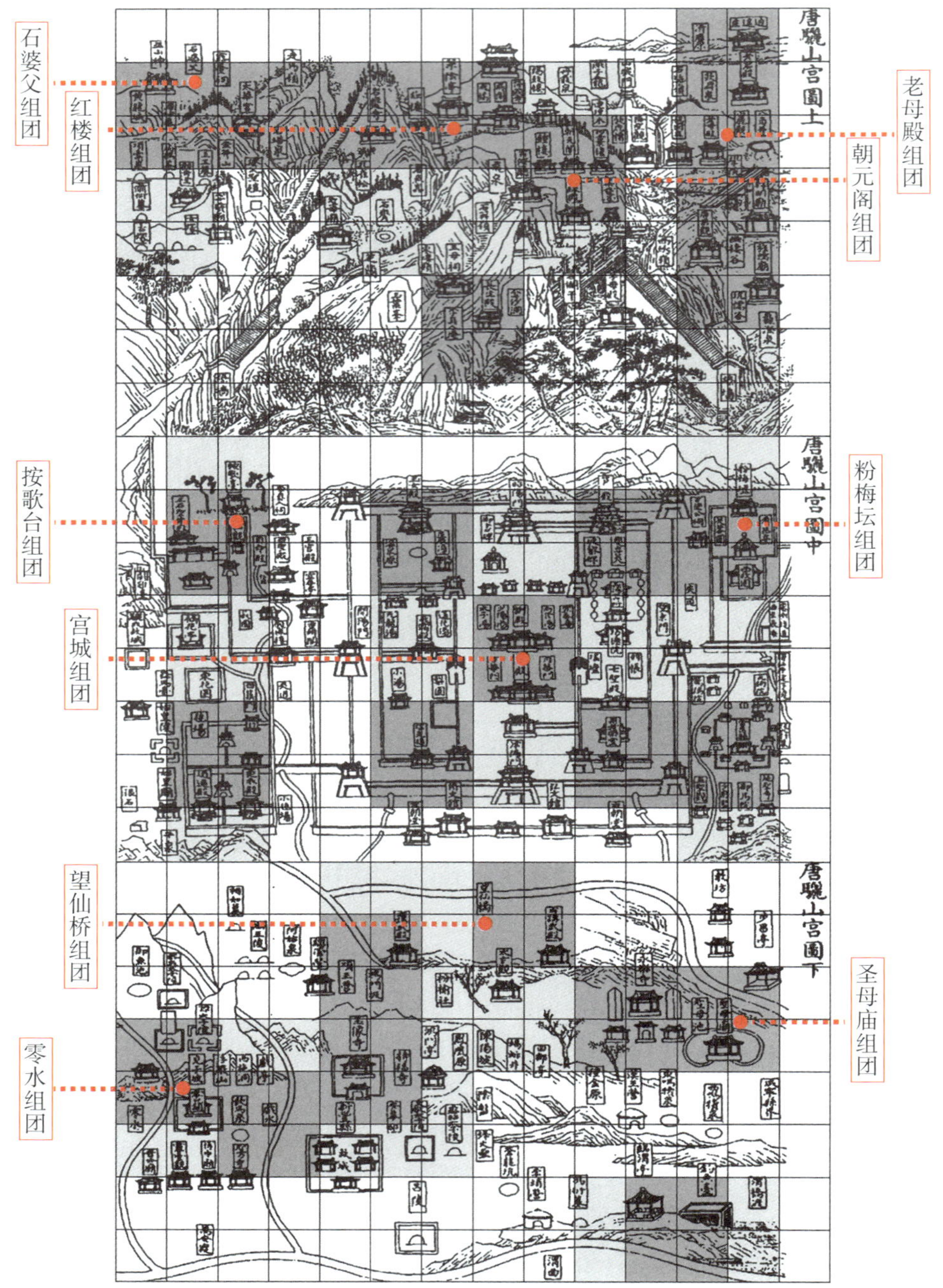

图3.21 唐骊山宫分景画方图

（图片来源：据〔元〕李好文《长安志图·唐骊山宫图》改绘）

成苑”表现在重要节点的整体格局上，反映了古人师法自然、山水同构的人居环境理念。从宫殿的中观视角来看，唐华清宫的宫城营建遵循了“周礼九宫”的结构图式与建构逻辑，其中“周礼九宫”表现在宫城的平面布局上，反映了《周礼》营城中“居中为尊、家国同构”的营建思想。从汤池的微观视角来看，唐华清宫的汤池营建遵循了“星象北辰”的结构图式与建构逻辑，其中“星象北辰”表现在汤池的位置排列上，反映了华清宫对北辰星象的模仿与再现。

（3）寻景揽胜

寻景揽胜是以网格对图面进行“模糊尺度”划分后，逐个寻找被纳入网格中的景观空间单元，其目的在于确立景观空间中的主次、从属、协调关系。《唐骊山宫图》以华清宫“内宫城”为核心单元块，对其进行九宫格划分后，以“前殿”作为基准点。围绕“前殿”将轴线、布局进行发散，确立其余景观空间单元。这些景观单元在规制、形态上虽逊于核心景观单元，但也形成了完整的景观序列。

1）《唐骊山宫图》的上图景观要素

《唐骊山宫图》的上图重写意且比例较小，同时对周边山水环境有所涉猎。图绘以环绕的游廊揽山中名胜，反映骊山北麓地貌风景（图3.22）。上图中骊山东、西绣岭均被缭墙囊括其中，骊山与东绣岭之间有河谷溪涧，西绣岭则有绣岭三峰，特殊的山地条件为华清宫禁苑的营造提供了优越的自然风景。

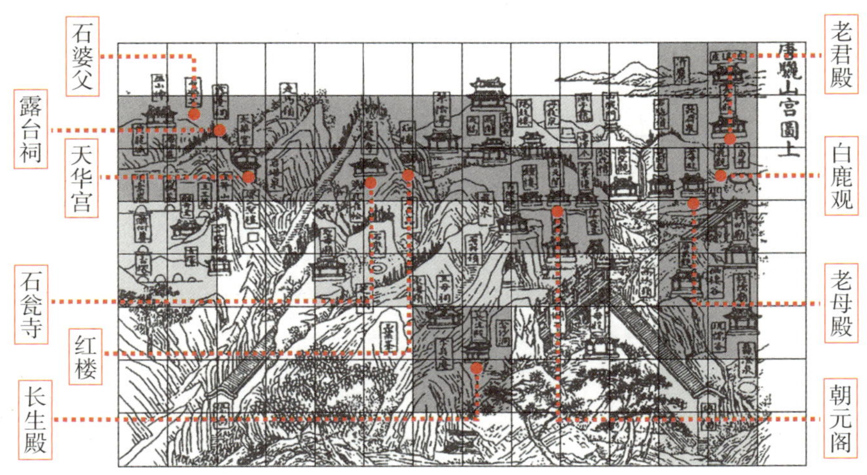

图3.22 《唐骊山宫图》(上图)网格法分析

（图片来源：据〔元〕李好文《长安志图·唐骊山宫图》改绘）

2）《唐骊山宫图》的中图景观要素

《唐骊山宫图》的中图重纪实且比例较大。该图宫墙、殿堂布局规整，描绘了华清宫汤池的布局（图3.23）。中图中宫城区以“九宫布局”占据中央，西宫区自南向北有功德院、十圣殿、果老药堂，形成崇道追祖区；东外宫区自南向北按歌台、观风楼、舞马台、球场等设施依次分布，形成喧闹娱乐区；西外宫区南侧骊山脚下分布有粉梅坛、芙蓉园、看花亭、西瓜园等建筑，形成幽静的花园区。

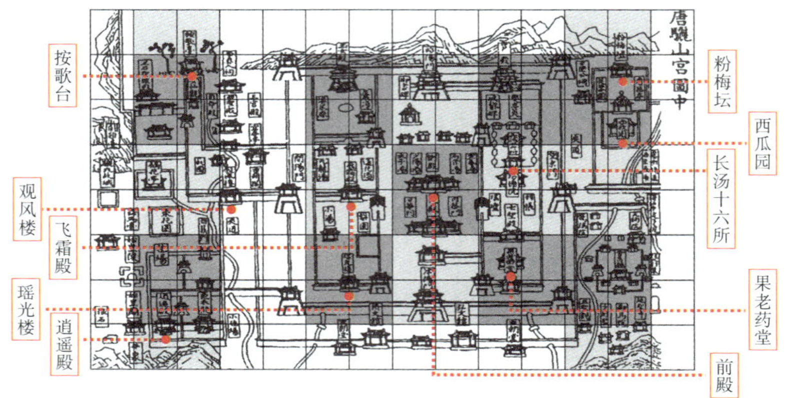

图3.23 《唐骊山宫图》(中图)网格法分析

（图片来源　据〔元〕李好文《长安志图·唐骊山宫图》改绘）

3）《唐骊山宫图》的下图景观要素

《唐骊山宫图》的下图重写意且比例较小，对周边山水环境也有所表现。图绘以较小比例，浓缩展示了渭水南岸的人文景观（图3.24）。下图

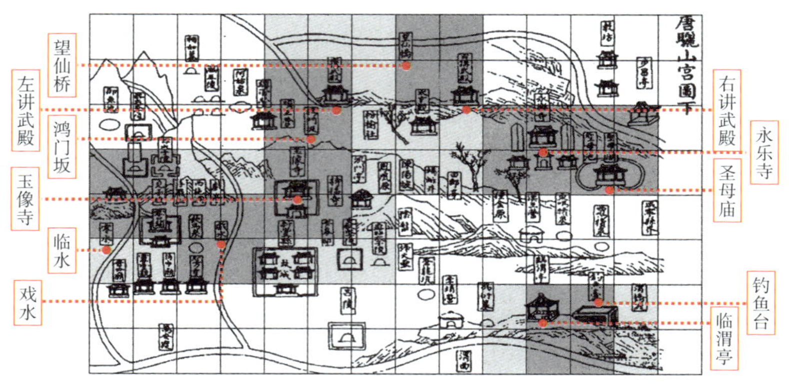

图3.24 《唐骊山宫图》(下图)网格法分析

（图片来源：据〔元〕李好文《长安志图·唐骊山宫图》改绘）

中渭水南岸的河流水系、渡口亭台、山岭古迹均有所反映，浮肺山的东、西两侧临水，戏水环绕入渭；望仙桥继承华清宫中轴线，以左、右讲武殿为外阙，北望渭水；寺观庙宇、名胜古迹也都沿轴线、顺地势自然分布。

4.空间结构图式

通过上文的景观图式分析，可对《唐骊山宫图》上、中、下三处的重要景观空间有较为清晰的认识。通过相关文献的梳理，挖掘了唐华清宫风景营造中的文化意象。以重要景观空间单元为基准，对整幅图做结构性分析，可对唐华清宫风景的建构逻辑与规划理念有新的认知。

（1）大尺度山水结构——山水为苑

华清宫营建时采取了“笼山水以为苑”的处理手法，这在辨方定位和寻景揽胜中均有体现。山水成苑在辨方定位中体现为整体格局的营造，华清宫由南部骊山禁苑、中部宫城和北部昭应县城三部分共同组成。这一格局以西绣岭第三峰和温泉为南北轴线，按照骊山独特的地貌走势向四周辐射展开，进而形成了“山—宫—城”为一体的格局（如图3.25）。华清宫南依骊山北麓，北接渭水南滨，东西又有临、潼二水环绕入渭，形成了依山面水、前低后高、山环水抱的格局，其收骊山北麓为宫苑的手法，充分表现了华清宫建筑群崇高巍峨的气势与师法自然、山水同构的特征。

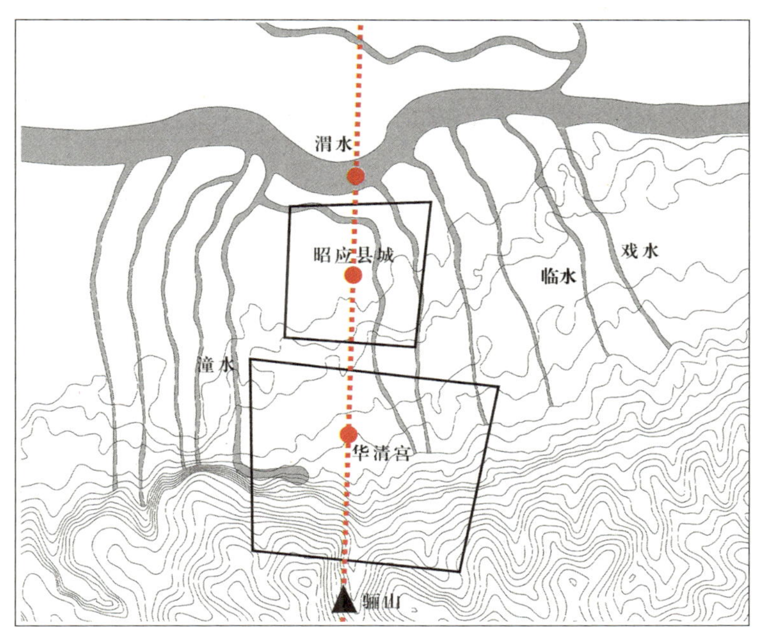

图3.25　华清宫山水格局图

（图片来源：作者自绘）

山水成苑在寻景揽胜中体现为“因势赋形”与“内折外容”。“因势赋形”体现在华清宫的景观设置上，是于宫城内部及骊山北麓的山水环境中巧寻自然之胜，然后对其展开人工创造与营建的手法。“因势赋形”强调对地形中顶点、鞍点、棱线、谷线等特殊形态以及高与下、显与晦、奥与旷等特殊地势的发现和评判，提炼出自然地貌中极具地方性的独特结构，并作为城市整体空间立意的基础①。华清宫“因势赋形”的营造手法，充分体现了古代风景营造中对自然环境的尊重与融合。

“内折外容”是将按比例尺绘制的城内格局和意象画法绘制的城外山水结合起来的一种图绘模式。“内折”是指城市内部的空间格局，包括城墙、道路、水网、坊市及重要建筑等均严格按照比例尺来绘制；“外容”意为城市外围的自然山水环境，因其尺度过大而无法采用与城市内部相一致的比例尺绘制，故对其进行写意描绘②。如前所述，华清宫的宫城区采用了有比例尺度的“内折”画法，而骊山禁苑则采用了“外容”的写意画法。如图3.26所示，华清宫东、中、西三宫区及东、西外宫区均有清晰的南北主题轴线：东外宫区为娱乐轴线，东宫区为寝宫轴线，中宫区为礼制轴线，

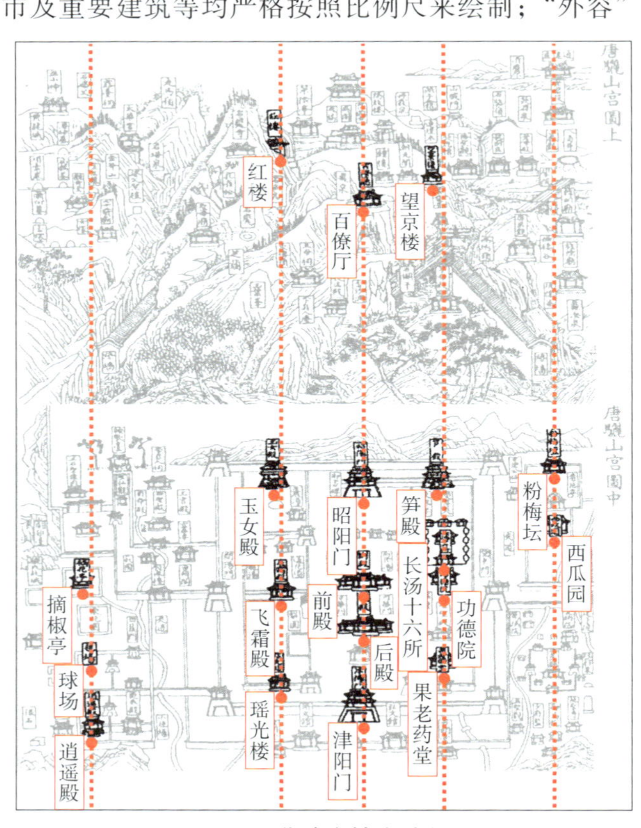

图3.26 华清宫轴线对山图

（图片来源：据〔元〕李好文《长安志图·唐骊山宫图》改绘）

① 参见王树声、李小龙、蒋苑：《因势赋形：一种因循大地形势构建城市形态的方式》，《城市规划》2017年第10期，第53-54页。

② 参见严少飞、王树声、李小龙：《内折外容：一种糅合自然山水环境的城市图绘模式》，《城市规划》2017年第11期，第127-128页。

西宫区为崇道轴线，西外宫区为游园轴线。根据张蕊所绘制的唐华清宫总平面复原示意图的遗址落点，可以找出骊山禁苑中宫城区轴线的延伸所指，不同于《唐骊山宫图》中南北贯通的轴线，在实测的地形图中（图3.27），这些轴线由于上图禁苑涉猎的山水尺度过大而呈转折轴线，其目的亦是揽骊山名胜于宫内。《唐骊山宫图》“内折外容”的绘制方法既体现了绘图者心中理想的山水空间格局，又较为真实地反映了建筑空间布局，把理想的景观模式与实际地形较好地结合了起来。

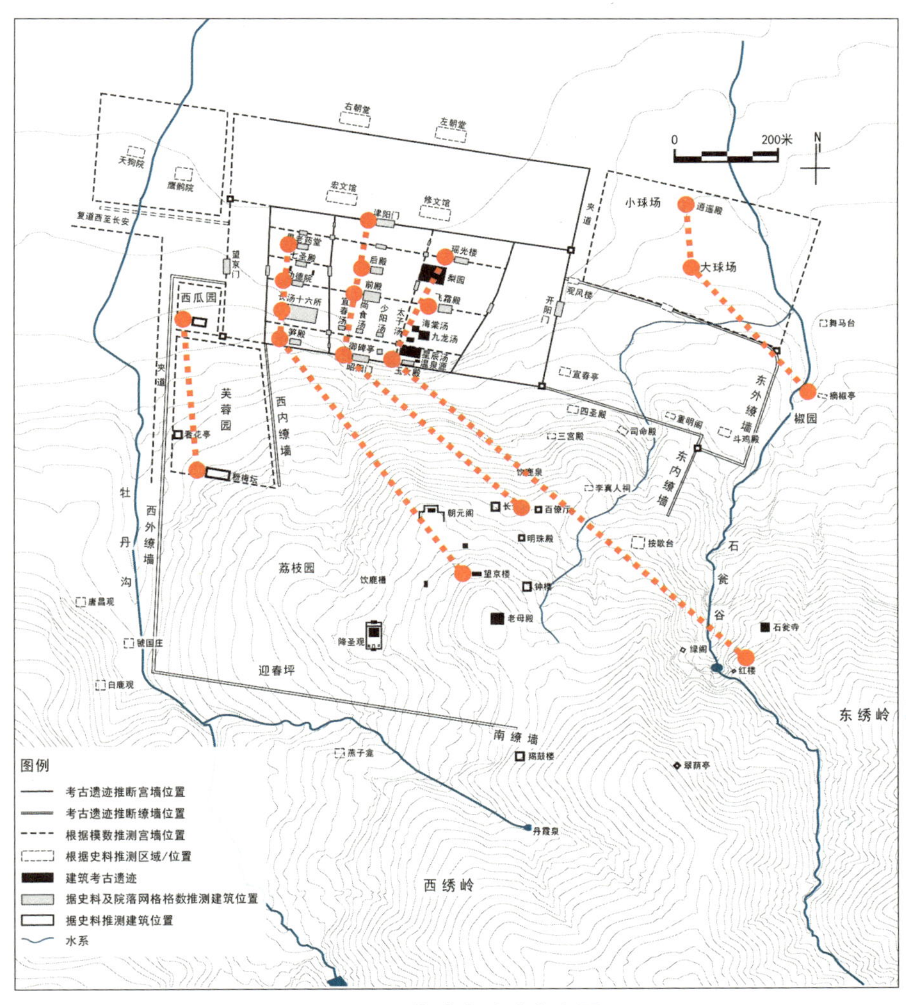

图3.27　华清宫遗迹落点图

（图片来源：作者自绘）

（2）中尺度宫殿结构——九宫布局

九宫模式源于禹分九州以确定天下空间关系和方位，并以“天子五服、居中为尊”为模式，以井田制为格局，形成前后左右、四面八方的对称布局（如图3.28）[①]。九宫模式作为历代都城及城市布局的模板，被广泛地应用了几千年，同时被大量应用在宫殿的布局中。“九宫格局”是从“太极八卦”推演而出的，是具有宇宙象征主义的城市图式，具有深厚的文化内涵，体现了“天人合一”的哲学思想。

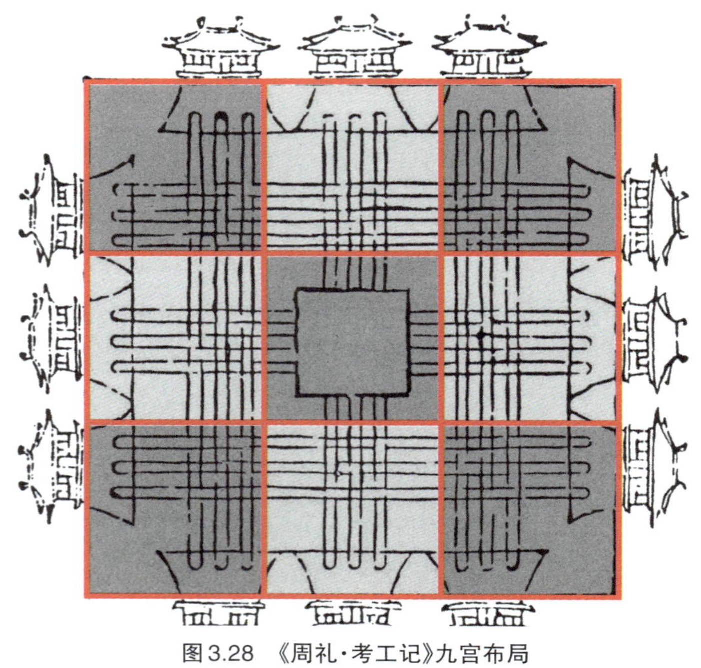

图3.28 《周礼·考工记》九宫布局

［图片来源：据〔清代〕康熙五十四年（1715年）《三礼图考》改绘］

华清宫作为宫城，在其营建过程中自然遵循了传统《周礼》九宫布局的思想。在宫城规划上，唐华清宫内宫城分东、中、西三宫区，除中路外，东、西宫区自南向北又划分为三个院落，中路虽无内宫墙的划分，但根据主体建筑和汤池可以看出三个院落的结构，从中看出《周礼》九宫方正的礼制布局（如图3.29），反映了《周礼》营城中“居中为尊、家国同构”的营建思想。

① 参见王贵祥：《空间图式的文化抉择》，《南方建筑》1996年第4期，第8–14页。

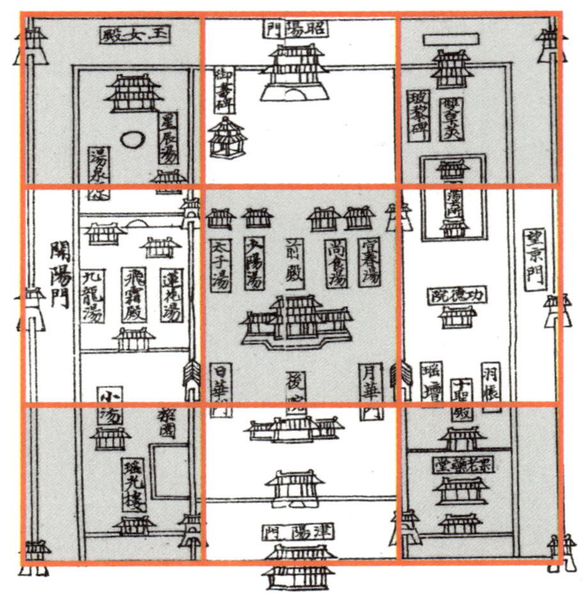

图3.29　华清宫图中九宫布局

（图片来源：据〔元〕李好文《长安志图·唐骊山宫图》改绘）

（3）小尺度汤池结构——星象北辰

华清宫的营建亦蕴含着“象天法地”的思想，具体体现为汤池的“星象北辰”。华清宫内有御汤七所，自东向西分别是九龙汤、莲花汤、星辰汤、太子汤、少阳汤、尚食汤、宜春汤，七所汤池因宫城坐南朝北而呈“倒北斗”的走势且直指北极星尊位的“前殿”（如图3.30、3.31），其中莲花汤与九龙汤分别位于“天枢”与“天璇”尊位。唐太

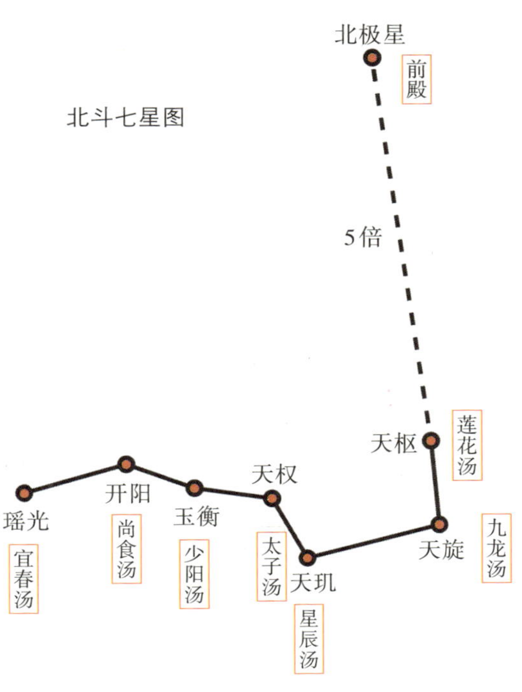

图3.30　北斗七星图

（图片来源：作者自绘）

宗时期营建的星辰汤由斗池和魁池组成，《史记·天官书第五》云："北斗七星，所谓'旋、玑、玉衡以齐七政'。……斗为帝车，运于中央，临制四乡。分阴阳，建四时，均五行，移节度，定诸纪，皆系于斗。"[①]唐太宗御汤的营建寓意由此可见。此外，宫城东门以北斗七星中第六星"开阳"定名，飞霜殿北门则用北斗七星中第七星"瑶光"命名，登骊山御道也以有主嬉游之事的"辇道"星宿命名。皇帝和太子、贵妃沐浴汤池的位置，也按天垣内天子星在南，太子星在北的先后尊卑位置排列[②]，这些均是对北辰星象的模仿。

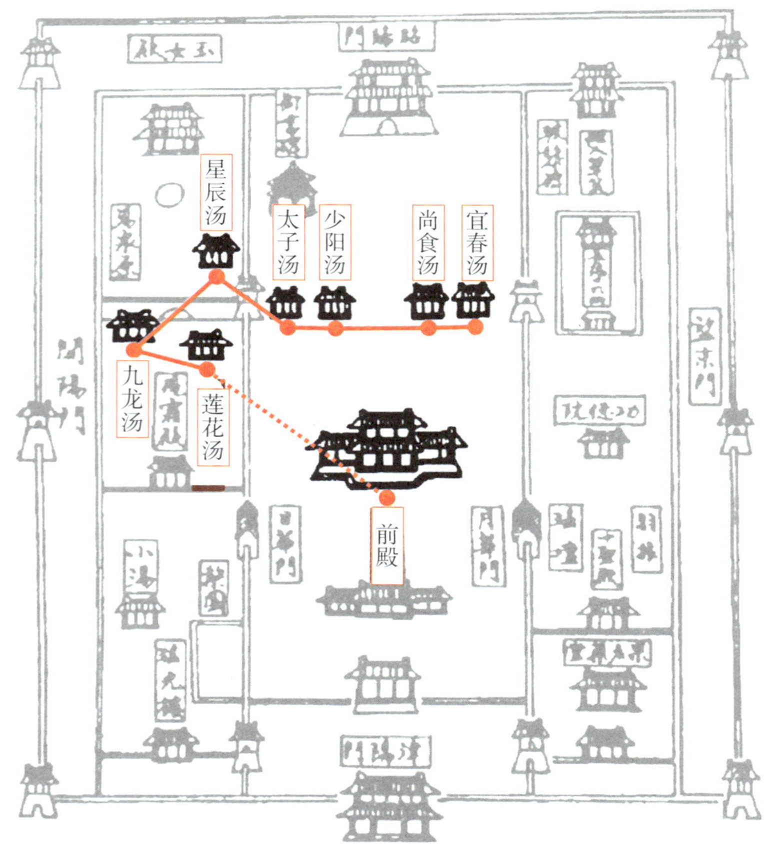

图3.31　汤池分布图

（图片来源：据〔元〕李好文《长安志图·唐骊山宫图》改绘）

① 〔西汉〕司马迁：《史记·天官书第五》，上海，上海古籍出版社，2011年，第1版，第1066-1067页。

② 参见董贝：《华清宫传统园林营建艺术的传承与发展研究》，硕士学位论文，西安建筑科技大学，2013年。

5. 小结

《唐骊山宫图》是目前已知关于唐华清宫传统图绘中最早的一幅，唐华清宫的营建反映了古人对于人居环境的整体营造，形成了拆则各自成形、合则通体联络的景观体系。本章以图式分析法对《唐骊山宫图》中的景观进行解读，以辨方定位、分景画方和寻景揽胜等方式对唐华清宫大、中、小三种尺度的景观要素进行了提取与分析，梳理出唐华清宫的空间结构关系，再结合相关文献剖析其图式中的风景建构逻辑，进而诠释了古人的风景规划理念、设计方法及营造匠心。

唐华清宫并不以建筑本体作为风景规划设计的追求，而是在寻觅一种人与自然环境的栖居关系，承载和诠释了地方风景的文化价值与追求。《唐骊山宫图》中的上、中、下三幅图景迥异，但其“山—宫—城”为一体的布局反映了师法自然、山水同构的人居环境理念，体现的是中国传统文化景观重山水、言意境的营造思想，突出了人与自然和谐共处的人居环境创造，是景观图像整体性、结构性、文化性的表达。《唐骊山宫图》的研究可为传统地方文化景观研究提供新的方法，为当代风景规划设计提供新的借鉴。

（三）九成宫——“冠山抗殿，绝壑为池”

1. 九成宫及其研究概述

唐九成宫（隋仁寿宫）是隋唐时期陕西麟游一处重要的避暑离宫，隋代营建并取名仁寿宫，后唐太宗时期修缮取名九成宫，高宗即位后于永徽二年（651年）更名万年宫，乾封二年（667年）又改回九成宫，此后沿用至今。据《隋书·地理志》[①]《新唐书·地理志》[②]《元和郡县图志》[③]等史料记载，其繁华富丽称冠隋唐。

（1）选址因素

麟游县境内群山皆秀，东有童山及东台诸锋；南有青莲山，为石臼

① 《隋书·地理志（上）》扶风郡普闰县条：“普闰，大业初置。有仁寿宫。”〔唐〕魏徵：《隋书·卷二十九·志第二十四》，上海，汉语大词典出版社，2004年，第1版，第717页。

② 《新唐书·地理志》：“麟游，次畿。义宁元年置，以麟游及京兆之上宜、扶风郡之普润置凤栖郡。二年以仁寿宫中获白麟，更郡名曰麟游，又以安定郡之鹑觚并析置灵台县隶之。武德元年曰麟州。贞元年废，省灵台入麟游，以麟游、普润来属，上宜还隶雍州，鹑觚还隶泾州。西五里有九成宫，本隋仁寿宫，义宁元年废，贞观五年复置，更名，永徽二年曰万年宫，乾封二年复曰九成宫。”〔北宋〕欧阳修、宋祁：《新唐书·卷三十七·地理志（一）》，上海，汉语大词典出版社，2004年，第1版，第764页。

③ “九成宫，在县西一里。即隋文帝所置仁寿宫，每岁避暑，春秋冬还，义宁元年废宫，置立郡县。贞观五年复修旧宫，以为避暑之所，改名九成宫。”〔唐〕李吉甫：《元和郡县图志·卷二》，贺次君点校，北京，中华书局，1983年，第1版，第158-168页。

山一峰高峻；西有凤台和屏山；北有碧城。[①]九成宫的重要殿宇正是位于这群山之中的天台山上，唐代上官仪在《酬薛舍人万年宫晚景寓直怀友》中言：“奕奕九成台，窈窕绝尘埃。”九成宫地处高地，四周风景尽收眼底，又可远眺观景。县境内水系充沛，诸水环绕，“有漆水、岐水、杜水。”[②]其中杜水河是九成宫中最重要的一条水系，出自杜山北面，与北马坊河、永安河在宫城西侧交汇，向东南流与漆水汇合，再东流入渭水[③]（图3.32）。麟游县优越的地理环境不仅为宫城营建创造了形势之胜，更是提供了优良的气候条件。这里雨量适中，气候温和，唐代李治的《万

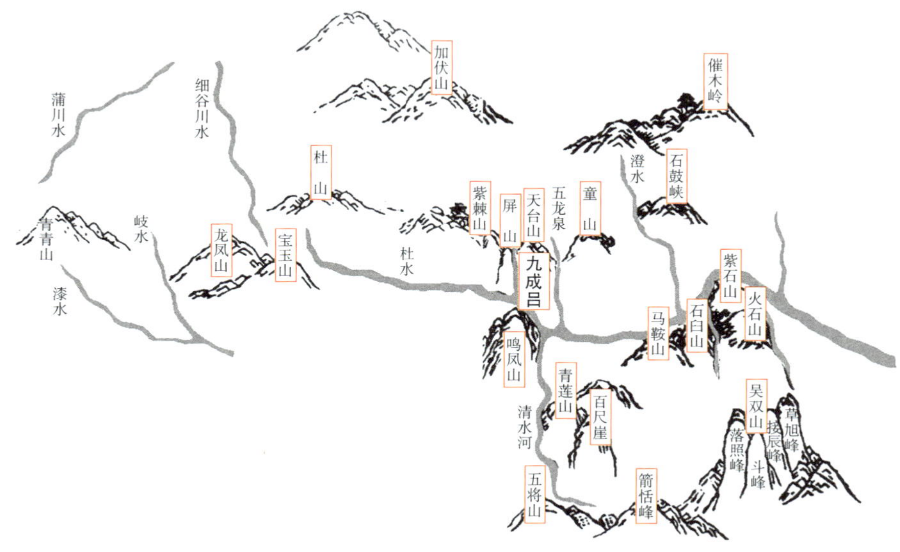

图3.32　九成宫山水环境图

［图片来源：据〔清〕雍正十三年（1735年）《敕修陕西通志·麟游县疆域图》改绘］

① 《麟游县志·第十二篇》天台怀古：“天台山位于今县城西端。东有童山、东台诸峰，如鹑鸪来翔；南有青莲山，似莲花盛开，石臼山一峰高峻；西有凤台、屏山，折叠如屏；北有碧城，山色青翠，萦绕如城。”麟游县地方志编纂委员会：《麟游县志》，西安，陕西人民出版社，1993年，第1版，第281-311页。

② 《隋书·地理志（上）》扶风郡普闰县条记载：“有仁寿宫。有漆水、岐水、杜水。”〔唐〕魏徵：《隋书·卷二十九·志第二十四》，上海，汉语大词典出版社，2004年，第1版，第717页。

③ 《关中胜迹图志·卷十七·大川》杜水条：“杜水出县西五十里招贤镇杜山之阴，行石涧中，东南流至旧九成宫西，纳凤台山北西海口一带水而流始大，盖西海口纳良舍、西坊两流也。又东纳清水河一带之水，而其流愈大。杜水又接排云殿山细流而东经县南，北受通济桥、五龙泉、和尚泉等水，又东，则南受马家口沟水，又东折经火星庙北，过峡东，转合于澄水。县治居杜、澄二水之中、复折而过慈禅寺，受石臼山史家河一派，再折至柴石山后，受吴双以北水而可以腾舟矣。又数折，北受县东之尉迟涧水，又受小花石沟水，而其势益大，出县境，经乾州，又至武功入渭。”〔清〕毕沅：《关中胜迹图志》，西安，陕西通志馆印，1936年，第1版，第483页。

年宫铭并序》中记载："复涧澄阴，扇炎风而变冷；重峦潜暑，韬夏景而翻寒。"可见九成宫环境优美，又凉爽宜人，是绝佳的避暑胜地。同时麟游地居要冲，西北通今甘肃省、宁夏回族自治区，西南至陕西省凤翔区、宝鸡市。作为京师长安的前卫，隋文帝就曾在此分兵陇西[①]。由此可见，选址在麟游的九成宫，不仅仅是一座避暑游乐离宫，而且有着政治军事上的战略意义。

（2）历史沿革

唐九成宫前身为隋代的仁寿宫，取"尧舜行德，而民长寿"之美意，故名。隋文帝开皇十三年（593年）二月开始营建，令杨素为监造[②]、宇文恺检校将作大匠[③]、记室封德彝为土木监[④]，崔善为任督工[⑤]，历经两年三月，至开皇十五年（595年四月）完工[⑥]。隋朝末年，义宁元年（617年）宫城荒废[⑦]。

隋亡唐兴，唐太宗贞观五年（631年），李世民为避暑养病下诏修复仁寿宫，并改名九成宫，"九成"有"九重"之意，言其高大。总领营建的是将作少匠姜行本[⑧]，以修缮为主，力求简朴[⑨]。唐高宗继位后，于永

---

① 《资治通鉴·卷一百七十八·开皇十七年二月条》："庚寅，上幸仁寿宫。……帝遣亲卫大都督长安屈突通往陇西检覆群牧，得隐匿马二万余匹，帝大怒，将斩太仆卿慕容悉达及诸监官千五百人。"〔北宋〕司马光：《资治通鉴·卷一百七十八》，北京，中华书局，2019年，第1版，第7334，7400–7401页。

② 《隋书·杨素传》："寻令素监营仁寿宫，素遂夷山堙谷，督役严急，作者多死，宫侧时闻鬼哭之声。"〔唐〕魏徵：《隋书·卷四十八·列传第十三》，上海，汉语大词典出版社，2004年，第1版，第1145页。

③ 《隋书·宇文恺传》："既而上建仁寿宫，访可任者，右仆射杨素言恺有巧思，上然之，于是检校将作大匠。岁余，拜仁寿宫监，授仪同三司，寻为将作少监。"〔唐〕魏徵：《隋书·卷六十八·列传第三十三》，上海，汉语大词典出版社，2004年，第1版，第1429页。

④ 《旧唐书·封伦传》："素将营仁寿宫，引为土木监。"〔后晋〕刘昫：《旧唐书·卷六十三·列传第十三》，上海，汉语大词典出版社，2004年，第1版，第1909页。

⑤ 《新唐书·崔善为传》："督工徒五百营仁寿宫，总监杨素索簿阅实，善为执板暗唱，无一差谬，素大惊。"〔北宋〕欧阳修、宋祁：《新唐书·卷九十一·列传第十六》，上海，汉语大词典出版社，2004年，第1版，第2462页。

⑥ 《资治通鉴·卷一百七十八·隋文帝开皇十五年条》："仁寿宫成。丁亥，上幸仁寿宫。"〔北宋〕司马光：《资治通鉴·卷一百七十八》，北京，中华书局，2019年，第1版，第7390页。

⑦ 《新唐书·地理志》："本隋仁寿宫，义宁元年废。"〔北宋〕欧阳修、宋祁：《新唐书·卷三十七·地理志（一）》，上海，汉语大词典出版社，2004年，第1版，第764页。

⑧ 《新唐书·姜谟传》："贞观中，为将作少匠，护作九成、洛阳宫及诸苑御，以干力称，多所赉尝，游幸无不从，迁宣威将军。"〔北宋〕欧阳修、宋祁：《新唐书·卷九十一·列传第十六》，上海，汉语大词典出版社，2004年，第1版，第2458页。

⑨ 《九成宫醴泉铭》："于是斫雕为朴，损之又损，去其泰甚，葺其颓坏，杂丹墀以沙砾，间粉壁以涂泥，玉砌接于土阶，茅茨续于琼室。"〔北宋〕欧阳修、宋祁：《新唐书·卷三十七·地理志（一）》，上海，汉语大词典出版社，2004年，第1版，第764页。

徽二年（651年），改九成宫为万年宫[①]，乾封二年（667年）复曰九成宫，并令将作大匠阎立德造新殿[②]。高宗以后，虽没有皇帝再幸九成宫，但会借予亲王避暑，至玄宗时期仍在使用[③]。晚唐后九成宫逐渐荒废，诗人吴融在《过九成宫》中曾感叹："凤辇东归二百年，九成宫殿半荒阡。"[④]

唐九成宫（隋仁寿宫）以其环境优美、气候宜人、建筑壮丽而著称，隋唐两朝四帝多次临幸，唐代卢照邻在《赠许左丞从驾万年宫》中记载："中枢移北斗，左辖去南台。"[⑤]九成宫一度成为当时的政治、文化及军事中心，堪称"离宫之冠"。因此留有大量史料记载，且自唐以后历代均有描绘九成宫图留世，为当今研究九成宫规划及营造理念和方法提供了资料基础。

2.九成宫布局

自仁寿宫（九成宫）建成起，在隋唐三百年的时间里，以隋文帝、唐太宗及唐高宗三位游幸次数最多、时间最长。根据史料研究统计，三位帝王游历九成宫总共长达3823日，超过十年之多，这是当时其他行宫所不能及的。《九成宫醴泉铭》碑文中（图3.33），详细记载了唐高宗游幸九成宫的随行者，有宰相、宗室亲王、驸马、太仆寺卿、大常寺卿、十六卫将士、太子东宫属官等大量皇亲国戚及官宦百僚。九成宫的建设规划不仅有满足皇帝避暑游憩的园囿，还有可主持朝政的宫城，以及百僚官吏办公的廨寺、皇亲国戚居住的宅邸、侍从卫兵驻扎的屯营等，并设有专门总监管理进行管理[⑥]，从而使帝王临幸九成宫，仍可维持国家的正常运行。

（1）禁苑区

禁苑区是九成宫内主要的游憩和观景的区域，南北两面以高耸的山

① 《旧唐书·高宗本纪（上）》："永徽二年九月癸巳，改九成宫为万年宫。"〔后晋〕刘昫：《旧唐书·卷四·高宗本纪（上）》，上海，汉语大词典出版社，2004年，第1版，第56页。

② 《唐会要·九成宫》："至乾封二年二月十日，改为九成宫。三年四月，将作大匠阎立德，造新殿成。"〔唐〕王溥：《唐会要·卷三十》，上海，上海古籍出版社，2006年，第1版，第647页。

③ 《南部新书·九成宫使》："天宝七载，以给事中杨钊充九成宫使，凡宫使自此始。"〔宋〕钱易：《南部新书·卷六》，黄寿成点校，北京，中华书局，2002年，第1版，第83-95页。

④ 吴融：《过九成宫》，载《全唐诗（下）》，上海，上海古籍出版社，1986年，第1版，第1725页。

⑤ 卢照邻：《赠许左丞从驾万年宫》，载《全唐诗（上）》，上海，上海古籍出版社，1986年，第1版，第135页。

⑥ 《旧唐书·职官（三）》："九成宫总监：监一人，从五品下。副监一人，从六品下。丞一人，从七品下。主簿一人，从九品下。录事一人，府三人，史五人。宫监掌检校宫树，供进炼饵之事。"〔后晋〕刘昫：《旧唐书·卷四十四·志第二十四》，上海，汉语大词典出版社，2004年，第1版，第1477-1478页。

图3.33 《九成宫醴泉铭》碑 魏征(碑拓片)

图3.34 《万年宫铭》碑 唐高宗(碑拓片)

林为主要景观，西侧则以西海与三条河流构成水景。唐代多有诗文称赞此处美景，如李峤的《夏晚九成宫呈同僚》："月涧横千丈，云崖列万重。树红山果熟，崖绿水苔浓。"[①]禁苑利用山和水等自然条件满足游憩与观景，在山坡阶地修建亭以登高观景，筑坝蓄水成池和瀑布，形成有声有色、有动有静的水景，在湖边修建高台楼阁用以宴游、戏水等休闲活动。其整体布局依旧遵循秦汉时期皇家园林以自然山水为主体，建筑仅作为点缀嵌入其中的特点，且多以小体量的亭榭为主，而非宏伟的高台宫室，更加注重精神与自然的交融，"指山楹而思逸，怀水镜而神虚"，就如九成宫东台山池之景所引发的一种神思纵逸的精神享受。

（2）宫城区

1）宫城范围

九成宫今虽已不见踪迹，但史料对于其宫城位置有着详细具体的记载，清光绪年的《麟游县新志草》载："天台山在县西五里，为隋唐故宫旧墟。"而随着对天台山周边展开的考古发掘，不仅证实了史书记载，还从残存的北墙和东墙的位置，结合《新唐书·地理志》记载"周垣千八百步"[②]推测出，宫城建在杜水北岸、碧城山南麓的东西向狭长地带上，其平面大致呈长方形，并在西北角随山势向北凸成弧形，利用高坡底扩大宫城进深。

2）宫城分区及建筑景观

隋唐时期离宫建设既尊重基址环境，也注重突出皇家威严。与私家园林的假山溪流不同，皇家宫苑以自然山水为背景，规模宏大，因此建筑不仅有小巧的亭台融入山林作为点缀，还有壮丽的宫阙凸显山巅以增助气势。九成宫正是以建筑豪华壮丽而被誉为当时的"离宫之冠"，其初建时的绮丽程度，被提倡简朴的隋文帝批评为"殚百姓之力，雕饰离宫，为吾结怨天下"[③]，但又被独孤皇后所赞赏，认为"盛饰此宫，岂非孝顺"[④]，后隋文帝亲临游览，遂大喜，称赞杨素的忠孝[⑤]，这表明其已被

---

① 李峤：《夏晚九成宫呈同僚》，载《全唐诗（上）》，上海，上海古籍出版社，1986年，第1版，第176页。

② 〔北宋〕欧阳修、宋祁：《新唐书·卷三十七·地理志（一）》，上海，汉语大词典出版社，2004年，第1版，第764页。

③ 〔唐〕魏徵：《隋书·卷四十八·列传第十三·杨素传》，上海，汉语大词典出版社，2004年，第1版，第1145页。

④ 〔后晋〕刘昫：《旧唐书·卷六十三·列传第十三》，上海，汉语大词典出版社，2004年，第1版，第1909页。

⑤ 《隋书·食货志》："帝颇知其事，甚不悦。及入新宫游观，乃喜，又谓素为忠。"〔唐〕魏征：《隋书·卷二十四·志第十九》，上海，汉语大词典出版社，2004年，第1版，第1145页。

九成宫的壮丽景观所折服。

唐高宗时期对九成宫修缮时，“鉴于既往”只是修葺一切从简，因此唐代九成宫不如隋仁寿宫豪华，但从《万年宫铭》中所描述的“构飞檐于迴汉，腾虚架宇；耸紫殿于遥空，百仞朱楼。月盈亏于青璅，千寻翠阁；云舒卷于丹墀，岫缀霞衣”[①]诗句中可见，九成宫虽然装饰已变得简朴，但是整体宏伟的气魄不减当年，殿宇高阁依山势而立，既可体现皇权的至高无上，又可借山势俯瞰禁苑四时美景。

由前文所述，九成宫宫城区是皇帝临幸时的主要办公和生活场所，是整个离宫的核心，其大致又可分为皇帝生活的朝政区、百官办公的官廨区，以及王公国戚的宅邸区。由于史料的缺少，九成宫宫城区仅有部分殿宇名称被记载了，但其具体位置无从可考，现根据史料结合前人经验与考古资料，推断出九成宫主要建筑及所在区域如下表3.10：

表3.10　九成宫宫城景观及建筑

<table>
<tr><th colspan="3">景观及建筑</th><th>位置</th><th>文献记载</th></tr>
<tr><td rowspan="2">山景</td><td colspan="2" rowspan="2">天台山</td><td rowspan="2">位于宫城内西侧，东临西海，南面杜水，为碧城山南坡延伸</td><td>“唐九成宫之西”</td></tr>
<tr><td>“即九成宫故墟，其阳崇岩崛起，上有苍松古柏”</td></tr>
<tr><td rowspan="2">水景</td><td colspan="2" rowspan="2">醴泉渠</td><td rowspan="2">位于宫城东城墙处，全部以石条砌成渠，横穿宫城与宫殿群相互交错，为美化宫城环境而建</td><td>“闲步西城之阴，踌躇高阁之下，俯察厥土，微觉有润，因而以杖导之，有泉随而涌出，乃承以石槛，引为一渠，……”</td></tr>
<tr><td>“沿崖西折而北数百步为醴泉。”</td></tr>
<tr><td rowspan="6">建筑</td><td rowspan="6">城门</td><td rowspan="3">永光门（南门）</td><td rowspan="3">位于天台山脚下，杜水北岸，与主殿丹霄殿应在一条轴线上</td><td>“于天台山南，数五为永光门址。”</td></tr>
<tr><td>“（永徽）五年三月，幸万年宫……群臣请刊石建于永光门，诏从之。”</td></tr>
<tr><td>“（永徽五年）丙子，赐五品以上射，帝升永光门楼，以观之。”</td></tr>
<tr><td rowspan="2">玄武门（北门）</td><td rowspan="2">西海东侧天台山山根处，位于宫城区西北角</td><td>“宴文武群官及麟游县老人于玄武门……”</td></tr>
<tr><td>“永徽五年，高宗幸万年宫。甲夜，山水猥至，冲突玄武门，宿卫者散走。”</td></tr>
<tr><td>东门</td><td>与东城墙交会处推测设有东门</td><td>“东流度于双阙，贯穿青琐。”
注：青琐意为宫城禁门</td></tr>
</table>

① 李治：《万年宫铭》，载施安昌：《名碑善本》，上海，上海科学技术出版社，2009年，第1版，第42页。

续表 3.10

景观及建筑			位置	文献记载
	朝政区	仁寿殿（隋）丹霄殿（唐）（1号殿址）注：《麟游县新志草》称九龙殿	位于天台山上，地处宫城区制高点，既是朝政场所，又可举目远眺，欣赏风景，兼具双重功能，为离宫所特有。其形制为带有双阙的组合式大殿	“后帝以岁暮晚日，登仁寿殿，周望塬隰，见宫外磷火弥漫，又闻哭声。”
				“隋文帝疾甚，卧于仁寿宫，与百僚辞诀，并握手歔欷。”
				“南注丹霄之右，东流度于双阙。”
				“贞观六年二月戊辰，辛九成宫，戊寅，宴三品以上于九成宫丹霄殿，赐从官帛。七年辛未，宴三品以上于丹霄殿，闰八月乙卯，宴近臣于丹霄殿楼，赐钱帛。十八年五月甲戌，召司徒长孙无忌以下十余人宴丹霄殿，各赐貘皮。”
				“（永徽五年）九月乙亥，御丹霄殿，临观三品以上行大射礼。”
		丹霄门	位于丹霄殿正南，为丹霄殿建筑群正门	“坐丹霄门外之西堂，引入宴，宴丹霄殿……宴丹霄门楼，极欢。”
		延福殿（唐）	位于天台山东南隩第一节台地上，丹霄殿东侧低8米处。其装饰华丽，做工考究。朝政区内一处重要偏殿	“[总章元年四月（668年）]彗星见于五车，帝避正殿御廷福殿前东廊。”
				“秋，八月丁未朔，诏以十月幸凉州。时陇右虚耗，议者多以为未宜游幸。上闻之，辛亥，御延福殿，召五品已上谓曰……”
				“帝以疟疾，令皇太子弘于延福殿内受诸司启事。”
		大宝殿（隋）	为九成宫后寝殿，位于丹霄殿轴线正北侧，城墙外凸处	“大宝殿后夜有神光”胡三省注：“大宝殿，在仁寿宫中寝殿也。”
				“崩于大宝殿，时年六十四。”
		咸亨殿（唐）	位于天台山西南侧，距天台山脚30米	“至仪凤三年七月八日，上在九成宫咸亨殿，宴韩王元嘉、霍王元轨及南北军将军等。”
		齐政殿（唐）	不详	“遣思摩帅所部建牙（帐）于河北，上御齐政殿饯之。”
		太子宫	不详	“九成宫太子新宫成，上召五品以上诸亲宴太子宫，极欢而罢。”

续表3.10

景观及建筑		位置	文献记载
	芳春殿	不详	“臣于芳春殿冒死奏闻。”
	排云殿	《麟游县新志草》记载位于碧城山南麓，具体位置不详	“九成宫在县西天台山上，中有碧城及排云、御容等殿，今遗址无考，唯九成、万年两古碑尚存。”
	碧城殿	不详	
	御容殿	在天台山以东，与丹霄殿有一长阁道直通，基址庞大，颇有汉唐宫苑遗风	“九成东，平土一丘，枯槐龙爪，拏舞风云，则为梳妆台，亦隋唐宫嫔处。”
			“排云殿东为御容殿，隋唐宫中行幸处也。”
官廨区	三台九署	具体位置不详，应位于宫城内东侧，其布局划分呈规整棋盘式	“三台九署，云端极目，霓裳风鬓，阙下像寻。”
	府库官寺		“周垣千八百步，并置禁苑及府库官寺等。”
	曹司廨署		“不知公等得安堵否，曹司廨署周足否？”
宅邸区	隋蜀王杨秀女官董美人宅邸	不详	见各墓志记“薨于仁寿宫（九成宫）宅”
	隋越国夫人宅邸		
	隋骠骑大将军杨文愿宅邸		
	兵部尚书侯君集宅邸		
	房陵大长公主宅邸		

（文献出自宝鸡市九成宫文化研究会：《第二届全国九成宫文化研讨会论文集》，西安，陕西人民出版社，2012年，第1版）

综上可知，九成宫除缺少宗庙及社稷坛等重要礼制建筑外，其宫城分区与唐长安皇城有着诸多相似之处，如以天台山为核心的朝政区又分为代表前朝的丹霄殿建筑群和代表内廷的大宝殿建筑群，是中国古代宫城传统的“前朝后寝”布局，同时配备官廨如同太极宫前皇城内的百官衙署，这种相似正如胡三省所说“唐离宫诸门，盖略仿宫城之制”[①]。因

① “此万年宫之玄武门也。唐离宫诸门，盖略仿宫城之制。”〔北宋〕司马光：《资治通鉴》，哈尔滨，北方文艺出版社，2019年，第1版，第278-281页。

此整个宫城区建筑布局不似禁苑区建筑自由散布，而是有着明显的轴向纵深式布局和强烈尊卑主次之序，最为突出的便是以天台山为核心，从永光门、丹霄门、丹霄殿至大宝殿这条南北向主轴，同时廨寺布局也采用长安的里仿制，为规整的棋盘式布局。

九成宫选址于山川河谷，其建筑布局受地形限制，随形就势而建，“冠山抗殿”准确描述了九成宫的营建特点，不仅可借山势增助殿宇气势，使得宫殿可以俯视其他建筑，又可登高眺望，感悟江山苍茫，松涛如风。朝政区与官廨区布局则顺应河谷走向，选择东西向布局，并遵循建筑等级，巧妙利用西高东低的地势有序排布，主轴线虽位于宫城西侧的天台山而非宫城中心，但仍然起着统帅全局的作用。九成宫宫城虽有仿长安都城的营建规制，但因地制宜，既彰显了皇权的至高无上，又兼顾了离宫的观景功能，充分体现了设计者宇文恺巧于因借的景观营造思想。

从史料梳理来看，九成宫的规划设计能够和谐于自然风景而又不失皇家气派，其离宫内有大量自然景观依旧延续至今，如今麟游十二景中与九成宫有关的胜景就有五处，分别为“石臼览秦”“鱼塘澄镜”“青莲烟云”“醴泉墨香”以及“天台怀古”，无怪九成宫自建成起，就引来文人名士以诗文为之咏赞，其中不乏千古名作。其中以魏征的《九成宫醴泉铭》最为著名，欧阳询以其所写楷书也成为书法史上的经典；其后唐高宗李治亲自撰写《万年宫铭》并立碑建亭，以示众人。诗人王勃更是抒写《九成宫颂》《上九成宫颂表》及《九成宫东台山池赋》三篇巨作，足见其对九成宫的喜爱之情。此外上官仪、李峤、刘祎之、卢照龄、杜甫以及李商隐等均亲临九成宫有感而发，为其吟诗作赋。唐代以九成宫为主题的诗文对后世影响很大，九成宫几乎成为从宋代到清代怀古抒情之作的永恒题材，而这种情愫也逐渐发展出以九成宫为主题的山水画。

3.九成宫传世图绘解析

九成宫历经隋唐两朝，从始建到彻底弃置存在了三个世纪，其不仅为帝王所喜爱，还受到历代文人的青睐，留下诸多赞颂诗篇，文字虽多有描述其胜状，但终究难以直观展现九成宫全貌。所幸九成宫被历代画家所欣赏，自唐代以后均有图像存世，不过这些画作大多属山水画范畴，艺术性加工较多，已无法准确体现唐代建筑风格及当时的空间布局，但仍然是对九成宫研究的重要补充，弥补了只闻其名不见其貌的遗憾，同时画作中所蕴含的山水园林规划思想依旧可为当世提供借鉴。

目前可判定为描绘九成宫的画作共11幅，由于历史原因，部分图绘作画年代及作者不详或有争议，如元代李荣瑾画作虽名为《汉苑图》，但画面构图与建筑形态布局与元代仿郭忠恕的《明皇避暑宫图》一致，明显出于同一摹本，而《明皇避暑宫图》已被证实所绘主体就是九成宫，故两幅图均可视作九成宫图。本章选取《避暑宫图》《九成宫避暑图》和《明皇避暑宫图》三幅图进行图像解析，其原因是《九成宫避暑图》为仿唐李思训所做，其画作可认为九成宫图现存最早的版本，可最大程度地反映九成宫布局原貌，而《避暑宫图》与《明皇避暑宫图》均属“界画”，建筑的比例关系及结构构造的描绘均表现出极高的写实性，非作者随意创作而能为之，对于九成宫建筑形制研究具有重要的参考价值。

（1）《九成宫避暑图》（原名《九成宫纨扇图》）

此图原作于纨扇上，后镂于石而传世。据记载，《九成宫图》原稿在描绘宫殿楼阁时，曾以金粉勾勒了整个轮廓，又用青绿朱砂重彩装饰了画面，从而开创“金碧山水画”一派。此图虽非原图，但仍可视为现存最早的“界画图”。该图异于常规的矩形图廓，画面趋于椭圆形，采用古代传统的透视写景法，形象较为逼真，工致华丽，格律缜密谨严，手法细润典雅，别具一格。《画鉴》品评：“画著山水，金碧辉映，为一家法。”

《九成宫避暑图》内容丰富，图的下部所绘宫宇严整，格局宏伟，景物细腻，亭台回廊，翠竹掩映，深得其态。右下方湖水荡漾，风帆溯流，虹式木桥横跨湖面，连接两岸。上部画面可见山峦重叠，高低层列，径路隐显于险峻万山之中，烘托出天台山“连峰去天不盈尺，枯松侧挂倚绝壁”之势。图中可见九成宫的宫城区位于山脚高地，建筑群有着明显的轴线，从山脚下有高大基座的宫门向内，开始拾级而上，又见一山门，两侧矗立一对亭榭，犹如阙楼；进入山门，为一座重檐歇山顶大殿，大殿后一座高大的四出抱厦、重檐十字歇山顶建筑最为显眼，构成整个宫城区的核心和高潮，其两侧设立四座立于高台上的偏殿，既保持了整个院落的协调统一，又更加凸显出正殿的高大宏伟，表现出明显的对称性。而宫城区在右边临水崖壁处则设有一座观水殿宇，禁苑中的建筑更是大多藏匿于山林间或立于池水畔，又打破了整体的规整感，两种布局形成鲜明对比，表现出皇家离宫布局自由有序、疏密有致的布局特点。

在建筑艺术处理上，最为明显的便是青绿琉璃、绿拱丹楹，以及大量采用的歇山顶。歇山山面形成的巨大山花具有极强的装饰性，且隋唐时期山墙多为镂空，并在脊部装饰悬鱼，不同的角度形成丰富的光影与形态变化，还可通过组合形成十字歇山顶进一步丰富其造型，使其既有庑殿顶的雄浑气势，又可表现出攒尖顶的俏丽俊秀，因而在离宫中采用歇山顶无疑是最佳选择。九成宫正是利用歇山顶的上述特点，将各歇山顶建筑布置于不同朝向，从而使建筑群在各个角度展现出不同的形态变化，这充分说明在隋唐时期已意识到建筑不仅是园林中的观景场所，其自身也同样是重要的景观形胜。综上，《九成宫避暑图》画面虽小，但内容详尽，艺术特征鲜明，绘图技巧高超，展现了九成宫“台阁千重，山崖万叠”的实际场面，是九成宫蔚为大观之生动写照（图3.35）。

图3.35 〔唐〕李思训《九成宫避暑图》

（图片来源：台北故宫博物院藏）

（2）《避暑宫图》（原《溪山楼观图》）

该图曾于1959年编入《整个博物馆藏画·上海博物馆画》，命名为《宋·佚名·溪山楼观图》，而后单国霖先生根据此图画法认定其当属五代至北宋前期作品。经技术检测，画左上角留有宋徽宗“丁亥御书”瘦金体字迹、“天下一人”画押，并钤“御书”朱文葫芦印和“宣和”朱文骑缝印。故说明此画曾入藏北宋宣和御府，很可能就是《宣和画谱》卷八中辑录的郭忠恕《避暑宫图》。此图视角独特，沿主体宫城轴线横向描绘了一座气势非凡的宫殿，依山势层层覆压而上，楼台亭榭林立，游廊穿插其间，远景部分则作突兀高耸的峰峦拔地而起，主峰不断向上延伸，使宫殿高阁的余势因雄伟峻拔的峰峦接引而获得了不断腾起的气势。同时为呼应“避暑”这一主题，右下山石宛若洞府，藏匿高阁台榭，其下泉壑争流，凉意袭人。画中仅左下依高台而立的建筑群显漏于山水，其余亭榭游廊蜿蜒回转与山林之间，或藏匿于洞府之中，使整个建筑群若隐若现，与自然混为一体（图3.36）。

图3.36 〔五代末宋初〕郭忠恕《避暑宫图》

（图片来源：中华珍宝馆）

图中可见宫城区位于山下，共垒五层高台，踏道或设于正中，或设于两侧，或设于两端，婉转相属。拾级而上可达独立高台一座，上设屏背椅，以供皇帝休憩观景。高台后便是由回廊围合成院的宫城建筑群，廊不设门窗墙体，完全通透，合院内外有别，却隔而不断。图中虽有遮挡，但回廊四面正中均设有门屋，并与院落正中高大的三层楼阁以游廊相接，整个合院平面呈“田”字形。这种布局不仅可强化中央楼阁建筑的重要性，也可使皇帝不受风雨影响而于院内自由穿梭，随时随地欣赏九成宫的壮丽美景。合院后便是高耸山峦，回廊沿山壁周折，通向远处另一座建筑群。画面右下还有一座藏匿于山洞后的组合建筑，其中间为二层楼阁，两侧跨水架楹通向双阙，向前出廊连接大殿，殿下起与水岸同高的月台，然后顺地形婉转向左与一精美的砖石拱桥续接，整个建筑群巧妙顺应地势，利用台基与回廊将高度不同、前后错位的地形相连，从而达到“可行、可游”之效。九成宫最为显著的特征当属依山势起高台，其特点已在上文论述，“夷山堙谷”是为宫城区“冠山抗殿”而必做的人工改造，而禁苑区的建筑则采取了最小干预自然的原则。从图中可见，无论是隐匿山林的回廊，还是架设溪流的水榭，其基础均采用立柱起平坐的建造法，长短不同的立柱可适应复杂的自然地貌，而抬升后的基座可使建筑获得良好通风，可有效防潮。

综上所述，《避暑宫图》中山水树木，空灵朴茂，界画楼台，细密繁复，尺度宏大而细节入微，其所绘建筑之精致、山水之磅礴是界画之典范。为世人再现了九成宫“弥峰跨谷，层城万转。庇险乘危，回廊四注”的壮观胜景。而图中对高台的细致刻画，充分体现出台基不仅是构成建筑的基础，还起到划分庭院层次与深度，即起组织空间、调度空间和突出空间重点的作用，这正是九成宫规划设计的一大特色。

(3)《明皇避暑宫图》

此图无款识，仅画幅有题签“郭忠恕越王宫殿图，穰梨馆藏”，画幅右下钤“过云楼收藏印”。但根据画史记载，郭忠恕不止画过一本《避暑宫图》，《宣和画谱》就曾记载相当数量的此类作品：《明皇避暑宫图》《避暑宫图》《山阴避暑宫图》，今证此图为元人旧仿，其山水法郭熙，建筑仿王振鹏，其神貌俱佳，楼阁殿宇刻画工细精确，结构严谨华丽，同时巨石、古树点缀其间，故而前后的层次清晰，加上左边的水色，与后山的空蒙相映衬，却也疏密有致，雍容大度，故虽非郭忠恕本作，但非常接近原画真实面貌。《明皇避暑宫图》构图略带俯视，采用山水画最常见的斜投影透视，整个画面呈山水环抱建筑之势，建筑群利用台地凸显而出，高耸山峦形如屏障立于后，曲折池水蜿蜒环绕于左，从而获得了强烈的虚实对比，不因右半部建筑物象的过分繁密而使画面显得拥挤和逼仄（图3.37）。

图3.37 〔元〕佚名(仿郭忠恕)《明皇避暑宫图》

(图片来源:大阪市立美术馆藏)

此图所绘与上述《避暑宫图》有诸多明显相似之处，而视线角度的不同，恰好可作为互补研究。其中也描绘了五层依势拔高的台地，且台地形式组合多变。不同之处在于，此图着重表现三层台地及其上的三组建筑群。由图中可见，以宫门及缭墙为界，划分出宫殿区与禁苑区，宫殿区又根据台地高差布置了三组建筑群。

第一组建筑群以宫门为始，后设有两节高台，可达第二组建筑群的殿门。第二组建筑群位于第一节高台上，由前院与一临水台榭组成。前院前后设门屋，左右设偏殿，门屋与偏殿之间通过回廊连接，围成一个规整的合院。前院内前后矗立一殿一楼，与宫门及前后门屋形成一条完整的轴线。亭榭建于合院左侧临水的断崖处，位于左偏殿外部，与偏殿以廊道相接，形成一个相对独立的三向开放空间。位于第二节高台上的第三组建筑群依然是由一合院与亭榭组成。其前后可见两组门楼，左侧设有一阁，阁前后又有配殿，各建筑之间也用回廊连接，围成合院。院落正中则独立安置后院主楼，整个院落以该楼阁为中心对称布局，台榭则完全独立于后院，设在左侧临水崖岸，四面完全敞开。

此图对于建筑与山水的环境关系处理与《避暑宫图》有异曲同工之妙，图中立于自然山水之上的亭榭，其自然延伸的平台均采用了立柱架空平坐的结构，而这种处理原因有以下三点：从建筑功能角度分析，观察水榭所处位置，可发现位于“绝壑为池”的重要节点，故采用两侧砌筑人工砖石以筑堤蓄水，中间立柱架空保留自然堤岸以引流疏水；从建筑结构上分析，基础建筑采用立柱，可减省人力物力；从营造思想分析，巧妙地顺应地势，可保全景色的天然本真之效。如此设计，足见匠心。

（4）小结

通过对上述三幅九成宫的分析，可见所画内容虽差异较大，但在整体布局上都表现出九成宫依山而起高台，依台地而起楼阁的营造特点和背靠高耸山峦，一旁池水相依的山水形胜。对于景观要素，三幅画中的核心建筑虽细节不尽相同，但主体结构均是一座十字歇山顶四出抱厦的高大组合式楼阁，且画面下方一角均有一座桥梁跨水而建。这与魏征的《九成宫醴泉铭》里描述的“冠山抗殿，绝壑为池，跨水架楹，分岩耸阙，高阁周建，长廊四起，栋宇胶葛，台榭参差”相一致，并被后世历代画家所继承，以至于此后历代所绘九成宫图，虽风格迥异，但大体布局与主体建筑形式基本一致，形成一种独特的“九成宫”

绘图结构。

4.九成宫规划营造意匠分析

通过以上对历史文献与图绘的整理分析，笔者对九成宫山水规划与建筑空间虽不能完全再现其真实全貌，但可大致解析其规划中所蕴含的营造匠心。

（1）“冠山抗殿，绝壑为池”

九成宫在规划建设中巧妙地利用自然山水环境，碧城山坐北，为主山，屏山西傍为右弼，凤凰山、童山两侧分立为护翼，堡子山南横是为案山，青莲山南眺为朝山，可谓群山环抱。宫城朝政区的营建则是依靠天台山山势层层拔高，借助自然地形达到壮丽而威严庄重的景观效果，但对于自然环境也并非完全被动适应。九成宫在顺应山水的同时，在宫前引杜水蜿蜒流转，“跨水架楹”，宫西则引自然水系，汇出宏大宽广的西海，与天台山形成山池模式。同时利用北马坊河高低差筑成人工瀑布，由峡谷而出，由静到动，有声有色，整个离宫区由此显得生机勃勃。宫内则有醴泉水渠穿宫而过，与各宫殿相互交错，宫城内外人工水渠和自然河流并肩奔流，池水环绕，整个离宫依山水之势形成“前视八水，傍临九峻”的山水格局。

（2）“以山为阙，山川为轴”

中轴布局是中国古代“中尊”思想的体现，九成宫虽作为离宫，布局较太极宫和大明宫更为自由，但为体现皇权，重要殿宇依然遵循中轴对称式的布局模式。在天台山中心布置丹霄殿，其后建大宝殿，前营双阙直对永光门，形成宫内主轴，同时河谷南向两侧的凤凰山和堡子山俨如天阙，构成一条山水建筑轴线，增强了整个殿宇的气势。

以天台山的朝政建筑群为始，将官府和廨署等建筑依地形呈东西向、“一”字形展开，形成一条东西向副轴。且中轴线之东，地势趋低趋平，建筑的重要性也越来越低。地形的巧妙利用将帝王和大臣的主次地位区分开来，体现出中国古代帝王权威至上、臣子顶礼膜拜的封建王朝制度。除轴线外，主要殿宇还利用“对景”与自然环境取得紧密联系，禁苑区凤台山麓东侧的观景水榭面向西海，直对瀑布，形成对景关系；宫城区内御容殿与碧城山及青莲山主峰形成对景，碧城山阳面修亭台点缀在山腰，以便于登高观赏（图3.38）。

（3）“层城万转，高阁周建”

“台，观四方而高者”，砌筑成方，可踏步拾级而上。在战国至西汉初期，宫殿常以中央高大的夯土台为基础，外部环绕木构建筑形成高台，

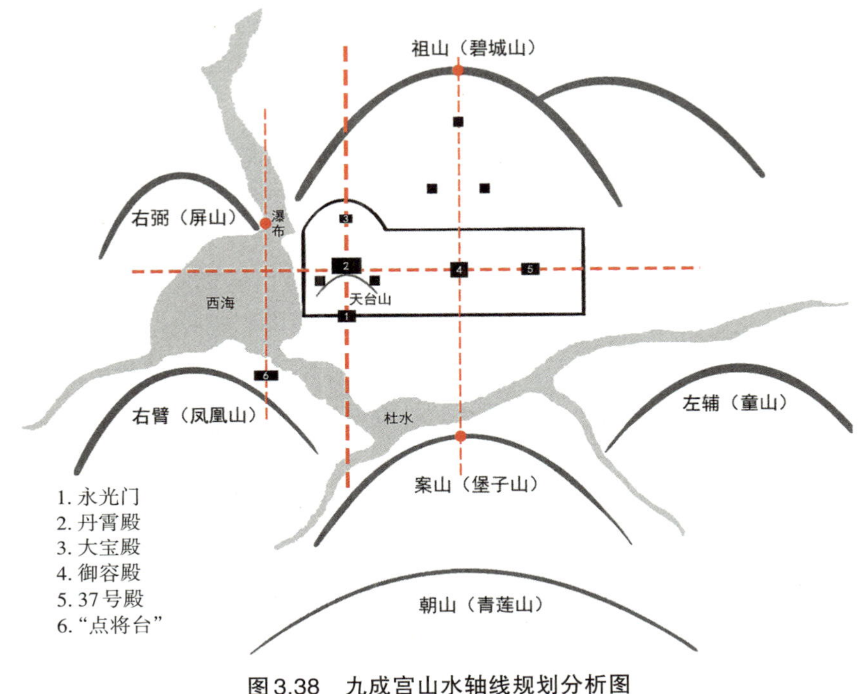

图3.38　九成宫山水轴线规划分析图

（图片来源：作者自绘）

这是在早期木构技术不发达，而又想取得宏伟体量的一种巧妙做法。至隋唐时期大型木构单体技术得到解决，台又逐渐与木构建筑分离，恢复其最初的眺望功能，而木构楼阁则无需借助夯土便可平底而起，开阔的室内可供登临休憩。九成宫“层城万转，高阁周建”的营建特点正是这一转变的最好证明。

九成宫为便于从自然山地起殿宇楼阁，便将形态多样的台基逐层垒砌，从而顺天台山之势形成了一组庞大而壮观的高台建筑群。高台建筑群不仅起着联系山上、山下宫殿建筑的作用，同时也是九成宫中重要的观景台，而拾级曲折而上的过程便可达到移步换景的效果。其次便是依台地而起的高阁，多重台地蔚为壮观，其上再立高阁，则气势雄伟，无以复加。主楼阁采用四出抱厦的形制，使建筑轮廓富于变化，体现出“各抱地势，钩心斗角”的结构之美，而“亚”字形平面则扩大了室内观景角度，并借助楼阁的高度，体会“长啸披烟霞，高步寻兰若”的空寂忘我之境或“一目千里”的豪迈奔放之感。

综上，九成宫的规划在充分利用自然山水形势的基础上，通过“冠山抗殿，绝壑为池”，对自然做能动改造，整个离宫建筑群藏风聚气，上应紫薇；负阴抱阳，因山随势；随高就低，因地制宜；中轴显著，主次分明；湖沼交叉，云聚星散，从而达到规划者的理想境界。[①]

5.结语

《九成宫避暑图》是目前已知所仿年代最接近唐九成宫的一幅图像，而《避暑宫图》与《明皇避暑图》则是对九成宫描绘最为精细的两幅，唐九成宫的规划设计体现了突出自然环境进行规划设计的思想，也反映出古人驾驭复杂自然地形的空间设计能力。表现出从现实自然出发，在遵从其原貌的前提下，根据营造意匠，对自然做能动的改造。通过对《九成宫避暑图》《避暑宫图》及《明皇避暑宫图》中所展现的山水关系、建筑布局及建筑细部与艺术进行解析，总结其共性特点，梳理出唐九成宫的空间关系和要素建构逻辑，再结合史学文献和考古报告，探求古代匠人在九成宫规划中体现的设计理念和方法。

唐九成宫作为隋唐两朝的避暑离宫，正是由于其所处环境优美、气候宜人，因此在营建之初就充分考量了其自然地貌、山川走势，借自然之势，依人力之巧，使宫苑建筑与地理形势紧密结合，使自然美与建筑美相得益彰，源于自然而又高于自然，从而体现出中国传统景观巧于因借、精在体宜的营造手法。本章提炼出的景观模式，可为隋唐时期行宫研究及当代风景设计提供借鉴。整个离宫又可视为风水、礼制以及“象天法地”等传统规划思想的集大成，对其规划模式的分析，有助于读者更好地了解中国传统营造的规划思想之间是如何影响，又是如何相互配合的，可为当代地方城市及景观规划提供参考。

① 参见宝鸡市九成宫文化研究会:《第二届全国九成宫文化研讨会论文集》,西安,陕西人民出版社,2012年,第1版,第42-65页。

第四章　唐长安城公共园林、寺庙园林图像分析

一、唐长安城公共园林营造

唐长安除了建造有大量的皇家园林外，城市中还建造了为市民服务的公共性园林、寺庙园林等。唐长安城市园林是以曲江池为核心的大型公共园林，是达官贵人、文人士子的宴饮之所，市民百姓的畅游之地，帝王与民同乐之处。在南郊风景区举行的初春踏青、曲江赐宴、杏园赏花、雁塔题名等活动，成为唐长安最具代表性的城市文化。

（一）曲江池——“流水屈曲、有若蓬莱”

1.曲江池概述

曲江地区位处渭河阶地向台塬过渡的地带，地形复杂，川塬相间，高低相宜，多有泉池流水，自然风光绝佳[①]。曲江池的前身是自然湖泊，在秦时此片区域最早称隑洲或隑州[②]。隑洲可理解为长而曲的可攀登的岸，秦在此处修建了离宫宜春苑。汉武帝开凿源泉扩大了水面，因岸线曲折似广陵曲江，故以曲命名。隋初建新都大兴城，将曲江北半筑入城内，南半隔于城外[③]，并且开凿黄渠引秦岭库峪（大峪）水，经少陵原与杜陵原西部注入池中。将曲江南部所在地区划为禁苑，命名为芙蓉苑，苑内为芙蓉池。到了唐代，帝王在营建曲江芙蓉苑时筑蓬莱山模仿海上仙山，《唐都城内坊里古要迹图》中便有记载。城内的北池则沿用秦汉以来的曲江池之名，“安史之乱”后，随着唐朝的衰落以及都城的迁移，曲江也逐步走向衰落，到了唐末期，曲江池水干涸，园林盛景不复往昔。

---

① 参见李令福:《长安城郊园林文化研究》,北京,科学出版社,2017年,第1版,第110-127页。

② 参见彭静杨:《历史地理视角下长安城曲江池的嬗变》,《三门峡职业技术学院学报》2018年第2期。

③ “隋营宫城,宇文恺以其地在京城东南隅,地高不便,故阙此地不为居人坊巷,而凿之为池,以厌胜之。”〔宋〕程大昌:《雍录》,黄永年点校,北京,中华书局,2005年,第1版,第125-139页。

宋人张礼在《游城南记》中关于曲江的描述，曲江已显得十分苍凉[①]。

盛唐时的曲江是一个泛称，它位于隋唐长安城东南隅，是以曲江池为中心，由西侧的杏园、北侧的慈恩寺（大雁塔）、南侧的芙蓉园（芙蓉池），以及乐游原、青龙寺等多个景点组成的大型公共园林区。康骈的《剧谈录》中写道："曲江，开元中疏凿，遂为胜境。其南有紫云楼、芙蓉园，其西有杏园、慈恩寺，花卉环周，烟水明媚。都人游玩，盛于中和、上巳之节。"[②]

唐代的曲江池与芙蓉苑为两部分，芙蓉苑为皇家禁苑，苑内有蓬莱山，曲江池则为众人休憩、娱乐、举行宴会的场所，如《曲江池记》中记载："轮蹄辐辏，贵贱雷同。"在《唐都城内坊里古要迹图》（图4.1）和《唐长安城图》（图4.2）中均有关于曲江与芙蓉苑位置关系的描绘。曲江池居北，在城内；芙蓉池居南，在城外的芙蓉园内[③]。

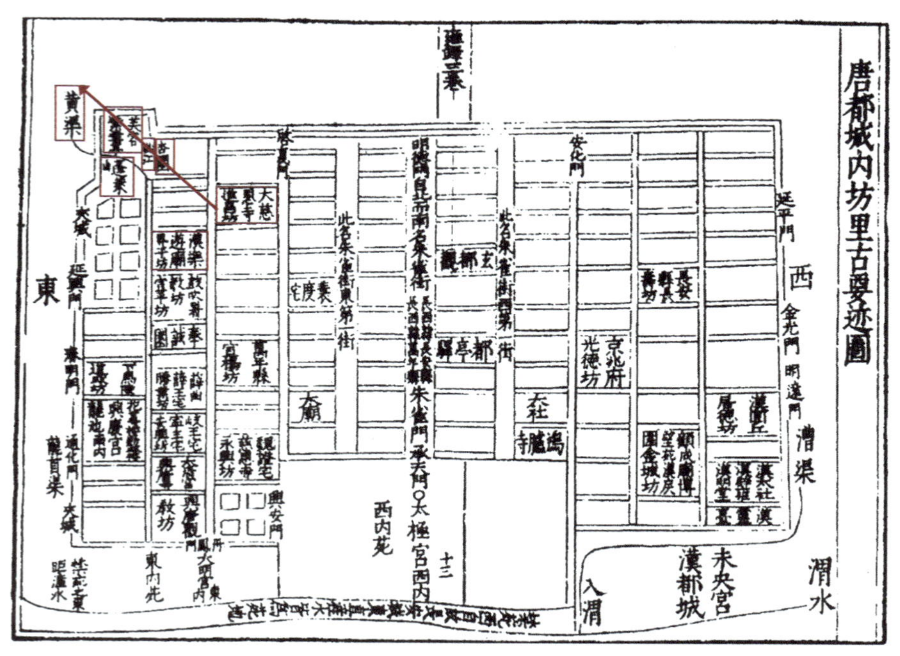

图4.1　唐长安曲江池

（图片来源：〔宋〕程大昌《雍录·都城内坊里古要迹图》）

① "倚塔下瞰曲江宫殿，乐游燕喜之地，皆为野草，不觉有黍离麦秀之感。"〔宋〕张礼：《游城南记》，上海，上海古籍出版社，1993年，第1版，第11–20页。

② 〔唐〕康骈：《剧谈录（卷下）》，上海，古典文学出版社，1958年，第1版，第110–126页。

③ 参见吴永江：《唐代公共园林曲江》，《文博》2000年第2期。

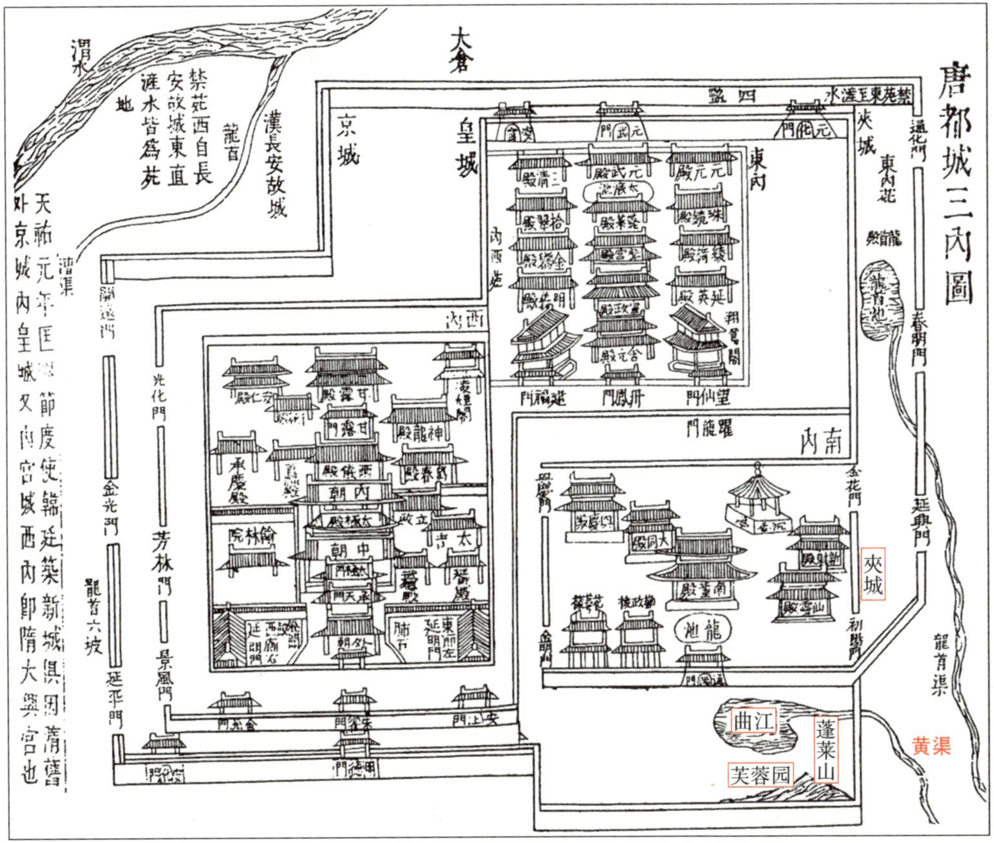

图4.2 曲江池与蓬莱山

［图片来源：据〔清〕康熙（1668年）《咸宁县志·唐都城西内图》改绘］

2.《曲江图》简介

历史上关于曲江池的图像主要有《唐都城内坊里古要迹图》《唐长安城图》《曲江图》等。

《曲江图》(图4.3),现藏于台北故宫博物院,为唐代著名画家李昭道所绘,整幅画长171.2厘米,宽111.3厘米。图左上方为清乾隆时期御题,题字中"画法初闻南北宗","北宗"便是指李思训、李昭道[①]父子所属的金碧山水画派。山水画发展至隋代已经从人物画的背景地位中脱离出来,又因宫苑多围绕山水而建,这一阶段的山水画多依附宫苑建筑,人物在画中作为点景。李思训父子的绘画多采用全景式构图,其山水画绝妙,从缥缈的山川到浩瀚水体、从富丽宫苑到各色人物,多呈现在同一画面中,视野开阔,场面恢弘,营造出犹如仙境一般的感觉。[②]

康耀仁的《李昇〈仙山楼阁图〉考——兼论金碧山水的传承脉络及风格特征》一文,推断《仙山楼阁图》(图4.4)为晚唐时期李昇所绘。此作绢本,团幅,直径40厘米,是海外回流画作,至今保持宣和式的日本装裱[③]。作品中仙山下的仙宫玉宇,错彩镂金,富丽堂皇。其中人物皆

---

① 李思训是唐朝宗室,官至右武卫大将军,后人常称李将军(《旧唐书·李思训传》:"思训尤善丹青,迄今绘事者推李将军山水。"〔后晋〕刘昫:《旧唐书·卷六十·列传第十》,上海,汉语大词典出版社,2004年,第1版,第1865页)。他是山水画史上开宗立派的重要画家(《宣和画谱·卷十·山水一》:"山水画始于李思训。"〔北宋〕佚名:《宣和画谱》,岳仁、潘运告译,长沙,湖南美术出版社,2010年,第2版,第204-207页),"仙山楼阁一题创自李思训,宋元名手多作之",也即李思训是"仙山楼阁"这一绘画样式的开创者,后世以此为画题的作品皆以李思训为宗(参见孙国良:《"主题学"视野下的游仙山水画研究》,《中国艺术研究院》2020年)。唐代张彦远在《历代名画记》中记述李思训擅长金碧山水,言道:"李思训,宗室也,即林甫之伯父。早以艺称于当时,一家五人,并善丹青。世咸重之,书画称一时之妙。其画山水树石,笔格遒劲,湍濑潺湲,云霞缥缈,时睹神仙之事,窅然岩岭之幽。时人谓之'大李将军'其人也。"(〔唐〕张彦远:《历代名画记》,杭州,浙江人民美术出版社,2011年,第1版,第150-170页)。其子李昭道画艺和他齐名("思训子昭道,林甫从弟也。变父之势,妙又过人。官至太子中舍,创海图之妙。世上言山水者,'称大李将军、小李将军',昭道虽不至将军,俗因其父呼之。"〔唐〕张彦远:《历代名画记》,杭州,浙江人民美术出版社,2011年,第1版,第150-170页。),所以人又称"二李","大小李将军"("李思训,开元中除卫将军,与其子李昭道中舍俱得山水之妙,时人号大李、小李。思训格品高奇,山水绝妙,鸟兽、草木,皆穷其态。昭道虽图山水、鸟兽,甚多繁巧,智惠笔力不及思训。通神之佳手也,国朝山水第一。故思训神品,昭道妙上品也。"〔唐〕朱景玄:《唐朝名画录》,温肇桐注,成都,四川美术出版社,1985年,第1版,第10页)。李昭道,字希俊,他的山水画继承其父,并能"变父之势,妙又过人"。

② "方广不盈二尺,而山川、云物、车辇、人畜、草木、禽鸟,无一不具。峰岭重复,径路隐显,渺然有数百里之势,想见为天下名笔。"云告:《宋人画评》,长沙,湖南美术出版社,2010年,第2版,第85-98页。

③ 参见康耀仁:《李昇〈仙山楼阁图〉考——兼论金碧山水的传承脉络及风格特征》,《中国美术》2016年第1期。

图4.3 〔唐〕李昭道《曲江图》

（图片来源：台北故宫博物院藏）

是衣冠贵胄，或在赏景，或在饮宴，或在骑行……仙山楼阁所营造的世界是人们对理想世界的想象。“仙山楼阁”营造了一个理想中的仙境，将长生不老之梦与富贵无极的尘世欲望完美地结合了起来[①]。由于《仙山楼阁图》与《曲江图》的构图、题材有高度的重合性，故推测其为《曲江图》的摹绘，由此可见李氏父子的画作影响深远。

图4.4 〔唐〕李昪(传)《仙山楼阁图》

（图片来源：海外回流，榕溪园藏）

3.《曲江图》的图景分析

《曲江图》中的画面视角为多角度复合透视，图的上部远山为仰视，画面中的楼阁、桥梁则为平视。近景描绘曲江池和芙蓉苑，远景描绘终南山。从曲江向南望，可饱览长安城南郊的终南山及杜曲、韦曲、樊曲等郊

① 孙国良：《“主题学”视野下的游仙山水画研究》，博士学位论文，中国艺术研究院，2020年。

野风光。天朗气清之时，南山近在咫尺，“湖北雨初晴，湖南山尽见。”[①]曲江北望大明宫为北阙，南望终南山为南阙，如《奉和圣制同二相已下群臣乐游园宴》一诗中所描述的：“北阙云中见，南山树杪看。”[②]（表4.1）

表4.1 《曲江图》要素分析

图景	要素	文献记载	文献出处
终南山景	太乙峰、太乙宫	“太乙山在长安东南八十里太乙谷，中有太乙元君湫池。汉武帝元封二年祀太乙于此，建太乙宫。”	〔汉〕辛氏《三秦记》
		“褒斜右走，太一前横。”	〔唐〕欧阳詹《曲江池记》
		“五台山太乙谷中有太乙元君湫池，汉武帝元封二年祀太乙于此，建太乙宫。又山有太乙峰，太乙池，证据确凿。……南望终南，如翠屏环列，芙蓉万仞，插入青冥。旁皆巨壑，深肆无景，与终南山不相峄属。则太乙自当专属之，五台不得谓之为终南矣。”	〔明〕何景明《雍大记》
		“太一山在西安府城西南八十里。”“太乙宫在西安城南五十里山谷中。”	〔清〕毕沅《关中胜迹图志》
	少陵原	“少陵原在县南四十里，南接终南，北到浐水西，屈曲六十里，入长安县界，即汉鸿固原也。宣帝、许后葬于此，俗号少陵原。”	〔宋〕宋敏求《长安志》
芙蓉苑景	黄渠	“黄渠水，出义谷，北上少陵原，西北流经三像寺。鲍陂之东北，今有亭子头，故巡渠亭子也。北流入鲍陂。鲍陂，隋改曰杜陂，以其近杜陵也。自鲍陂西北流，穿蓬莱山，注曲江。由西北岸直西流，经慈恩寺而西。”	〔宋〕张礼《游城南记》
		“黄渠自义谷口涧分水入此渠。”	〔宋〕宋敏求《长安志》
	紫云楼	“曲江池，本秦世隑州，开元中疏凿，遂为胜境。其南有紫云楼、芙蓉园。”	〔唐〕康骈《剧谈录》
		“长堤十里转香车，两岸烟花锦不如。欲问神仙在何处，紫云楼阁向空虚。”	〔唐〕赵璜《曲江上巳》
		“修紫云楼于芙蓉北垣。”	〔宋〕王溥《唐会要·卷三十》
	凉堂、临水亭	“芙蓉园，本隋氏之离宫，居地三十顷，周回十七里，贞观中赐魏王泰。泰死，又赐东宫，今属家令寺。园中广厦修廊，连亘屈曲，其地延袤爽垲，跨带塬隰，又有修竹茂林，绿被冈阜。东阪下有凉堂，堂东有临水亭。”	〔宋〕李昉、李穆等《太平御览·居处部·园圃》

① 〔唐〕贺朝：《南山》，载《全唐诗（上）》，上海，上海古籍出版社，1986年，第1版，第273页。

② 〔唐〕崔尚：《奉和圣制同二相已下群臣乐游园宴》，载《全唐诗（上）》，上海，上海古籍出版社，1986年，第1版，第261页。

续表4.1

图景	要素	文献记载	文献出处
芙蓉苑景	水殿、山楼	“水殿临丹籞，山楼绕翠微。”	〔唐〕李乂《春日侍宴芙蓉园应制》
		“绕花开水殿，架竹起山楼。”	〔唐〕苏颋《春日芙蓉园侍宴应制》
	芙蓉池	“香径草中回玉勒，凤凰池畔泛金樽。”	〔唐〕李绅《忆春日曲江宴后许至芙蓉园》
	夹城	“夹城，玄宗以隆庆坊为兴庆宫，附外郭（城东城墙）为复道，自大明宫潜通此宫及曲江、芙蓉园。又十宅皇子，令中官押之，于夹城起居。”	〔宋〕宋敏求《长安志》
		“六飞南幸芙蓉苑，十里飘香入夹城。”	〔唐〕杜牧《长安杂题长句六首》
		“青春波浪芙蓉园，白日雷霆夹城仗。”	〔唐〕杜甫《乐游园歌》
曲江池景	曲江池	“曲江千顷秋波净，平铺红云盖明镜。”	〔唐〕韩愈《奉酬卢给事云夫四兄曲江荷花行》
	曲江亭	“曲江亭子，安史未乱前，诸司皆列于岸浒。幸蜀之后，皆烬于兵火矣，所存者唯尚书省亭子而已。进士开宴，常寄其间。既彻馔，则移乐泛舟，率为常例。”	〔唐〕王定保《唐摭言·卷三·慈恩寺题名游赏赋咏杂记》
		“其地则复道（夹城）东驰，高亭北立，旁吞杏圃以香满，前噏云楼而影入。嘉树环绕，珍禽雾集。”	〔唐〕王棨《全唐诗·卷七百七十、曲江池赋》
		“贞元四年九月重阳节，赐宰臣百僚宴于曲江亭。”	〔宋〕王溥《唐会要》
	彩舫船	“京兆府奏，庆成节及上巳、重阳，百官于曲江亭子宴会，彩舫船两只，请以旧船上杖木为舫子，过会折收，遇节即用者。”	〔宋〕王溥《唐会要》
	柳树	“江头宫殿锁千门，细柳新蒲为谁绿。”	〔唐〕杜甫《哀江头》
		“曲江池畔多柳，亦号柳衙，意谓其成行列如排衙也。”	〔唐〕尉迟偓《中朝故事》
		“众木犹寒独早青，御沟桥畔曲江亭。”	〔唐〕薛能《折杨柳十首》
	桥	“弱柳障行骑，浮桥拥看人。犹言日尚早，更向九龙津。”	〔唐〕崔颢《上巳》

（1）终南山景

自古以来中国人便有着山岳崇拜的思想，山作为中国山水画不可缺少的题材，其在“仙山楼阁”题材中则象征着海上仙山。将想象中的神山仙境比附到现实中的名山大川，便是将自我的精神世界中移情到现实中，以寻求自我心灵抚慰的一种文化现象。唐代帝王对道教“求仙”思想崇信有加，追求“追慕长生，羽化登仙”。这种思想影响到文人阶层，李昭道的《曲江图》中的远山便是李昭道将真实的终南山比附心中的蓬莱仙山。

《曲江图》的上部远景采用高远法，描绘的远山显得神秘而幽深，其真实的山体，据推测，来源于终南山太乙峰，登临长安城东南隅的高处慈恩寺塔向南远眺，长安城南地区，川塬相间，眺望到的远景为终南山。终南山的主峰随着朝代的更迭也在变化，西汉和唐代时期，终南山主峰为长安城东南的太乙峰，唐代诗人欧阳詹的《曲江池记》中：“褒斜右走，太一前横。”太一泛指终南山，终南山横在曲江池前。《西安府终南山》中有记载：“太一山在西安府城西南八十里。”汉《三秦记》载太乙山位于唐长安城东南隅，太乙指的是终南山的太乙峰（又名太一峰，现今翠华山，位于长安城正南），故图中仙山真实山体应为太乙峰，太乙峰上有太乙宫。《曲江图》中山上还有道家仙洞①。在道教文化中，天下名山成为各路神仙修道和居住生活的道场②。受道教的求仙、修仙、“洞天福地”的思想影响，道教将天下众多名山纳入其仙山体系，人间的灵山秀水便是蓬莱仙境。终南山历来为道教仙山，终南山上道观众多，为历代仙逸羽士隐居之所，山上道教庙宇楼观台，有若蓬莱楼阁。道教的文化核心是神仙信仰，即“延年益寿，羽化登仙”，蓬莱神话中的仙山历来是与世隔绝、神霄绛阙、秀丽挺拔的，是美妙的神仙世界。俊秀挺拔、犹如仙境一般的终南山便是“天上蓬莱”。李昭道将终南山太乙峰这一自然之景描绘为图中的天上的蓬莱仙山，用真实的名山比附蓬莱神话中的仙山，画家的真实意图并非描绘真实山体，而是将画面赋予其心中的意境。画中的远景仙山体现出盛唐时期受道家“求仙思想”影响的蓬莱仙境意象。

（2）芙蓉苑景

芙蓉苑是隋唐时期的皇家禁苑，芙蓉苑中有芙蓉池，苑周围筑有苑

① “其南即太一殿，殿左有三官、雷神二洞。所谓金华洞者在山之最高处，洞有积水，然不能至也。”〔明〕王圻、王思义：《三才图会·地理八卷》，上海，上海古籍出版社，1988年，第1版，第296页。

② 参见孙国良：《“主题学”视野下的游仙山水画研究》，博士学位论文，中国艺术研究院，2020年。

墙，只供皇家游览。盛唐时期，皇帝幸游曲江达到鼎盛阶段。唐玄宗为了方便到芙蓉苑游玩，特地在长安城东侧修建夹城（复道），夹城北起大明宫，经由兴庆宫，由新开门通入芙蓉苑，是皇家游览的御用通道。杜牧的《长安杂题长句六首》“六飞南幸芙蓉苑，十里飘香入夹城”和杜甫的《乐游园歌》“青春波浪芙蓉园，白日雷霆夹城仗”，描写的就是唐皇自夹城通往芙蓉园游幸的场景。

正所谓“无山水不成园”，芙蓉苑内水有芙蓉池，山有蓬莱山，《唐都城内坊里古要迹图》以及《唐都城三内图》在芙蓉苑东侧均绘有“蓬莱山”，可推测隋唐时期在营造宫苑时受蓬莱仙话“一池三山”景观范式的影响，将苑内山命名为蓬莱山。

据《唐会要》记载，紫云楼位于曲江池南边，芙蓉苑北侧，在曲江池与芙蓉苑的交会处，周围有苑墙，皇帝在紫云楼上可观赏百官宴饮和众人游览的情景。《曲江图》中的宫殿位于中部右侧，为画面中最重要的宫苑建筑，其有两层，气势恢宏，中部画面描绘出盛唐的芙蓉苑琼楼玉宇，犹如仙境。《曲江图》的画面中景为壮丽的宫苑，远景终南山象征着天上仙境，近景曲江池畔象征着人间，芙蓉苑连接着不可到达的仙境与人间，沟通天人物我，描绘出作者心中的蓬莱仙境。

（3）曲江池景

盛唐时期每年的中和节、上巳节、重阳节，为曲江池畔最为热闹的时候。每当有重要节日，皇帝游幸、百官宴饮、彩舫行酒、赋诗作文的各类活动在江畔举行，形成了游赏饮宴的风气，称为长安八景之一“曲江流饮”，曲江由此成为长安城内的文化聚集地。唐代的“曲江流饮”景观受到王羲之的“兰亭曲水”影响，将曲水的景观与自然山水相结合，将曲江曲曲折折的岸线与流杯相结合。

画面中的曲江池畔游人如织，唐代众多诗词描述了初春时节百姓来到曲江池踏青、赏花、泛舟等活动。大量诗词文献记述了上巳节曲江池畔百姓游览的热闹场面，《秦中岁时记》曰：“唐上巳日，赐宴曲江，都人于江头禊饮，践踏青草，谓之踏青履。”[①]《辇下岁时记》：“唐人上巳日在曲江倾都禊饮、踏青。”[②]曲江的水池边是青草地，是踏春游宴的休憩场所。画面中有五座桥，多为半圆形拱桥，桥上可供人马同行，桥下可通船。画中的水面上遍布船只，为彩舫船。

在《曲江图》的下部左侧，围绕曲折的岸线，分布着多处亭台楼阁，

① 〔唐〕李淖：《秦中岁时记》，载《中国休闲典籍丛刊》，北京，北京燕山出版社，2021年，第1版。

② 佚名：《辇下岁时记》，载《中国休闲典籍丛刊》，北京，北京燕山出版社，2021年，第1版。

应为曲江亭。每逢三节赐宴，百官多在曲江池畔。玄宗时期特许中书、门下、尚书、宗正司等部门在曲江池周围营建大量的楼台亭榭。著名的尚书亭子、宗正寺亭子等，位于曲江北岸。根据画面中柳树的形态来看，此幅画描绘的应为冬去春来之际，皇帝驾临芙蓉苑，赐宴百官，众人踏青游览，泛舟游乐，饮酒赋诗的热闹场景。曲江池畔柳树多，以柳树成排成行分布著称，李商隐《垂柳》诗曰："娉婷小苑中，婀娜曲池东。朝珮皆垂地，仙衣尽带风。"[①]该诗描写了曲江池畔垂柳枝条婀娜多姿，摇曳飘逸。《曲江图》画面中的曲江亭垂柳亦可见。

曲江亭边为新科进士及第后吟诗作对之地。在唐人的习俗语境中，官职升迁或获得恩宠以"登瀛洲"为喻，时人亦多借蓬莱瀛洲代指科举及第，以此表达对仕途的渴望与积极追寻。雍裕之的《曲江池上》云："殷勤春在曲江头，全藉群仙占胜游。何必三山待鸾鹤，年年此地是瀛洲。"[②]诗中群仙指新及第进士，曲江池畔比作瀛洲。储光羲的《同诸公秋霁曲江俯见南山》诗云："天静终南高，俯映江水明。有若蓬莱下，浅深见澄瀛。"[③]

4.唐《曲江图》中的"蓬莱"景观意象

最早关于蓬莱仙话的记载是在《山海经 · 海内北经》："蓬莱山在海中。"[④]《史记》中对蓬莱有较为详细的描述，说是在东方海边燕齐一带海上有三个仙山：蓬莱、方丈和瀛洲，仙山上有仙人居住，却可遇不可求。[⑤]道家思想的核心为神仙思想，道教文化对蓬莱神话的发展有推动作用，伴随着道教影响力的加大，神话中的蓬莱仙境进入人间的园林。

从秦汉开始，历代帝王在营建宫苑时皆在水中筑蓬莱山以效仿蓬莱海上仙山。唐代华清宫在汤池中垒碧色宝石和沉香模仿瀛洲、方丈海上仙山的形态，修建宫殿以蓬莱宫命名。陈鸿的《华清汤池记》中记载，

---

① 李商隐：《垂柳》，载宋绪连、初绪：《三李诗鉴赏辞典》，长春，吉林文史出版社，1992年，第1版，第910页。

② 〔唐〕雍裕之：《曲江池上》，载段宪文、周鹏飞等：《三秦胜迹诗选》，西安，陕西人民出版社，1987年，第1版，第174页。

③ 〔唐〕储光羲：《同诸公秋霁曲江俯见南山》，载〔清〕彭定求：《全唐诗·卷一三八》，北京，中华书局，1960年，第1版，第1398页。

④ 〔晋〕郭璞注：《山海经·卷十二·海内北经》，周明初校注，杭州，浙江古籍出版社，2000年，第1版，第191页。

⑤ 《史记·始皇本纪》："既已，齐人徐市等上书，言海中有三神山，名曰蓬莱、方丈、瀛洲、仙人居之。请得斋戒，与童男女求之。于是遣徐市发童男女数千人，入海求仙人"。〔西汉〕司马迁：《史记·始皇本纪》，上海，汉语大词典出版社，2004年，第1版，第78页。

“又于汤中垒瑟瑟及沉香为山，以状瀛洲、方丈。”[①]白居易在《长恨歌》中写道：“昭阳殿里恩爱绝，蓬莱宫中日月长。”[②]唐高宗李治曾将大明宫改名为蓬莱宫，大明宫中的太液池，又名蓬莱池，池中有蓬莱山，杜甫的《秋兴八首》中写道：“蓬莱宫阙对南山，承露金茎霄汉间。”[③]

对蓬莱仙境的向往，成为中国古代上至君王，下至黎民百姓不同社会阶层人士共同向往和憧憬的社会价值，这一思想也深刻影响了绘画诗歌创作。《曲江图》中高大的山体为实体，山体是垂直方向的，将视线从图画中分离出来；曲折的水面为虚体，《庄子》云：“静则明，明则虚；虚则无，虚则无为而无不为也。”[④]画面中，烟波浩渺的水面占了大部分面积，开阔的水面使得画面在视觉上充满延伸和包容之感。山取自终南山实景，水取自曲江实景，自然的山水既是仙境又是人间。中国古典园林营建离不开山水，将辉煌的宫殿与壮丽的山水结合，画家李昭道将自然之景色描绘为心中的蓬莱仙境。

5.结语

本章将《曲江图》分为终南山景、芙蓉苑景、曲江池景，根据画面中曲江池畔的柳树形态可推测，这幅图应绘于冬去春来之际。《曲江图》的画面视角是登临大雁塔向长安城南远眺，上景远山终南山为道家仙山，山上有仙洞，是人间与蓬莱仙境的交界；中景芙蓉苑为画面中最华丽的建筑群，皇家宫苑琼楼玉宇好似仙境；近景曲江池畔游人如织，更有新科及第进士在此宴饮，曲江流饮，吟诗作对，寄情山水，好似群仙。整幅画以曲江池、蓬莱山以及楼宇宫观为基础，将真实的自然景色融入画家自身的审美意境，将画家个人的审美情趣融于真实的情境中，体现出唐人的求仙思想和对于蓬莱仙境的美好愿景。宗白华先生认为：“艺术境界的显现，绝不是纯客观地机械描摹自然，而以‘心匠自得为高’。尤其是山川景物，烟云变灭，不可临摹，须凭胸臆的创构，才能把握全

① 〔唐〕陈鸿：《华清汤池记》，载周绍良：《全唐文新编·卷六一二》，长春，吉林文史出版社，1999年，第1版，第6920页。

② 〔唐〕白居易：《长恨歌》，载杨世友：《唐诗品读六百首》，武汉，崇文书局，2021年，第1版，第563页。

③ 〔唐〕杜甫：《秋兴八首》，载倪其心：《杜甫集》，南京，凤凰出版社，2020年，第1版，第158页。

④ 〔战国〕庄周：《庄子·杂篇·庚桑楚》，孙通海译注，北京，中华书局，2007年，第1版，第309-310页。

景。"[①]李邕称李思训的画为："好山海图，慕神仙事"[②]，说明李思训画山海图的目的是追慕神仙事，表现神仙所居之地，抒发自己淡然寡欲、超脱出尘的情怀。[③]

唐代曲江是历代文人所反复描绘的人间胜境。李昭道的《曲江图》将真实的终南山比附为心中的蓬莱山作为画中的主景，结合曲江风景进行心向之境的绘制，营造出心中的蓬莱仙境。《曲江图》中作者并非要将自然之景跃然纸上，而是要表达精神世界中对仙境的向往和憧憬，将观者的思绪引向那神秘未知的蓬莱仙境。李昭道将自然的山水、宫苑比附为心中的蓬莱仙境，上至神秘仙山下至瑰丽宫苑，使得"蓬莱"意境的外延在他笔下升华。《曲江图》中并不以建筑本体作为描绘的主题，而是在执着寻觅一种人与外在环境的整体栖居关系，承载和诠释着地方风景的文化价值与追求。"极目所至"，山水皆为景色，图中绘制的场景远大于曲江数倍，以人的"此在"空间为中心向周边四围拓展，超越基地范畴，形成更为宏拓的地景空间的"心象"山水和"文态"格局。

二、唐长安城寺庙园林营建

公元前206年，西汉王朝建立，佛教传入中国，终南山佛教据点始立。东晋时期，是终南山佛教的大发展阶段。位于圭峰山北麓的草堂寺，是中国佛教史上第一个国立译经场。南北朝末年，由于周武灭佛运动，一些僧人逃入终南山。随后，终南山便成为佛教屏蔽劫难之处。及至唐，武则天信奉佛教，促进了佛教的进一步发展。佛教的汉化过程中一共形成了八个宗派，其中长安就有六个宗派的祖庭，即大慈恩寺的法相宗、大兴善寺的密宗、华严寺的华严宗、香积寺的净土宗、草堂寺的三论宗、净业寺的律宗。

（一）理想佛寺蓝本——《戒坛图经》

佛教在传入中国前，寺院布局构图形式为以塔为中心的表征佛教圣山——须弥山——的空间格局，其布局形式呈十字形对称，中心性明显。这种内聚式的形式，影响了我国佛寺最初的制式，如东汉洛阳白马

① 转引自邢鹏飞：《李思训、李昭道青绿山水画研究》，硕士学位论文，山东师范大学，2009年。

② 中国人民政治协商会议陕西省蒲城县委员会文史资料委员会：《蒲城文史资料》（第5辑），1991年，第153页。

③ 参见孙国良：《"主题学"视野下的游仙山水画研究》，博士学位论文，中国艺术研究院，2020年。

寺的营建布局。[①]及至隋唐，随着佛教本土化的发展，以佛塔为中心的形制逐渐被前塔后殿式的布局替代，且佛教内部宗派林立，寺院建筑布局亦因各个宗派呈现多样化趋势，然而一些基础功能建筑趋于模式化，正是在这个时期确立了中国化佛寺园林的基本形制，最具代表性的即为唐代道宣律祖在《关中创立戒坛图经》（图4.5）和《中天竺舍卫国祇洹寺图经》中提出的理想佛寺模式。

1.道宣的理想佛寺模式

《关中创立戒坛图经》及《中天竺舍卫国祇洹寺图经》（以下简称两部《图经》）是唐代终南山律宗大师道宣（596—667年）晚年的重要作品，两部《图经》中通过大量文字描述及图示形式描绘了佛教圣地祇洹寺，被视为唐代早期理想寺院模式的蓝本，对隋、唐时期汉地佛教寺院研究具有重要的意义。[②]两部《图经》中提出，“隋唐之制，率寺皆分数院，围绕回廊”“总有六十四院”[③]的理想佛寺模式。其中多体现中轴对称，且以中心佛院为主、周围环绕众多子院落的基本布局模式。学者宿白对两部《图经》中所描绘的理想佛寺布局做了重构与还原，从中可以更清晰地看出其中各部分的关系与格局。

2.《关中创立戒坛图经》内容考证

《关中创立戒坛图经》（以下简称《戒坛图经》）重现了千年前盛唐时期佛教寺院庄严肃穆、别院林立的理想景观模式，是研究唐代佛教寺院发展的重要史料。该图地理要素详尽、名称注释齐全，专有标记符号多达90余处，对唐代理想寺院的殿阁、戒坛、院落、园子等均有详细记录。殿阁包括前佛殿、后佛说法大殿、二重楼、三重阁等；戒坛包括佛为比丘结戒之坛、佛为比丘尼结戒之坛；院落包括天下医方院、天下阴阳书院、菩萨四谛之院、诸仙院以及饭食库等后勤服务院落；园子包括东西巷及两处果园、井亭、莲池；此外图上还对寺院各个出入口做了详细注记。

基于传统佛寺布局营造理论方法，本章通过传统图像的图式转译进行分析研究。其主要分为以下三个步骤：辨方正位、分景画方、寻景揽胜，从而形成传统的景观范式，进而研究其对后世佛教寺院营建的影响。

---

① 参见白洁:《禅宗美学在我国汉传佛教寺庙园林中的表达》,硕士学位论文,东北林业大学,2017年。

② 参见杨澍:《〈中天竺舍卫国祇洹寺图经〉寺院格局与别院模式研究》,《建筑与文化》2016年第11期。

③ 〔日〕高楠顺次郎:《大正新修大藏经·卷四十五·诸宗部二·关中创立戒坛图经(并序)》,河北省佛教协会,2005年,第2版,第807-819页。

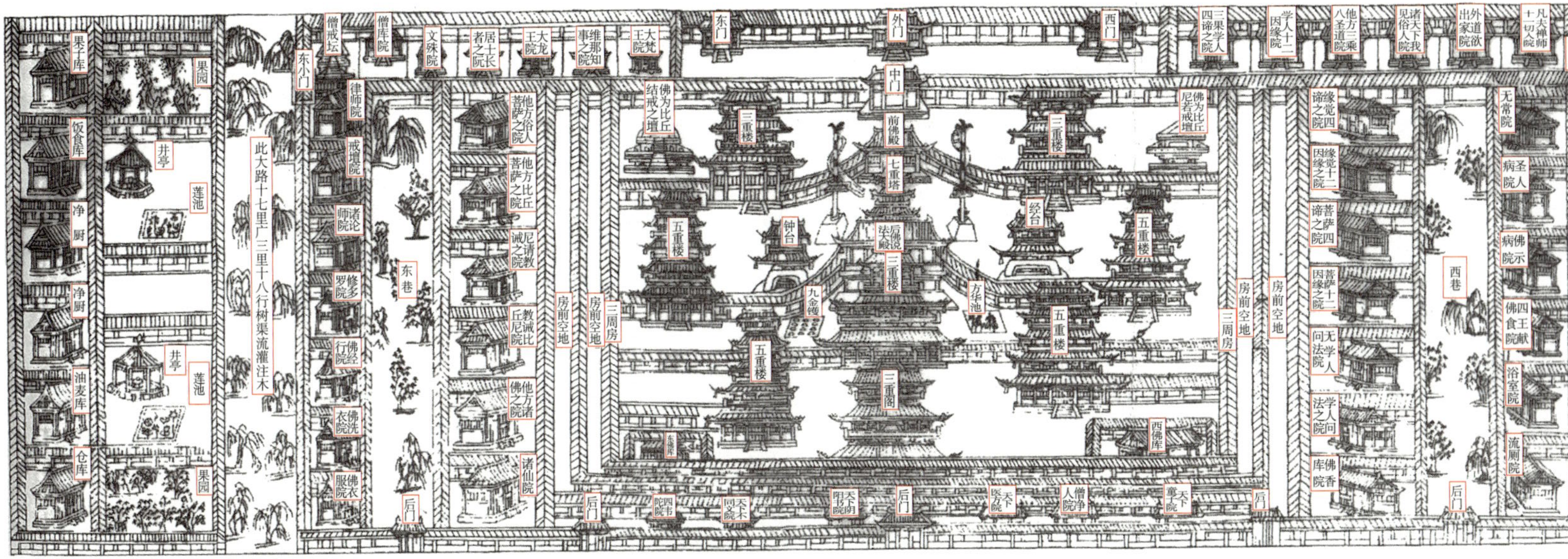

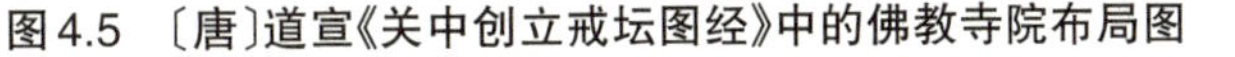

图4.5 〔唐〕道宣《关中创立戒坛图经》中的佛教寺院布局图

（图片来源：〔唐〕道宣《关中创立戒坛图经》）

（1）辨方正位

辨方正位的目的在于掌控图像中场景的方向，将周围节点空间作为地理空间标志，以确定图像的四向。据图中东、西门以及东、西巷的注释，结合《戒坛图经》中的“西方大院，僧佛所居，各曰道场”等记载，可知该图的方位为上南下北。

（2）分景画方

分景是以营建格局、空间类型为依据，对“图像”中的场景进行划分。根据《戒坛图经》中对于理想佛寺文化景观的记载，寺院图景可以分为前佛殿组团，后佛说法大殿组团，三重楼组团，五重楼组团，戒坛组团，钟台、经台组团，三重阁组团以及佛库组团八个分图景。八个分图景以主体建筑为中心，结合周围要素，形成唐代理想寺院中心佛院营建模式（图4.6）。画方的目的在于进一步掌控图像中场景的相应尺度，以防失其准望。将各个分图景的组团中心设为基准点，在图面中置入方格网，并确保各个核心单元空间处于网格节点，通过网格所形成的模糊尺度，明确各个地理要素、核心景观之间的位置与距离。《戒坛图经》中的佛寺营造具有明确的节点，可见古人在营造大尺度寺院时，将空间布局与朝拜心理相结合，这一点与当代园林设计中的外部空间体系具有相似性。

（3）寻景揽胜

寻景揽胜是在分景画方所形成的网格模糊尺度下，确定各个景观组团的空间营建方式与逻辑，从而根据地理环境、景观要素、叙事内容以及文化语境等，形成一定的景观营建机制与模式。由图4.7可见，道宣的《戒坛图经》理想寺院呈中轴对称布局，且中心建筑为佛院最重要的佛说法之大殿建筑。

①前佛殿组团：主要景观包括中门、前佛殿和七重塔。“南面三门，中央大门。有五间三重，……东西二门，三重同上，俱有三间……入大中门，左右院巷，门户相对。”[①]在外门北边与其相对的是中院的南门曰中门，进入中院南门就是整个寺院中最重要的一组建筑群。前佛殿为佛寺主殿，其规制：“院飞廊两注（咮）及宇凭空。东西夹殿大树庄严。……殿内檐下角内有二香山。……其形一同须弥。……顶有大池。四面兽头状等阿耨达池。”前佛殿后为第二佛全身七重塔，“高下七层，状丽

① 〔日〕高楠顺次郎：《大正新修大藏经·卷四十五·诸宗部二·中天竺舍卫国祇洹寺图经》，河北省佛教协会，2005年，第2版，第883-884页。

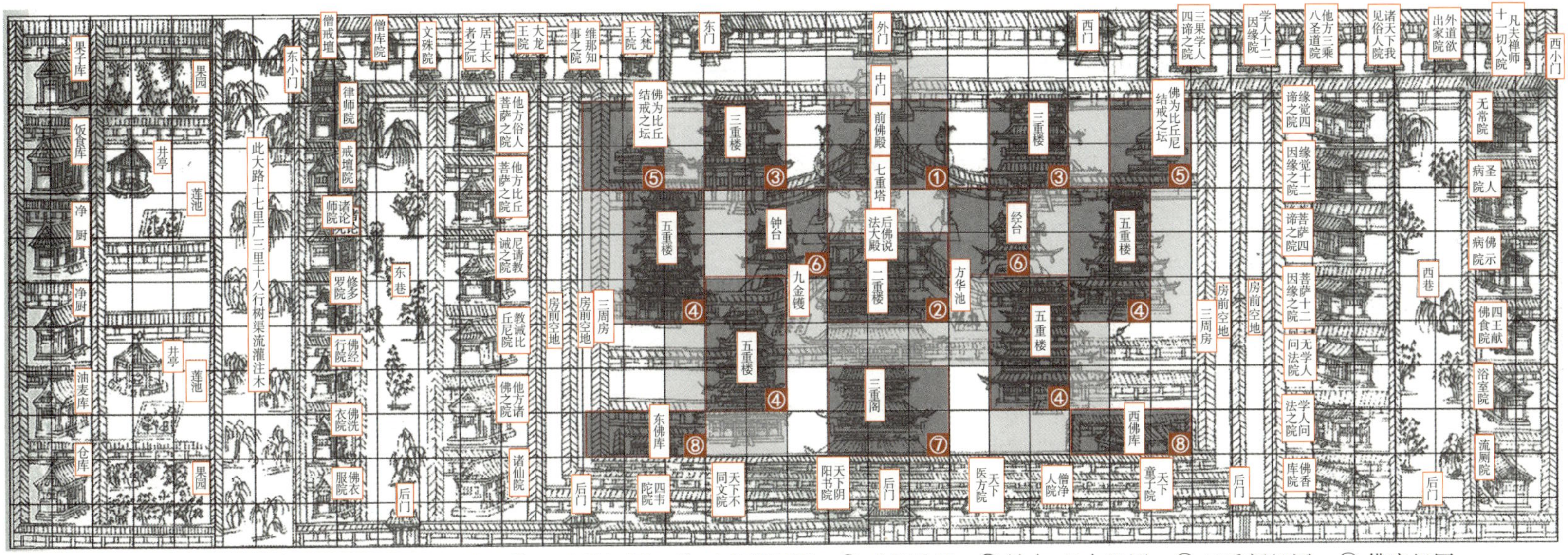

① 前佛殿组团　② 后佛说法大殿组团　③ 三重楼组团　④ 五重楼组团　⑤ 戒坛组团　⑥ 钟台、经台组团　⑦ 三重阁组团　⑧ 佛库组团

图4.6 〔唐〕道宣《关中创立戒坛图经》理想寺院网格法分析

（图片来源：据〔唐〕道宣《关中创立戒坛图经》中的佛教寺院布局图改绘）

宏异，缀以异石。”[①]塔内有彼佛入涅槃像，绕塔四边有八万金台观，中有化佛能说法。

②后佛说法大殿组团：主要景观包括后佛说法大殿、二重楼、方华池和九金镬。后佛说法大殿是佛寺中的弘法传经之所，相当于法堂或讲堂，构成寺院的核心空间。其“高广殊状加前，殿詹相属嵬峨重沓，朱粉金碧穷宝，弹工天下第一，旁有飞廊两接楼观……”佛殿前一般情况下为佛塔，殿后两侧为方华池和九金镬。方华池“池中莲华四时遍满。四色殊绝香气芬郁骏烈未开。池南有九大金镬下施足迹。”“中诸奇花叶纷披重香光色相晖。熟视目乱不敢久住。”再北即为中院通往后院的二重楼。[②]

③三重楼组团：主要景观包括前院东、西三重楼。此三重者表佛法三空也，“为本创入佛理衣为初宗，故立三重表三空也。”[③]三重楼与前佛殿以飞廊相连，且东西又以廊庑与三周房相连接。三周房大墙有三重“高可二丈施步檐，椽庑相架朱粉相晖”[④]。按照《寺诰》云：“外面重院，墙外表三归依止外护相；内一重院，墙内表三宝因果归镜相，内院高出外院。”[⑤]

④五重楼组团：主要景观包括中院和后院东、西五重楼四座。中院五重楼以飞廊与后佛说法大殿相连接，东西两侧以廊庑与三周房相连。后院五重楼亦以廊庑连接三周房。

⑤戒坛组团：主要景观包括佛为比丘结戒之坛和比丘尼结戒之坛。在道宣两部《图经》中，戒坛是寺内重要的建筑配置。前院内设两座戒坛，分别为比丘与比丘尼受戒，其位置应在寺三门内左右两侧。创立戒坛既成，“诸佛登之共论戒法，其坛华丽，非世所有，状若须弥。……四周花林，众相难识。……此两坛惟佛行事。自上已来，并述佛院栋宇、坛池、楼观、殿阁，其外所有并列，植奇花异树，四时常荣，地若净镜，片无草秽，故来至者但闻香气，净境遂依此相号名道场。”[⑥]唐代寺院中

---

① 〔日〕高楠顺次郎：《大正新修大藏经·卷四十五·诸宗部二·中天竺舍卫国祇洹寺图经》，河北省佛教协会，2005年，第2版，第883-884、887页。

② 〔日〕高楠顺次郎：《大正新修大藏经·卷四十五·诸宗部二·中天竺舍卫国祇洹寺图经》，河北省佛教协会，2005年，第2版，第886、889页。

③ 〔日〕高楠顺次郎：《大正新修大藏经·卷四十五·诸宗部二·中天竺舍卫国祇洹寺图经》，河北省佛教协会，2005年，第2版，第886-889页。

④ 同③。

⑤ 同③。

⑥ 同③。

始有戒坛，真正普及应是在唐末、五代甚至宋代[①]。

⑥钟台、经台组团：主要景观包括中院钟台和经台。佛说法大殿前置七重塔，塔左右对峙钟台与经台。据道宣两部经书记载："左边是他化天王第三子名无畏所造。钟及台并颇梨[②]所成。右边是兜率天王所造。钟及台并金银所成。二钟各受五十斛不常鸣。每至十方诸佛集始鸣。声闻百亿世界。"唐代寺院中较为引人瞩目的楼台建筑，是钟台与经台，在较早期的寺院中，钟一般设置在一座高台建筑上，称为钟台。至迟在隋代，寺院中还设有钟台。隋炀帝的《正月十五日于通衢建灯夜升南楼》一诗曰："燔动黄金地，钟发琉璃台。"[③]唐代以后，钟台与经台为佛寺主殿前两侧重要之配置，逐渐沿袭成习。

⑦三重阁组团：主要景观包括中轴后院三重阁。三重阁作为中心佛院中轴线最北区域的重要建筑，连接佛院与次北院。三重阁高于前殿二重楼，与两侧五重楼次第重映，"北望极目殆非人谋"。阁北墙周匝四面，廊庑皆覆朱粉。唐代寺院中多设有楼阁，里坊民居为了防止居高临下地俯视他人院坊，一般不允许建造楼阁，如此则寺中楼阁建筑就成为官宦、士子登高望远的去处。这些寺院楼阁显然构成了唐代生活中的重要组成部分。

⑧佛库组团：主要景观包括后院东、西佛库。东、西二佛库在之后墙垣两侧角隅，储有花香供具等器物，"时于十方而作佛事也"[④]。主要作为中佛院内后勤库房区域，存放日常供佛所用之器具。

3.《关中创立戒坛图经》寺院空间结构图式

道宣所描述的理想佛寺的寺院中央是以佛殿为中心的核心庭院，周围设置一系列具有辅助功能的别院。图像的景观空间分析将《戒坛图经》理想寺院中心佛院划分为多个组团，展现了多种空间营建模式，其从以上可以概括为：

（1）中心佛院空间结构图式

从《戒坛图经》理想寺院的佛院空间结构图式中可以看出，寺院呈中轴序列分布，中心佛院内的所有建筑物均依南北主轴布局，且重要建

---

① 参见王贵祥：《隋唐时期佛教寺院与建筑概览》，《中国建筑史论汇刊》2013年第2期。

② 颇梨：玻璃，琉璃。刘言史《乐府杂词》之二：月光如雪金阶上，迸却颇梨义甲声。郑嵎《津阳门诗》：象床尘凝罨飒被，画檐虫网颇梨碑。

③ 隋炀帝：《正月十五日于通衢建灯夜升南楼》，载〔清〕陈梦雷、蒋廷锡：《钦定古今图书集成》，华中科技大学出版社，2008年，第1版。

④ 〔日〕高楠顺次郎：《大正新修大藏经·卷四十五·诸宗部二·中天竺舍卫国祇洹寺图经》，河北省佛教协会，2005年，第2版，第890页。

筑物均位于中心主轴线之上。寺院等级主次分明，佛寺以中心佛院为主，大量别院围绕中心佛院呈东、西、南、北四向分布，院落间的布列整齐且有序。与此同时，寺院内部功能分区明确，中心佛院出南侧正门，为贯通整个寺院的东西大道（中永巷或通衢大巷）。大道之南为整个佛院的接待及接受外部供养区域，大道之北为整个佛寺的核心区域——中心佛院，其两侧为寺院内部其他的后勤区域。而纵观整个寺院规划布局，又分为中心佛院与外周僧院两大部分，同样体现了分区明确的主次等级制度。①

（2）道场别院空间结构图式

从大尺度寺院格局来看，中心佛院周围遍布多处别院。多设别院是唐代寺院独有的建筑模式。《戒坛图经》中详细描述的别院就有50余所，且因功能、类型的不同又呈现出不尽相同的形式特征，据《戒坛图经》所载，其形式特征归类整理在表4.2中。道宣理想寺院别院通常的建筑配置是堂/阁+院墙（或周房）模式，别院常用的景观配置是池囿、花木，各院依据功能不同另配置有各种法器，如钟、鼓、箜篌等。寺院西侧大院共有45所别院，明确建有堂阁的别院有38所，另有建有高屋的流厕院，戒坛院中立戒坛。此外天下阴阳书院、天下医方院、僧净人院、天下童子院和浴室院内未明确为何种建筑物。从其功能判断，天下阴阳书院及天下医方院中可能建有高阁，用以藏书与典籍；僧净人院、天下童子院及浴室院为居住及休沐空间，可能建有堂房。据图中描绘，别院中主要建筑物均居于院落正中，体现出向心性布局，与佛教须弥山居九山八海中央，山顶善见堂居于忉利天中央等颇有渊源与相应之处。

表4.2　道宣理想寺院道场各别院形式特征(根据〔唐〕道宣《戒坛图经》统计)

位置	名　称	堂/阁	池囿	花木	周墙/房	其　他
大院西门之右六院	三果学人四谛之院	·	×	·	·	大铜钟，须弥山形
	学人十二因缘院	·	×	·	·	七楞铜钟
	他方三乘八圣道院	·	·	·	·	八楞钟，容二十石
	诸天下我见俗人院	·	×	·	·	×
	外道欲出家院	·	·	·	·	×

① 参见傅熹年:《中国古代建筑史(第二卷)》,北京,中国建筑工业出版社,2001年,第1版,第476-481页。

续表 4.2

位置	名　称	堂/阁	池囿	花木	周墙/房	其　他
	凡夫禅师 十一切入院	·	×	·	·	×
东门之左七院	大梵王院	·	·	·	·	天螺一十二枚
	维那知事之院	·	×	·	·	漏刻院
	大龙王院	·	×	·	·	堂内有琉璃宝瓶， 院中有玉磬三重
	居士长者之院	·	×	·	·	四铜钟
	文殊院	·	·	·	·	大钟台并有大鼓
	僧库院	·	×	·	·	×
	僧戒坛	·	×	·	·	黄金须弥山
中门之右七院	缘觉四谛之院	·	·	·	·	铜钟
	缘觉十二因缘之院	·	×	·	·	金钟
	菩萨四谛之院	·	·	·	·	金钟三重
	菩萨十二因缘之院	·	×	·	·	金犹子
	无学人问法院	·	·	·	·	竹钟
	学人问法之院	·	·	·	·	银箜篌
	佛香库院	·	×	·	·	×
中门之左六院	他方俗人菩萨之院	·	×	·	·	颇梨（玻璃）狮子，形如拳大
	他方比丘菩萨之院	·	×	·	·	铜龙
	尼请教戒之院	·	×	·	·	刹杆，高三丈
	教戒比丘尼院	·	×	·	·	×
	他方诸佛之院	·	·	·	·	十二方石、摩尼天鼓
	诸仙院	·	×	·	·	七宝所制天乐
绕佛院外有十九院（在通衢外，巷北自分五门，二巷周通南出）						
中院东门之左七院	律师院	·	×	×	·	房绕三匝，铜钟三万斤， 台高七丈
	戒坛院	×	·	·	·	中立戒坛，院内有大钟台， 高四百尺，上有圣钟

续表4.2

位置	名　称	堂/阁	池囿	花木	周墙/房	其　他
	诸论师院	·	×	×	·	周房四绕,有一铜钟
	修多罗院	三重高阁	·	·	·	周房四绕,有一石钟,可受十斛
	佛经行院	·	×	·	·	天乐两部
	佛洗衣院	·	·	·	·	周房三匝,天乐一部
	佛衣服院	·	×	×	·	铜磬
中院北有六院	四韦陀院	周阁	×	×	·	七宝小鼓
	天下不同文院	大重阁	×	×	·	小银鼓,石人
	天下阴阳书院	×	×	×	·	六小鼓,百亿世界浑天图
	天下医方院	×	×	×	·	铜铃
	僧净人院	×	×	×	·	×
	天下童子院	×	×	×	·	×
中院西有六院	无常院	·	×	×	·	四白银、四颇梨(玻璃)钟
	圣人病院	·	×	×	·	存有医方的药库
	佛示病院	·	×	·	·	堂宇周列,八部乐器
	四王献佛食院	·	×	·	·	黄金铙
	浴室院	×	×	×	·	浴室诸具充足
	流厕院	三重高屋	×	×	·	×

注:·代表有;×代表无。

除去建筑配置，道宣理想寺院中别院里还有众多景观配置。据表4.2可知，45所别院中设置池囿的有12所，种植花木的有32所，兼有池囿的别院亦有花木相绕。由经文中的“佛当来往向南不远有乌头门，亦开五道，又南大桥高峻崇丽，下水西流清洁澄净”可知，水为寺院中重要的景观要素。

(3) 供僧大院别院空间结构图式

图经中所载寺“大院有二”，西为“僧佛所居”，称作“道场”，东为

“供僧院”，提供僧人日常生活等物资的区域，中有果子库、饭食库、果园、竹菜园等，且东西两院之间有一条三里宽的道路，中有林树一十八行，“此大路十七里广三里十八行树渠流灌注木。”“花果相间东西两渠北流清骏，西边渠者从大院伏窦东出北流。此之大路岩净洁车马不行。”

表4.3　道宣理想寺院东侧供僧大院各别院形式特征

（根据〔唐〕道宣《关中创立戒坛图经》统计）

名　称	堂/阁	池　囿	花　木	周墙/房	其　他
果子库	·	·	·	·	西侧临果园
饭食库	·	·	·	·	西侧临井亭、莲池
净厨*2	·	·	·	·	西侧临井亭、莲池
油麦库	·	·	·	·	西侧临井亭、莲池
仓库	·	×	×	·	西侧临果园

由表4.3可知，道宣理想寺院东侧供僧大院别院共6所，其中净厨两所。此6所别院均以“堂/阁＋周墙/房”的建筑形式布局，常用的景观配置亦是池囿、花木。据图中描绘，别院中主要建筑物均居于院落正中，亦体现布局中心性。果子库与仓库西侧紧邻果园，果园一名佛经行地，门向南开，“山池极多各施异状。渠流文转缭绕泉林。清净香气充满斯地。佛多经行游历于此。”饭食库、净厨、油麦库西侧紧邻井亭及莲池，井亭、莲池与果园巷门相对，园中置饮用之井口，上置一亭曰“井亭”，亭东侧有一莲池，池中开满莲花，园中“翠竹众蔬分畦列植，不可传尽”。

唐代寺院出现的子院建筑，对其建筑规制产生了深远的影响，重要寺院往往规模较大，并置景观园林①。如安国寺设有山庭院，《酉阳杂俎续集·寺塔记上》：“山庭院，古木崇阜，幽若山谷，当时辇土营之。”大兴善寺后面有曲池，亦见于《酉阳杂俎续集·卷五》：“寺后先有曲池，……白莲藻自生。”此外大慈恩寺“寺南临黄渠，水竹森邃，为京都之最”；大荐福寺“寺东院有放生池，周二百余步，传云即汉代洪池陂也”；兴福寺“寺北有果园，复有万花池二所”等。此皆为唐长安寺庙中的著名景观，吸引了当时众多的文人雅士前来游赏。

① 参见李德华：《唐代佛教寺院之子院浅析——以〈酉阳杂俎〉为例》，《中国建筑史论汇刊》2012年第2期。

4.结语

道宣所向往并提倡的，是纯粹的中国式佛寺布局[①]。汉传佛教寺院的建设发展晚于我国传统建筑群落的形成，因而从建筑单体形式及空间组合布局上深受我国传统文化影响，体现出传统营城规划思想及汉地建筑的特点，且这种多院落的布局模式亦体现了中国传统建筑的观念和特点，如唐长安的宫城、皇城布局，抑或是大尺度格局下的唐长安里坊式布局。因此，佛教自传入中国以来，其独特的异域文化逐渐融入中国传统规划营建体系，成为中国传统建筑群落的重要组成部分。

（二）大慈恩寺——须弥世界

唐朝时期，佛教发展进入鼎盛阶段，唐长安作为国家政治、经济、文化的中心，城内外佛教寺院林立，圆仁《入唐求法巡礼行记》记载："长安城里坊内佛堂三百余所。"[②]寺院园林建筑空前发展，其中最具代表性的当数大慈恩寺。

1.建置缘起——追思慈母

大慈恩寺位于唐都长安城外东南隅之晋昌（又作进昌）坊，为唐太宗贞观廿二年（648年）太子李治为追念母亲文德皇后长孙氏而建，故以"慈恩"为名。慈恩寺原址为隋代无漏寺，营建于"净觉故伽蓝"旧址，此地遥望终南，俯瞰曲江，与杏园、乐游原相毗邻，烟水明媚，风景秀丽，为唐高宗所求"挟带林泉，务尽形胜"之地[③]。宋敏求《长安志》载："寺南邻黄渠，水竹森邃，为京都之最。"[④]寺院占晋昌坊半坊之地，约三百四十二亩，是当时规模最大的寺院之一，《大慈恩寺三藏法师传》云："重楼复殿，云阁洞房，凡十余院，总一千八百九十七间，床褥器物，备皆盈满。"[⑤]

2.营建格局——理想佛寺

慈恩寺建造"像天阙，仿给园（'祇树给孤独园'之省称）"，整个形制与道宣《戒坛图经》中的佛教寺院布局一脉相承，寺院规模宏大，

---

① 参见钟晓青:《初唐佛教图经中的佛寺布局构想》,《美术大观》2015年第10期。

② 〔日〕圆仁:《入唐求法巡礼行记·卷四》,白化文等校注,石家庄,花山文艺出版社,1992年,第1版,第446页。

③ 参见王展:《慈恩寺与唐代文学》,硕士学位论文,上海社会科学院,2015年。

④ 〔北宋〕宋敏求:《长安志·卷八·唐京城二》,辛德勇点校,西安,三秦出版社,2013年,第1版,第286页。

⑤ 〔唐〕慧立、严悰:《大慈恩寺三藏法师传·卷七》,北京,中华书局,1983年,第1版,第155页。

殿阁云起，苍松翠柏，修竹白莲，金菊垂柳，清池曲径，无不繁盛。然而关于唐代慈恩寺的寺宇情况，文献只有概说并无具说；殿堂名称及其布局，亦无完整记载。仅唐高宗御制《大慈恩寺碑》对其做了精彩描述："尔其雕轩架迥，绮阁临虚。丹空晓乌，焕日宫而泛彩；素天初兔，鉴月殿而澄辉。熏径秋兰，疏庭佩紫。芳岩冬桂，密户丛丹。灯皎繁华，焰转烟心之鹤；幡标迥刹，彩萦天外之虹。……岂直香积天宫，远惭轮奂，阆风仙阙，遥愧雕华而已哉！"大慈恩寺殿宇壮丽、园林典雅、法事兴盛的景象由此可见一斑。关于寺内建筑与景观，据《长安志》《旧唐书》《太平广记》《酉阳杂俎》《唐诗纪事》《全唐诗》等文献记载，大致梳理为表4.4。

表4.4　慈恩寺内佛院建筑及景观

建筑与景观		功能与位置	文献记载	文献出处
佛院及佛院建筑	翻经院	玄奘译经之所，位于寺中核心位置，建筑庄严神圣，规模宏大壮丽	"虹梁藻井，丹青云气，琼础铜沓，金环华铺，并加殊丽。"	《大慈恩寺三藏法师传》
			"高宗在东宫，为文德皇后追福，造慈恩寺及翻经院，内出大幡，敕九部乐及京城诸寺幡盖众伎，送玄奘及所翻经像、诸高僧等入住慈恩寺。"	《旧唐书》
			"其新营道场，宜名大慈恩寺。别造翻经院，虹梁藻井，丹青云气，琼础铜沓，金环华铺，并加殊丽，令法师移就翻经。"	《慈恩传》
			"（慈恩寺浮图）东有翻经院。"	《长安志》
	慈恩寺浮图（即雁塔）	位于塔院，贮存玄奘从西域带回的经像	"（慈恩）寺西院浮图（屠）六级，崇三百尺。"	《长安志》
			慈恩寺塔"长安中摧倒，天后及王公施钱重加营建至十层。"	《游城南记》
	塔院（西塔院）	慈恩寺塔所在	"唐太和二年，长安城南韦曲慈恩寺塔院……"	《太平广记》
			"舅来日诘旦，于慈恩寺塔院相候，某知有人寄珠在此。"	《剧谈录》
	碑屋	佛殿之东南角，放置高宗李治《御书大慈恩寺碑》	"碑至，有司于佛殿前东南角别造碑屋安之。其舍复拱重栌，云楣绮栋，金华下照，宝铎上晖，仙掌露盘，一同灵塔。"	《大慈恩寺三藏法师传》

续表 4.4

建筑与景观		功能与位置	文献记载	文献出处
	元果院	遍植牡丹	“长安三月十五日，两街看牡丹甚盛，慈恩寺元果院花最先开，太平院开最后。”	《唐诗纪事》
	太平院	遍植牡丹	“长安三月十五日，两街看牡丹甚盛，慈恩寺元果院花最先开，太平院开最后。”	《唐诗纪事》
	东廊院	遍植牡丹	“有僧思振，常话会昌中朝士数人，寻芳遍诣僧室，时东廊院有白花可爱，相与倾酒而坐，因云牡丹之盛，盖亦奇矣。”	《剧谈录》
	东楼	地处清幽，避暑纳凉，近钟楼，种植松竹，风景秀美	“寺楼凉出竹，非与曲江赊。野火(一作水)流穿苑，秦山叠入巴。风梢(一作容)离众叶，岸角积虚沙。此地钟声近，令人思未(一作海)涯。”	曹松《慈恩寺东楼》
			“古松凌巨塔，修竹映空廊。竟日闻虚籁，深山只此凉。僧真生我静(一作敬)，水淡发茶香。坐久东楼望(一作上)，钟声振(一作送)夕阳。”	刘德仁《慈恩寺塔下避暑》
	三藏院	玄奘生活起居之地	“慈恩寺唐三藏院后檐阶，开成末，有苔状如苦苣，布于砖上，色如蓝绿，轻嫩可爱。”	《酉阳杂俎》
	默公院	植牡丹、野松	“虽近曲江居古寺，旧山终忆九华峰。春来老病厌迎送，剪却牡丹栽野松。”	郑谷《题慈恩寺默公院》
	上座院	植翠竹	“未委衡山色，何如对塔峰。曩宵曾宿此，今夕值秋浓。羽族栖烟竹，寒流带月钟。井甘源起异，泉涌渍苔封。”	贾岛《慈恩寺上座院》
	郁公房	无	“病身来寄宿，自扫一床闲。反照临江磬，新秋过雨山。竹阴移冷月，荷气带禅关。独住天台意，方从内请还。”	贾岛《宿慈恩寺郁公房》
	禅院	无	“旧寺长桐孙，朝天是圣恩。谢公诗更老，萧傅道方尊。白法知深得，苍生要重论。若为将此望，心地向空门。”	杨巨源《和郑少师相公题慈恩寺禅院》
僧院及后勤院落	振上人院	僧人的居地和寓所，无特定名称，称呼时冠以居者姓名	“披衣闻客至，关锁此时开。鸣磬夕阳尽，卷帘秋色来。名香连竹径，清梵出花台。身在心无住，他方到几回。”	韩翃《题慈恩寺振上人院》
	暕上人院		“悠然对惠远，共结故山期。汲井树阴下，闭门亭午时。地闲花落厚，石浅水流迟。愿与神仙客，同来事本师。”	李端《慈恩寺暕上人院招耿拾遗》

续表 4.4

建筑与景观		功能与位置	文献记载	文献出处
	起上人院		“禅堂支许同，清论道源穷。起灭秋云尽，虚无夕霭空。池澄山倒影，林动叶翻风。他日焚香待，还来礼惠聪。”	武元衡《慈恩寺起上人院》
	清上人院		“澹荡韶光三月中，牡丹偏自占春风。时过宝地寻香径，已见新花出故丛。曲水亭西杏园北，浓芳深院红霞色。擢秀全胜珠树林，结根幸在青莲域。艳蕊鲜房次第开，含烟洗露照苍苔。庞眉倚杖禅僧起，轻翅萦枝舞蝶来。独坐南台时共美，闲行古刹情何已。花间一曲奏阳春，应为芬芳比君子。”	权德舆《和李中丞慈恩寺清上人院牡丹花歌》
	元遂上人院		“竹槛匝回廊，城中似外方。月云开作片，枝鸟立成行。径接河源润，庭容塔影凉。天台频去说，谁占最高房。”	许棠《题慈恩寺元遂上人院》
	浴堂院	僧人沐浴之所	“京国花卉之晨，尤以牡丹为上。至于佛宇道观，游览者罕不经历。慈恩寺浴堂院有花两丛，每开及五六百朵，繁艳芳馥，近少伦比。”	《剧谈录》
寺院园林景观	南池	寺中水景	“清境岂云远，炎氛忽如遗。重门布绿阴，菡萏满广池。石发散清浅，林光动涟漪。缘崖摘紫房，扣槛集灵龟。浥浥余露气，馥馥幽襟披。积喧忻物旷，耽玩觉景驰。明晨复趋府，幽赏当反思。”	韦应物《慈恩精舍南池作》
			“竹外池塘烟雨收，送春无伴亦迟留。秦城马上半年客，潘鬓水边今日愁。气变晚云红映阙，风含高树碧遮楼。杏园花落游人尽，独为圭峰一举头。”	赵嘏《春尽独游慈恩寺南池》
			“对殿含凉气，裁规覆清沼。衰红受露多，余馥依人少。萧萧远尘迹，飒飒凌秋晓。节谢客来稀，回塘方独绕。”	韦应物《慈恩寺南池秋荷咏》
	竹院	广植翠竹，清幽雅致	“千峰对古寺，何异到西林。幽磬蝉声下，闲窗竹翠阴。诗人谢客兴，法侣远公心。寂寂炉烟里，香花欲暮深。”	韩翃《题慈仁（一作恩）寺竹院》
	戏场	长安城中规模最大的戏场	“长安戏场多集于慈恩，小者在青龙，其次荐福、永寿。”	《南部新书》

据表4.4可知，大慈恩寺的建制主要分为佛院及佛院建筑、僧院及后勤院落、寺院园林景观三部分。其中佛院及佛院建筑中详细记载了翻经院、慈恩寺浮图（雁塔）、塔院（西塔院）、碑屋、元果院、太平院、东廊院、东楼、三藏院、默公院、上座院、郁公房、禅院13处；僧院及后勤院落中有相关诗文记载的为振上人院、暕上人院、起上人院、清上人院、元遂上人院、浴堂院6处；寺院园林景观部分主要涉及的有南池、竹院及多处戏场。除上述建制外，《大慈恩寺三藏法师传》《历代名画记·记两京外州寺观画壁》《全唐诗》《唐画断》等文献中提名的还有：殿东阁、大殿东轩廊、塔北殿、大殿东廊从北第一院、塔之东南中门、大佛殿、院内东西两廊、塔廊、翻经台、刁上人房、慈恩寺塔院北廊、塔南小殿、塔西小殿等。从整体上看，大慈恩寺深蒙圣恩，规模宏大、庭院空旷、建筑精巧、花木扶疏，地势高低起伏有致，具有独特的寺院建筑景观，且颇具园林之美。

3.慈恩寺塔——玄奘传法

慈恩寺塔，又称慈恩寺浮屠，在唐代中晚期出现“雁塔”之称，明代始有“大雁塔”之名[①]，为玄奘供奉和储藏西行所取的梵本经像佛舍利而建立的一座佛塔。贞观十九年（645年），玄奘西行取经返回大唐，初在弘福寺译经，贞观二十二年（648年）冬十月戊申，时为太子的李治宣令慈恩寺“渐冀向功，轮奂将成”[②]，造翻经院，请玄奘移就翻译，纲维寺任。永徽三年（652年）玄奘上奏请于端门之阳（即寺院正门前方）建造石塔，以保存经像，弘扬佛法，言道：“但以生灵薄运，共失所天，惟恐三藏梵本零落忽诸，二圣天文寂寥无纪，所以敬崇此塔，拟安梵本；又树丰碑，镌斯序记，庶使巍峨永劫，愿千佛同观，氛氲圣迹，与二仪齐固。”后高宗对塔的选址和用材做了调整，“恐难卒成，宜用砖造……仍改就西院。”[③]可见玄奘所设计的与道宣理想佛寺蓝本的形制同出一脉，然塔却未能位居佛寺中轴线上（图4.7为清代毕沅《关中胜迹图志》中的慈恩寺图，图中大雁塔位于慈恩寺中轴之西），这一点可能要从唐长安的

---

① 《慈恩寺三藏法师传》中记载：摩揭陀国有一僧寺，一日有一只大雁离群落羽，摔死在地上。僧众认为这只大雁是菩萨的化身，决定为大雁建造一座塔，因而又名雁塔，也称大雁塔。另有一说源于印度佛教故事，据说有一位菩萨曾化身为雁，舍身布施，后人葬以建塔，所以名为雁塔。其实这种种传说，都与佛教故事中的释迦化身为鸽有关。鸽雁同类，唐代习尚以雁为贵，凡言鸟者多以雁代之，故慈恩寺塔就以雁为名。

② 〔唐〕慧立、严悰：《大慈恩寺三藏法师传·卷七》，北京，中华书局，1983年，第1版，第155页。

③ 龚国强在《隋唐佛寺布局研究》中认为“仍”作“仍旧”，判断西院的方案也出于玄奘之手。

整体规划格局上来分析。

图4.7 慈恩寺图

（图片来源：〔清〕毕沅《关中胜迹图志·慈恩寺》）

《长安志》载："半以东大慈恩寺，寺西院浮屠。"[①]因为晋昌坊的东半部为慈恩寺的范围，塔在慈恩寺的西部，所以推断大雁塔的位置应该在晋昌坊的中央，且同含元殿、丹凤门在一条直线上。显然高宗将大雁塔移至西院，与大明宫"朝坐相向"，考虑到的是长安整体规划空间的视野格局。这一点北宋张舜民《画墁录》中有载："慈恩与含元殿相直，高宗每天阴，则两手心痛，知文德皇后常苦捧心之病，因缄而差，遂造寺建塔，欲朝坐相向耳。"[②]

大雁塔"仿西域制度"建成，初五级，后因故倒塌。武则天长安年间（701—704年）重建"依东夏刹表旧式"，至十层，后经战争破坏剩七层。五代后唐长兴年间（930—933年），西京留守安重霸又修缮了一次。北宋熙宁年间（1068—1077年）雁塔又遇火灾，直到明朝万历年间

① 〔北宋〕宋敏求：《长安志·卷八·唐京城二》，辛德勇点校，西安，三秦出版社，2013年，第1版，第286页。

② 〔清〕《影印文渊阁四库全书·卷三四三·画墁录》，北京，商务印书馆，1986年，第1版，第1037页。

（1573—1619年）才重加修饰，留传至今的大雁塔大体上就是这次修缮后的样子。

4.文化流传——雁塔题名

唐长安城内佛寺众多，著名的如大兴善寺、大安国寺、荐福寺等，然声望终不及慈恩寺，究其原因，除玄奘传法外，大慈恩寺也是唐长安文化活动的中心。大雁塔是唐人登高望远之处，中和、上巳、重阳三令节，皇室、百官、诗人等多登塔赋诗，抒情感怀。此外，关于慈恩寺最著名的文化流传便是“雁塔题名”。

《唐摭言》载：“神龙以来，杏园宴后，皆于慈恩寺塔下题名。”[①]中宗神龙年间（705—706年）始，唐代学子考中进士，先至“曲江游”，后于曲江池西侧杏园设“杏园宴”，最后到相邻的慈恩寺中大雁塔下题名，谓之“雁塔题名”，为唐时一大盛事。后沿袭成习，至明清发展为“文题大雁塔，武题小雁塔”的风俗。“慈恩塔下题名处，十七人中最少年”，正是白居易一举及第时的畅意之言。自玄奘建塔始，上官婉儿、岑参、储光羲等无数诗人都在大慈恩寺、大雁塔留下了足迹[②]。此类情景诗文不胜枚举。

5.结语

唐人登临雁塔、寓目天地，于寺中纳凉赏花、听戏会友，慈恩寺从初建时的宗教性寺院，逐渐成为人们日常文化生活中互相交流的公共园林化场所。唐代典籍经文繁盛、佛法宗派林立，四方僧侣纷纷汇聚学法于长安，更使得佛教文化在日本、朝鲜等国大为传扬和发展，大慈恩寺作为唐长安佛寺的核心所在，无疑在唐代佛教的交流中起到了中枢作用。大雁塔历经千余年风霜，如今依旧屹立于关中圣地，今人登塔仍可感知盛唐繁华。

① 〔五代〕王定保：《唐摭言·卷三》，上海，上海古籍出版社，2012年，第1版，第48-49页。

② 岑参作于天宝十一年（752年）秋的《与高适薛据登慈恩寺浮图》云：“塔势如涌出，孤高耸天宫。登临出世界，蹬道盘虚空。突兀压神州，峥嵘如鬼工。四角碍白日，七层摩苍穹。下窥指高鸟，俯听闻惊风。连山若波涛，奔走似朝东。青槐夹驰道，宫馆何玲珑。秋色从西来，苍然满关中。五陵北原上，万古青蒙蒙。净理了可悟，胜因夙所宗。誓将挂冠去，觉道资无穷。”颇有一种“今人不见古时月，今月曾经照古人”的沧桑。

第五章 唐长安郊野山岳、别业、皇陵图像分析

一、名山为镇——华岳、终南山

唐长安时期，大力营建长安城周边的山岳人居环境，让山岳与城市成为一个整体风景的体系。长安地区南边为秦岭山脉，山系的东端有华山，西端余脉有吴山，古为“四州之际”，隋唐时期“镇秦地之分野”，是关中地区东向门户、西部文化与中原文化交流的连接点，且与西南向太白山形成关中地区的东西屏障。而唐长安正对的终南山，成为城市依据的屏障和城市坐标。华山和终南山因其独特的地理位置和风貌，成为唐代风景营造的主要场所。

（一）华岳——“五岳名山、道教洞天”

1.华岳概述

西岳，即华山，五岳之一。《书·舜典》载：“西巡狩至于西岳。”孔颖达疏：“西岳，华山。”华山南接秦岭山脉，北瞰黄渭，自古以来就有“奇险天下第一山”的说法。王维《华岳》诗云：“西岳出浮云，积雪在太清。连天凝黛色，百里遥青冥。白日为之寒，森沉华阴城。昔闻乾坤闭，造化生巨灵。右足踏方止，左手推削成。天地忽开拆，大河注东溟。遂为西峙岳，雄雄镇秦京。大君包覆载，至德被群生。上帝伫昭告，金天思奉迎。人祇望幸久，何独禅云亭。”①

华山北临渭河，东侧黄河转折向东流去，徐霞客在《游太华山日记》中言：“黄河从朔漠北方沙漠之地南下，至潼关，折而东。关正当河、山隘口，北瞰河流，南连华岳，惟此一线为东西大道，以百雉长而高大之城墙锁之。舍此而北，必渡黄河，南必趋武关，而华岳以南，峭壁层崖，无可度者。”因此塑造了华山“天威咫尺”“崇严峻极”的自然基调，相应的拜山文化、道教文化均在此地应运而生，华山逐步为以道教为尊的祭祀名山。

① 〔唐〕王维：《华岳》，载《全唐诗（上）》，上海，上海古籍出版社，1986年，第1版，第287页。

2.华岳的营建过程及文化融合

（1）营建过程

上古时期，华山被称为“商岳”，因华山南是殷契受舜所封之地，故而得此名。而由舜创作的《南风歌》，其中首句就涉及华山：“陟彼三山兮商岳嵯峨，天降五老兮迎我来歌。”更是后来被频频写入诗歌。《山海经·西山经》称其为“鸟兽莫居”的太华之山，《尔雅·释山》中载：“华山为西岳。”[①]本章对华岳营建主要从以下三个时期予以研究：

1）秦汉时期

先秦时期华山已有“西岳”之称，早期技术条件较落后，攀登十分困难。据《韩非子·外储说》记载：“秦昭王令工施钩梯而上华山，以松柏之心为博，箭长八尺，棋长八寸，而勒之曰：‘昭王尝与天神博于此矣。’”[②]说明秦王让人以钩梯攀登华山，并在华山上刻字留名。后常有先人常居于此，如居于华山仙峪的杨硕先祖，与仙人博戏的卫叔卿隐居张超谷，隋代孔德绍《行经太华》载：“山昏五里雾，日落二华阴。”唐代李商隐《镜槛》诗载：“五里无因雾，三秋只见河。”[③]

2）魏晋南北朝时

魏晋南北朝时期，这条被称为“自古华山一条路”的登山险道，可以说已经形成。据《水经注》描述的完整上山路线，可大致将其分为三段：第一段，从下庙（即西岳庙）经中祠、南祠（北君祠）到达石养父母祠附近，有学者描述为在青柯坪附近[④]；第二段，从天井（即今千尺幢）经峻坂、百丈崖（即今百尺峡）、胡越寺祠到达搦岭（即今苍龙岭）前；第三段，从苍龙岭上二里即至山顶。且可看出虽未明言当时千尺幢、百尺峡一带有无为置脚凿石而成的窝、穴、坎、磴等物，但确实已均备有帮助攀援而用的绳索。从《北周书·达奚武传》中可看出北周时攀登华山仍需要攀藤援枝，且无可以手扶脚踩的石阶可用。可见，此时对华山攀登道路的探索已基本完成。

3）隋唐时期

至今登顶华山最早的一篇游记出现于唐代的《登莲花峰记》中，即王元冲登顶华山一事，从中所提到的“索纡”，很可能就是华山最早装设的铁质索链。除此之外，华山上修建栈道的历史非常悠久，至少开始于唐

① 〔晋〕郭璞注：《尔雅》，王世伟校点，上海，上海古籍出版社，2015年，第1版，第113-117页。

② 〔战国〕韩非：《韩非子·外储说》，上海，中华书局，2010年，第1版，第441-442页。

③ 〔唐〕李商隐：《镜槛》，载《全唐诗（下）》，上海，上海古籍出版社，1986年，第1版，第1370页。

④ 参见王森：《秦汉至明清华山祠庙地理分布与空间变迁》，硕士学位论文，广西师范大学，2013年。

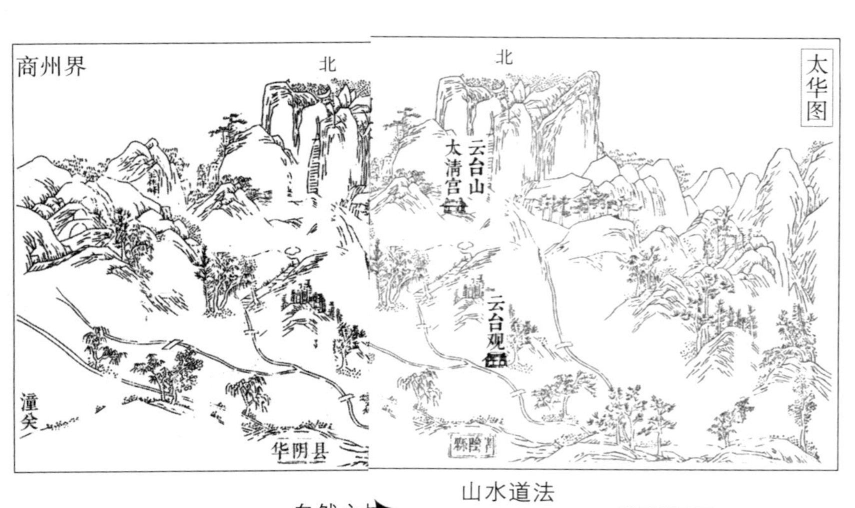

自然之地▶ 山水道法
（魏晋南北朝时期）

〔元〕李好文《长安图志·太华图》改绘）

代，在诸多诗中均有体现，诗句中的“危磴”“绝磴”“天磴”“石梯”“三十六梯”“阁道”等等，一般应指的是古代木质栈道。虽然诗中多泛称，而且没有具体指明其所处地点，但都位于由华山峪登主峰的路上，均说明当时在攀登华山主峰的道路上已经有了阶梯式的石磴路。随着石磴路的出现，时人“月夜登山观日出，白天下山赏风景”，华山营建由此逐渐向上发展（图5.1）。

（2）文化融合

在不断征服高峰的同时，其他文化一步步与原有自然之境融合，最终形成了“仙掌朝阳”“水帘晴瀑”“玉泉道院”“中方仙桥”“石峡丹梯”“苍龙铁锁”“云峰古洞”“云庵醴泉”的华山八景及其文化。以下以拜山文化、道宗文化、神话传说几个方面说明：

首先，从拜山文化而论，华山“削成而四方，其高五千仞，其广十里”[①]的山势特点，为早期“拜山文化”的发展奠定了基础。秦汉时期，山岳崇拜已从简单的自然崇拜过渡到神权与政权合一，秦始皇正式规定华山为官方祭祀名山，同时规定了祭祀时间与礼仪。从山岳祭祀的两种形式——“就祭”与“望祭”——衍生出了当地的祭祀建筑，如集灵宫、拜岳坛、西岳庙。当时的祭祀活动带动人居建设，华阴首次在此置县。官方对于华山的祭祀活动直到辛亥革命之后才终止。华山作为重要的祭祀之地，伴随着商业贸易、欢庆娱乐等活动也影响了华阴县的建设。

其次，从道宗文化方面看，道教理念的产生和发展是基于华山神灵文化的，对山岳的崇拜与信仰是其产生和发展的基石。[②]华山的地理位置使得其成为道教名山，并且逐渐成为传道中心。[③]东汉时期，华山就是五斗米教的传教圣地。高峻的华山吸引着无数人探索，魏晋南北朝时期，王隐于华山顶建造真武观、白云观，云台观、太清宫等，道教发展与华山建造此时相互作用，相互促进。到隋唐时期，华山、嵩山和楼观开始成为北方传播道教的中心。华山由于处于中间，因而成为两地传教活动的中间地带，为道教在北方的传播起到了桥梁和纽带作用。位于华山峪口的玉泉院始建于宋初，是名隐士陈抟修行之所。几经破坏，几经修缮，到了明清才形成规模，名希夷祠，因宋太祖赐陈抟号“希夷先生”得名，

① 〔北魏〕郦道元：《〈水经注〉校证·卷二·西山经》，陈桥驿点校，北京，中华书局，2007年，第1版，第16页。

② 参见刘红杰：《中国名山“天路历程”思想的营造手法及其应用》，硕士学位论文，西安建筑科技大学，2007年。

③ 参见张皓：《华山风景名胜区游赏资源文化特质研究》，硕士学位论文，西安建筑科技大学，2005年。

后改名玉泉院。

再次，从神话传说方面，战国时期就已经开始流传玉女、毛女、张超等传说神话，华山的神话、侠义文化因此得到发展。华山自身山水相望、挺拔壮美、陡峭峻险的景观意象与社会、物质、象征等多重文化因素融合，形成丰富的华岳地景形象与人文传说，正如唐玄宗《华岳铭》中所述："雄峰峻削，菡萏森爽。是曰灵岳，众山之长。伟哉此镇，峥嵘中土。高标赫日，半壁飞雨。"（图5.2）

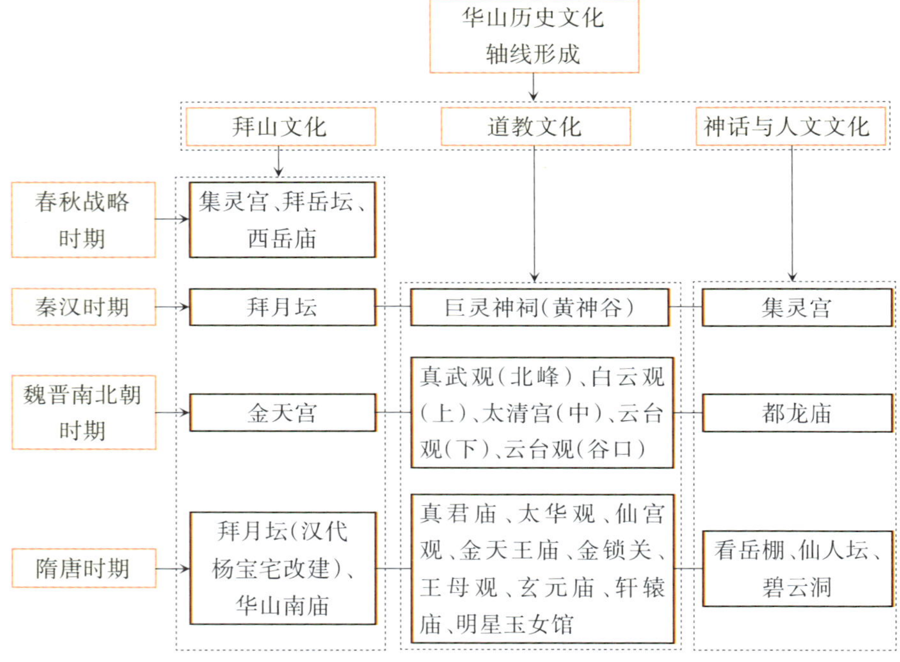

图5.2　华岳风景营造与文化融合过程图

（图片来源：作者自绘）

3.华岳历史图像分析

目前，以华山为主的方志图主要有六张，来源于《关中胜迹图志》《华阴县志》《长安志》。当然，华山还作为远景形象出现在其他历史景观图像中（表5.1）。

（1）华山风景营造的图像分析

1）"花"

《水经注》载："其高五千仞，削成而四方，远而望之，又若花状。"①

① 〔北魏〕郦道元：《水经注·卷十九·渭水》，陈桥驿点校，北京，中华书局，2007年，第1版，第446页。

表 5.1　华山图中的文化意象

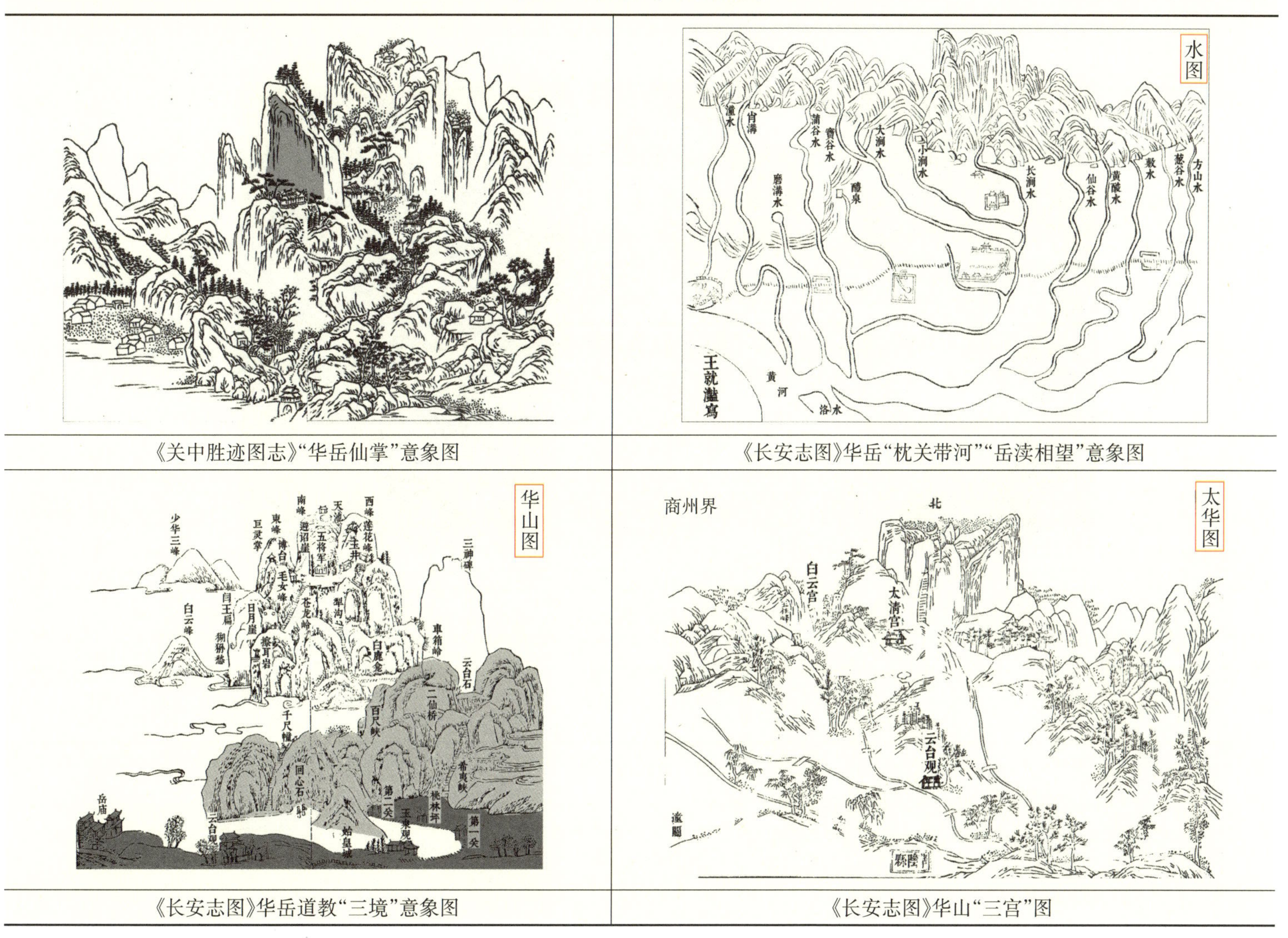

《关中胜迹图志》“华岳仙掌”意象图

《长安志图》华岳“枕关带河”“岳渎相望”意象图

《长安志图》华岳道教“三境”意象图

《长安志图》华山“三宫”图

古“花”“华”通用，故“华山”即“花山”。杜甫“西岳崚增竦处尊，诸峰罗立似儿孙”正是这些奇峰在主峰周围环侍、拱卫的形象写照。

2）“华岳仙掌”

《水经注·卷四·河水四》说：“左丘明《国语》云：华岳本一山当河，河水过而曲行。河神巨灵，手荡脚蹋，开而为两，今掌足之迹仍存华岩。”[①]“自下远望，偶为掌形”，由此“华岳仙掌”成为华山一处远观胜景，后在唐代赵彦昭、王维，明代刘储秀的诗中均有描述，直至后来成为华岳八景之一，塑造“拔山剖泽，而不见其作。鼓风奔水，而不见其力。视不可察，名不能及。故推而谓之神”[②]的神秘壮观景色(图5.3)。

图5.3 《太华全图》

（图片来源：清代碑刻拓片）

3）枕关带河

华山既是关中盆地的门户、地标，又是景观认知的起点，与黄河、潼关共同形成了“枕关带河”的宏大空间格局。华山处于秦岭山脉东部，豫西丘陵向西延展，骤止于华山北麓。黄河绕过河套，穿

① 〔北魏〕郦道元:《〈水经注〉校证·卷四·河水四》,陈桥驿点校,北京,中华书局,2007年,第1版,第30页。

② 周绍良:《全唐文新编·卷四百四十八·太华山仙掌辩》,长春,吉林文史出版社,1999年,第1版,第5280页。

越龙门而南下，受阻于华山而折向东流。“山河关”由于空间狭窄，地理形势险要，历来是交通要道，兵家必争之地。

4）岳渎相望

徐霞客的游记中描述“未入关，百里之外，即见太华屼出云表”，水路沿黄河禹门口而下，河道直对华山，视线通畅，岳渎相望。华山是此要道上的门户标志，水、陆两路的地标。

5）道教圣地

唐末道教大师杜光庭评选道教名山“洞天福地”，将华山列为“三十六小洞天”之一：“第四，西岳华山洞，周回三百里，名曰‘总仙洞天’，在华州。”北宋道教经史大师张君房《云笈七签》传录了此说。道教经典《云笈七签》“洞天福地部”中载“精象玄著，列宫阙于清景；幽质潜凝，开洞府于名山”[①]。

唐代道教最为兴盛，唐高祖、唐太宗等曾亲临华山拜岳。唐玄宗封华山为“金天王”，并敕建了高五丈、宽丈余的华山石碑。道教强调修炼今生，达到精、气、神的统一。在华岳上，“箭栝通天有一门”，传说可由金锁关通往天界。

据《雍胜略》记载，上方白云宫、中方太清宫、下方云台宫，三者都在莎罗坪东峰上。“此三宫皆因羽人焦道广兴建。唐玄宗天宝中，命右补阙、集贤院学士卫包撰《修三方记》。”其中上方即天界，三宫建造亦反映华岳建造中所体现的道教思想。

(2)《长安志图·太华图》与《关中胜迹图志·华山图》图像分析

现留存的华山舆图主要有元代李好文编撰的《长安志图·太华图》与清代毕沅编撰的《关中胜迹图志·华山图》。根据图像中地名的记录，可判断两幅图的方向：《长安志图·太华图》是上北下南，左西右东；《关中胜迹图志·华山图》是上南下北，左东右西。

根据《长安志·太华图》，可明显看到中部处于山岳主体，古传“华山一条路”也基本位于此处，重要建筑沿两侧建成。西侧和东侧山峦高度明显较低，山谷某些重要建筑也被纳入其中，底部则以“望祭”建筑为主。此图主要以东、中、西部作为大体分镜，同时以华岳庙为中心按网格划分，确定各个风景组团（图5.4、5.5）。这里主要形成黄神谷组团、华岳庙组团、王母观组团、白云宫组团、云台观组团、青柯坪组团、苍龙岭组团、南峰组团、毛女洞组团、玉女峰组团。

① 〔北宋〕张君房：《云笈七签》，蒋力生校注，北京，华夏出版社，1996年，第1版，第153页。

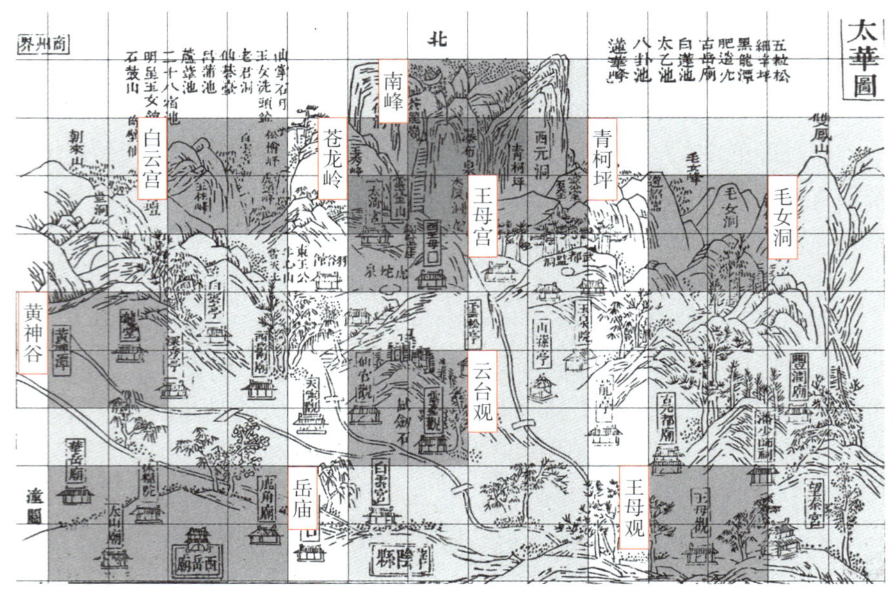

图5.4 《长安志图·太华图》景观组团图

（图片来源：据〔元〕李好文《长安志图·太华图》改绘）

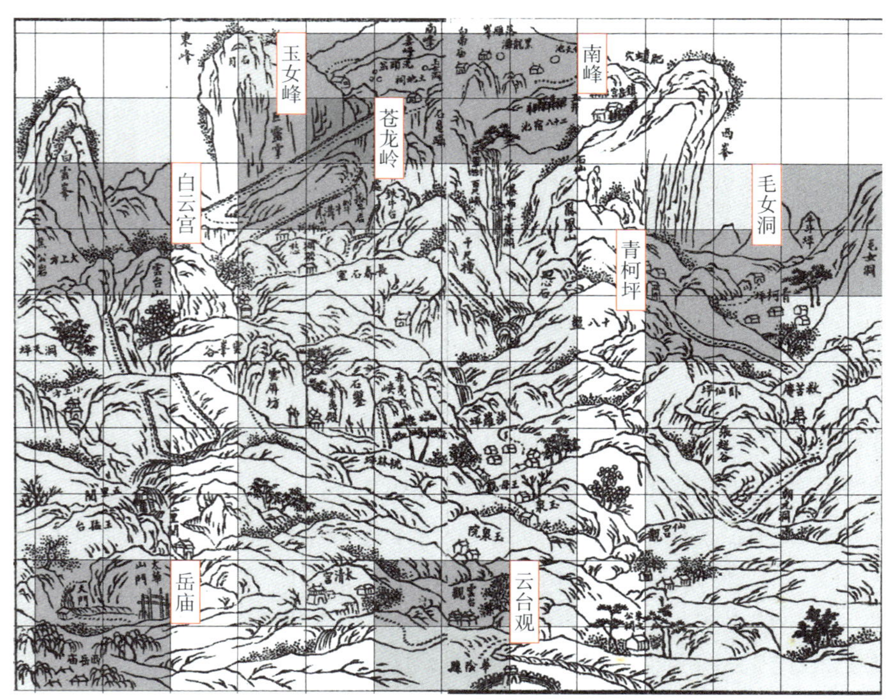

图5.5 《关中胜迹图志·华山图》景观组团图

（图片来源：据〔清〕毕沅《关中胜迹图志·华山图》改绘）

1）黄神谷组团

黄神谷，位于三峰东侧，从汉朝开始即为五斗米道活动据点[①]。相传，道教真人黄芦子即隐居于此。汉武帝于公元前140至公元前87年在此修建巨灵神祠，“河看大禹凿，山见巨灵开”[②]的神话传说（巨灵开山的神话，亦见于《华岳开山图》《西京赋》《述征记》《法苑珠林》等著述，可见是一个流传很广的故事）与此处水系相得益彰。然而在唐朝时期，此处虽然已渐趋破败，但仍有秋天祈雨活动于此举行，形成一处水系景观。

2）华岳庙组团

华岳庙来源于中国古代的山岳崇拜，早在先秦时期，就有祭祀华山的记载，且作为这一带重要的控制权象征。

秦汉一统国家以后，秦始皇就已明确定下了祭祀华山的规矩，祭祀华山由此作为一项国家制度固定下来。西汉时期，汉武帝亲自前往华山祭祀，并开始在华山建立祠庙。汉代《西岳华山庙碑》记：“西岳华山自虞舜西狩，三代以降，莫不有祀，然皆不庙。孝武皇帝修封禅之礼，思登遐之道，巡省五岳、禋祀丰备，故立宫其下，宫曰‘集灵宫’，殿曰‘存仙殿’，门曰‘望仙门’。”（图5.6）

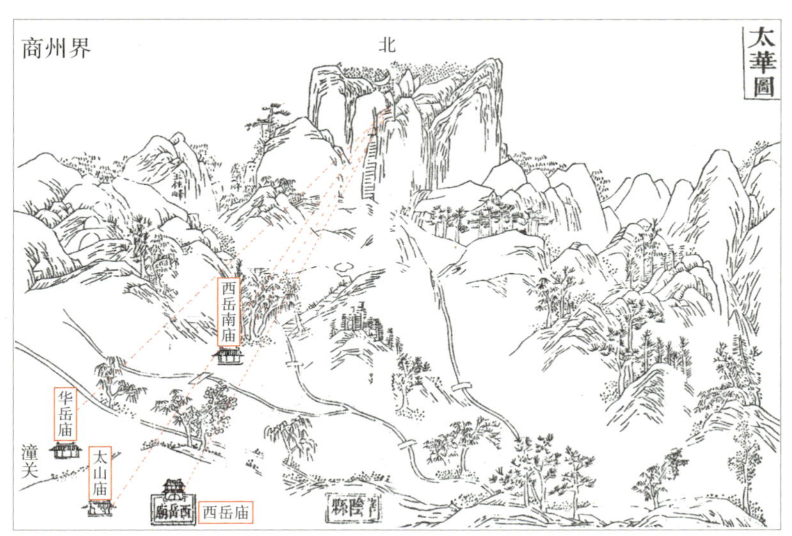

图5.6 华岳庙“望祭”图

（图片来源：据〔元〕李好文《长安志图·太华图》改绘）

① 〔晋〕葛洪：《抱朴子内篇·金丹卷》，王明校注，北京，中华书局，1985年，第2版，第273页。

② 〔清〕彭定求：《全唐诗·卷一百三·奉和圣制登骊山高顶寓目应制》，北京，中华书局，1960年，第1版，第1088页。

营建“集灵宫”的主要目的是供奉山中的神仙，祈求成仙或长生不老。华山神的神位由意念中的虚拟神变为人格化的偶像神，是一个复杂的过程，至迟在隋代已经完成。在武德、贞观年间，祭祀之事就成为定制，其中西岳华山祭于华州。到了唐代，华山的地位进一步提升。据《旧唐书》载：“玄宗乙酉岁生，以华岳当本命。先天二年（713年）七月正位，八月癸丑，封华岳神为金天王。”[①]且出于安全、望祭与方便祭祀三个原因，西岳庙建在去华山谷口5公里处。为了显示华山庙与华山的地缘关系，魏晋时期，在华山庙通往华山的道上开始种植松柏。“夹道树柏，迄于山阴。”到宋代逐渐形成完整的“望祭”路线，成为“华山一条路”中的重要部分，在后世诗词中也多有描述（图5.7）。

图5.7　中国第一历史档案馆所藏《华岳庙全图》

（图片来源：曹婉如、郑锡煌等编《中国古代地图集（清代）》图版59）

《长安志图》中可见华岳庙、太山庙、西岳南庙及西岳庙四处相关庙宇，此处一一进行辨析。宋乐史《太平寰宇记》称：“华山有南北二庙，南

① 〔后晋〕刘昫：《旧唐书·卷二十四·礼仪志四》，上海，汉语大词典出版社，2004年，第1版，第794–797页。

庙是华山北君祠，今有北君、灵台、上仙、下仙四神童院。”[①]贞观六年（632年）改建汉代杨宝宅（位于华阴县城南4公里处）为拜岳坛。隋开皇元年（581年），隋文帝诏改汉代太史杨硕宅邸为拜岳坛。唐开元四年（716年）拜岳坛又被改建为华岳观。唐上元二年（675年），肃宗下诏改华山为太山。由此可见，虽其名字、位置不断变化，但庙宇与华岳始终保持着“望祭”关系。直至后来稳定于华阴县东三里，形成现中轴对称、六重空间、望峰瞰河的西岳庙景象。

3）王母观组团

王母宫、王母祠在华山有多处，皆因供奉王母而得名。据王处一《西岳华山志》云：“中方大罗峰，王母数现，衣黄裳，戴金冠，乘宝辇，驾五色斑龙九，头上有羽盖，左右金童玉女、仙官将吏，莫穷其数。后于现身处建其祠。”[②]其中一处王母祠于太宗时建造，位于华山下以祭祀王母。王母祠所处之地较平坦，周围树木林立，营造出寂静神秘的修道氛围。另一处在登大上方的途中，又称瑶池宫。在华山中方王猛台，即为一南高北低之坡形台地，因传为前秦苻坚的谋士王猛屯兵习武之地，故名。此处多为游人登上天梯后的休息之处，故庙内香火甚盛。根据图中与玉泉院、西峰等处的关系，可推测瑶池宫为王母祠。唐代李商隐的《华山题王母祠》诗曰：“莲花峰下锁雕梁，此去瑶池地共长。”描写了空锁在西峰下的祠庙。同时可见“中方太清宫”[③]，唐朝时常常作为华岳中部的标志出现在诗词中，如张说《奉和圣制途经华岳》：“西岳镇皇京，中峰入太清。”王维《华岳》：“西岳出浮云，积翠在太清。连天凝黛色，百里遥青冥。”然其具体位置及形制今俱不可考，《长安志图》中与《关中胜迹图志》中的位置均存在差异。

远处云台峰屹立，清光绪《华岳志》记曰：云台峰“在岳东北。其山两峰峥嵘，四面悬绝，上冠云景，下通地脉，嶷然独秀，有若云台”。此处唐代时亦有生活痕迹，“长春石室在云台山侧，大唐贞观中，有道士杜怀谦居此石室。”其中木栈道（古称阁道）横立，通向高深之处，也可看出其作为空间节点，“云台分远霭，树谷隐斜晖”的景象。直至宋朝陈

---

① 〔北宋〕乐史：《太平寰宇记·卷二十九》，北京，中华书局，2007年，第1版，第620页。

② 〔金〕王处一：《西岳华山志·道藏第五册》，上海，上海书店出版社，1988年，第1版，第747页。

③ 〔金〕王处一：《西岳华山志·道藏第五册》，上海，上海书店出版社，1988年，第1版，第747页。

传初居华山，开辟荆榛，在此亦建云台观以供起居[①]。

4）白云宫组团

白云宫位于白云峰，在云台峰北。魏光绪《华山记》记述说："白云峰一径北去，狭而长，诗所谓隳山也。尖峰耸拔，飞云冉冉幕其上。"又传汉南阳公主、唐金仙公主[②]都曾在此居住，当地老百姓俗称此峰为公主峰。古史志多称其为上方峰，"上方"是道教术语，意为"天界"。所对应大上方为峰间一凹形台坪。据《雍胜略》记述，是后周武帝为羽士焦道广建造的修行之所。清代李榕《华岳志》记其"小上方附崖楼阁迭起，其径亦险"。其上主要以公主修行活动的建筑为主，如看岳棚："唐金仙公主修行之所，有竹园、栗林、花圃、药畦。"[③]王处一《西岳华山志》对仙宫观记载道："仙宫观，金仙公主所居之宫。乘鹤之后，敕修为仙宫观。"其北侧为香炉峰和虎头峰，两峰之底对着希夷峡（宋代取名）东侧。整体形势变化多端，后方山峰白云未散，前方峡谷险峻幽静。

5）云台观组团

王处一《西岳华山志》载："周武帝时，有道士焦道广独居此峰，辟粒餐霞，常有三青鸟报未然之事。武帝亲诣山庭，临轩问道，因而谷口置云台观……"[④]此处作为重要道教基地，历代均有传道者居住，且唐代每年有固定活动。其周边翠绿的草木、波光粼粼的水面塑造了云台观幽静修道的氛围，夜晚更是可以听到玉女峰阵阵萧声，引人遐想。唐代郑綮进一步描写了云台观及其周边山峰："华岳云台观中，方丈之上有山崛起，如半瓮之状，名曰瓮肚峰。上赏望，嘉其高迥，欲于峰腹大凿。"[⑤]

6）青柯坪组团

从《水经注》开始，青柯坪一直作为三峰与谷口诸峰的边界，是去往千尺幢登山的一处重要休息平台。此处还是周围景色的连通处，可观八景。明代张维新在《华岳全集》中言："青柯坪在十八盘上，罗立诸峰，屏环渭水，南面水帘，瀑布飞扬，太华胜概已得其大都焉。乃坪始为三峰麓耳。"在明代不少文人的华山游记中详细描述了此处的情景。从

---

① 参见华阴市地方志编纂委员会：《华阴县志》，北京，作家出版社，1995年，第1版，第2-4页。

② "神颇就宁，其东峰上，为上方唐金仙公主修道处，鸟道萦屈不可上。"

③ 华阴市地方志编纂委员会：《华阴县志》，北京，作家出版社，1995年，第1版，第19-20页。

④ 〔金〕王处一：《西岳华山志·道藏第五册》，上海，上海书店出版社，1988年，第1版，第747页。

⑤ 〔北宋〕李昉：《太平广记·卷三百九十七·山（溪附）》，武汉，崇文书局，2012年，第1版，第1898页。

中可看到，此处以谷口诸峰作为前景，渭水背靠西峰莲花峰流过为远景，人来人往的景象为近景。

西峰是青柯坪胜景的主要背景。西峰绝壁上自南峰玉井而来的水帘飞瀑直下，形成“上有瀑布飞流，直下三千丈”的美景。伴有“神秘莫测”的水帘洞，“飞流变幻，忽为云雾，忽为玉屑”，“至妙者欤”。西北孤峰上更有常常“悬于空中”的壶公起居的壶公石室[①]，神秘莫测。

7）苍龙岭组团

“犹须骑岭抽身，渐以就进”[②]中即见其连接中峰的重要交通作用，更是“三峰之脉”，即通向三峰的重要道路。其阶梯接近垂直，远处观望宛若一把来自天外的长剑，形成惊心动魄的态势，更有韩愈于此啼哭的传说。陡峭的山岭与其前后的开阔平坦之地形成强烈对比，使得此处作为华山的“特色名片”流传于外。

8）南峰组团

南峰是华山最高峰，可见《长安志图》中主要表现山前及中部的主要场景，对于三峰的刻画较少，因此以《关中胜迹图》作为对照研究。唐诗人李白曾在此嗟叹：“此处最高，呼吸之气可通帝座，恨不携谢朓惊人句来搔首问青天耳!”明代书画家王履也有《南峰绝顶》诗云：“搔首问青天，曾闻李谪仙。顿归贪静客，飞上最高巅。气吐鸿蒙外，神超太极先。茅龙如可借，直到五城边。”明代吴同春《太华双游记》云：“余又以意忖之，恰是庙傍有仰天池，摘星石，稍下为黑龙潭，仰天池傍有石坟起，为峰巅题太华绝顶四字，盖至是始为太华绝顶，而东西止，可谓峰顶耳。”文中详细介绍了南峰顶部情形，此处景色大多以积水形成的池、潭、井为主。有四季不竭的太乙池，因其与太上老君洞相近，故又称太乙池、太上池，后称为仰天池；有《水经注》中谓其“灵泉”[③]的菖蒲池，“其菖蒲叶细如剑脊，其根每寸九节，服之令人强健，延年寿

① 古迹考：“壶公石室，在华岳之西北孤峰上，有石室可容十余人。有泉东北入雾市。谷东、谷中，即后魏道士寇谦之算场西谷中，即修羊公石榻穿陷之所。壶公者，莫知姓名，常悬空壶于座上，日入之后，辄跳入壶中。费长房从之学，令住此石室中。有一方石，广丈余，壶公以茅绳系之，悬于空中，令长房坐于石下，使诸蛇虫竞来啮绳，绳欲断而长房坐卧自若，终无惧。公至，抚之曰：子可教矣。赐子为地上主者。令乘竹杖而归，后至葛陂，投于陂中，竹化龙而去。后得役鬼魅之术。”

② 〔北魏〕郦道元：《〈水经注〉校证·卷四·河水四》，陈桥驿点校，北京，中华书局，2007年，第1版，第108页。

③ 《水经注》载：“上方七里，灵泉二所：一名菖蒲池，西流庄于涧。”〔北魏〕郦道元：《〈水经注〉校证·卷四·河水》，陈桥驿点校，北京，中华书局，2007年，第1版，第108页。

耳”[1]；有“深可十丈，圆径半之”的玉井（镇岳宫内），韩愈《古意》或《玉井》（诗名不明确）：“太华峰头玉井莲，花开十丈藕如船。冷比雪霜甘比蜜，一片入口沉疴痊。”韩绛《谒仙翁祠》“玉井不可到，玉泉聊可寻。”有对应二十八星宿的二十八宿池（镇岳宫下溪），《三才图会》载：“石圭如臼，凡二十八，上应列宿，自南而北如贯珠崖端挂下，山腹水帘洞泄之。”[2]还有“龙在则水黑，龙去则水清”的黑龙潭（太乙池南崖下），宋徽宗崇宁二年（1103年）封潭为显润侯。

9）毛女洞组团

在青柯坪西侧，传为秦时宫女玉姜修炼之所。南侧北斗坪作为远景，宽阔风雅。北通白羊峰，其顶部羊公石室作为前景，《嘉庆重修大清一统志》记载：“洞室空濛，昔有隐此峰者，莫知姓名，常乘白羊往来，因以名峰。每至三元八节，即有神灯或三或五线于崖端。”形成“溪口水石浅，泠泠明药丛。入溪双峰峻，松栝疏幽风。垂岭枝袅袅，翳泉花濛濛。夤缘斋人目，路尽心弥通。盘石横阳崖，前流殊未穷。回潭清云影，弥漫长天空”的风景盛况。

10）玉女峰组团（中峰）

此处组团在《长安志》中体现得不明确，然其作为此时期华岳一处重点风景代表，亦有很大讨论空间，遂以《关中胜迹图志》图研究。玉女峰中的“玉女”指的是秦穆公的女儿弄玉，相传弄玉成仙后居于华山中峰，中峰因此名为玉女峰[3]，其“山顶石龟，其广数亩，高三仞。其侧有梯磴，远皆见。玉女祠前有五石臼，号曰玉女洗头盆。其中水色，碧绿澄澈，雨不加溢，旱不减耗。祠内有玉石马一匹焉。”[4]组成一幅清水含清、琴瑟相和的画卷。

其中玉女洗头盆作为两人美好奇幻的爱情故事代表，得到唐宋诗人的垂青。武则天的《游九龙潭》中有：“山窗游玉女，涧户对琼峰。”[5]杜甫在他的《望岳》诗中有：“安得仙人九节杖，拄到玉女洗头盘”句；贾岛的《马戴居华山因寄》中有：“玉女洗头盆，孤高不可言。”[6]唐人顾况

① 〔金〕王处一：《西岳华山志·道藏第五册》，上海，上海书店出版社，1988年，第1版，第555页。

② 〔明〕王圻、王思义：《三才图会·地理八卷》，上海，上海古籍出版社，1988年，第1版，第302页。

③ 参见王叔岷：《列仙传校笺》，北京，中华书局，2007年，第1版，第80页。

④ 〔北宋〕李昉：《太平广记·卷五十九·女仙四》，武汉，崇文书局，2012年，第1版，第160页。

⑤ 〔清〕彭定求：《全唐诗·卷五》，北京，中华书局，1960年，第1版，第57页。

⑥ 〔清〕彭定求：《全唐诗·卷五百七十三》，北京，中华书局，1960年，第1版，第6661页。

的《夜中望仙观》中有："遥知玉女窗前树，不是仙人不得攀。"[①]

盛唐时期此处亦建有仙人馆，馆是道家术语，是道士所建的修行之所。[②]盛唐诗人沈佺期作《岳馆》诗云："洞壑仙人馆，孤峰玉女台。空洁朝气合，窃宛夕阳开。流洲含轻雨，虚岩应薄雷。正逢飞羽鹤，歌舞出天来。"[③]

4.小结

结合道教独特的"天路历程"，华岳自然景观呈纵向依次展开：远处的黄神谷、岳庙"望祭"主峰；山麓处云台观、王母宫、白云宫等营建小范围布局；三峰之上俯瞰众山与远处奔腾的黄河。华岳拜山、道教等文化与华岳丰富的自然景观相融，华岳人文景观又呈横向散点展开：东侧云台观、白云宫于云气缭绕中静立，"仙掌"诉说山河故事；中部苍龙静卧于山间，大小平台置于其中品味四季变化；东部洞室相望，毛女、羊公、王猛等人曾居于此，其闲云野鹤般的悠闲生活，令人神往。

（二）终南山——"崇佛尚儒、道隐山林"

终南山位于长安之南，因此又称"中南山"，即"居天之中、在都之南"之义，是历代关中地区城市营建格局中的重要自然形胜坐标。唐代以来，国家的文化意识形态空前开放，儒、释、道开始并重发展，为了制造"君权神授"的舆论，唐王朝尊封老子李耳为祖先，使崇尚道教之风气盛极一时。上有所好，下必兴焉，从长安到终南山山麓，修建了众多名观古刹。终南山成为僧人栖隐修行之所，华严宗、三论宗、净土宗、密宗等佛教宗派在此发展壮大，留下了众多佛教建筑。终南山还是诸多文人名士的隐居之地。本章通过对终南山古图中景观的解读，以辨方正位、分景画方、寻景揽胜的图式分析方法，探讨终南山区域的景观空间格局建构特征，梳理终南山所呈现的理想景观模式。

1.终南山历史源流

"终南"一名渊源甚古，始见于《尚书·禹贡》，后《诗经·秦风·终南》、张衡《西京赋》、班固《西都赋》、宋敏求所撰《长安志》等均写到了终南山（详见表5.2）。终南山作为天下名山，长安地区历代城市营建皆以终南山为屏山，且"表终南为阙"。唐长安时期的终南山更是寺观林立，长安城与终南山的石鳖谷、牛背峰等建立起空间关联，形成大尺

---

① 〔清〕彭定求：《全唐诗·卷二百六十七》，北京，中华书局，1960年，第1版，第2967页。

② 参见陈国符：《道藏源流考》，北京，中华书局，1963年，第1版，第266-267页。

③ 〔清〕彭定求：《全唐诗·卷九十六》，北京，中华书局，1960年，第1版，第1038页。

表5.2 终南山相关文献记载

朝代	文献出处	文献记载
先秦	《诗经·秦风·终南》	“终南何有？有条有梅。君子至止，锦衣狐裘。”
春秋	左丘明《春秋左传》	“终南，九州之险也。”
春秋	《尚书·禹贡》	雍州之地“荆岐既旅，终南惇物，至于鸟鼠。”
东汉	张衡 《西京赋》	“于前则终南、太一，隆崛崔崒，隐辚郁律，连冈乎嶓冢，抱杜含鄠，欱沣吐镐。” “终南山，起于昆仑山脉，钟灵毓秀，是谓都邑与雍梁之巨障。”
东汉	班固 《西都赋》	“汉之西都，在于雍州，实曰长安。左据函谷、二崤之阻，表以太华、终南之山。右界褒斜、陇首之险，带以洪河、泾、渭之川。”
西汉	东方朔	“南山，天下之阻也。南有江淮，北有河渭，其地从河陇以东，商洛以西，厥壤肥饶。”
魏晋	潘岳《关中记》	“终南山，一名中南，言在天中，居都之南。”
唐	徐坚《初学记·卷五》 引《福地记》	“其山东接骊山、太华，西连太白，至于陇山。”
唐	王维 《终南山》	“太乙近天都，连山接海隅。白云回望合，青霭入看无。分野中峰变，阴晴众壑殊。欲投人处宿，隔水问樵夫。”
唐	柳宗元 《终南山祠堂碑》	“(终南山)据天之中，在都之南，西至于褒斜，又西至于陇首，以临于戎，东至于商颜，又东至于太华，以距于关。”
宋	宋敏求 《长安志》	“终南横亘关中南面，西起秦陇，东至蓝田，相距八百里，昔人言山之大者，太行而外，莫如终南。”
明	嘉靖 《陕西通志》	“终南山乃关中南山，西起陇山，东逾商洛，绵亘千里有余，其南北亦然，随地异名，总言之则曰南山耳。”
明	何景明 《大雍记》	“太华终南太白实一山延亘不绝，各望其地异号命尔。”
清	顾祖禹《读史方舆纪要·卷五十二·陕西一》	“终南山在西安府南五十里，亘凤翔、岐山、郿县、武功、盩厔、鄠县、长安、咸宁、蓝田之境，皆谓之南山。”

度“山城一体”的空间格局。经过宋、元、明、清各代的不断丰富和发展，终南山人居环境建设兴盛，留下了许多弥足珍贵的图像资料。

2.终南山传世图像

终南山虽留下不少的图像资料与文献记载，但遗憾的是唐代的图像资料目前尚未发现。本章通过文献资料的梳理，共搜集到终南山的历代图像5幅，彩画2幅。图像资料按时间顺序分别为：元代李好文的《城南名胜古迹图》，明代王圻、王思义的《终南山图》，清代毕沅的《终南山图》《南五台图》《楼观图》。彩画为北宋李成的《茂林远岫图》（南五台），北宋范宽的《雪景寒林图》（楼观台）。

传世的终南山图像资料唐以后历代均有，其中以清代毕沅所绘制的《终南山图》最具完整性与原真性，且对唐代风景遗产的描述最为详尽。元代李好文的《城南名胜古迹图》较之前者更早，但图像内容中主要是对元及以前历代城市规划与终南山的地理空间格局关系的呈现，补充了《终南山图》的营城对应关系。宋朝时期也有终南山的图像资料，但内容上多以终南山个别区域为主，涵盖信息的缺失影响了其图像本身的价值，故而本章以清代毕沅所绘制的《终南山图》为主体，以李好文的《城南名胜古迹图》为补充展开分析。

《终南山图》为清代学者毕沅在陕主政期间，创作于乾隆四十一年（1776年），距今已有240余年历史。现存世图幅为24厘米×60厘米，图上标注翔实（图5.8），重现了千年前盛唐时期终南山山势延绵、寺观林立的人文地理景观，是研究终南山“儒、释、道”发展的重要史料。

该图地理要素详尽，名称注释齐全，专有标记符号近40处，对唐代终南山的山脉、水系、台塬、建筑等均有详细记录。山脉包括辋川山、王顺山、大顶峰、牛首山、紫阁、白阁、五福山、石楼山等；水系包括灞水、澧水、涝水、芒水和骆谷水；台塬包括终南山北麓诸多山原、山谷、山岩等自然景观；建筑包括终南山山脉间林立的寺观以及大雁塔、小雁塔和府城。此外图上还对汉阴的县界及其周边的县界作了注记。

3.《终南山图》景观空间图像分析

本章基于图式分析方法，对终南山传统“图像”进行研究，主要分为以下三个步骤：辨方正位、分景画方、寻景揽胜，通过对图像的深入解读，提炼图像中蕴含的景观范式，并研究其对后世风景营建的影响。首先，通过辨方正位选取图像中的终南山上的寺庙等节点空间，对应现有地形，结合现有地形的方位分辨图志中的四向。清代顾祖禹《读史方舆纪要》卷五十二《陕西一》云：“终南山在西安府南五十里，亘凤翔、

图5.8　终南山图

（图片来源：据〔清〕毕沅《关中胜迹图志》改绘）

岐山、郿县、武功、盩厔、鄠县、长安、咸宁、蓝田之境，皆谓之南山。”可知图5.9的方位为上南下北。

其次，以山水格局、空间类型为依据，对该图中的场景进行分景画方。根据《关中胜迹图》中对于终南山文化景观的记载，终南山图景可以分为辋川组团、兴教寺组团、牛头寺组团、大雁塔组团、小雁塔组团、太乙殿组团、普光寺组团、白泉寺组团以及楼观组团九个分图景。九个分图景以主体建筑为中心，结合终南山水形成终南胜景（图5.9）。再次，以寻景揽胜确定各个景观组团的空间营建方式与逻辑，从而根据地理环境、景观要素、叙事内容以及文化语境等，形成一定的景观营建机制与模式。由图中可见，长安城外寺观大多林立于终南山北麓，依山形水势而建，形成“因借自然”的地景空间。

（1）辋川组团

其主要景观包括王维的辋川别业和鹿苑寺。辋川北接长安，南临终南山，古人云：“终南之秀钟蓝田，茁其英者为辋川。”根据《蓝田县志・卷六》记载：“旧志：辋川口即峣山之口，去县南八里，两山对峙，川水从此流入灞，其路则随山麓凿石为之，约五里，甚险狭，即所谓扁路也。过此则豁然开朗，此第一区也，团转而南凡十三区，其胜渐加，约三十里至鹿苑寺，则王维别墅。”[①]初唐诗人宋之问在此营建庄园，后被王维所得，在此基础上依其浑然天成的自然山水景观进行整治风景营造，修建二十景，题以佳名，并与好友裴迪因景赋诗，著《辋川集》，绘《辋川图》。后世文人多慕名而来，或游景赋诗或作文记之。

（2）兴教寺组团

其主要景观是兴教寺。又名“护国兴教寺”，唐总章二年（669年）迁葬玄奘法师灵骨于此，并修建砖塔。总章三年（670年），在此处建立寺院。《游城南记》曰：“越姜保，至兴教寺。张注曰：‘兴教寺，总章二年建，有三藏玄奘、慈恩、西明三塔。’”[②]《类编长安志》云：“樊川兴教寺，总章三年建。有玄奘、慈恩、西明三塔，三藏差高。”[③]《游城南记》赞其：“殿宇法制，精密庄严”[④]，且为著名的“樊川八大寺”之首。“樊川八大寺”为兴教寺、兴国寺、华严寺、牛头寺、观音寺、洪福寺、禅经寺、云栖寺。樊川靠近终南山，多涧溪池塘，地形略具丘陵起伏，山水佳丽，

① 黄成助：《蓝田县志・卷六》，台北，成文出版社有限公司，1969年，第1版，第379–381页。

② 〔宋〕张礼：《游城南记》，上海，上海古籍出版社，1993年，第1版，第60–80页。

③ 〔元〕骆天骧：《类编长安志・卷五・寺观》，黄永年点校，北京，中华书局，1990年，第1版，第142页。

④ 〔宋〕张礼：《游城南记》，上海，上海古籍出版社，1993年，第1版，第60–80页。

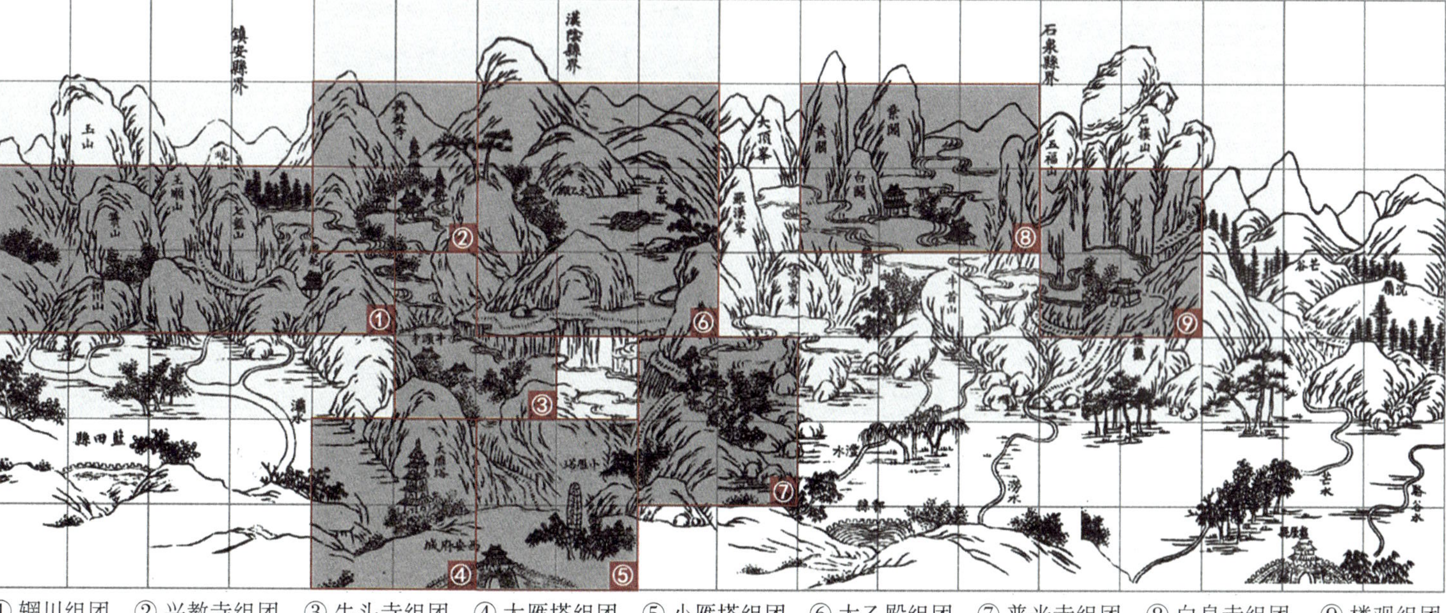

① 辋川组团　② 兴教寺组团　③ 牛头寺组团　④ 大雁塔组团　⑤ 小雁塔组团　⑥ 太乙殿组团　⑦ 普光寺组团　⑧ 白泉寺组团　⑨ 楼观组团

图5.9　终南山图中的景观组团

（图片来源：据〔清〕毕沅《关中胜迹图志》改绘）

物产丰富，更具幽寂之美，[1]被认为“天下之奇处，关中之绝景”[2]。

（3）牛头寺组团

其主要景观包括牛头寺和韦曲、杜曲（图5.10）。牛头寺属著名的“樊川八大寺”之一。《长安志·卷十一》载：“牛头寺在县西南二十五里，贞观六年（632年）建。”[3]宋张礼《游城南记》曰：“勋荫坡，今牛头寺之坡也。寺即牛头山第一祖遍照禅师之居也。”[4]

图5.10　韦、杜二曲图

（图片来源：〔清〕毕沅《关中胜迹图志·韦杜二曲》）

从汉代开始，城南的樊川就成了达官贵人营构园林之处，韦、杜两姓巨族集居于此，世为显宦，当时有“城南韦杜，去天尺五”的说法。宋之问《春游宴兵部韦员外韦曲庄序》：“长安城南有韦曲庄，京郊之形胜也……万株果树，色杂云霞；千亩竹林，气含烟雾。激樊川而萦碧濑，浸以成陂；望太乙而邻少微，森然逼座。”又据杜佑《杜城郊居王处士凿山引泉记》：“贞元中，族叔司空相国黄裳，时任太子宾客，韦曲庄亦谓佳丽，中贵人复以公主赏爱，请买赐与，德宗不许。曰：‘城南是杜家乡

---

① 参见李浩：《唐代园林别业考论》，西安，西北大学出版社，1996年，第1版，第21页。

② 〔元〕李好文：《长安志图·卷中》，西安，三秦出版社，2013年，第1版，第55-57页。

③ 〔北宋〕宋敏求：《长安志·卷十一·县一》，辛德勇点校，西安，三秦出版社，2013年，第1版，第372页。

④ 〔宋〕张礼：《游城南记》，上海，上海古籍出版社，1993年，第1版，第30-45页。

里。终不得取。’”他们两姓“轩冕相望，园池栉比”。[①]

（4）大雁塔组团

其主要景观是慈恩寺大雁塔（图4.8）。慈恩寺为太子李治为了追念母亲文德皇后长孙氏，故以“慈恩”为名。玄奘法师曾述：“但以生灵薄运，共失所天，惟恐三藏梵本零落忽诸，二圣天文寂寥无纪，所以敬崇此塔，拟安梵本。”清代徐松《唐两京城坊考》记载：“寺西院，浮图（屠）六级，崇三百尺。永徽三年，沙门玄奘所立。初唯五层，崇一百九十尺，砖表土心，仿西域窣堵波制度，以置西域经像。”[②]另唐代有“雁塔题名”之习，即每逢进士及第，皆至慈恩寺大雁塔下留名，并引以为荣。自玄奘建塔开始，上官婉儿、岑参、储光羲等无数诗人都在大慈恩寺、大雁塔留下了足迹。

（5）小雁塔组团

其主要景观是荐福寺小雁塔（图5.11）。荐福寺位于开化坊，原名大献福寺，是唐睿宗李旦为其父高宗李治献福而建的寺院，中宗时又在寺中修建了秀美的荐福寺塔，因塔身比大雁塔小，故又称小雁塔“涌塔庭中见，飞楼海上移”（宋之问《奉和荐福寺应制》）。荐福寺小雁塔及其古钟合称为“关中八景”之一的“雁塔晨钟”。

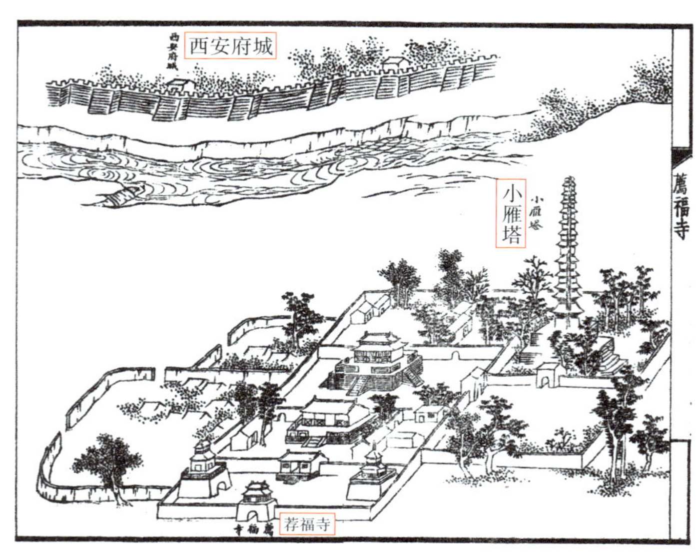

图5.11　荐福寺图

（图片来源：〔清〕毕沅《关中胜迹图志·荐福寺》）

① 参见李浩：《唐代园林别业考论》，西安，西北大学出版社，1996年，第1版，第170-214、314页。

② 〔清〕徐松：《唐两京城坊考》，方严点校、张穆校补，北京，中华书局，1985年，第1版，第120-129页。

（6）太乙殿组团

其主要景观是太乙殿、太乙池、太乙洞（图5.12）。南五台古称太乙山，是终南山中段的主峰，为“终南神秀之区”，是我国著名的佛教圣地之一。唐代王维《终南山诗》言：“太乙近天都，连山到海隅。白云回望合，青霭入看无。”自隋唐以来，南五台成为登峰览胜之佳地，唐代诗人白居易登观音台望城“千万家如围棋局，十二街似种菜畦”，意将观音大台作为远眺及看日出的地方。

图5.12　终南山太乙峰图

（图片来源：〔明〕王圻《三才图会·终南山》）

（7）普光寺组团

其主要景观是普光寺。普光寺一名天池寺。《清一统志 · 西安府四》：“唐为龙池寺，明初秦愍王改建。有上、下二寺，相去五里，金碧庄严，为长安诸寺之冠。”释慧融“入京住普光寺，时游终南山，或来或往”。

（8）白泉寺组团

其主要景观包含白泉寺、圭峰寺。白泉寺又称净业寺[①]，《长安古刹提要》载：“律宗之净业寺，犹相宗之慈恩寺也。因道宣住终南山，又称为南山宗，今寺为各丛林之冠。”“终南五峰”，即圭峰、金峰、妙峰、宝

① 净业寺创建于隋文帝开皇元年（581年），唐高祖武德七年（624年）高僧道宣律师在终南山仿掌谷（即沣峪）修习定慧，所住的地方没有水，就挖地取水，挖地有一尺，清泉涌出，因此称所住之处为“白泉寺”。

峰、紫峰。峰上有隋唐千年古刹，号称“南五峰千佛乡”。圭峰寺建于周朝，盛于唐代。这里有大诗人温庭筠笔下的“百尺青崖”和贾岛的“鸟道雪岭”。寺居风水圣地，《圭峰夜月》这样描写说：“浩照圭峰树影重，天云潋滟淡春容。银河斗转横轮阁，铁鸟风清杂晚钟。”圭峰山寺居于祥峪和高冠峪之间，自然景观秀丽。

（9）楼观组团

其主要景观是楼观、说经台、上善池、超然台（图5.13）。楼观最早是老子讲授《道德经》的地方，因此，被尊奉为道教的诞生地。《辞海》注释：楼观台，亦称“紫云楼”。道教最早的宫观之一，被认为“此宫观所自始也”。《陕西志》载：“关中河山百二，以终南为最胜；终南千峰耸翠，以楼观为最佳。”唐高祖武德七年（624年）十月时，“丁卯，如庆善宫。辛未，猎于户南。癸酉，幸终南山。丙子，谒楼观老子祠”[①]。

图5.13　楼观图

（图片来源：〔清〕毕沅《关中胜迹图志·楼观》）

4.终南山空间结构图式

图像的景观空间分析将终南山划分为多个组团，展现了多种空间营建模式，其主要可分为三大类：终南山道教营建、终南山佛教营建以及

① 〔北宋〕欧阳修、宋祁：《新唐书·卷一·高祖本纪》，上海，汉语大词典出版社，2004年，第1版，第15页。

终南山与长安城大尺度空间格局下的儒家营建（其中终南山佛教营建及儒家营建在此不做赘述，详见文中其他相关章节）。

（1）道教“洞天福地”文化

终南山是道教十大洞天之一。晋人葛洪《抱朴子内篇·金丹卷》曰：“华、泰、霍、恒、嵩、少室、长、太白、终南、地肺、王屋……盖竹、括苍，此皆是正神在其山中，或有地仙之人。”[①]可见终南山为天下“福地”之列所言不虚。古人曾言：“关中山河百二，以终南为最胜；终南千峰耸翠，以楼观为最名。”[②]楼观文化来源于老子讲经之说。公元前516年，老子骑青牛一路西行传播他的道法，途经秦岭脚下的函谷关著成《道德经》，这是道家学说理论体系第一次形成。终南山楼观台的说经台是当年老子讲经之处，自此历代朝廷均在楼观台建庙立观，形成了众多的宫观建筑群。南北朝时期社会动荡，终南山成为许多道士选择的隐居修道之地，楼观台始建道观。隋唐之际，李唐王朝以老子为祖，道教成为崇奉的官方御用流派，并将《道德经》纳入科举考试范围，推动道教进入了鼎盛时期，形成了终南山道教大宗——楼观道。宋金时期，王重阳隐居于终南山，创立了全真道。楼观奉全真道龙门宗，并为全真三大祖庭之一（图5.14）。[③]

图5.14　〔北宋〕范宽《雪景寒林图》中的楼观台

（图片来源：中华珍宝馆）

道教讲求“清虚自持”“返璞归

---

① 〔晋〕葛洪：《抱朴子内篇·金丹卷》，王明校注，北京，中华书局，1985年，第2版，第85页。

② 参见陆琦：《西安楼观台》，《广东园林》2019年第4期。

③ 参见郑国铨：《道教名山的文化鉴赏》，《华夏文化》1995年第3期。

真”“俭朴隐居”的精神模式，与终南山特有的自然环境相结合，使终南山宫观在择址上善用自然环境，因地制宜、洞殿结合，营造出道教理想仙境。道教须弥胜境中有三清境界，三清境界是道教教义中的玉清圣境、太清仙境和上清真境，在终南山楼观台表现为：元始台、说经台、西楼观台。元始台在秦岭山脉的小山岗上，位于田峪河东岸；说经台，为楼观台中心建筑群，是老子在楼观台设坛阐道之地；西楼观台位于秦岭余脉大陵山，与楼观台东西并列。

楼观文化模式主要以楼观说经台为中心，和上善池、栖真亭等共同构成楼观文化。说经台（即老子祠），为楼观台中心建筑群。其前院入口处即为上善池，池用石砌，八角形，其侧建八角亭，八卦悬顶，亭内碑上刻有“上善池”，为南宋末元初书法家赵孟頫所书。说经台东南是老子打铁淬火的仰天池，以及老子修身养性的栖真亭。唐朝欧阳询曾为此地所书《大唐宗圣观记》，李白、王维、岑参、温庭筠、苏轼等历代著名诗人皆曾为楼观题诗，更加促进了楼观文化的传播。

（2）儒家“山居”文化

佛教主张“缘起性空”，远离城市以寺庙为中心的名山大川，以其幽敻之境吸引了众多寄情山水的文人、隐士，形成了“佛性禅心”的山居模式。唐代是山居模式发展的鼎盛时期，文人名士在终南山北麓的樊川营建了许多园林别业，其中深受禅理濡染的王维居住的辋川别业，是当时山居模式的典型代表。辋川别业是王维修禅礼佛、弹琴赋诗的园林天地，它将诗人的明净虚空的心境融入这座充满生命的物质空间中，此时山水等客体的形态已同主体的心灵情感融为一体，居所不再是与人相对的物质空间，而成为永恒无限的精神空间。王维在《终南别业》道：“中岁颇好道，晚家南山陲。兴来每独往，胜事空自知。行到水穷处，坐看云起时。偶然值林叟，谈笑无还期。”表现了诗人当时参禅悟道时淡泊宁静的心境，和“言有尽而意无穷”的境界美。

（3）佛教“五台”文化

终南山北麓地区山脉纵横，古寺名刹林立，不同宗派的佛教祖庭借终南形胜而建。山脉与峪内分布着许多佛寺，通常沿河谷走势由外向内分布延伸，因借自然山水形势，分布于谷底、山腰以及山顶，且由于位于山背，阳光少见，所以显得清幽深邃。其中，南五台地区作为现存佛教圣地，分布着众多佛寺。[①]（图5.15）五台是指在层峦叠嶂中五座形状

① 参见孔啸：《终南山北麓佛寺地景空间格局调查分析研究》，硕士学位论文，西安建筑科技大学，2018年。

各异、秀逸出众的山峰环峙耸立，峰顶皆宽广平坦如台面，故曰“五台”。终南山南五台是我国佛教圣地之一，其五台模式溯源于山西五台山。五台山的五台和周边四埵[①]形成五方定位，构建了拱卫五台山“须弥圣境”的轴线对位关系。

图5.15　南五台图

（图片来源：〔明〕王圻《三才图会·南五台》）

隋唐时期，终南山寺庙林立，南五台是其佛教文化的中心（图5.16），隋文帝、唐太宗都曾率众登临。[②]《陕西通志》曰：“其山五峰峻拔，凌霄如画，上有洞有寺，寺僧名山曰五台。”清代毕沅纂《关中胜迹图志》谓：“今南山神秀之区，惟长安南五台为最……则太乙当属之。”[③]因为与北面耀县的药王山（又称北五台）相望，就有了南五台的称谓。长安城内玉祥门还有一个西五台，为佛教的著名古刹。相传唐太宗李世民之母笃信佛教，每年数次前往终南山南五台朝拜，往返百余里，旅途劳顿。李世民为母尽孝，特仿照南五台在宫城广运门以西，太极宫城南墙上，沿起伏地势，筑起五座高台，台上建有佛殿，供其母朝拜。因系

① 在佛教一小“世界”中，须弥山山腰有四埵，四天王各住一埵各护一天下，四天王也是具有护法能力的天神，因此四埵作为四天王天所居之处，被赋予了护法内涵。据《广清凉传》记载：“五台山有四埵，去台各一百二十里。”

② 参见王建林：《秦岭南五台的自然神性与人文道妙》，《杨凌职业技术学院学报》2011年第1期。

③ 〔清〕毕沅：《关中胜迹图志·卷二》，西安，陕西通志馆印，1936年，第1版，第89页。

仿照南五台修建，故名西五台。到宋代又因台建寺，称安庆寺。雍正《陕西通志·祠祀》引总督鄂海碑记云：“西五台在城西北隅。是台基于唐，创于宋，屡葺于明。有祷必应，六月大会，岁以为常”[①]。南五台、西五台、北五台这三个五台都是佛教名地，尤以南五台最为盛名。

图5.16 〔北宋〕李成《茂林远岫图》中的南五台图

（图片来源：中华珍宝馆）

终南山南五台因具有“五台耸立”的地形特征，因而附会佛教经典且以“五台”命名[②]。除陕西省西安市南五台、西五台、北五台外，河北省张家口蔚县小五台山、天津蓟州区东五台、太原阳曲县小五台山等皆为五台景观模式。甚至吸引了北印度、南印度、斯里兰卡、新罗（朝鲜）、日本等各国佛教徒纷纷至五台山巡礼，促进了五台山景观模式的传播并衍生出一批异国五台山和文殊信仰空间，实现了五台山景观模式的异地重建，成功输出了中国风景文化。

五台模式之所以发展成为佛教名山范式，与其独特的五方山岳格局密不可分。“五方布局”景观模式在各地衍生转译出不同的景观风貌，对国内外多处山岳名胜开发、寺院营造及清代皇家园林都产生影响，形成了独特的五台文化现象。[③]

5.结语

终南山文化模式的发展渗透着中国传统文化与中国传统哲学观和宇宙观，可以说是儒家、道教与佛教的集中地，其展现的是儒家、佛教、

① 西五台，台自东而西，第一台名降龙观音殿，台前有韦陀殿；第二台名五大菩萨殿，台前有大雄宝殿；第三台名地藏菩萨殿，台前有观音大士殿；第四台名弥勒佛殿，殿前有老母殿；第五台名十二臂观音殿，台前有卧佛殿，系明代秦王朱楧所建。

② 参见孙晓岗：《文殊菩萨图像学研究》，兰州，甘肃人民美术出版社，2007年，第1版，第105页。

③ 参见李凤仪：《五台山风景名胜区风景特征及寺庙园林理法研究》，硕士学位论文，北京林业大学，2017年。

道教的营建思想在终南山形成的理想景观风景模式。终南山良好的山水形胜景观基底，形成了其儒、释、道三教并重发展的名山体系，产生了以“天阙”“五台”“洞天福地”“山居”等景观模式为特征的文化现象，对历代关中地区城市大尺度营建格局具有极其重要的影响。在后世的流变中，其典型的儒、释、道的理想景观模式体系，对各地山岳名胜考位、园林景观营建、寺观山水择址等，都产生了一定的影响，并衍生出多种多样具有地域特色的景观风貌。此对中国风景名胜区的价值判定及文化遗产保护具有重要意义，为当代风景园林中人居环境的营建提供了古人智慧。

二、山水为园——辋川别业

隋唐时期，由于财富增长、文化兴盛，文人通过科举制度能够出仕，掌握一定的权力与财富，促进了私家园林的发展。私家园林分为城镇宅园和山野别墅园两大类，其主人包括文人、文人官僚和王侯公卿。目前，有案可考的唐朝私家园林多达四百余处，主要集中在如今的西安、洛阳、成都、扬州等大城市以及城郊山野风景秀丽的地方。唐长安地区的郊野别业，主要是归隐的官员在终南山附近建设。例如：岑参自边塞归京后，隐居于终南山，在终南山建有双峰草堂，作为其读书修身的场所；唐代大诗人、大画家王维因受“安史之乱”的影响，罢官归隐，购得诗人宋之问的别墅园，加以改造修葺，形成辋川别业，作为其隐居、读书、会友之所；崔兴宗在蓝田山建有玉山草流水和广袤良田。也有其他山野别墅园的主人因仕途不顺，挑选风景绝佳之地建造园林以归隐。

（一）辋川别业——山居“二十景”

1.辋川概况

辋川位于陕西省蓝田县南约十里，地处两山之间，峡谷之中，因其地形如车辋，故名辋川。辋川中有河流穿谷而过，称辋峪河，其间峰峦叠嶂，林木茂盛，环境幽静安谧。辋川北接长安城，南临终南山，古人有“终南之秀钟蓝田，茁其英者为辋川”之语，更有记载称辋川为“秦楚之要冲，三辅之屏障”，其卓越的自然景观与地理区位成为辋川久负盛名的重要因素。初唐之时，诗人宋之问在辋川建造庄园，后被王维所得，在此基础上凭借其浑然天成的自然山水景观进行风景营造，修建二十景，题以佳名，如孟城坳、华子冈、文杏馆、斤竹岭、木兰柴等，并与好友裴迪以景赋诗、绘画，著《辋川集》，绘《辋川图》。

左

右

图5.17 〔南宋〕赵伯驹《辋川图》

（图片来源：中华珍宝馆）

图5.18 〔明〕仇英《辋川十景图》

（图片来源：中华珍宝馆）

根据《蓝田县志》卷六记载：

旧志：辋川口即峣山之口，去县城八里，两山对峙，川水从此流入灞，其路则随山麓凿石为之，约五里，甚险狭，即所谓扁路也。过则豁然开朗，此第一区也，团转而南凡十三区，其盛渐加，约三十里至鹿苑寺，则王维别墅。[①]

由于辋川山水在文人心中的特殊地位，后世文人多慕名而来，或游景赋诗或作文记之，其中较有参考价值的是清代周焕寓游历辋川的游记，以游景路径为线索，清晰地描绘出辋川的空间序列以及空间格局，其《游辋川记》云："沿溪旋转，或南或北，澈底清波，荡漾人影。滩际多奇石，五色灿然，碧者尤光润可爱……溪水萦回，跳珠溅玉，如无数钟磬，发清响于丛石间，令人应接不暇"，"抵寺门，倚飞云山之麓，叠嶂如屏，流泉作带。云濡履迹，翠染人眸"。由此可见，虽然辋川旧景已不复存在，但根据地方志的记载与后世文人游记所述，依然可以为当代辋川图景研究提供重要参考依据。

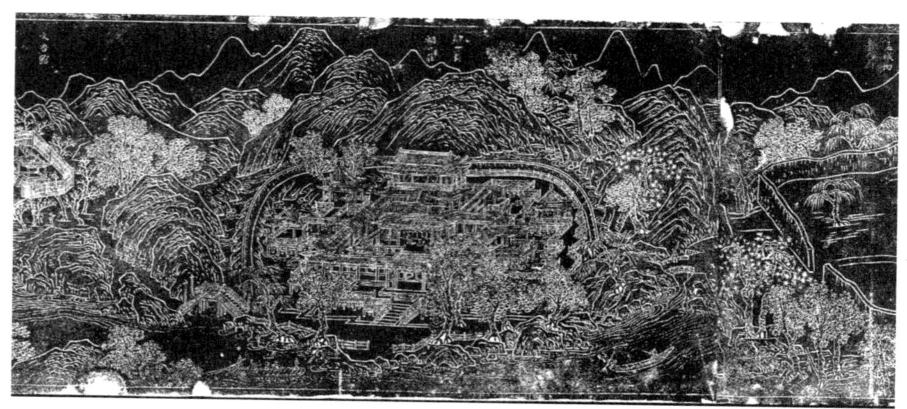

图5.19 〔唐〕王维《辋川图卷》(明拓本)

(图片来源：中华珍宝馆)

① 黄成助：《蓝田县志·卷六》，台北，成文出版社有限公司，1969年，第1版，第379-381页。

2. 历代辋川图分析

表5.3 历代辋川图表

编号	作者	图名	朝代	出处
1	郭忠恕临本（传）	《辋川图》	宋（明拓本）	美国芝加哥东方图书馆藏
2	郭忠恕	《临王维辋川图》	五代末宋初	
3	宋人画	《临辋川图》	宋	台北故宫博物院藏
4	文彦博	《题辋川图后》	宋	
5	韩　琦	《次韵和文潞公题王右丞辋川图》	宋	
6	刘　因	《辋川图》	元	
7	王　恽	《王右丞辋川图四首》	元	
8	马祖常	《王维辋川别业诗图》	元	
9	贡师泰	《题王维辋川图》	元	
10	邓文原	《王维高本辋川图》	元	
11	赵孟頫	《摹王维辋川诸胜图》	元(传)	大英博物馆藏
12	仇　英	《辋川十景图》	明	辽宁省博物馆藏
13	沈　周	《辋川图手卷》	明	
14	王　问 莫是龙	《辋川胜览》	明	
15	王原祁	《辋川图卷》	清	美国大都会博物馆
16	黄　易	《辋川图》	清	
17	金学坚	《辋川图》	清	

自晋朝以来，文人钟情于山水，以山水诗、山水画、山水园林三者为主体的山水文化成为文人在仕途官场以外的精神追求。王维因曾在“安史之乱”时身任伪职，而后在朝不得重用，处于亦官亦隐的状态，在购得初唐诗人宋之问庄园后，寄情于山水，将生活志趣与重心放在了山水营造的方向，辋川即为王维仕途不得志时的重要精神寄托。辋川因其卓越的自然地形与区位以及王维所营造的“二十景”闻名于世，“二十景”分为建筑、山石、水体和植物四种类型，相互渗透、相互补充，结合地形，依托地势，营造出“虽由人作，宛自天开”的自然山水园林之景，王维与好友裴迪赋诗辋川二十景，一景一诗，如“飞鸟去不穷，连山复秋色。上下华子冈，惆怅情何极”（王维《辋川集·华子冈》）；“檀

栾映空曲，青翠漾涟漪。暗入商山路，樵人不可知”（王维《辋川集·斤竹岭》）；“吹箫凌极浦，日暮送夫君。湖上一回首，青山卷白云”（王维《辋川集·欹湖》）。同时王维所著的《山水论》《山水诀》也指出了辋川园林景观的营造法则，如“远山无石，隐隐如眉”指出山水营造的远近关系；“山腰掩抱，寺舍可安”则指出建筑的选址原则与要求；“主峰最宜高耸，客山须是奔趋”则表明山体选择的主次之别；“水断处则烟树，水阔处则征帆。临流石岸，欹奇而水痕”则反映了园林营造中的理水方式以及植物与水体之间的联系。王维的《山水论》《山水诀》虽然是画论，但是也反映出文人在营造山水景观时的设计理念。王维所绘的《辋川图》即是山水画与山水园林的最好结合，在空间格局与层次上充分展示出辋川建筑之秀丽、山石之嶙峋、水流之萦回、植物之繁盛。

诗人白居易、杜甫、韩愈、欧阳修、司马光、张讷、何景明等人都曾游历辋川，赋诗作文。自五代起，文人画家盛行临摹王维《辋川图》。关于王维《辋川图》，唐朝朱景玄曾在其著作《唐朝名画录》这样评价道：“山谷郁盘，云水飞动，意出尘外，怪生笔端”[①]。明代董其昌也称其为南宗画鼻祖，“文人之画，自右丞始”，宋代苏轼《东坡题跋·书摩诘〈蓝田烟雨图〉》：“味摩诘之诗，诗中有画；观摩诘之画，画中有诗。”[②]王维《辋川图》原画于辋川清源寺墙壁上，其后由于清源寺坍塌不复存于世，但是历朝历代文人临摹《辋川图》数量众多，使得辋川图景得以传承，五代末宋初画家郭忠恕《摩诘辋川图》，南宋末元初书画家赵孟頫《临王维辋川图》，明代“吴门画派”的代表人物沈周绘《辋川图》，吴门四家之一的仇英绘《辋川十景图》等。

3.郭忠恕绘的《摩诘辋川图》分析

郭忠恕绘的《摩诘辋川图》，美国西雅图摹本全图纵29.9厘米，横480.7厘米，描绘了辋川全景。人若进谷入川，则见辋口庄，庄内屋舍俨然，西望山岭华子冈，北侧为遗迹孟城坳。沿辋水向南达文杏馆，三座单体建筑呈品字形排布，左右对称，中为正厅，左右为厢。斤竹岭紧邻其后，竹林茂密，宁静悠扬，与周围木兰柴、茱萸沜组成成林布置的植物景观，并与辋水相映生辉。之后为宫槐陌，槐树与建筑相互映衬，若隐若现。达欹湖则烟波浩渺，开阔宁静，渔船上行其中，南垞北垞遥湖相望，另一重要建筑临湖亭坐落于湖边，与林木、湖水组成景观。湖水

---

① 〔唐〕朱景玄：《唐朝名画录》，温肇桐注，成都，四川美术出版社，1985年，第1版，第16–17页。

② 〔北宋〕苏轼：《东坡题跋·二》，上海，商务印书馆，1936年，第1版，第94页。

南侧为栾家濑，湖东为竹里馆，隐于一片竹海之中，另外坐落于湖边的漆园和椒园也是美丽的植物景观。郭忠恕绘的《摩诘辋川图》大致反映了辋川的空间格局，以山水画的形式赋予了辋川独特的文化属性与精神内涵，向我们展现了一幅唐朝辋川的胜景图，成为研究辋川景的重要依据（如图5.20）。其主要场景如下：

孟城坳：三个断口的古城墙相围合，整体形成“口”字形布局。其土墙夯实，具有不错的防御性与围合性。四棵古榆树和柳树栽种其中，四周环山华子冈，墙内场地宽阔，可供人活动。“古木余衰柳”一句借疏落的古木和枯柳描绘出孟城口衰败零落的景象。此情此景不由使人联想到昔日古树参天、杨柳依依掩映着的雅致别墅的盛景。

华子冈：孟城坳周围，山脉绵延，层峦叠翠，山势环抱盆地平原。落日、松风、草露、云光、山翠这些分散的景物有机地连缀成一个整体。落日西下，微风轻轻掠过松林，图中通过对景观细节的刻画，描绘出一幅有声有色、亦动亦静的艺术画面。

文杏馆：用银杏树木作为横梁，用香茅草搭建房子的屋顶，“品”字形布局，有歇山顶等建筑，位于山涧之间。建筑群前地势平坦，有多棵枯木，作为前导空间。以名贵珍稀的文杏（银杏树）为名，用作建筑材料，自是一个超凡脱俗的理想境界。该图采用艺术象征化的构思手法，洋溢着释情佛意，表达出创作者闲适、悠然之心境。

斤竹岭：位于山腰之上，竹子遍布其上，生机盎然，南侧山丘竹林郁郁葱葱，与北山相望，共同组成秀丽的风景。秀美的竹子映满高峻的山峰，青翠的颜色荡漾在水面的细波上。画作从构思上模仿陶渊明的《桃花源记》的叙述方式，与“忽逢桃花林，夹岸数百步”，见“芳草鲜美，落英缤纷”情景相类似，诗人描述通往斤竹岭的路是“檀栾映空曲，青翠漾涟漪”，把桃树替换成青竹，表现出创作者的隐逸之志。

鹿柴：建于山腰，四周环以嶙峋怪石，南麓设围栏，园中种树木以作分割，其中养有麋鹿。鹿柴融入崇山峻岭之中，显示出因山借势的建造特点。图中刻画出一座人迹罕至的空山、一片古木参天的树林，意在创造出一个空寂幽深的境界。空谷传音，愈见其空；人语过后，愈添空寂。几点夕阳余晖的映照，愈加触发幽静的意境。

木兰柴：顺应山势的层层跌落而形成的瀑布景致。枯木配山石，风骨嶙峋，柴木所搭长桥，跨水流而过，景观峥嵘。图中刻画出傍晚时分夕阳中的自然景物。其亮丽的色彩、幽美的境界，让人眼前不由浮现出一幅绝美的秋山暮蔼鸟归图。

茱萸沜：嶙峋山石密布，层次跌宕起伏，山石之间遍植茱萸，与山势争锋相映，形成独特的景观特色。岸边生长着繁茂的茱萸的深山池沼，散发着茱萸的香味。诗画采用通感的手法，刻画出与众不同的空间体验，日光透过云层，折射到寂静、浓绿的池水上，反衬出茱萸沜冷森、幽暗的冷色调画面。

宫槐陌：背高耸群山而建，柴木、茅草所盖歇山顶，建于台基之上，环以围栏，屋身开敞，柱上置柱头斗拱、柱间斗拱。建筑周围遍植槐树，建筑中坐有两三人，衣着古朴，闲谈饮茶，观景畅聊，古风雅致。小径、宫槐、雨后、落叶等象征秋色的意象，共同营造出秋的萧瑟与寂寥，从中透露出作者清净恬淡的心态。

临湖亭、柳浪、欹湖：临湖亭与欹湖相连，二层楼阁，歇山顶，规模较大，典型的宋式木构楼阁，屋前攒顶尖式的亭子，临湖而设，建筑铺设木制缘侧。三面临湖，与湖岸相连为开阔场地，周围环以栏杆、怪石和柳树；位于临湖亭旁边连接栾家濑的一座小桥边上丛植的柳树，与临湖亭隔岸相望；水面辽阔，被高山峭壁包围，三两舟泛于湖面之上，洞箫声远，长天日暮，湖上回首，山静云飞，描绘出萧瑟哀婉的景象，烘托出离别的气氛。

南垞、白石滩：南垞，群山环绕，树林葱郁，建筑为合院式，三进二院落，建筑风格轻盈通畅，人物房内落座，闲居于内，四周植物根部外露；白石滩，地势开阔，被河水冲击所形成的戈壁浅滩。清浅、明朗、柔和、优美的图面，可见月之明、水之清、蒲之绿、石之白。画面清丽优雅，盎然生机、喜悦之情溢于言外，刻画出归隐生活的悠哉休闲。

栾家濑、金屑泉：栾家濑，山势陡峭，河流湍急，自上而下，泻于欹湖之中，山涧之中，零星点缀植物，景观雄奇；金屑泉、栾家濑的南麓，山涧之间的天然泉眼，且与欹湖相连。图中描绘的情景是：秋日风雨交加，浅浅的溪水在石头上轻快地流动，溪流相互碰撞，水中的白鹭惊起又落下。秋景中弥漫着一种淡雅之气，有一种澄澈、恬静之美。

北垞：北垞，最外围环以陡峭山崖，中为高耸树木环绕，建筑呈工字形的三进院落，中轴对称，体现礼治思想，具有对内内向性，对外防御性的特点，建筑与环境融为一体。湖水北边的小山上，纷乱的树木映衬着朱红的栏杆。曲折绵延的南岸河流上，青林的尽头若隐若现。

竹里馆：竹林依于山侧，竹里馆建在竹林中，房门紧闭的四合院式，竹林之外三面临水，前滩泛一小舟，岸边有人相互照应，刻画出画中人闲适的生活以及情趣，展现了王维归隐后月下独坐、弹琴长啸的悠闲生活，传达出其宁静、淡泊的心情，描绘了清幽宁静、高雅绝俗的境界。

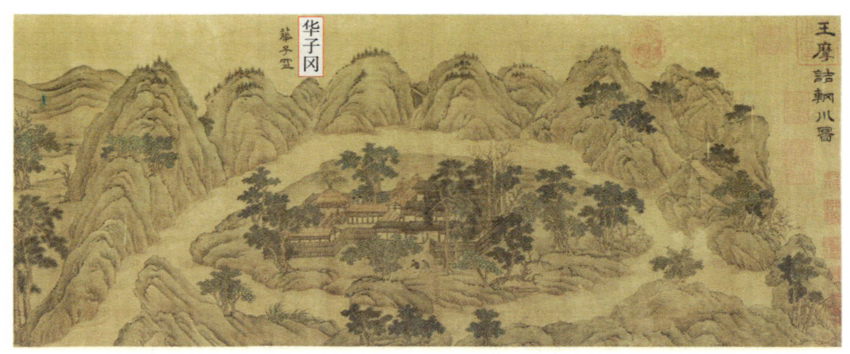

图5.20 〔五代末宋初〕郭忠恕《摩诘辋川图》

续图 5.20 〔五代末宋初〕郭忠恕《摩诘辋川图》

（图片来源：中华珍宝馆）

辛夷坞：辛夷坞，为滨水峭崖，崖势陡峭，近崖处植枯木，远崖处郁郁葱葱，景观雄奇。图中在刻画辛夷花美好形象的同时，描绘出一种落寞的景况和环境。辛夷花开得猩红艳丽，而且又盛开在高高的树梢，俯临深涧，又是那样的高标傲世，由花开到花落，时过境迁，前后境况迥异，由秀发转为零落。画面对比张力明显，却能让人体会到一种对时代环境的寂寞感。

漆园：傍山而建，遍植树木，郁郁葱葱，由三面围栏围成的独立种植园内，种植有大量的漆树。“偶寄一微官，婆娑数株树”，言树“婆娑”，是以树喻人；言人“婆娑”，是喻人逍遥、自得。以此寓意王维在辋川过着半官半隐、避世辞喧、恬淡隐逸的生活。

椒园：地势稍低，一面靠山，两面临崖，入口处围栏围成，种椒树，数量众多，兼具食用与观赏价值。

辋口庄：最外围四面环山，中有水流贯通而过，建筑布局于岛上，两进院落式西侧有宝盔顶亭子与主体建筑以连廊相连，外有篱墙围合院落，岛四周流水环绕，人闲居院中，往来耕作，自成一体。其景致静穆素然，清澈空旷，树木森森，给人以恬淡虚无之感。

表5.4　辋川二十景及其历史记载

序号	景色名称	图像描绘与文献记载
1	孟城坳	据《元和郡县图志·卷一·京兆府蓝田县》载:“思乡城,在县东南三十三里。宋武帝征关中,筑城于此,南人思乡,因以为名。”裴迪诗云:“结庐古城下,时登古城上。古城非畴昔,今人自来往。”可知孟城坳为古城思乡城旧址,布局呈方形,中心平坦,四周为城墙残垣。
2	华子冈	华子冈紧邻孟城坳的山冈,其上松林密布,地势高耸,辋川之景尽收眼底。王维诗云:“飞鸟去不穷,连山复秋色。上下华子冈,惆怅情何极。”
3	文杏馆	文杏馆采用文杏木为主要建筑材料构筑的厅堂建筑,上覆茅草,文杏馆南临飞云山,北望欹湖,是辋川山谷重要的建筑景观。裴迪诗云:“迢迢文杏馆,跻攀日已屡。南岭与北湖,前看复回顾。”
4	斤竹岭	斤竹岭据《重修辋川志》卷二记载:“斤竹岭,一名金竹岭,其竹叶如斧斤,故名。”斤竹岭处于高地之上,紧邻文杏馆,是辋川独特的植物景观。其中有古时蓝田通往东南向的要道,其间竹林成片,繁盛茂密,叶如斧斤
5	木兰柴	木兰柴是位于山岭上的平地。该地木兰树成林,四周有木栅栏围绕,旁有溪水绕行其间,木兰花、山林与溪水相映成趣,飞鸟啼鸣不绝于耳。裴迪的诗作“苍苍落日时,鸟声乱溪水。缘溪路转深,幽兴何时已”,描述的就是木兰柴的景象
6	茱萸沜	茱萸沜是一片生长着繁茂茱萸花的沼泽地,唐代有在九月九日重阳节登高插茱萸以求辟邪消灾或寄托思念的习俗。王维诗句“遥知兄弟登高处,遍插茱萸少一人”(《九月九日忆山东兄弟》),就表达了对兄弟的思念之情,另外王维诗句“结实红且绿,复如花更开”,描绘的就是茱萸沜的景象

续表 5.4

序号	景色名称	图像描绘与文献记载
7	宫槐陌	宫槐陌通向欹湖的道路，路两侧遍植槐树，树影成荫，青苔遍布，幽深宁静。王维曾赋诗："仄径荫宫槐，幽阴多绿苔。应门但迎扫，畏有山僧来。"
8	鹿　柴	鹿砦是辋川另一处重要的植物景观。其林木茂密，四周围有木栅栏。从历代辋川图上可以看出，此处曾驯养麋鹿。麋鹿性情温顺，善于游泳，以青草植物为食。鹿柴呈现出一幅植物、动物共处的和谐景象图。动态与静态相辅相成，成为辋川中与众不同的景观节点。裴迪诗云："日夕见寒山，便为独往客。不知深林事，但有麏麚迹。"
9	临湖亭	临湖亭坐落于欹湖之上，欹湖开阔宁静，烟波浩渺，临湖亭秀丽雅致，凭栏可望湖水、远山之景，也是王维举酒属客、赋诗作文的场所。对于临湖亭，王维诗云："轻舸迎上客，悠悠湖上来。当轩对尊酒，四面芙蓉开。"
10	欹　湖	欹湖是辋川水体景观的主要部分。欹湖水面开阔，渔人船只上行其中，植物、建筑多绕湖布置。"欹"为倾斜之意，欹湖地势西南高而东北低，故名。王维诗云："吹箫凌极浦，日暮送夫君。湖上一回首，山青卷白云。"
11	南　垞	南垞是欹湖旁的一个小丘岭，其中有村民居住，村舍俨然。王维曾乘舟去往南垞并赋诗："轻舟南垞去，北垞淼难即。隔浦望人家，遥遥不相识。"
12	柳　浪	柳浪是欹湖边的一处植物景观。该处景观柳树成林，清风徐来，柳枝如浪般舞动，姿态万千，饶有情趣。古人爱柳，"留""柳"同音，古时有折柳相留的寓意。"渭城朝雨浥轻尘，客舍青青柳色新。劝君更尽一杯酒，西出阳关无故人"(《送元二使安西》)，就表达了这样的情感。王维则赋诗柳浪："分行接绮树，倒影入清漪。不学御沟上，春风伤别离。"不仅描绘了柳树、欹湖相映成趣的景色，也抒发了离别之伤感
13	栾家濑	栾家濑是一段因水流湍急而形成的水景河道。王维诗云："飒飒秋雨中，浅浅石溜泻。跳波自相溅，白鹭惊复下。"裴迪也曾赋诗："濑声喧极浦，沿涉向南津。泛泛鸥凫渡，时时欲近人。"
14	金屑泉	金屑泉周围岩石呈金碧色，泉水涌流，犹如源源不断的金屑流出。据记载，其泉水甘甜可口，王维曾作诗："日饮金屑泉，少当千余岁。翠凤翊文螭，羽节朝玉帝。"

续表 5.4

序号	景色名称	图像描绘与文献记载
15	白石滩	白石滩是欹湖边的石滩，在湖水的冲刷下洁白晶莹，辋川所处的蓝田县盛产美玉。清代周焕寓《游辋川记》也曾描述其"滩际多奇石，五色灿然"。王维诗云："清浅白石滩，绿蒲向堪把。家住水东西，浣纱明月下。"描述了蒲草丛生、奇石遍布的白石滩
16	北垞	北垞与南垞相对，是欹湖北岸的小丘岭，其间树木丛生，并与南垞遥湖相对，也是欹湖主要的泊船地点。王维诗云："北垞湖水北，杂树映朱阑。逶迤南川水，明灭青林端。"
17	竹里馆	竹里馆是辋川另一处重要的建筑，其四周被竹林环绕，建筑若隐若现，环境幽邃宁静。王维曾在此处作诗："独坐幽篁里，弹琴复长啸。深林人不知，明月来相照。"竹里馆也是王维与裴迪吟诗作对、弹琴取乐的场所
18	辛夷坞	辛夷坞是种植大片辛夷成林的岗坞地带，与木兰柴遥遥相望，辛夷形似荷花，具有观赏价值，同时也是中医药材。关于辛夷坞，王维曾赋诗："木末芙蓉花，山中发红萼。涧户寂无人，纷纷开且落。"
19	漆　园	漆园即种植漆树的园地。王维诗云："古人非傲吏，自阙经世务。偶寄一微官，婆娑数株树。"裴迪诗云："好闲早成性，果此谐宿诺。今日漆园游，还同庄叟乐。"
20	椒　园	椒园即种植椒树的园地。王维诗云："桂尊迎帝子，杜若赠佳人。椒浆奠瑶席，欲下云中君。"裴迪诗云："丹刺罥人衣，芳香留过客。幸堪调鼎用，愿君垂采摘。"

辋川二十景以辋川的自然地形风貌为基础，加之人为营建院落楼阁，采用"以画设景，以景入画"的建筑营造手法，巧借山川之起伏、地形之多变，引湖水于堂下，架楼阁于山间，将自然的山水景观和田园生活完美融合。它是写意山水寄情田园的大成之作，开创了写意式山水园林的先河。其因借自然、巧夺天工的园林营造手法，对后世的园林布局以及景观营造产生了深远的影响。《辋川图》以欹湖为中心，将辋川之景向外延展，细致入微地予以刻画，再现了亭台楼榭与自然相融的美景。《辋川图》展现的是一种"居游"的人居环境原型，表达的是一种自由与洒脱的精神世界[①]。中国理想的人居环境原型便是一种"枕山环水"的居住环境。在文人雅客等精英阶层之中，除去居住之外，还存在着游憩的物

① 参见袁利波：《儒释道论议与隋唐学术》，硕士学位论文，曲阜师范大学，2008年。

质生活需求，以及游憩演化发展而来的“游憩文化”，如“曲水流觞的会稽山阴之兰亭”。回归到王维所作辋川别业，便是集“理想人居”与“游憩文化”为一体的理想化“居游”模式，“居游”模式的理想人居环境原型包含着王维的隐逸思想，王维的隐逸精神同样也是盛唐文化的一根标杆，也是这个时代风尚的代表之一[①]。尽管王维的隐逸精神是遗世独立、向往归隐田园，但仍可以从其营造之景、所作之画中读到民族之风、盛世之感。

“居”与“游”分开来讲，前者更注重静态的空间之美，后者更侧重动态的时间感受，非有独特的匠心，不足以弥合其间的分歧。居于亭台楼榭之间，游于山水田园之中。王维之前的山水景观营造，主要沿袭了谢灵运营造“游”景的核心，在辋川之作中，“居”与“游”的分歧才获得了巧妙的弥合。《辋川图》中以“居”的意义为主导，渗透了“游”趣的笔法来写山居体验。以变换不居的“游”趣，体味山“居”之大观，这便是王维山水“居游”体验的独特意趣。“居游”理念在山水诗画创作中日趋深入的影响，是王维成为山水艺术典范的重要基础，塑造了王维登峰造极的山水艺术典范地位。

4.小结

《辋川图》中所体现的隐逸思想与王维的境遇有着莫大的关系。幽居辋川、遗世独立所衍生的“辋川情节”，体现在王维经历官场沉浮后的“隐逸”思想，辞别朝堂，归隐山林后，寄情山水，悠闲洒脱，以闲适、淡泊的心态去体会自然之博大。传世的《辋川图》不仅营造了这种意境，更是一种禅境的表达。居深山中，游于幽涧之上，观山川之胜景，察自然之无穷，心静如水地修身悟道。面对现实仕途的失意，文人雅客通过寄情山水来求得解脱，不仅是外在追求的改变，更是自身心境的超脱，后世所追求辋川情节，更是追求王维居辋川之时寄情山水、遗世独立的自我修为的状态。

三、因山为陵——昭陵、乾陵

盛唐时期，皇家园陵的选择上采取遵循旧制的方法，完全模仿西汉的寝陵方式，但抛弃了西汉的陵邑制度。唐代陵墓位置相对集中，其中18人都埋葬在咸阳所属的县域之中。其中最出名的就是唐太宗的昭陵以

① 参见罗蓉:《王维诗歌的隐逸思想研究——浅析王维居辋川所作诗歌》,《唐山文学》2018年。

及高宗与武则天合葬的乾陵，其所处的地理位置与环境的把控，都将中国墓葬水平推上了新的高度。唐陵大多因山为陵，后期因为经济原因也有采用封土为陵形式的。从唐代开始，另一项遵循旧制的方式就是设置陵县，从昭陵开始中央设置直接管辖皇陵的部门，保证皇陵周围的环境不受破坏，从地方设置陵县来对皇陵进行修缮与守卫，比较出名的就是礼泉县与乾县，且这些县城的设计也在一定程度上可以庇护长安城。我们由此可以发现，在都城的设计中，作为纪念性的皇家陵墓区域，是不可或缺的部分。

（一）唐代陵墓制度——昭穆葬法

1.唐代陵墓整体布局

唐王朝共有21位皇帝，除唐末二陵外，其余18座陵墓（唐高宗李治与武则天合葬于乾陵）均分布在渭河以北北山山脉各山峰的南麓，称之为“唐十八陵”。唐初，吸取堆土为陵容易被盗的历史教训，从昭陵起就确立了因山为陵的形制，后因唐国力衰弱，也有应用封土为陵形式的。唐十八陵（图5.22）整体处于群山环绕的相对封闭的空间之内，完全符合东晋郭璞所著《葬经》中重视“藏风纳气”的选址观，其将陵塞参差布置于有“龙盘凤翔之势”的冈峦之上，实现了自然景观与人文景观的有机联系，充分体现了中国古代“天人合一”的宇宙观。相比较西汉帝陵，因山为陵的唐陵地势更高，气势更威严，更加重视山、水的形势布局[①]。

唐陵布局沿着西南至东北的走势，在唐十八陵的西北尽端的“乾”位是乾陵，东北方向的尽端则是泰陵，形成以唐长安为基点的扇面。布局方面，遵循“敬其所尊，爱其所亲，事死如事生，事亡如事存，孝之至也。依事死如事生”[②]的设计理念，唐陵较为尊崇先代陵墓的布局手法，与汉代陵墓布局一样，与都城在空间上相关联；在陵墓设计建造上，自秦汉始，就把都城模式搬迁到了陵墓的设计上。今天我们站在每一座唐陵之上，皆可望长安，反之在长安也可望见诸陵。《新唐书·魏征传》载：“文德皇后既葬，帝即苑中作层观，以望昭陵，引征同升，征孰视曰：‘臣眊昏，不能见。’帝指示之，征曰：‘此昭陵邪？’帝曰：‘然。’

① 参见张建忠：《中国帝陵文化价值挖掘及旅游利用模式——以关中三陵为例》，博士学位论文，陕西师范大学，2013年。

② 〔西汉〕戴圣：《礼记·礼器》，张博编译，沈阳，万卷出版公司，2019年，第1版，第178-195页。

征曰：‘臣以为陛下望献陵，若昭陵，臣固见之。’帝泣，为毁观。”[①]唐代帝王希望以这种方式缅怀先人，为此在选址时，选取的山脉都在渭北平原的南部，都是距离长安城最近的山脉，使得在长安的人，皆可望北山。在选址方面，祖陵永康陵选址在长安城大明宫中轴线的延长线上，效仿汉惠帝安陵位于汉长安城西墙的延长线上。虽然在陵墓单体上，摒弃了秦汉帝陵东西方向的朝向布局，而采取坐北向南的布局，但在唐代陵墓的总体布局上，也是效仿了汉代陵墓从东北到西南的布局与走向，并且在位置上二者呈平行关系。布局所寄托的思想是：虽然王朝不断更迭，江山却永恒传承。

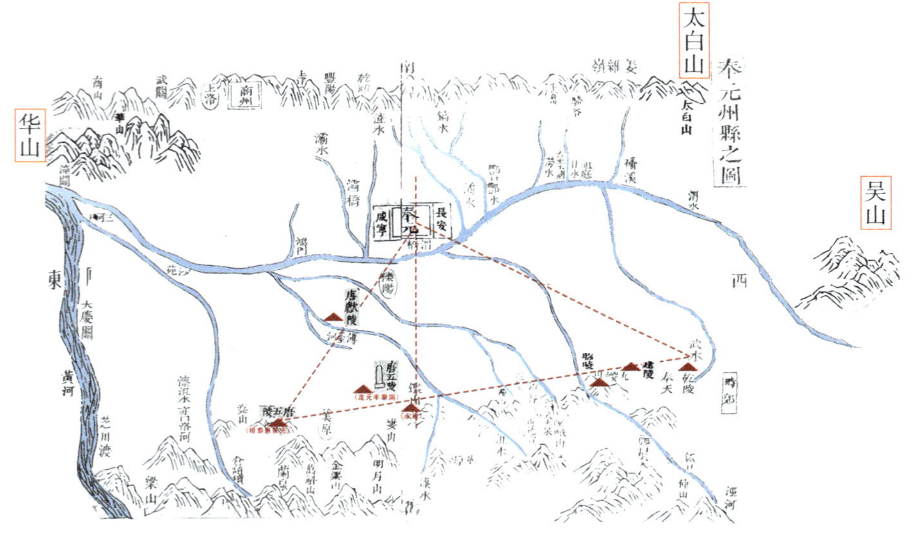

图5.21　奉元州县图

（图片来源：〔元〕李好文《长安志图》）

2.唐代陵墓昭穆位置

我国许多学者都对唐代陵墓及其空间布局形式做出过研究，沈睿文先生认为，以玄宗泰陵为一个时间点，在此前唐陵模拟北魏北邙陵墓的鲜卑葬俗布局，在此以后唐陵均按以泰陵为祖陵的“宫姓昭穆葬法”布局[②]。胡进驻先生认为，历代唐帝父子反复利用始祖墓唐太祖李虎永康陵

① 〔北宋〕欧阳修、宋祁：《新唐书·卷九十七·列传第二十二》，上海，汉语大词典出版社，2004年，第1版，第2531页。

② 参见沈睿文：《唐陵的布局：空间与秩序》，北京，北京大学出版社，2009年，第1版，第59–117页。

作为基点，以昭穆左右对称布局，形成若干组“一祖一昭一穆”的三墓制组合[①]。秦建明等先生则从地理空间方位的角度分析，指出太祖永康陵在大雁塔—大明宫的轴线之上，世祖兴宁陵、高祖献陵分居永康陵两侧，形成三代一组的昭穆秩序[②]。于志飞、王紫微先生认为，唐代陵墓有着较为独特的昭穆秩序，不光三代一组有联系，且与永康祖陵也有联系。这些研究都对唐陵的区域定位有着重要意义。

《周礼·春官·冢人》记载：“先王之葬居中，以昭穆为左右。”[③]郑玄注：“先王之造茔也，昭居左，穆居右，夹处东西。”“昭穆”制度，自古就是家族宗庙牌位的布局，摆放位置和次序以周代天子七庙为例，自始祖之后，父为昭，子为穆，二世、四世、六世，牌位放置在左方，称“昭”；三世、五世、七世，牌位放置在右方，称“穆”，坟地葬位的左右次序也按此规定排列。隋唐时期更注重礼学的发展，官方推出了许多修礼，最具代表性的就是隋炀帝时修编的《江都集礼》和《唐会要》里的《五礼篇目》，在《江都集礼》中提到古者宗庙之至，外为都宫，内各有寝庙，别有门垣，太祖在北，左昭右穆，依次而南，可以看到唐代恢复了前朝昭穆礼制[④]。随后在唐大历和太和年间，重修了包括《周礼》《礼仪》等九经，带动了礼制在唐代的发展。

唐代沿袭了昭穆礼制，以永康陵为祖陵，昭陵和乾陵都居于祖陵的同侧，形成了一祖两昭一穆。关于这一点，于志飞和王紫微先生认为，唐陵采用了逐代分组的方式确定“昭穆”，永康陵为开始，以三代为一组，首代陵居中，二、三代位于两侧，形成六组体系完整的昭穆组合，体现出中国传统礼法的尊卑制度。第一组，太祖永康陵—世祖兴宁陵—高祖献陵；第二组，太宗昭陵—高宗乾陵—中宗定陵；第三组，睿宗桥陵—玄宗泰陵—肃宗建陵；第四组，代宗元陵—德宗崇陵—顺宗丰陵；第五组，宪宗景陵—穆宗光陵—文宗章陵；第七组，宣宗贞陵—懿宗简陵—僖宗靖陵。其中以永康陵为中心，前三组（第一、二、三组）中，首组为祖、次组为昭、三组为穆；后三组（第四、五、七组）中，四组为祖、五组为昭、七组为穆，是前三组九陵排位后的新一轮排位，由此构成唐二十陵空间。而第六组敬宗庄陵、武宗端陵墓主为兄弟关系，由

① 参见胡进驻：《中国古代高级贵族陵墓区规划制度浅探》，《华夏考古》2016年第1期。

② 参见秦建明、姜宝莲：《唐初诸陵与大明宫的空间布局初探》，《文博》2003年第4期。

③ 杨天宇：《〈周礼〉译注》，上海，上海古籍出版社，2004年，第1版，第322页。

④ 参见乔辉：《历代礼图文献研究》，西安，陕西人民教育出版社，2016年，第1版，第81-107页。

于发生同辈继位，陵墓秩序被打破[①]。依照上文中提到的整体空间关系，笔者认为唐代的逐代分组的“昭穆”关系还是较为可信的。我们可以看到，在奉元州系之图里面，唐陵集中在七个部分，分别是乾陵、建陵、昭陵、永康陵、富平唐五陵（包括定陵、元陵、丰陵、章陵、简陵，自西向东分布）和蒲城唐五陵（包括自西而东有桥陵、景陵、光陵、泰陵和地处台塬的惠陵）。

（二）唐昭陵——山阙与天阙

1.唐昭陵概述

昭陵是唐太宗李世民与文德皇后长孙氏的合葬陵墓，位于陕西省礼泉县东九嵕山的主峰。九嵕山山势突兀，南面相隔关中平原，远处可望太白山与终南山，两侧群山层峦叠嶂，分布着九道山梁，古代称之为嵕，因而得名九嵕山。因山势陡峭，人员往来不便，故顺山势架设栈道，悬绝百仞。据《太平寰宇记》云：“醴泉县唐太宗昭陵，在县西北九嵕山六十里。”[②]昭陵建造时间从唐太宗时期到玄宗时期，历经了106年，太宗之后也不断地进行修缮整改，无论是选址还是规模都是唐代具有代表性的一座帝王陵墓。昭陵最著称的是其气势磅礴的陵园建筑，效仿了唐长安城的格局，分为皇城、宫城和外郭城。

2.唐昭陵布局形式

唐昭陵的整体格局及其周边环境营造可从古代文献当中窥其全貌。据《长安志图》载：“昭陵之因九嵕，中峰特起，上摩烟霄，冈阜环抱，有龙蟠凤之状，以九嵕山山峰下寝宫为中心点，四周回绕墙垣，四隅建立楼阁，周围十又二里。”[③]又据北宋王溥《唐会要》云：“昭陵在京兆府醴泉县，因九嵕层峰凿山南，西深七十五尺为元宫，山旁岩架梁为栈道，悬绝百仞，绕山二百三十步，始达元宫门，顶上亦起游殿……后有五重石门，其门外于双栈道上山起舍，宫人供养如平常，及太宗山陵毕宫人亦依故事，留栈道准旧。”[④]

从唐昭陵图可以看出，昭陵在选址与营建时，依山就势，将山陵与建筑群体有机地结合，形成中峰傲然耸立、两边左右环抱之景观。在整

① 参见于志飞、王紫微：《从“昭穆”到长安——空间设计视角下的唐陵布局秩序》，《形象史学》2017年第1期。

② 〔北宋〕乐史：《太平寰宇记·卷二十六》，北京，中华书局，2007年，第1版，第562页。

③ 〔元〕李好文：《长安志图》，西安，三秦出版社，2013年，第1版，第46页。

④ 〔唐〕王溥：《唐会要·卷二十》，上海，上海古籍出版社，2006年，第1版，第458-462页。

体布局上，其既强调陵墙以内空间作为宫城属性的内向性，同时又将外围陪葬区的广袤平原纳入营建体系之中，并在外重垣内植柏树、立界标以“立封”。与此同时，其还通过神道的营建，以营造皇家陵墓的威严气势。同时在整体尺度的布局上面，左右双峰在整体布局之中也形成了门阙的形式，透过一层又一层的对称布局形式，加强了中轴的神道以及对称布局的形式。正如元代李好文《长安志图》赞曰：“余观自古帝王奢侈厚葬，莫若秦皇、汉武，工徒役至六十万，天下赋税三分之一奉陵寝，秦陵才高五十丈，茂陵四十丈而已，固不若唐制之因山也。昭陵之因九嵕，乾陵之因梁山，泰陵之因金粟堆，中峰特起，上摩烟霄，冈阜环抱，有龙蟠凤之状；民力省而形势雄，何秦汉之足道哉。”[①]此外，为了纪念自己的开国功臣，唐太宗将常骑乘破敌的六匹骏马——“拳毛”“什伐赤”“白蹄乌”“特勒骠”“青骓”“飒露紫”，做成青石浮雕列于陵前，被称为“昭陵六骏”，使得陵墓更为庄严肃穆。

在陵园的营建方面，唐昭陵开创了因山为陵的先河，随着山势走向营建，陵园依照长安城的形式开四门，并对应南朱雀、北玄武、东青龙、西白虎方位，四门位置与陵墓地宫的正方向相对。唐陵的布局与长安城的布局类似，昭陵包括郭城、皇城和宫城三个部分，都属于坐北朝南的布局，每座门内均有献殿，门外有双阙、双兽。朱雀门为其正门，其前有神道通向南部的双乳台[②]，第一道门和第二道门之间的神道石刻，象征皇城中的百官衙署，神道两侧对称放置着石刻华表、翼马、鸵鸟、石人等，象征着皇帝的仪卫。乳台向南还有阙台，二台之间为陪葬区，象征郭城中的里坊的贵族宅邸。[③]

3.《唐昭陵图》的图像研究

根据九嵕山和与渭河之间的方位关系，推断出方位，如图5.22所示。以山水格局、空间类型为依据，图面中置入方格网，确定网格的基准点和核心单元块，并依据核心单元块赋予网格模糊尺度。通过网格所形成的模糊尺度，明确各个地理要素、核心景观之间的位置与距离。唐昭陵图依据由外到内祭祀的空间流线，景观要素均匀分布在各个组团之中，以九嵕山陵园为核心单元格，确保景观要素都在单元格之中，且分布均匀。

① 〔元〕李好文:《长安志图》,西安,三秦出版社,2013年,第1版,第46页。

② 参见潘谷西:《中国建筑史》,北京,中国建筑工业出版社,2009年,第6版,第145-146页。

③ 参见中华人民共和国住房和城乡建设部:《中国传统建筑解析与传承·陕西卷》,北京,中国工业出版社,2017年,第1版,第42-47页。

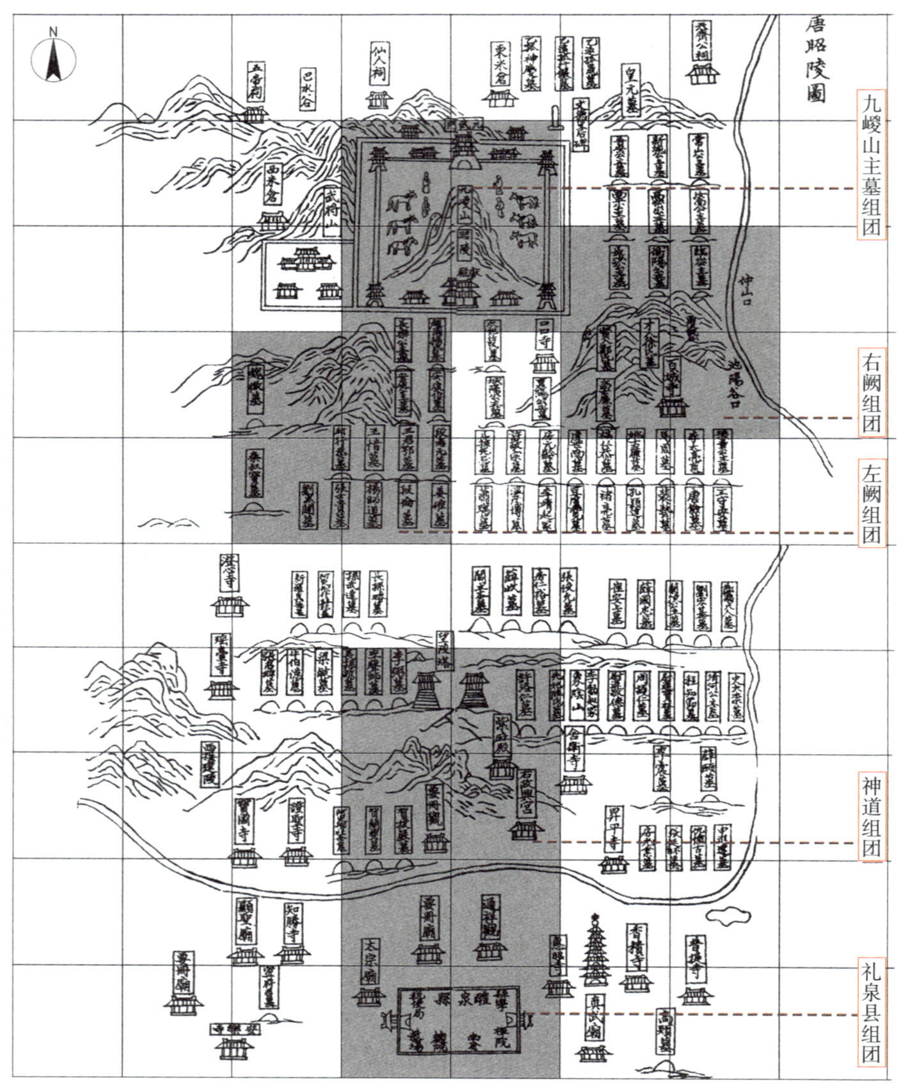

图 5.22　唐昭陵图

（图片来源：据〔元〕李好文《长安志图·唐昭陵图》改绘）

对“图像”中的场景进行划分，并辨识游走的路径与空间流线。唐昭陵可分为礼泉县组团、神道组团、左阙组团、右阙组团，以及九嵕山陵园组团。

（1）九嵕山陵园组团

该组团位于九嵕山上，主要景观有乳台、神道石刻、献殿、玄宫等。陵园是陵体周围神墙范围以内的区域。唐陵的陵园分内外两重，内外区之间以大体呈正方形的神墙区分开来。作为山陵，因神墙沿山脊走向而筑，多依地形有所变化。陵体是陵的中枢部位——玄宫的保护设施，唐陵的陵体有方锥形土冢覆斗形和山体两种，特别是后者，以自然的山峰作为陵体，因而称之为“山陵”，这是唐陵与其他时代的陵墓不同之处。献殿是举行陵祭仪式的地方，建造在陵园的南门之内。南门通常设置于玄宫墓道正南面，所以献殿恰好在玄宫——南门一线上，若从这里看陵体，献殿恰在土冢或玄宫穿凿的崖面的正对面。蕃酋像是臣服于唐王朝的西方诸国的国君像，从太宗昭陵开始出现，后见于乾陵、泰陵、崇陵、简陵等陵。乳台修建在神道石刻之南，鹊台建在下宫之南，这两组阙都是三出阙，左右对称排列在以神道为准的中轴线两侧。乳台是陵园外区的南门，鹊台则是陵域的兆门。南门阙、乳台、鹊台是神道中轴线上递进的三对阙，这种设计使得陵的正面有一种递进的层次感，是承袭并发展了的汉代陵制，在此后延续至北宋。

（2）左阙组团与右阙组团

九嵕山前的左阙山，主要景观有魏征墓、秦叔宝墓、长乐公主墓和安康公主墓等。九嵕山前的右阙山，主要景观有长沙公主墓、临川公主墓、衡阳公主墓和百城寺等。

唐昭陵依九嵕山凿山建陵，并实行陪葬制度，将大量的皇亲贵戚、文武大臣之墓穴陈列于左右，形成相拥之格局。据北宋王溥《唐会要》有云：“贞观十一年十月，诏曰：‘诸侯列葬，周文创陈其礼；大臣陪陵，魏武重申其制。去病佐汉，还奉茂陵之茔；夷吾相齐，终托牛山之墓，斯盖往圣垂范，前贤遗则，存曩昔之宿心，笃始终之大义也。皇运之初，时逢交丧，谋臣武将等，先朝特蒙顾遇者，自今以后，身薨之日，所司宜即以闻，并于献陵左侧，赐以墓地，并给东园秘器。’”①

贞观十一年（637年）二月二日制《九嵕山陵诏》，诏曰：“又佐命功臣，义深舟楫，或定谋帷幄，或身摧行阵，同济艰危，克成鸿业。追念在昔，何日忘之！使逝者无知，咸归寂寞；若营魂有识，还如畴曩，居止相望，不亦善乎！汉氏使将相陪陵，又给以东园秘器，笃终之义，恩意深厚。古人之志，岂异我哉！自今已后，功臣密戚及德业尤著，如有薨亡，宜赐茔地一所及给以秘器，使窀穸之时丧事无阙。所司依此营备，称朕意焉。”②贞观二十年（646年）八月二十八日，又下诏曰：“周室姬公，陪于毕陌；汉廷萧相，附彼高园。宠赐坟茔，闻

① 〔唐〕王溥:《唐会要·卷二十一》,上海,上海古籍出版社,2006年,第1版,第484页。

② 〔唐〕王溥:《唐会要·卷二十一》,上海,上海古籍出版社,2006年,第1版,第484页。

诸上代；从窆陵邑，信有旧章。盖以懿戚宗亲，类同本之枝干；元功上宰，犹在身之股肱。哀荣之契实隆，始终之义斯允。今宜聿遵故实，取譬拱辰，庶在鸟耘之地，无亏鱼水之道。宜令所司，于昭陵南左右厢，封境取地，仍即标志疆域，拟为葬所，以赐功臣。其有父祖陪陵，子孙欲来从葬者，亦宜听允。”①太宗制定的可以子孙三代陪葬于昭陵，在唐代后世的百年中，始终有人陪葬在昭陵，并以此为家族的荣耀。

昭陵陪葬墓由于其规格与人数盛况空前，在近代很多学者进行了研究，对其陪葬形制产生了很多讨论。学者姜宝莲认为，在昭陵陪葬墓中即便有个别特殊现象，也还不能否定“左文右武”的分布规律。②沈睿文在认同这种理论的同时，提出在总体规则上满足“左文右武”，但还存在一些其他原则，但沈并未展开论述。沈睿文认为，唐代陵墓对称式的空间布局，就是阴宅效仿了阳宅的布局，例如昭陵的空间布局形式受到了长安城布局（宫城与皇城）的影响。但内部节点空间与长安皇城布局是相反的，这是为了区分阴宅与阳宅之间的区别。还有一部分学者则认为，“左文右武”的原则并未出现在唐代陵墓的陪葬体系之中，关于陪葬坑的位置分布总体依据入葬的时间排列。学者程义认同这种观点，对于“左文右武”分布提出了质疑。首先，通过现存资料发现如杨恭仁墓、李靖墓、李孟尝墓等墓并未依据此种法则分布。其次，在开国初期，势必产生文将与武将的人数不均衡的状况，继而破坏墓葬本身左右对称的情况。③因此程义判断，陪葬墓的位置按时间先后由北向南依次入葬。

（3）神道组团

该组团位于九嵕山山前，主要景观有望陵塔、紫麻殿、舍卫寺和右政兴宫等。神道即陵园正面的御道。在唐陵中都设在献殿之南的南门外，神道两侧夹峙排列着石刻。下宫是陵的管理署以及谒陵时的住所，建在鹊台以内的神道西侧。下宫最初称为寝宫置在陵体近旁，具有供陵主灵魂起居的功能。皇帝在陵域内赐皇族勋贵以葬地，使他们埋葬在陵主附近，谓之“陪葬”。

（4）礼泉县组团

该组团位于九嵕山以南，主要景观有礼泉县、太宗庙、要册庙和通祥观等。

从上可见，唐陵吸收了长安的布局形式，陵寝的环境实现了“事死

① 周绍良：《全唐文新编·卷八》，长春，吉林文史出版社，1999年，第1版，第81页。

② 参见姜宝莲：《试论唐代帝陵的陪葬墓》，《考古与文物》1994年第6期。

③ 参见程义：《关中地区唐代墓葬研究》，北京，文物出版社，2012年，第1版，第2–48页。

如事生”的文化理念，体现了封建社会君主至高无上的权力，陵墓成为传达封建礼制思想的重要工具。唐昭陵在“规画”与营建中，以自然环境与陵墓融为一体的整体性为原则，追求山川形胜与陵寝建筑组群的有机结合，并加之石刻、石像对祭坛、神道的点缀，取得了“民力省而形势雄”的效果。

（三）唐乾陵——“天阙模式的重现”

1.唐乾陵概述

乾陵是唐高宗、武后的陵墓，位于乾县城西北之梁山，清雍正《重修陕西乾州志》云：“（乾陵）在州西五里梁山。”[①]民国《乾县新志》中亦记载，“梁山横亘于县北，距城五里，为境内各山之祖脉。旧志称，‘高三百七十四丈，周九里，广二里。唐高宗乾陵所在’。”[②]且“秦始皇建宫城于上。石如文锦，故名织锦城。唐高宗葬于山之巅，曰‘乾陵’。武后殁，亦附葬焉。俗呼‘姑婆陵’。”[③]清雍正《重修陕西乾州志》中道，“文明元年，析礼泉，始平好畤、武功、邠州之永寿五县地置奉天县，奉乾陵。”[④]《新唐书·武后本纪》载，“文明元年，一作中宗嗣圣元年，八月庚寅，葬天皇大帝于乾陵。”[⑤]《新唐书·中宗本纪》载：“神龙二年，葬则天大圣皇后。”[⑥]除主墓外，乾陵亦有十七个小型陪葬墓，包括永泰公主仙蕙墓、懿德太子重润墓、章怀太子贤墓、许王素节墓、泽王上金墓、义阳公主下玉墓等。

2.唐乾陵的空间布局与图像研究

乾陵为帝王之陵墓（图5.23），其选址十分考究，梁山气魄壮观，“正南两峰并峙，北一峰最高，东与九嵕山比峻，北与五峰山相映，南与太白终南遥拱。”[⑦]陵区内之景况亦十分雄壮，陵园建筑效仿了唐长安城格局设计营建，内城墙设有四座大门。东称青龙门，西曰白虎门，南谓

---

① 〔清〕拜斯呼朗:《重修陕西乾州志·卷三·陵墓》,清雍正五年(1727)刻本。

② 田屏轩:《乾县新志·卷九·古迹志·陵墓》,西安,西京克兴印书馆,1941年,第1版,第118–119页。

③ 〔清〕拜斯呼朗:《重修陕西乾州志·卷三·陵墓》,清雍正五年(1727)刻本。

④ 〔清〕拜斯呼朗:《重修陕西乾州志·卷三·陵墓》,清雍正五年(1727)刻本。

⑤ 〔北宋〕欧阳修、宋祁:《新唐书·卷四·武后本纪》,上海,汉语大词典出版社,2004年,第1版,第81页。

⑥ 〔北宋〕欧阳修、宋祁:《新唐书·卷四·中宗本纪》,上海,汉语大词典出版社,2004年,第1版,第83页。

⑦ 田屏轩:《乾县新志·卷九·古迹志·陵墓》,西安,西京克兴印书馆,1941年,第1版,第117–120页。

朱雀门，北为玄武门，起到“御四方，辟不祥”的作用。外城墙内还设有献殿、回廊、阙楼，以及供奉狄仁杰等六十位朝臣像的祠堂建筑。宋元祐年间，防御推官赵楷为乾陵写记曰：“乾陵之葬，诸蕃之来助者何其众也。武后曾不知太宗之余威遗烈，乃欲张大夸示来世，于是录其酋长六十一人，各肖其形，镌之琬琰，庶使后人皆可得而知之。”[①]明代宋廷佐《游乾陵记》描述乾陵之景象：“正德乙巳，重九日，予偕二三子游于梁山。山在郡城西北，唐高宗武后葬是，名乾陵。陵正南两峰对峙，上表双阙，曰‘朱雀门’。内列石器，首华表二，次飞龙马二，朱雀二，马十匹，仗剑者二十人。次二碑，东碑无文，间刻前人题名；西碑文曰《述圣记》，后自制也。碑制四方如局，俗曰七节碑，今仆矣！次双阙，陵之内城门也。大狮二，南向。左右列诸蕃酋长像，左之数二十有八，右之数三十，今仆竖相半，背有刻，皆剥落，不可读。论者谓太宗之葬，诸蕃酋长来助者甚众。武后不知太宗之余威遗烈，乃欲张大其事，刻之以夸耀后世是也。复北行，抵后山下，并麓而西曰‘白虎门’，北曰‘元武’，东曰‘青龙’，皆表双阙，树石器。”[②]

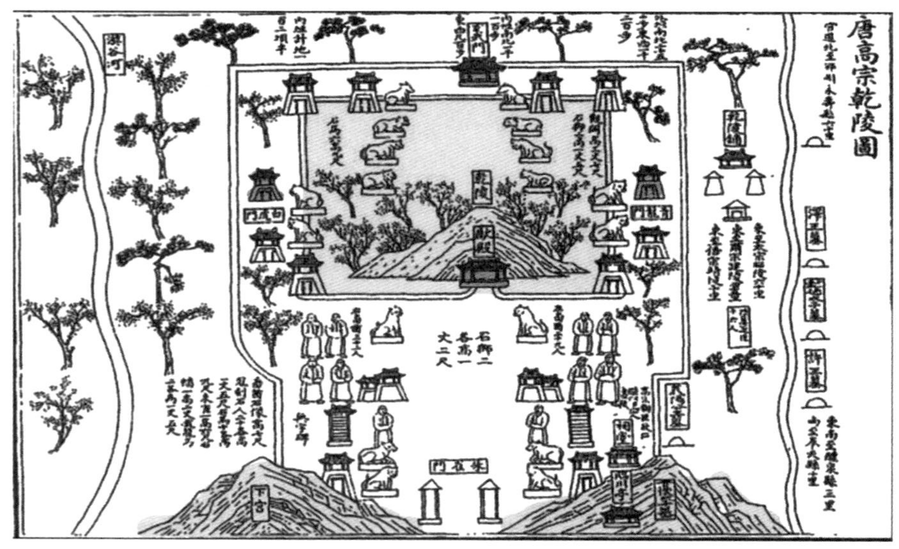

图5.23　唐高宗乾陵图

（图片来源：据元·李好文《长安志图·唐高宗乾陵图》改绘）

---

① 〔元〕李好文：《长安志图》，西安，三秦出版社，2013年，第1版，第48-49页。

② 田屏轩：《乾县新志·卷十四·文征志·记》，西安，西京克兴印书馆，1941年，第1版，第9页。

此外，还有许多后人对乾陵的感慨怀思之语，或为文，或作诗，以寄繁华落尽后之感慨。如明代胡松在《与乡中知旧书》中云："出乾州北数里，经乾陵，则天葬处也。所遗石翁仲人物杂卧土石草树间，甚巨且众，则当其盛时，雄丽可想。"[①]明代李梦阳亦有《乾陵歌》曰："九重之城双阙峙，前有无字碑，突兀云霄里。相传翁仲化作精，黄昏山下人不行。蹂人田禾食牛豕，强弩射之妖亦死。至今剥落临道旁，大者虎马小者羊。问此谁者陵，石立山崔嵬，铜铁锢重泉，银海中萦回，巢也信力何由开。君不见金棺玉匣出人世，蔷薇冷面飞尘埃。百年枯骨且不保，妇人立身何草草。"[②]

3.小结

唐初，鉴于前代堆土为陵容易被盗的历史教训，从昭陵起，就确立了因山为陵的形制。陵墓参差布置于有"龙盘凤翥之势"的冈峦之上，实现了自然景观与人文景观的有机联系，充分体现了中国古代"天人合一"的宇宙观。唐太宗以九嵕山建昭陵，并诏令子孙"永以为法"，开创了唐代帝王陵寝制度"因山为陵"的先例。究其原因，因山为陵继承了秦汉封土为陵的形式，为了在地理、气势上压倒秦汉，更加有利于大唐的统治，就采用高于"封土"数倍的山体作为陵墓主体，将玄宫位置设在山腰处，大唐的陵墓由此呈现出一种俯视的态势（图5.24）。陵墓的分布一目了然，唐十八陵包围、俯瞰着西汉十一陵。因山为陵毕竟过于受地形限制，且工程之繁难非事先可预料，故难以长久流行。到唐王朝灭亡时，这种做法随之烟消云散。

① 田屏轩:《乾县新志·卷十四·文征志·书》,西安,西京克兴印书馆,1941年,第1版,第15页。

② 田屏轩:《乾县新志·卷十四·文征志·书》,西安,西京克兴印书馆,1941年,第1版,第29页。

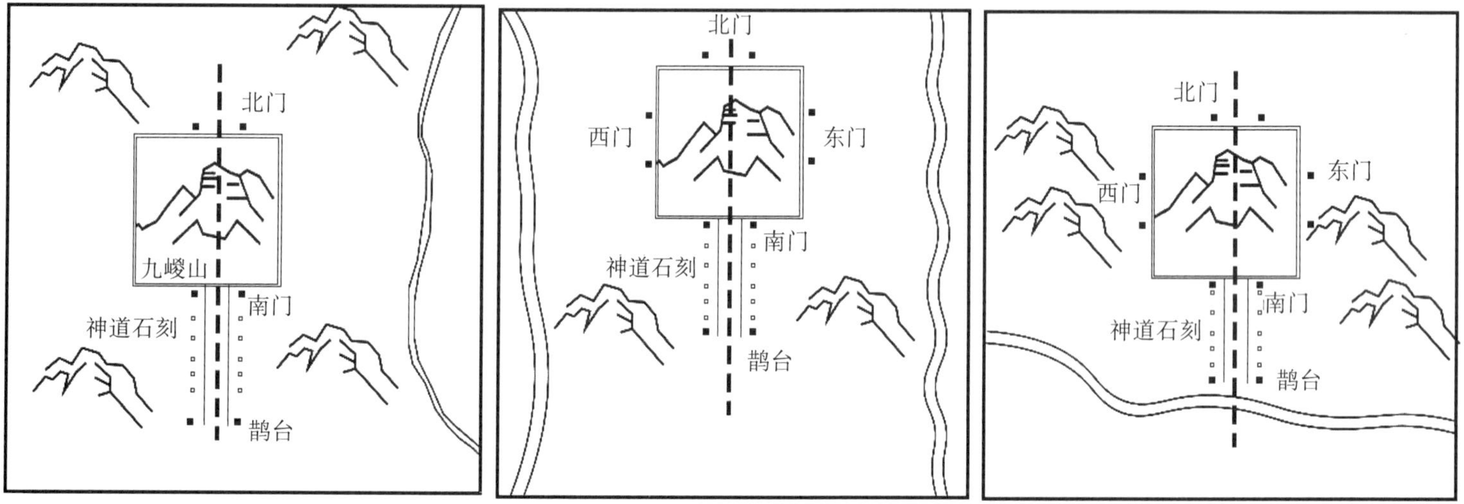

图 5.24　唐昭、乾、建陵模式简图

（图片来源：作者自绘）

第六章　唐长安风景园林的文化模式

风景园林文化模式产生于中国先民对理想生活环境的认知，凝聚着先民们对于人间仙境、道德伦理等方面的追求。它从诞生以来，就有着中华民族深厚的文化基因，被流传千年而得到了不断的完善、演绎和进化，是古代先民的认识思想以及内在精神在客观物质世界的呈现，体现出中华民族的文化印记和民族精神。唐长安风景园林不仅应用了历史上的诸多经典文化模式，同时也将这些模式发扬光大，广泛地影响了后世的风景营造体系和营造理念。

唐长安风景园林涉及城市建设的各个方面，按照不同的景观类别，可以分为城市景观、建筑景观、山岳景观、水系景观等，其所体现出具有自然属性或人文属性，能够在审美上引起人们的共鸣。通过对唐长安风景园林案例的总结和梳理，也可以发现唐长安城风景园林营建中大量地运用了文化模式，大多来自昆仑神话中的昆仑山、昆仑台、弱水、玄圃、九州山、蓬莱、瑶池等景观，甚至在后来佛教、道教所形成的景观原型中，都有其最早的对理想景观原型的诠释。这种文化共鸣主要表现在唐长安的风景园林营建中对历代经典景观原型的借鉴，体现出来自中华民族的传统理念、思想价值和审美观念。

景观文化模式都来自人对于自然的认知，例如，周九宫模式来自中国农耕文化的井田制，北辰模式来自农耕时代对星象方位的认知，洞天模式来自人们对盆地环境的认知，蓬莱来自人们对海岛的认知，曲水模式来自人们对黄河九曲的认知，朝山模式、天阙模式来自人们对山岳的认知，五台模式来自人们对须弥山的认知……每种文化模式中都蕴含着人们对自然规律、自然环境的认知和总结，从中形成一种人文化的风景模式和范式。所以，景观文化起源于环境，反映了人们对环境的直接认知，也是人们对生活经验的总结。

本章从唐长安城风景案例出发，从历史空间双向维度对各种风景园林案例进行归纳整理，最终形成16种具有典型代表的文化模式：北辰、九宫、五台、蓬莱、莲池、环水、洞天、天阙、山居、龙池、曲水、四海、五岳、朝山、八景模式等。本章从空间维度对这16种模式进行了案例分析，并从整个历史长河中对该文化模式的形成、演化发展进行了对比研究，探索了中国古代风景园林营建的历史源流和发展脉络（表6.1），梳理了风景园林文化模式及其特征（表6.2）。

表6.1 唐长安风景园林的文化模式的历史源流

序	名称	历史源流
1	曲水模式	黄河九曲〔上古〕—九曲流觞〔周—汉〕—曲水流觞（晋）—曲江池〔唐〕
2	蓬莱模式	东海五山〔上古〕—兰池宫蓬莱三山〔秦〕—建章宫蓬莱三山〔汉〕—大明宫蓬莱山〔唐〕
3	北辰模式	北极星〔上古〕—咸阳城〔秦〕—长安城〔汉〕—华清宫〔唐〕
4	环水模式	昆仑四水〔上古〕—淹城〔春秋〕—长安八水〔唐〕
5	山居模式	巢居与穴居〔上古〕—桃花源、习家池〔晋〕—辋川别业〔唐〕—庐山草堂〔唐〕
6	龙池模式	菏泽龙池〔上古〕—兴庆宫龙池〔唐〕—鱼藻池〔唐〕
7	五台模式	须弥山〔上古〕—五台山〔唐〕—终南山南五台〔唐〕
8	四海模式	《山海经》四海〔上古〕—仙都苑四渎〔北齐〕—太极宫四海〔唐〕
9	五岳模式	大禹名山〔上古〕—五岳封禅〔秦汉〕—仙都苑五岳〔南北朝〕—华岳〔唐〕
10	朝山模式	朝山〔上古〕—建章宫与骊山〔汉〕—大明宫与终南山〔唐〕
11	洞天模式	盆地〔上古〕—五岳洞天〔秦汉〕—十大洞天〔唐〕—终南山洞天〔唐〕
12	天阙模式	黄河龙门〔上古〕—终南天阙〔秦汉〕—金门象阙〔南朝〕—龙门伊阙〔唐〕
13	九宫模式	大禹九州〔上古〕—周九宫〔周〕—华清池九宫〔唐〕
14	八景模式	东阳八咏〔魏晋〕—辋川二十景〔唐〕—永州八景〔唐〕—新昌八景〔唐〕
15	莲池模式	印度庭院七宝池〔上古〕—庐山东林寺莲池〔东晋〕—西明寺莲池〔唐〕
16	高台模式	《山海经》昆仑台〔上古〕—阿房宫〔秦〕—建章宫〔汉〕—大明宫〔唐〕

表6.2　唐长安风景名称与所应用的模式

风景名称	原型及景观文化模式	景观要素
唐长安城	天阙、八水、六爻	石鳖谷、牛背峰、八水、黄渠、丈八渠、龙首原、乐游原、少陵原、蓬莱原
曲江	蓬莱，曲水流觞	凉殿、蓬莱山、紫云阁、曲桥
兴庆宫	龙池	花萼楼、龙池
大明宫	一池三山	太液池、玉藻池、凝碧池、龙首池
太极宫	四海	东、西、南、北海
华清宫	蓬莱	鸿门、长生殿、飞桥、缭墙、汤池、飞霜殿、望仙桥、西施洞、圣母池、钓台
九成宫	蓬莱	紫石瀑、西海、九成宫、山亭、飞桥、碑亭
昭陵	长安模式	神道、石像生、昭陵六骏
乾陵	天阙	神道、石像生、山阙、无字碑
华岳	五岳	三峰、仙掌、岳渎相望台、太乙池、八卦池、石鼓山、东岳庙
终南山	洞天福地	七十二洞、三十六峪
辋川	辋川、桃源	辋川二十景：文杏馆
楼观台	洞天福地	讲经台、超然台
南五台	五台	五台、五峰
长安八景	八景	雁塔晨钟、灞柳风雪、咸阳古渡、太白积雪、华岳仙掌、曲江流饮、草堂烟雾

一、城市、建筑景观文化模式

（一）“九宫”模式

1. 九宫模式释义

九宫，又称为周九宫，常用于城市、宫殿空间格局营造。从“九州八极”之天下，九夫之井田，纵横九里、旁三门、内有九经九纬道路的洛邑王城，到九室、五室之明堂，均可看到九宫图案的身影[①]。九宫模式

① 参见齐洪洲：《舶来与移植——关于清代邮票“九宫图式”的图像解析》，《艺术设计研究》2018年第3期。

形成于相土、卜地、测日景、辨方正位、察识天象等空间定位活动，是一种上古时期的“宇宙图案”或“空间图式”，体现的是古人空间方位的观念，通过确定自身之所在，以之为中央，再确定四方（四维）和四隅的方位。九宫寓意九州，史籍上多有记载，《尚书》曰：“禹别九州……九州攸同。”[①]九州中央是昆仑山，各州内又有小九州，按照九州观念，国家的治理形成了相应的制度。相传大禹治水就是以九宫为准则，将其运用到星象、测量、地理之中，以此治理黄河水患。周代建立了“天子五服，居中为尊”的模式，逐渐演化为宫殿、庙宇乃至城市尺度的空间布局观念，并结合礼乐秩序和尊卑等级文化，形成前后左右对称、四面八方、居中为尊的周九宫模式。该模式作为历代都城、地方城市、宫殿的空间布局的模板和范式，被广泛应用了几千年，同时还出现在中国人衣食住行的各个领域，成为一种中华民族的精神信仰与文化图腾。

2. 九宫模式的历史源流与演化

九宫模式最早源于《河图》《洛书》。《河图》相传为远古时期的孟津县黄河边，有身上带有由花点的神兽构成的图案，后来伏羲依此画八卦，建甲历，定时辰，治理国家。相传《洛书》出自洛宁县洛水，与河图形似，将空间划分为九宫，古人认为其空间图式蕴含着宇宙万物的运行规律，《周易·系辞上》中有：“河出图，洛出书，圣人则之。”[②]《河图》《洛书》是上古时期人类智慧的结晶，以极其简单的图式高度概括出了天地万物发展演化的自然规律，把天、地、人三才放在了一个整体的角度上去把握，其所反映出的万物整体和谐思想是中华民族的文化精髓之一。

九宫模式与城市规划结合所形成的规章制度，最早出现在《周礼》的记载中（图6.1、6.2）。《周礼·考工记·匠人》记载：“匠人营国，方九里，旁三门。国中九经九纬，经涂九轨，左祖右社，面朝后市，市朝一夫……内有九室，九嫔居之。外有九室，九卿朝焉。九分其国以为九分，九卿治之。”[③]《周礼》表述了古代城市规划理想模型，被认为最早的都城规划观念，其规定内九室为寝，外九室为朝，国土也一分为九，以中心统筹全局，形成了九州到九宫的转化。

汉代，九宫结合洛书的特点，有了数理的补充和完善，《洛书》有：“戴九履一，左三右七，二四为肩，六八为足，五为腹心，纵横数之，皆

① 〔春秋〕孔子：《尚书·卷三·禹贡（上）》，北京，中华书局，1986年，第1版，第136页。

② 杨天才、张善文译注：《周易》，北京，中华书局，2011年，第1版，第596页。

③ 杨天宇：《〈周礼〉译注》，上海，上海古籍出版社，2004年，第1版，第665页。

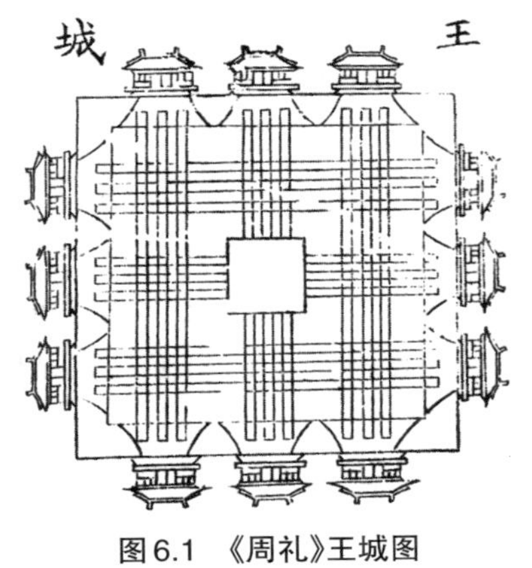

图6.1 《周礼》王城图

［图片来源:〔清〕康熙五十四年(1715年)《三礼图考》］

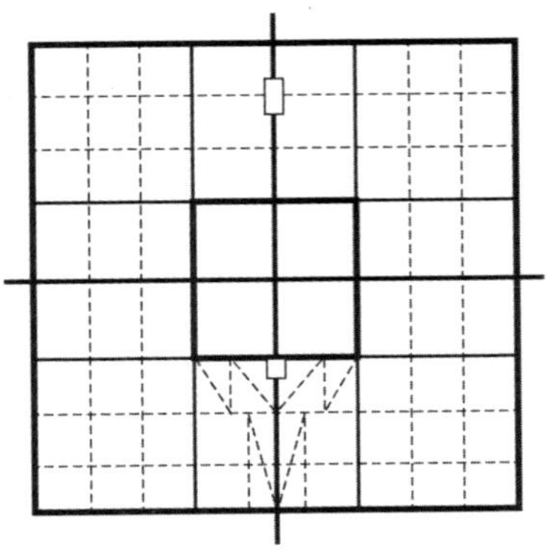

图6.2 王城基本规划结构示意图

(图片来源:作者自绘)

十五。”这个特点正与汉代九宫的特点相符。北周甄鸾在《数术记遗·九宫算》一书中概括九宫的特点说：“九宫者，即二四为肩，六八为足，左三右七，戴九履一，五居中央。”[①]两者是完全一致的。汉代九宫又称明堂九室，见载于《礼记·月令》：“孟春，天子居青阳左个，仲春居青阳太庙，季春居青阳右个，孟夏居明堂左个，仲夏居明堂太庙，季夏居明堂右个。中央土，天子居太庙太室。孟秋天子居总章左个，仲秋居总章太室，季秋居总章右个，孟冬居玄堂左个，仲冬居玄堂太庙，季冬居玄堂右个。”[②]按照礼制，各室不但要与五行相配，还要按照《礼记·月令》的记载依四时五行循环使用不同方位的房间。《大戴礼记·明堂》讲九室分布说：“明堂者，古有之也，凡九室……二九四、七五三、六一八。”[③]后来，汉代学者把九宫与八卦联系在一起，创造了“太一下行九宫图”。

曹魏时期，依据《周礼》的九宫模式和“里坊制”建造邺城，形成了新的城市营建模式，“里坊制”即把全城以坊墙分为若干个独立封闭的“里”进行管理，“里坊制”影响了我国上千年的传统聚居形态，被认为封建社会都城“礼”与“法”结合的产物。荀子曰：“礼者，法之大分，类之纲纪也”[④]，左思《魏都赋》之曹魏邺城有云：“览荀卿，采肖相”，

---

① 参见陈恩林:《河图、洛书时代考辨》,《史学集刊》1991年第1期。

② 〔西汉〕戴圣:《礼记·月令》,张博编译,沈阳,万卷出版公司,2019年,第1版,第119-135页。

③ 〔汉〕戴德:《大戴礼记·卷六十七·明堂》,高明注译,台北,商务印书馆,1977年,第2版,第291页。

④ 〔战国〕荀子:《荀子·卷四·儒效》,沈阳,万卷出版公司,2009年,第1版,第120-121页。

邺城采用了荀子“礼法相济”的规划思想，其宫城里坊、道路的严谨布局等都充分展示了“礼法”制度主导的哲学思想观。

唐长安城参考“周九宫”、曹魏邺城与建康城营造城市格局。长安城宫城位于北部居中，南为衙署，皇城外设有东西二市，里坊呈现出棋盘式布局，共有108坊（玄宗以后为109坊），布局严整。唐长安里坊的这种排列格局并非只是一个对称的问题，而且还蕴含着一定的文化意义。从外廓城北城墙至南城墙，南北一十三坊，象征“一年有闰”；皇城以南东西四坊，象征“一年四季”；南北九坊，象征《周礼》的“王城九逵”。唐华清宫作为宫城，其营建过程中自然遵循了传统周礼九宫营城的思想，在宫城规划上，唐华清宫内宫城分东、中、西三宫区，除中路外，东、西宫区自南向北又划分为三个院落，形成了“周九宫”方正的礼制布局，反映了《周礼》营城中“居中为尊、家国同构”的营建思想。

北宋东京城也依据“周九宫”的九经九纬，内外三城，宫城、皇城居中的礼制布局，设城门十一座，南面三门，东西面各二门，北面四门，因四条运河贯通，另设有水门九座。元大都亦遵照“周九宫”中的“前朝后市，左祖右社”布局。同时，明清北京城继承元大都原有格局，向南继续拓展，形成“凸”字形布局，皇城居中，四面为城门，有护城河作为屏障，宫城前东为太庙、西为社稷坛，城外建日坛、月坛、天坛、地坛，城市中轴线贯穿南北，串联起永定门、正阳门、天安门、端门、午门以及紫禁城内三大殿。

表6.3 “九宫”营造的记载（图像自绘）

名称	历史记载	图像分析
周代九宫	《周礼·考工记·匠人》记载：“匠人营国，方九里，旁三门。国中九经九纬，经涂九轨，左祖右社，面朝后市，市朝一夫。”	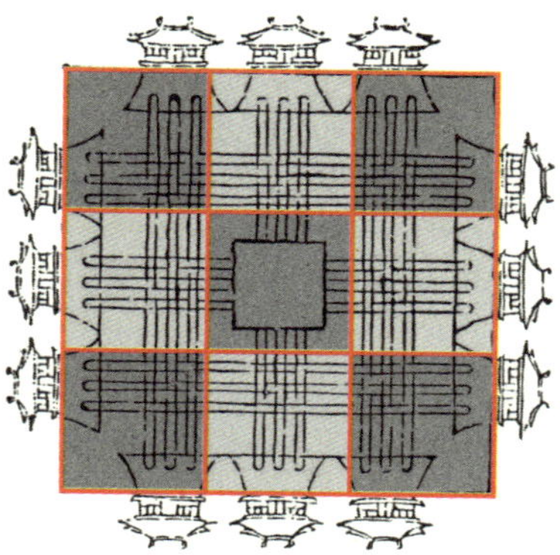

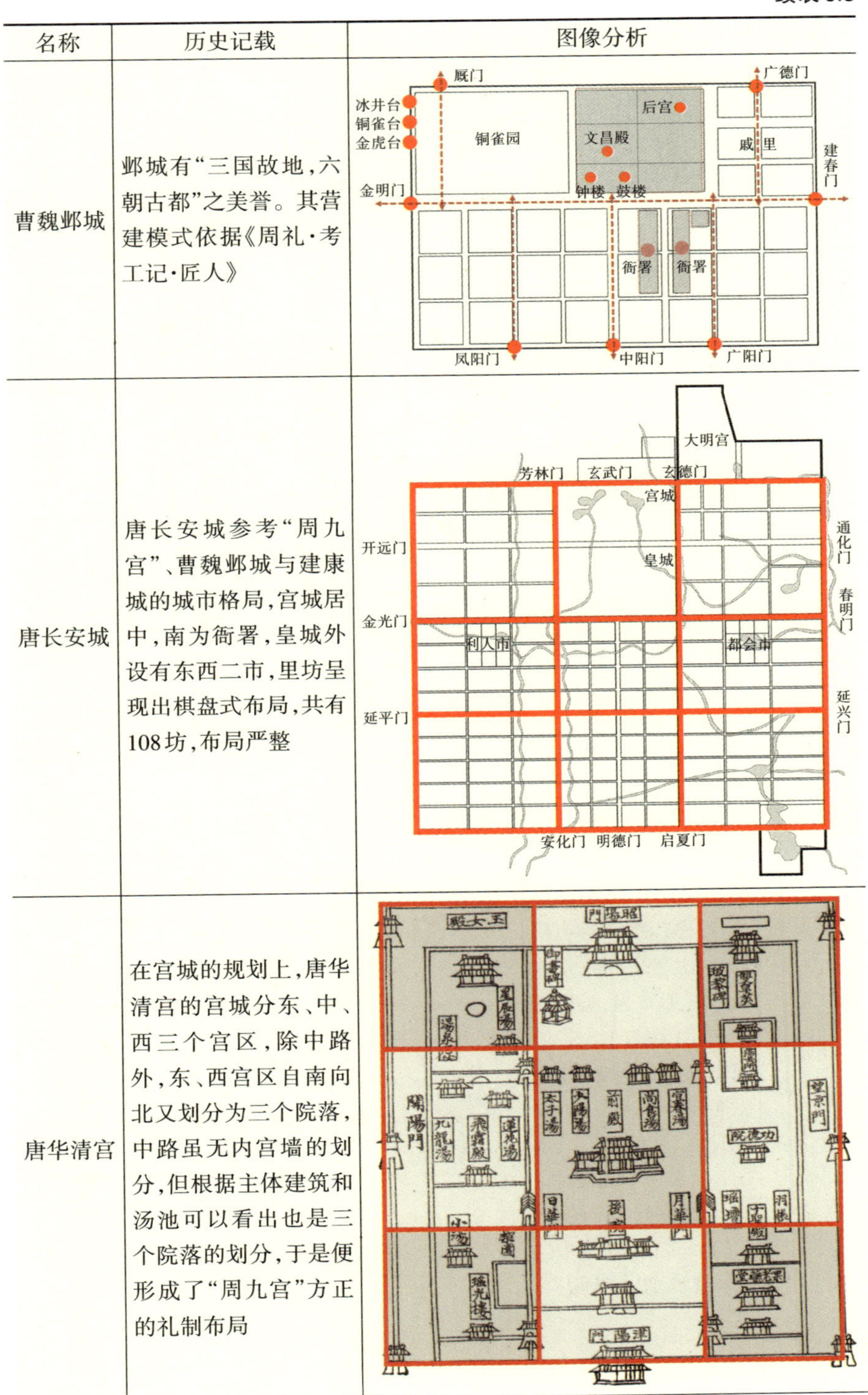

名称	历史记载	图像分析
曹魏邺城	邺城有“三国故地，六朝古都”之美誉。其营建模式依据《周礼·考工记·匠人》	
唐长安城	唐长安城参考“周九宫”、曹魏邺城与建康城的城市格局，宫城居中，南为衙署，皇城外设有东西二市，里坊呈现出棋盘式布局，共有108坊，布局严整	
唐华清宫	在宫城的规划上，唐华清宫的宫城分东、中、西三个宫区，除中路外，东、西宫区自南向北又划分为三个院落，中路虽无内宫墙的划分，但根据主体建筑和汤池可以看出也是三个院落的划分，于是便形成了“周九宫”方正的礼制布局	

续表6.3

名称	历史记载	图像分析
宋东京	北宋东京城参考“周九宫”的九经九纬，内外三城，宫城、皇城居中的礼制布局。外城垣周围长五十余里，有城门十一座，南面三门，东西面各二门，北面四门。因四条运河贯通，另设有水门九座	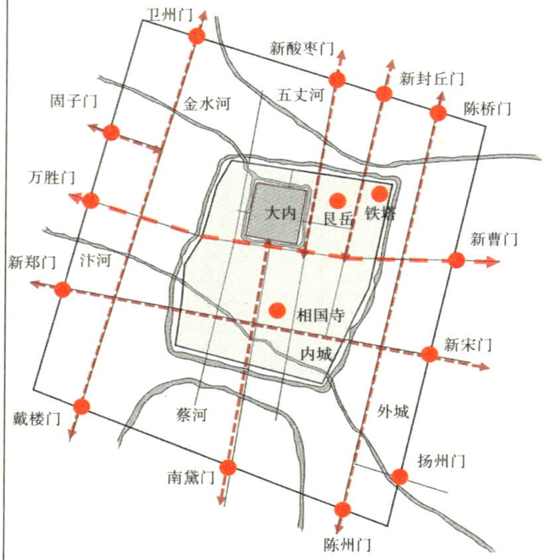
明清北京城	明清北京城继承元大都“周九宫”中的“前朝后市，左祖右社”的原有格局，向南继续拓展，形成“凸”字形布局，皇城居中，四面为城门，有护城河作为屏障，宫城前东为太庙、西为社稷坛，城外建日坛、月坛、天坛、地坛。其城市中轴线贯穿南北，串联起永定门、正阳门、天安门、端门、午门以及紫禁城内三大殿	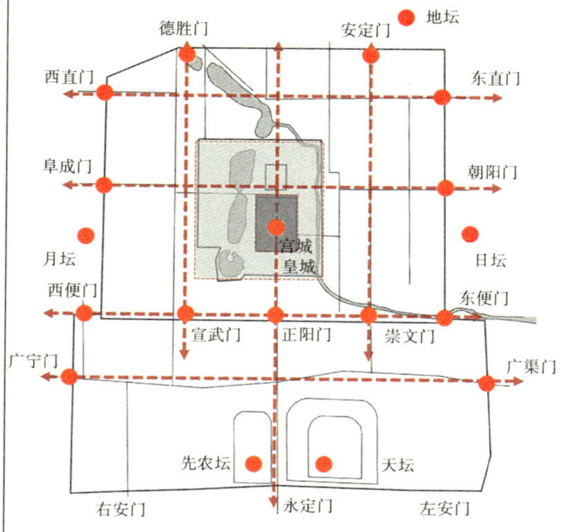

续表6.3

名称	历史记载	图像分析
清圆明园	圆明园九州清晏取“禹贡九州”之义，象征“溥天之下，莫非王土”。九州景区的立意就是以九宫格形式象征“禹贡九州”	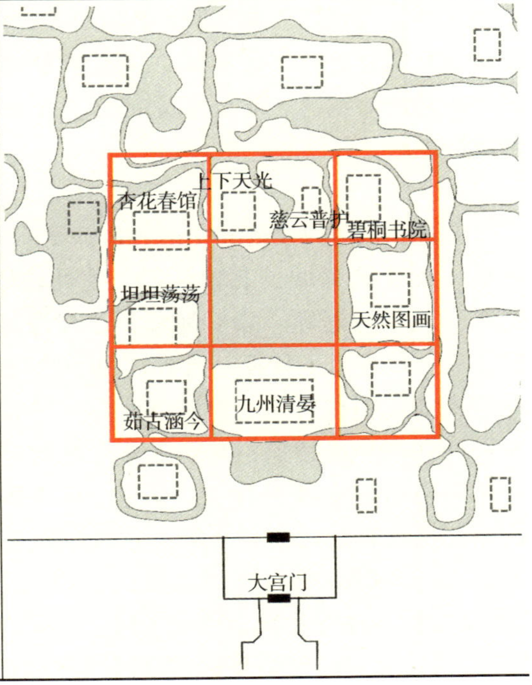 上下天光 杏花春馆 慈云普护 碧桐书院 坦坦荡荡 天然图画 茹古涵今 九州清晏 大宫门

九宫模式不仅用于城市布局，还在宫殿布局中频繁出现，如唐华清池、汉明堂、清圆明园宫殿布局，等等。清圆明园九州清晏取“禹贡九州”之义，象征“溥天之下，莫非王土”（表6.3）。九州景区的立意就是以九宫格形式象征“禹贡九州”。清雍正二年（1724年），雍正皇帝为了修葺圆明园，命新任山东济南府德平县知县张钟子、潼关卫廪膳生员张尚忠为圆明园查看风水。二人奉命将勘察结果写成《山东德平县知县张钟子等查看圆明园风水启》呈报皇上，奏折首先肯定了圆明园完美的风水格局：“圆明园内外俱查清楚，外边来龙甚旺，内边山水按九州爻象、按九宫处处合法。”[①]乾隆皇帝《圆明园图咏诗词》对九州清晏描写有：“正大光明直北，为几馀游息之所，棼橑纷接，鳞瓦参差。前临巨湖，渟泓演漾，周围支汉纵横，旁达诸胜，仿佛浔阳九派，驺衍谓‘稗海周环，为九州者，九大瀛海环其外’，兹境信若造物施设耶。”《山东德平县知县张钟子等查看圆明园风水启》亦云：“园内山起于西北，高卑大小，曲折

① 转引自孟彤：《从圆明园的九宫格局看皇家园林营造理念》，《华中建筑》2011年第11期。

婉转，俱趣东南巽地；水自西南丁字流入，向北转东，复从亥壬入园，会诸水东注大海，又自大海折而向南，流出东南巽地，亦是西北为首，东南为尾，九州四海俱包罗于其内矣。”[①]可见，九州景区的立意就是以九宫格形式象征“禹贡九州”，表达了下令修造九州景区的雍正皇帝九州归一统的政治意愿，乾隆曾题诗：“九州清晏，皇心乃舒”，表达了同样的政治理想。

3.小结

通过梳理可以发现，中国古代都城广泛运用了九宫图式进行营建和布局，如曹魏邺城、北魏洛阳、南朝建康、隋唐长安城、北宋东京、元明清北京城等等。除了都城，还有许多地方城市也依据九宫模式布置，其应用有以下特征：首先，由于受到周礼中“居中为尊”的思想，九宫模式应用在历代的都城空间布局中，都体现出居中、对称，前后左右的九方布局特征，寓意天下一统的思想观念。其次，九宫模式反应礼制格局，追求的是“立于礼，成于乐”的统一，庙宇、祭坛的方位设立都依据礼法进行布局。再次，九宫模式反映等级差序格局，体现了人与人的尊卑有序的关系。正如《周礼·考工记》中所记载的：“经涂九轨，环涂七轨，野涂五轨，环涂以为诸侯经涂，野涂以为都经涂”[②]，这反映的便是皇帝、诸侯因等级不同，其都城营建的规格自然也不同。

此外，历朝历代对九宫模式的应用具有时代和地域的差异性。如，九宫模式在汉代“九宫说”中不仅仅局限于固定的布局方式，而是根据四时变化将九宫与八卦联系起来，建立起一套帝王轮流居住的礼仪制度，这里的九宫更多的则是帝王顺天应命、巩固皇权的思想反映，九宫在汉明堂中则被应用于堂室的设置与尺寸的划分上，以便于帝王对祭祀神灵与朝会庆典等活动的开展。曹魏邺城和隋唐长安城的皇宫位于整个城市的北部居中并非中心，反映出对于城市特定的地势环境、功能布局以及义理卦象的统筹考虑。而九宫在清代圆明园的营建更多与风水卦象结合起来布置园林的走势，并且重要的建筑也都位于八卦九宫的方位排列之上。这些都体现出九宫模式在具体应用过程中的包容性以及内涵多样性。

---

① 山东济南府德平县知县张钟子、潼关卫廪膳生员张尚忠为圆明园查看风水。二人奉命将勘察结果写成《山东德平县知县张钟子等查看圆明园风水启》。

② 杨天宇:《〈周礼〉译注》,上海,上海古籍出版社,2004年,第1版,第670页。

（二）“北辰”模式

1.“北辰”的释义

北辰，又可称为北极星、北斗七星，古代常用北斗来指代极星，或与极星并称为“斗极”[①]。北辰主要由两部分组成，即北斗和北极星，其中北极星为核心，北斗七星为天枢、天璇、天玑、天权、玉衡、开阳、瑶光七颗星呈勺状分布，且天枢和天璇位置两星连线指向了北极星，由于北斗围绕北极日夜不息地旋转运动，在古代北斗被喻为“天帝车驾”。据《史记·天官书》载：“斗为帝车，运于中央，临制四方。”[②]“北辰模式”是中国古代先民因崇拜北极星而形成的一种文化模式，来源于古人对宇宙星空的模仿，即所谓“在天成象，在地成形”。这种模式常用于城市、宫殿及墓葬的空间布局。古人以银河分天空南北，以北极星为中心，分紫微、太微、天市三垣，以四象分二十八星宿，再以天分“九野”[③]，将整个星空划成九片区域，这样星空便成为一个有秩序的天界（图6.3），从而与人世间相对应，形成“天子法斗，诸侯应宿”的“天人感应”思想。古人以北斗七星指向北极星形成的“众星拱极”之势，来象征帝王神性的、永恒的、正统的、天赐的统治地位，这一历代王朝亘古不变的主题，逐渐发展成“北辰”这一流传千古的文化模式。而天上北极星所映射的紫宫在人世间就是帝王的居所，故而历代皇城、宫殿甚至皇陵的布局均体现出北辰意向。此外，北斗自被古代先民观测并崇拜开始，就不仅仅限于指代帝王，同时也是星占重要的依据，后来经过不断发展衍生出如魂归斗极、司杀注生、北斗厌胜等多种意义和宗教，因此“北辰模式”在后世的发展中不只局限于皇家宫廷建造，更是广泛用于村落布局、民间墓葬中。

2.北辰模式的历史源流与演化

原始社会时期，北斗为最靠近北天极的星象，此时北斗即极星。且由于北斗终年常显不隐，具有辨方位、定四时等诸多与农业生产密

---

① “北极，天枢。枢，天轴也……盖虽转而保斗，不移，天亦周匝而斗极常在，知为天之中也。”〔北宋〕李昉：《太平御览》，北京，中华书局，1960年，第1版，第7–10页。

② 〔西汉〕司马迁：《史记·天官书》，上海，汉语大词典出版社，2004年，第1版，第443页。

③ 《淮南子·天文训》：“何谓九野？中央曰钧天，其星角、亢、氐。东方曰苍天，其星房、心、尾。东北曰变天，其星箕、斗、牵牛。北方曰玄天，其星须女、虚、危、营室。西北方曰幽天，其星东壁、奎、娄。西方曰颢天，其星胃、昴、毕。西南方曰朱天，其星觜巂、参、东井。南方曰炎天，其星舆鬼、柳、七星。东南方曰阳天，其星张、翼、轸。”〔西汉〕刘安：《淮南子》，哈尔滨，北方文艺出版社，2013年，第1版，第42–70页。

切相关的实用性功能，受到华夏先民的尊崇。距今约六千年前仰韶文化时期的河南濮阳西水坡45号墓中就发现了北斗的形象，是目前这一信仰的最早表现形式。商周时期，开始大规模地祭祀北斗，《卜辞》里就记载了商王祭祀北斗的过程①。同时由于北斗在星空中的独特性，先民们开始赋予北斗神力，并逐渐衍生出了“魂归斗极”的死后世界观。

秦汉时期为北斗信仰崇拜的高峰期，国家专门为其单独立庙祭祀②。这一时期北斗被赋予大量意义，通过“黄神北辰”③“斗为帝车”④来强化皇权的神性，同时占星家通过观测北斗的明暗来警示帝王的功过得失和选官用人的优劣，并将北斗七颗星与天下九州相对应，通过其与周围天象的空间变化，来预测地方州郡的灾祥⑤。由于北斗作为重要的星占依据，可预测帝王的功过，从而规范其政治行为，这对于古代至高无上的皇权，可起到一定的约束作用，为此帝王将都城规划为北斗的形状，除了“象天法地”以彰显皇权的权威性外，也有着开国之君对自己以及后世继承者的告诫。因此都城“北辰模式”的布局应是“天人感应”思想的直观再现，如秦咸阳、汉长安等。

秦代是我国第一个封建大一统王朝，整个咸阳城就是“天象设都”，其布局以各建筑群组结合自然环境来与天界星象的位置作一一对应，形成了咸阳宫则紫宫、渭水贯都以象天汉、横桥南渡以法牵牛的格局，实现了“象天法地”思想在都城建设中的运用，对后世汉长安等都城规划具有指导性作用。汉代长安城在继承秦咸阳城规划思想的基础上又有所创新，不仅整个长安城位置对应天极（紫宫），而且城市轮廓及内部宫殿布局也模仿星象形状，同时城南、城北两段城墙几近曲折，并与南城墙的角楼、西安门、安门，与东城墙的霸城门、宣平门共同构成北辰意象，故被世人称之为“斗城”。从此“北辰模式”从大尺度的空间对位，发展成具体的象形应用。

魏晋南北朝时，北斗信仰逐渐被道教所吸收，使北斗成为道教神官

---

① “癸卯卜，月甲从斗。己亥卜，月庚从斗，延雨。庚子卜，月辛从斗。”

② 《汉书·郊祀志下·卷二十八》：“中央帝黄灵后十及日庙、北辰、北斗、填星、中宿中宫于长安城之未兆。”〔东汉〕班固：《汉书》，北京，中华书局，1962年，第1版，第1547页。

③ “北极星，其一明大者，……以立黄帝。”〔清〕黄奭：《春秋纬》，上海，上海古籍出版社，1993年，第1版，第100-121页。

④ 《晋书·天文志》：“斗为人君之象，号令之主也。又为帝车，取乎运动之义也。”〔唐〕房玄龄：《晋书(第二册)·卷十一》，黄公渚选注，北京，中华书局，2000年，第1版，第289-290页。

⑤ 《说苑·辨物》“以其魁杓之所指二十八宿为吉凶祸福，天文列舍盈缩之占，各以类为验。”〔西汉〕刘向：《说苑·卷十八》，向宗鲁校证，北京，中华书局，1987年，第1版，第442-443页。

之一，并衍生出“南斗注生、北斗注死”和“北斗九皇”的信仰。由于道教发展兴盛，有关北斗的道经开始大量出现，并认为北斗可掌管人的寿命福禄，甚至认为“万法皆从斗出，万律皆从斗役”。北斗作为天上的帝王，对应人世间就是天子，而天帝的居所对应人世间就是宫城。因此，从隋唐时起，“北辰模式”大规模应用于宫殿布局，帝王通过这种方式来展现“君权神授”的正统思想。

隋唐宫殿布局对北辰模式的应用非常广泛，唐九成宫、大明宫、华清宫等都有北辰布局的记载。隋唐九成宫为离宫，其布局因地势呈西高东低，主要宫殿建筑布局“图呈曲象，星拱北辰”，即以殿宇布局形成“北辰模式”，同时又以永光门为南宫朱雀，玄武门为北宫玄武，东门为东宫青龙，西海为西宫咸池，构成四象，呈拱卫之势。大明宫为唐代高宗之后建城的皇宫，其中内朝正殿为紫宸殿，是常日听朝而视事的地方，“紫宸”便源自“紫微”与“北辰”两词，因此紫宸殿象征着天上的北极，而北侧不规则布置的金銮殿、还周殿、清晖阁、含凉殿、蓬莱殿、朱镜殿及宣徽殿七座殿宇，呈北斗七星状布局。

唐华清宫的营造时间晚于九成宫与大明宫，在唐太宗时期逐渐形成规模，其主持建设者姜行本在贞观五年（631年）参与过九成宫修缮[①]，将作大匠阎立德则是大明宫的设计者。因此华清宫规划受九成宫与大明宫的影响，其宫内有御汤七所，自东向西分别是九龙汤、星辰汤、莲花汤、太子汤、少阳汤、尚食汤、宜春汤，七所汤池因宫城坐南朝北而呈“倒北斗”的走势且直指北极星尊位的“前殿”。此外，宫城东门以北斗七星中第六星“开阳”定名，飞霜殿北门则用北斗七星中第七星“瑶光”命名，均是对北辰星象的模仿再现。唐华清宫的北辰模式体现在汤池的位置排列上，宫内御汤七所因为宫城坐南朝北而呈“倒北斗”的走势且直指北极星尊位的“前殿”，这是七星拱极思想的体现，利用七所汤池形成的北斗气势对前殿的等级地位加以烘托。此外皇帝、太子、贵妃等人的汤池位置，都按照天垣内天子星在南，太子星在其北的先后尊卑位置进行排列，这反映了北辰思想中的尊卑等级观念。

隋唐以降，皇家对于北斗的信仰逐渐衰弱，仅明初形成一小高峰。明南京城作为明朝的开国都城，其布局较汉长安城更加不规整，原因之一便是其所处地理环境较为复杂，不得不根据山川、湖泊、河流的走势

---

① 《新唐书·姜谟传》“贞观中，为将作少匠，护作九成、洛阳宫及诸苑御，以干力称，多所赍尝，游幸无不从，迁宣威将军。”〔北宋〕欧阳修、宋祁：《新唐书·卷九十一·列传第十六》，上海，汉语大词典出版社，2004年，第1版，第2458-2459页。

而改变，符合古代“城郭不必中规矩，道路不必中准绳”的营建策略。另一个原因则是因势就势，将城市设计成“北辰模式”，以太平、朝阳、正阳、通济四门构成斗勺；以钟阜、金川、神策三门构成一个斗柄。同时皇城及宫城恰好位于斗勺之中，又暗含“斗为帝车，运于中央”之意。明南京城的北辰图式体现在城垣与宫门的设置上，一方面是受当地特殊地理条件的限制不得已采用了因地就势的规划思想，另一方面出于安全防卫的考虑，利用旧有城垣加强都城的防御。

清代以来，因最高统治者为满族，其信仰主要是萨满及藏传佛教，道教开始式微，连带着对北斗信仰开始衰落，皇家宫廷建筑不再出现“北辰模式”。但北斗信仰在民间依旧延续，“七星板”“七星钱”等丧葬习俗始终存在，又因为北辰不再被皇家所垄断，民间的村落布局开始出现“七星塘”“七星墩”等景观，历史上以“七星模式”营建的有景德镇七星渠、渭南七星塔、焦作月山寺七星塔、双辽七星岛与七星湖等（表6.4）。这些以“七星模式”营建的景观，体现的是“北斗压胜”思想在风水学中的应用，即以北斗七星状布局来驱邪除妖、免除兵灾，从而保全一方风水，以起到对居民心理补偿的作用。

表6.4 “北辰”的营造记载

名称	文献记载	图像分析
〔秦〕咸阳	《史记》卷六记载：“（三十五年）为复道，自阿房渡渭，属之咸阳，以象天极阁道绝汉抵营室也。” 《水经注》卷九记载：“秦始皇作离宫于渭水南北，以象天宫，故《三辅黄图》曰：‘渭水灌都，以象天汉，横桥南渡，以法牵牛。’”	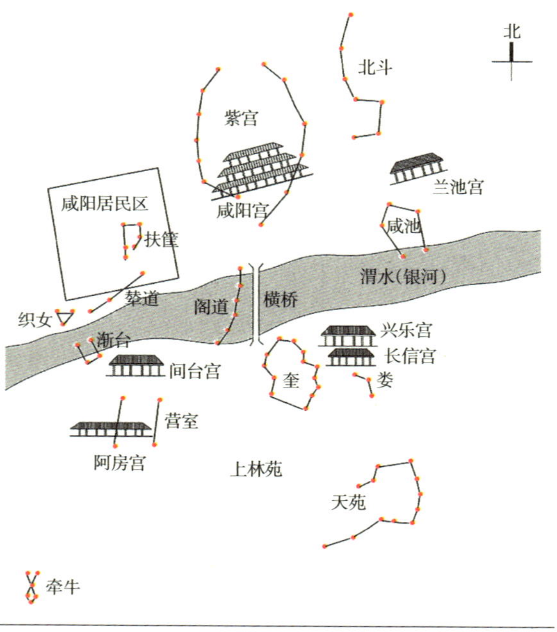

续表 6.4

名称	文献记载	图像分析
〔汉〕长安城	汉代长安城被称为"斗城",平面为不规则矩形,其"揽秦制、跨周法",城南角楼与诸多城门依照北斗形式建造,以象天极	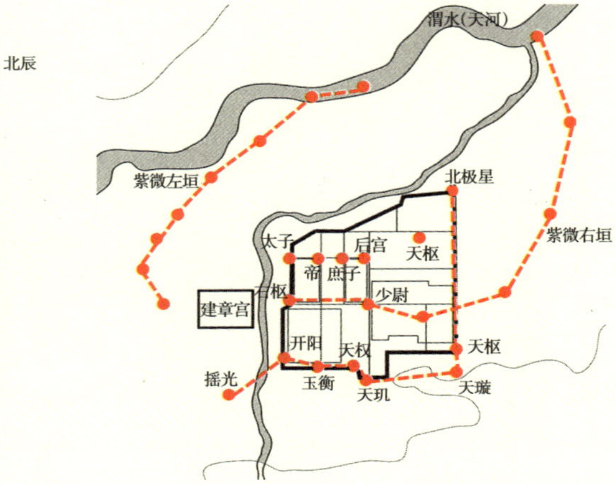 北辰 渭水(天河) 紫微左垣 北极星 紫微右垣 太子 后宫 天枢 帝 庶子 少尉 石枢 建章宫 开阳 天权 天枢 摇光 玉衡 天玑 天璇
〔唐〕华清宫	华清宫内有御汤七所,自东向西分别是九龙汤、莲花汤、星辰汤、太子汤、少阳汤、尚食汤、宜春汤,七所汤池因宫城坐南朝北而呈"倒北斗"的走势且直指北极星尊位的"前殿"。其中唐太宗营建的星辰汤位与唐玄宗营建的九龙汤分别位于"天玑"和"天璇"尊位	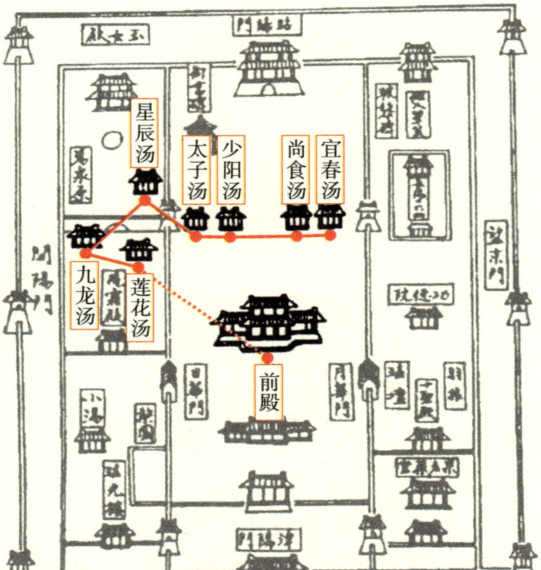 星辰汤 太子汤 少阳汤 尚食汤 宜春汤 九龙汤 莲花汤 前殿

续表6.4

名称	文献记载	图像分析
〔明〕渭南七星塔	据明嘉靖《渭南县志》记载："渭南之山独灵台名，灵台之胜独七星名，七星之传独以曹皇后名。"可知，渭南有一灵台山，其上旧有七座高塔，相传为隋唐以前所建，布局仿北斗七星，世所罕见，实为人文与自然结合之大观	 南 东 西 北 灵台山 七星塔 半截山

3.小结

从秦、汉、唐、明等朝代的北辰布局中，逐渐可以看到人们对于星空的认识逐渐具体化、精准化，从一种宏观的城市空间布局逐渐演进到具体的城墙布局，再到各个宫殿的布局，形成了完备的"象天"体系。北辰模式被广泛地应用于各朝代的城市、宫殿空间布局以及村落景观中，其应用有着诸多的共同特征，如，北辰布局呈斗型，城市则以城郭呼应北斗，宫殿则以位置呼应北斗，同时"北斗七星"之间具有相互关联性。如，华清宫以汤池温泉的水系作为"星辰"相互联系的要素，来模仿北斗七星之间的关联，汉长安和明南京城以城墙作为"星辰"相互联系的要素，大明宫和九成宫以高台、辇道作为"星辰"相互联系的要素，村落布局则以巷道作为联系，山水景观常以山脉或水渠作为"星辰"联系的要素。

此外，由于各个朝代北辰思想以及城市、宫殿所处的地理环境、方位的不同，北辰模式又体现出诸多的差异性特征。如，秦咸阳以咸阳宫象征北极星，主要以不同的城市区域象征不同的星云组团，以渭河象征银河来反映出对北辰模式的应用；汉长安以城墙与城楼象征北斗，以北部制高点城楼象征北极星；唐九成宫、唐大明宫、华清宫都以宫殿象征北斗七星和北极星，以城门命名反映北辰模式；明南京是集大成者，采用城墙、宫殿、城市区域布局模仿星象中的"南斗"与"北斗"聚合形态，从城市布局、城墙走向、宫殿方位都反映出北辰模式，而民间村落常用北斗七星模式来布局建筑和塔庙的空间格局。

（三）“天阙”模式

1. “天阙”模式的释义

天阙模式，又称天门山、蓬门山模式，常用于城市、宫殿、陵墓的门户和轴线空间营造。“阙”在古汉语中同“缺”，被释义为“豁口、空隙”。《说文解字诂林·阙》：“阙，门观也，从门厥省声。臣锴按中央阙而为道。又古今注人臣至此，则思其所阙，盖为二台于门外，人君作楼观于上，上圆下方，以其阙然为道，谓之阙。”[①]阙在其发展初期主要起到防御、警备的作用，后随皇权礼制的发展为宣示等级制度的象征性建筑，置于宫殿、衙署，祠庙、陵墓入口。阙的尺度可大可小，从单体建筑到院落群体，再到城市尺度，阙的存在范围极广。就城市尺度而言，阙往往是人工建筑与自然环境的相互作用而形成的，古代城市门阙空间显然是自然地理空间上的一个标志和形胜，被赋予了与建筑物中的“门”相通的一种意义和内涵。在自然山水环境中，对左右对峙有门阙之形的山峰，称之为“天阙”，是中国古代城市规划设计实践中逐渐积累而成的一种大尺度自然山水环境中山岳形态的意象表达。

“天阙”虽聚集两峰之雄，但两峰之间的空隙处往往作为环境处理的焦点所在。在中国城市规划历史上，规划先贤不断探索城市规划与“天阙”的关系，逐渐形成城市重要建筑遥望朝对“天阙”的规划方式，并循此建立城市格局的秩序基准，形成“天阙”模式。就城市与山水环境处理上，早在秦时就已经借助地域山岳建构城市秩序，并以此作为联系自然与城市的架构，以利用自然之巧，辅以人工之要。例如：秦咸阳以终南山为“天阙”，形成“表南山之颠以为阙”[②]的都城营建的表率，其后世多有继承创造，无论在汉长安、六朝建康、隋唐洛阳等都城风景营造皆循此模式，如南朝的陈徐陵在《劝进梁元帝表》中有云：“何必西瞻虎踞，乃建王宫；南望牛头，方称天阙。”唐杜甫《游龙门奉先寺》诗：“天阙象纬逼，云卧衣裳冷。”韦述《东都记》：“龙门号双阙，与大内对峙，若天阙然。”都是对各朝代中都城天阙模式的描述。

天阙模式除了城市中的大量应用，还有天门山、蓬门山、龙门山等自然景观的命名。例如：战国时李冰以彭州西北之双峰为阙，号彭州门，坐落于长江北畔的安徽芜湖天门山，东西梁山对峙成阙，江水中流，如

① 丁福保：《〈说文解字〉诂林》（第十三册），北京，中华书局，1988年，第1版，第11601-11602页。

② 〔汉〕司马迁：《史记·秦始皇本纪第六》，上海，上海古籍出版社，2011年，第1版，第174页。

同门户一般。李白游历此地时曾作诗《望天门山》："天门中断楚江开，碧水东流至此回。两岸青山相对出，孤帆一片日边来。"就描绘天门山相对而立，碧水东流的景色。

2.天阙模式的源流与演化

天阙模式，源于上古先民自然崇拜所产生的一种山岳景观，最早产生于天门山、蓬门山等双峰形式，后逐渐演化为"两山对峙成阙"的特有审美模式，而后用于城市建设中的城市择址和空间定位上，并逐步形成了城市营建中"表南山之颠以为阙"的天阙模式。这种将建设工程与山川融为一体的规划与设计思想，早在春秋战国时期就已出现，如战国时期的彭州门。

秦代，秦都咸阳阿房宫的营建，"周驰为阁道，自殿下直抵南山。表南山之颠以为阙"[①]，正是以南山自然之阙为基准建构都城秩序，通过立阙、营城、立宫、建庙，达到天人同构、天人合一的效果。正如明人熊鼎在《长安怀古·立马平原望故宫》中赞颂："立马平原望故宫，关河百二古今雄。南山双阙阿房近，北斗连城渭水通。龙去野云收王气，鹤巢陵树起秋风。英雄事业昭前哲，看取秦皇汉武功。"这种规划方式深刻地影响了后世都城甚至地方城市的布局。

汉代，长安城在进行规划时，使城市中轴线"南直终南山子午谷，北直嵯峨山"，将城与山川作为一个整体考量进而规划设计。南朝时期，建康城规划以牛头峰为"金门象阙"。据记载："炀皇嗣守鸿基，国家殷富，雅爱宏玩，肆情方骋。初造东都，穷诸巨丽。帝昔居藩翰，亲平江左，兼以梁陈曲折，以就规摹。曾雉逾芒，浮桥跨洛，金门象阙，咸竦飞观。"[②]《建康实录·卷七》："时议欲立石阙于宫门未定；后导随驾出宣阳门，乃遥指牛头峰为天阙，中宗从之。"[③]即建康宣阳门外牛首山两峰对立，形成城市入口空间的门阙。

隋唐时期，这种营造理念和设计方法被大量地应用于城市、墓道等多个领域。隋唐洛阳是"天阙"模式在都城规划中的一个典型实践。结合历史文献和当代地形图，可以看出隋唐洛阳城的布局与伊阙、邙山有着重要的联系。据《元和郡县图志》记载，隋炀帝"登邙山，观伊

① 〔汉〕司马迁：《史记·秦始皇本纪第六》，上海，上海古籍出版社，2011年，第1版，第174页。

② 〔唐〕魏征：《隋书·卷二十四·志第十九·食货志》，上海，汉语大词典出版社，2004年，第1版，第590页。

③ 〔唐〕许嵩：《建康实录·卷七》，张忱石点校，北京，中华书局，1986年，第1版，第167-227页。

阙”[①]，认为是“龙门”，因此隋洛阳城以龙门山为阙，城市的中轴线“南直伊阙”。《唐六典》载：洛阳城“南直伊阙之口，北倚邙山之塞，东出瀍水之东，西踰涧水之西，洛水贯都，有河汉之象焉。东去故都十八里，都城西连禁苑，谷、洛二水会于禁苑之间。”[②]杜甫《宿龙门》诗亦云：“天阙象纬逼，云卧衣裳冷。”洛阳龙门山在清代更被赞誉为：“两山对峙，伊水出其中，耸翠汪洋，盖天中胜境。”[③]洛阳城规划正是凭借外围山水环境，借邙山与伊阙相直的天地大巧，将宫城布置于邙山主峰与伊阙之间。伊阙不仅是都城的天然门阙，也成为整个城市规划的大地坐标，形成一种融合于大尺度自然山水的壮丽秩序。

唐长安城在营建时，以终南山石鳖谷为天阙。据韦述《西京记》记载：“大兴城南直子午谷”[④]，李林甫主持编纂的《唐六典》曰：“今京城隋文帝开皇二年六月，诏左仆射高颎所置。南直指终南山子午谷，北据渭河，东临浐灞，西次沣水。”[⑤]吕大防的《吕氏图》云：“南直石鳖谷。”程大昌也在《雍录》中也提出：“《西京记》云：‘大兴城南直子午谷。’今据子午谷乃汉城所直，隋城南直石鳖谷。”[⑥]此外，这种天阙模式除了应用于城市，还被广泛被用到宫阙、门阙的位置，也应用在陵墓墓道位置上，如，唐代乾陵“双阙峙高冈，象马夷酋俨列行”，明代崇祯的《乾州志·艺文》中也记载了乾陵轴线与其东南双阙的对位关系。

宋代，天阙文化依然盛行，岳飞《满江红》：“待从头、收拾旧山河，朝天阙。”以天阙代指朝廷，体现出天阙与皇家文化的紧密关系。明清以后，天阙文化逐渐不再被皇家所独有，而被民间文化广泛吸收，并大量地应用到地方城市设计，如清代灵宝的文武二山、庐江县的风台山和福泉山“两峰对峙若天阙”；福州以“乌石、九仙二山东西峙作双阙。”[⑦]江西省龙南县归美山的“左右耸拔如双阙”等（表6.5）。

---

① “伊水又北入伊阙，昔大禹疏以通水。两山相对，望之若阙，伊水历其间北流，故谓之伊阙矣，《春秋》之阙塞也。昭公二十六年，赵鞅使女宽守阙塞是也。陆机云：‘洛有四阙，斯其一焉。东岩西岭，并镌石开轩，高甍架峰。西侧灵岩下，泉流东注，入于伊水。’傅毅《反都赋》曰：‘因龙门以畅化，开伊阙以达聪也。’”〔唐〕李吉甫：《元和郡县图志·卷五》，贺次君点校，北京，中华书局，1983年，第1版，第350-365页。

② 〔唐〕李林甫：《唐六典·卷七》，陈仲夫点校，北京，中华书局，1992年，第1版，第220页。

③ 〔清〕龚崧林、汪坚：《重修洛阳县志·卷十五·艺文·重建香山寺记》，民国十三年（1924年）石印本。

④ 〔宋〕程大昌：《雍录》，黄永年点校，北京，中华书局，2005年，第1版，第53-60页。

⑤ 〔唐〕李林甫：《唐六典·卷七》，陈仲夫点校，北京，中华书局，1992年，第1版，第216页。

⑥ 〔宋〕程大昌：《雍录》，黄永年点校，北京，中华书局，2005年，第1版，第53-60页。

⑦ 参见石润宏、王世懋：《闽部疏版本考》，《古籍整理研究学刊》2017年第1期。

表6.5 “天阙”的历史记载与图像分析

名称	文献记载	图像分析
天阙	要素：双峰、双阙 法式：南北对峙、东西对峙 图式：两山为阙，一轴贯穿。使用于城市、大山、大河等大尺度视野	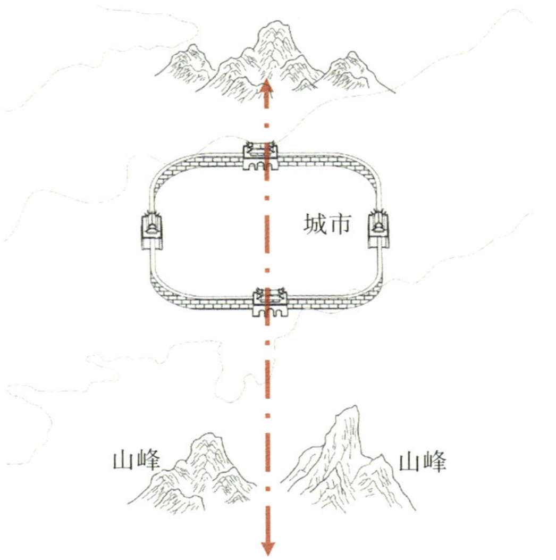
〔秦〕 阿房宫 “表南山之颠以为阙”	《史记·卷六》记载：秦咸阳阿房宫“表南山之颠以为阙”。终南山坐落于长安南部的道教名山，地理空间形成城市的防御屏障。在历代长安都城建设中均十分注重与终南山的朝对关系	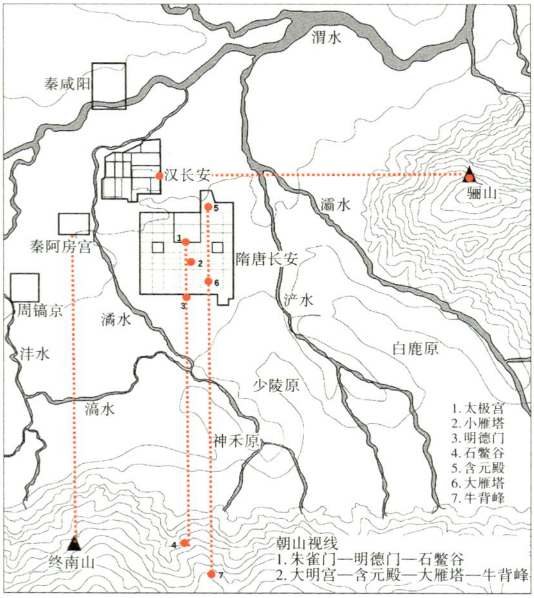
〔唐〕 大明宫 “北阙—南山”	北阙即为大明宫含元殿前的翔鸾、栖凤二阙，代表君权至上的皇家文化，而南山作为道教、历代文人归隐的圣地，具有深厚的人文意蕴。同时南北相对的地理位置分别代表了皇帝为天，臣子为地的礼制思想	

续表6.5

名称	文献记载	图像分析
〔南朝〕建康金门象阙	魏征等的《隋书·卷二十四·食货志》记载："〔东晋〕时议欲立石阙于宫门未定；后导随驾出宣阳门，乃遥指牛头峰为天阙，中宗从之。"	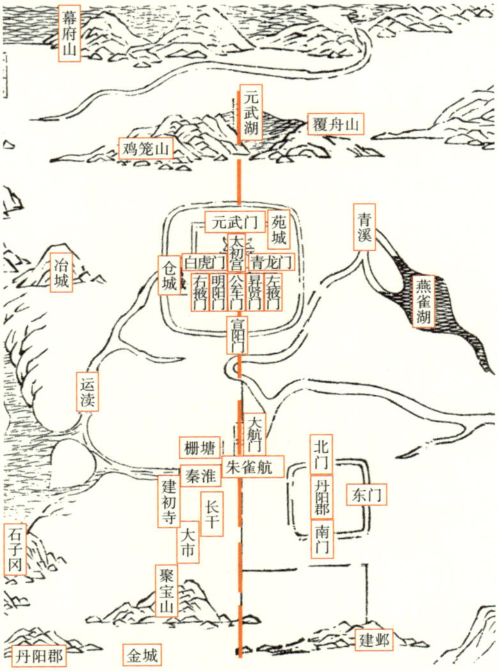
〔唐〕洛阳龙门伊阙	《重修洛阳县志·卷十五·艺文》记载："伊阙，禹所辟也，曰'龙门'，志明德之始也。两山对峙，伊水出其中，耸翠汪洋，盖天中胜境。"	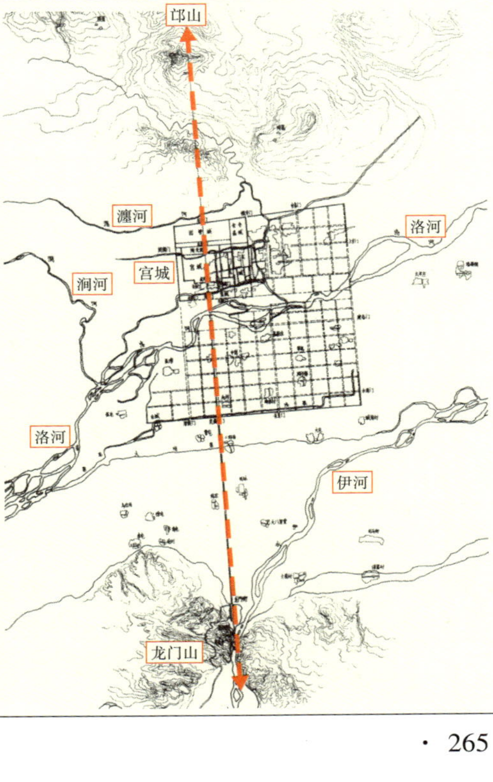

续表 6.5

名称	文献记载	图像分析
〔清〕庐江县天阙	《庐江县志》记载："天阙"模式到清代还在延续，安徽省庐江县"瞻望城外，其北则塔山环障如屏，其南则两峰对峙若天阙焉。"	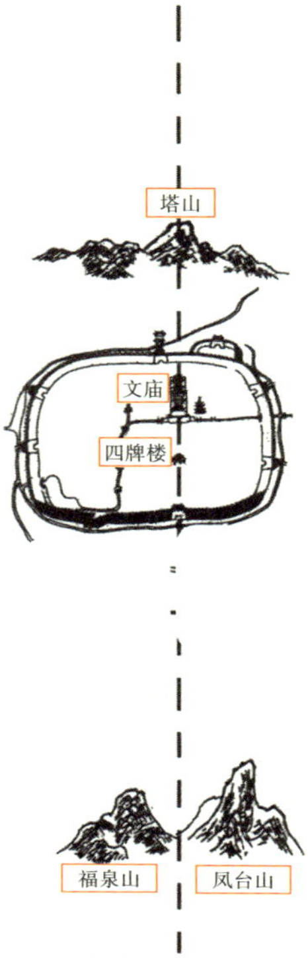 塔山 文庙 四牌楼 福泉山 凤台山

表 6.6 "天阙"营造的记载

名称	文献记载	文献出处
〔秦〕终南山天阙	"(阿房宫)东西五百步，南北五十丈，上可以坐万人，下可建五丈旗，周驰为阁道，自殿下直抵南山，表南山之颠以为阙。"	〔汉〕司马迁《史记·秦始皇本纪第六》
洛阳龙门伊阙	"伊阙，禹所辟也，曰'龙门'，志明德之始也。两山对峙，伊水出其中，耸翠汪洋，盖天中胜境。"	《重建香山寺记》，民国十三年(1924 年)《重修洛阳县志·卷十五·艺文》
〔南朝〕建康金门象阙	"炀皇嗣守鸿基，国家殷富，雅爱宏玩，肆情方聘。初造东都，穷诸巨丽。帝昔居藩翰，亲平江左，兼以梁陈曲折，以就规摹。曾雉逾邙，浮桥跨洛，金门象阙，咸竦飞观。"	〔唐〕魏征等：《隋书·卷二十四·食货志》

续表6.6

名称	文献记载	文献出处
乾陵双阙	“九重之城双阙峙，前有无字碑，突兀云霄里。相传翁仲化作精，黄昏下山人不行。”	〔明〕李梦阳《乾陵歌》
彭州天阙	“李冰以彭州西北之双峰为阙，号彭州门。”	清嘉庆十八年（1813年）《彭县志·卷五·山川》
子午谷	“今京城隋文帝开皇二年（582年）六月，诏左仆射高颎所置。南直指终南山子午谷，北据渭河，东临浐灞，西次沣水。”	〔唐〕李林甫《唐六典》
石鳖谷	“隋城南直石鳖谷。”	〔宋〕程大昌《雍录》

3.小结

天阙模式在早期常被应用于皇家建筑或都城，营造中通常以山峰、山冈来形成门阙意象。例如：秦代的终南山天阙、汉长安城“南直终南山子午谷”，六朝建康的“牛首山天阙”，隋唐洛阳的龙门“伊阙”、长安的“石鳖谷天阙”、乾陵“双阙峙高冈”，都反映了古代都城营造中以天地为轴、天人同构的观念。自明清以后，天阙模式逐步走向民间并地方化，如清代灵宝县文武二山、庐江县风台山和福泉山、福州府的乌石山和九仙山、龙南县归美山等。“天阙”作为一种城市与大尺度自然山水秩序的构建模式，体现着自然资源与人工经营之间的共生、融合关系，蕴含了中国传统规划中注重整体秩序的智慧，规划布局皆重视城市与自然山水环境的整体脉络，强化城市与外围山水之间的联系，实现了人工建设与大尺度自然山水环境的汇通融合。在近千年的演化发展中，天阙形成了一种固定的风景范式和文化审美，并流传至中华大江南北，最终完成了从“在地性”到“普适性”的风景文化的转变。

（四）“高台”模式

1.“高台”模式的释义

高台模式，又称高台建筑，广泛地出现在历代宫殿建筑布局和形式营造中，其原型来自《山海经》中的昆仑丘、昆仑台，《山海经·海内西经》云：“海内昆仑之虚，在西北，帝之下都。昆仑之虚，方八百里，高万仞。上有木禾，长五寻，大五围，面有九井，以玉为槛，面有九门，门有开明兽守之，百神之所在。”[①]

据《淮南子·地形训》记载：

> （昆仑）中有增城九重，其高万一千里百一十四步二尺六寸。上有木禾，其修五寻。珠树、玉树、璇树、不死树在其西，沙棠、琅玕在其东，绛树在其南，碧树、瑶树在其北。旁有四百四十门，门间四里，里间九纯，纯丈五尺。旁有九井，玉横维其西北之隅。北门开以内不周之风。倾宫、旋室、县圃、凉风、樊桐在昆仑阊阖之中，是其疏圃。疏圃之池，浸以黄水，黄水三周复其原，是谓丹水，饮之不死。[②]

在昆仑神话中，昆仑山是连接天地之间的“桥梁”，相传昆仑山高万仞，是连接仙境与人间的仙山，上有仙人居，入口有天门，九首人面兽守之。昆仑山上有体态奇异的食人兽，北部为西王母的居所，藏有名曰沙棠的不死神药。昆仑之巅称为帝之悬圃，若能到此则可长生不老获得神通。悬圃之上为仙境，凡人到此即可得道成仙。在此神话背景下先民对昆仑山极具向往之情，早期利用自然山体或者人工堆砌的方式建造高台，以此模仿昆仑山，而后随技术发展逐渐演化为夯土高台建筑。

2.“高台”模式的历史源流与演化

《山海经》中的昆仑丘可以说是最早的高台原型，随着昆仑神话的演绎发展和经济技术的不断发展，先民将这种“三层台”昆仑丘形象应用到高大的台型建筑中形成了高台建筑。其实，早在昆仑神话中就有类似台型建筑出现，如《山海经·海内北经》中云：“帝尧台、帝喾台、帝丹朱台、帝舜台，各二台，台四方，在昆仑东北。”[③]帝尧、帝喾、帝丹、帝舜等上古帝王以夯土高台作为建筑基础，并在台上建造高台建筑，其实是对昆仑山上“倾宫、旋室、悬圃”等宫殿园囿的模仿。自昆仑文化诞生以来，昆仑丘这一理想景观就成为中国历朝历代模仿的对象，高台也成为其理想建筑形式的代表。

周代，文王建造灵囿之台——灵台，作为祭祀万物神灵的活动场所，

---

① 〔晋〕郭璞注：《山海经·卷十一·海内西经》，周明初校注，杭州，浙江古籍出版社，2000年，第1版，第181页。

② 〔西汉〕刘安：《淮南子·地形训》，哈尔滨，北方文艺出版社，2013年，第1版，第71-84页。

③ 〔晋〕郭璞注：《山海经·卷十二·海内北经》，周明初校注，杭州，浙江古籍出版社，2000年，第1版，第187页。

据周《说文·至部》云："台，观四方而高者。"又《诗·大雅·灵台》："经始灵台，经之营之。"灵台以三层的夯土高台作为整座建筑的基础，形成台上有建筑的形式，是对昆仑丘上建造宫殿园囿的模仿，通过灵台实现"天—地—人"沟通的愿望。

春秋战国时，各诸侯国争相筑造高台，秦国早有凤台（在今陕西宝鸡县东南）、具囿（在今陕西凤翔县附近）等园囿。同时，吴国有长洲、华亭、姑苏台，赵国有丛台（在邯郸城内，数台连聚，故名）、魏国有漳渠、齐国有青丘、蜀国有桔林、卫国有淇园、韩国有乐林苑、郑国有原圃。楚灵王更是建造了华美绝伦的章华台，据《国语·楚语（上）》有："故先王之为台榭也，榭不过讲军实，台不过望氛祥。故榭度于大卒之居，台度于临观之高。"[①]在各类书籍中出现的高台建筑，不仅数量众多，而且描写细致入微。例如，《越绝书》曰："阖闾起姑苏之台，三年聚材，五年乃成，高见三百里，颜师古"[②]；《汉书·高后纪》曰："惠帝崩，太子立为皇帝……夏五月丙申，赵王宫丛台灾"[③]等，都可见当时高台建筑营造之风气盛极一时。

秦汉魏晋时，随着科学技术的进步，高台建筑的发展进入了一个高潮，不论是建筑技术方面，还是建筑规模和数量，都达到了一个前所未有的高峰。秦建阿房宫，据《史记·秦始皇本纪第六》记载："秦每破诸侯，写放（仿）其宫室，作之咸阳北阪上，南临渭，自雍门以东至泾、渭，殿屋复道周阁相属。"[④]汉代，长安有建章宫"周回二十余里"，《汉书·卷二十五·下·郊祀志·第五下》记载：

> 于是作建章宫，度为千门万户，前殿度高未央。其东则凤阙，高二十余丈。其西则商中，数十里虎圈。其北治大池，渐台高二十余丈，名曰太液池，池中有蓬莱、方丈、瀛洲、壶梁，象海中神山龟鱼之属。其南有玉堂、璧门、大鸟之属。立神明台、井干楼，高五十丈，辇道相属焉。[⑤]

此外，汉武帝也在长安建有豫章台，据《三辅黄图·汉宫》记载：

---

① 〔战国〕左丘明：《国语·楚语·卷十七·楚语（上）》，上海，上海古籍出版社，2015年，第1版，第340–351页。

② 〔东汉〕袁康、吴平：《越绝书·卷十二》，徐儒宗点校，杭州，浙江古籍出版社，2013年，第1版，第85–110页。

③ 〔东汉〕班固：《汉书·高后纪·卷二十八》，北京，中华书局，1962年，第1版，第1547页。

④ 〔西汉〕司马迁：《史记·秦始皇本纪第六》，上海，上海古籍出版社，2011年，第1版，第76页。

⑤ 〔东汉〕班固：《汉书·郊祀志下·卷二十五》，北京，中华书局，1962年，第1版，第1547页。

“帝于未央宫营造日广，以城中为小，乃于宫西跨城池作飞阁，通建章宫，构辇道以上下”[①]，《西京赋》亦曰：“乃有昆明灵诏，黑水玄阯。周以金堤，树以柳杞。豫章珍馆，揭焉中峙。牵牛立其左，织女处其右，日月于是乎出入，象扶桑与濛汜。”[②]

隋唐时期，长安的皇家建筑仍然具有高台遗风，例如，唐长安城的大明宫含元殿就是高台建筑。含元殿高台重叠，宫阙对峙，殿阁雄伟。唐代李华的《含元殿赋》曰：“左翔而右栖凤，翘两阙而为翼，环阿阁以周墀，象龙行之曲直。”[③]隋唐以后，高台建筑的台逐渐退化，从高大的“台”型逐渐转向了建筑下的台基，在宫殿、坛庙等建筑之下起防水、防潮等作用，高台建筑也逐渐退出了历史舞台（表6.7）。

3.小结

高台建筑源自人类对昆仑丘的模仿，表达了人类对于天宫、神仙生活的一种向往，表达了人类企图与神灵对话、与神秘虚幻界取得联系和沟通的一种愿望和手段。早期的高台建筑是人与神交流的场所，如，三皇五帝的明堂祭台、商代的鹿台、周代的灵台，体现出高台作为祭祀性建筑的神性特征。春秋战国和秦、汉、唐的宫阙高台，反映出来的是帝王对神仙世界的向往和对仙境的模仿。在宋、元、明、清代，高台仅仅作为台基，用于皇家建筑和祠庙建筑的底部，成为等级的象征，体现的是高台“神性”的退却。正如易中天在《艺术人类学》中所说：“神圣王国与彼岸世界毕竟是属于精神领域的，它最终只能诉诸精神，而在从物质活动到精神活动的过渡中起着中介作用。”[④]高台从最早的祭祀性建筑，逐步演化为功能实用性建筑，最终变为台基象征，体现着高台建筑从精神性到物质性、从神圣性到世俗性的逐渐转变。

---

① 〔清〕孙星衍：《三辅黄图·卷二》，何清谷校注，西安，三秦出版社，1995年，第1版，第114页。

② 黄侃、黄焯：《黄侃黄焯批校〈昭明文选〉》，武汉，长江出版传媒、崇文书局，2021年，第1版，第11页。

③ 周绍良：《全唐文新编·卷三百一十四》，长春，吉林文史出版社，1999年，第1版，第3577页。

④ 易中天：《艺术人类学》，上海，上海文艺出版社，1992年，第1版，第71-74页。

表6.7 “高台”营造的记载

名称	文献记载	图像分析	图像出处
〔周〕灵台	周文王立丰京时建,用以游观。《孟子·梁惠王上》:“文王以民力为台为沼,而民欢乐之,谓其台曰灵台,谓其沼曰灵沼。”《诗经·大雅·灵台》:“经始灵台,经之营之。庶民攻之,不日成之。”	终南山 灵台 澧河 梁家桥	清雍正十三年(1735年)《敕修陕西通志·古迹卷》
〔汉〕长安建章宫	《史记·孝武本纪》载:“其北治大池,渐台高二十余丈。”		清代《关中胜迹图》
〔唐〕大明宫含元殿	《含元殿赋》云:“划盘冈以为址,太阶积而三重。因博厚而顺高明,筑陵天之四墉。四墉既列,太阶如截,下土相嵌,愕视沉沉。”		清代《陕西通志·唐大明宫图》

（五）“八景”模式

1.“八景”模式的释义

八景模式，又称为地方八景、城市八景模式，常用于城市、郊野地区风景的体系化营造。“八景”来源于地方的集景文化，中国古代地方八景营造，是通过对地方风景名胜进行归纳、提炼，最终厘定为“八景”“十景”等，并通过诗词和绘画的方式展示八景，并形成了长卷集景的模式范本，这种集景模式便于将山野、山林、山谷中的分散景色，以一种统一的、长卷的、散点组合的方式展示出来。

2.“八景”模式的源流与演化

魏晋时期，诗人沈约的“东阳八咏”，就已经开启了八景的先河，金华城东宝婺观有八咏楼，《重建宝婺观八咏楼碑记》中记载：“古东阳之有是楼也，始于梁，曰玄畅楼，后改名曰八咏，以沈隐侯之八咏故也。”

唐代，王维的辋川二十景开启了从整体场景到多场景的分景模式，开创了中国山水画中散点透视的先河，被誉为中国南宗山水画之祖①，其采用多场景的散点组合模式，将中国传统空间中的维和多重嵌套关系，形象地表达了出来，对后世形成了巨大的影响，该影响不仅从绘画、诗词，还有从建筑、园林甚至城市设计层面。唐代受文人撰文、画家挥毫之宣传与推广，各地遂刮起一股股地方风景审美变革浪潮，集体记忆也将文人把地方志中所描绘之景色尽皆纳入其中。典型者从城市八景发展历程中可见一斑，八景文化的发展，得力于唐代八景诗词、绘画的成熟。北宋文人殷璠在其著作《河岳英灵集》中评王维之诗：“在泉成珠，著壁成绘。”更有大文豪苏轼有词《东坡题跋·书摩诘蓝田烟雨图》云：“味摩诘之诗，诗中有画；观摩诘之画，画中有诗。”②“辋川二十景”不仅是一种风景模式之典型，其更包含了二十个“子模式”，其中当属辋口庄模式与竹里馆模式最为有名，王维所建辋川别业，倚山环水，形成了庄园景观的理想模式，也成为后世所效仿的典范，其中竹里馆的“独居幽篁”，更是为后世文人远离尘嚣提供

① 王维开创了中国山水画的一代画风，其水墨画风几乎影响着中唐以后中国山水画发展的全部历史。可以说，占据中国古代山水画主流的文人画，均受到王维的影响。苏轼的“诗中有画，画中有诗”的赞语，奠定了王维在中国绘画史上的地位。明代董其昌推崇为“南宗之祖”，认为“文人之画，自王右丞始”。

② 〔北宋〕苏轼：《东坡题跋·二》，上海，商务印书馆，1936年，第1版，第94页。

了理想的景观模式，并为人与自然之融合、人与物之相通、人与天地之互适状态提供了原型与范式。但王维的“辋川二十景”和卢鸿一的“嵩山十景”还仅限于对特定地方的山居景色的描述，没有形成特定的“地方八景”范式。

唐诗人柳宗元的“永州八记”“龙门八咏”等利用文学体裁描绘或加以润色各地域、城市名胜古迹，为城市八景之滥觞，亦成为后来者所崇尚与追忆的典范。唐后期，出现了成熟的“地方八景”文化，唐乾元元年（758年），由唐朝诗人杜位在广东选定新兴“古八景”，又名“新昌八景”。它们分别是：筠城旭日、枫洞晚霞、龙山胜概、天露仙源、崖楼耸翠、锦水拖蓝、洗亭耕牧、洞口渔樵。杜位的“新昌八景”诗格律工整，意境优美，成为后世“八景”及“八景诗”的范本和表率，其中《崖楼耸翠》有云：“名山秀拔翠华峰，北镇关河郡势雄。垒叠层崖侵汉外，峻嶒一观柱天中。春来花竹青还淡，冬到松柏翠更浓。万古崔嵬常秀丽，四时不改色葱葱。”从中可以看出，早期的八景主要以歌咏地方山水风景为主，其中还有耕牧、渔樵等生产活动，体现的是人们对田园生活的向往。

宋代的“潇湘八景”传承“新昌八景”之源流，对各地城市风景营造模式的确立起到了典范作用。“潇湘八景”始于宋代画家宋迪始创的《潇湘八景图》，主要描绘潇湘地区洞庭湖的风景，分别为：潇湘夜雨、平沙落雁、烟寺晚钟、山市晴岚、江天暮雪、远浦归帆、洞庭秋月、渔村夕照。后又有多位画家绘《潇湘八景图》，例如，南宋时期王洪的《潇湘八景图》（图6.3）。潇湘乃河川及其流域，洞庭乃湖泊名称，皆关联着水。浦、渔村、江、沙滩等其他场所，都与水域及其周边有关，寺与山岳相关联。所以，潇湘八景主要蕴含中国风景画的两大要素——山与水。八景的特征之一是表示时间的词很多，主要集中在傍晚向夜的时间段，如夜、月、晚、归、夕、暮等。八景的天候词有雨、烟、雪等，这都是极富变幻的景致，有空气湿润、微雨朦胧、云雾缭绕之景，也有远浦归帆、渔村夕照之态。山市晴岚则是日光随山风徐徐吹过，云蒸霞蔚。其他景致，如寺钟、归帆、朝市、渔村等要素，含有生活在山麓、水边的人间烟火。《潇湘八景图》所绘景象，是设定在山峦环抱的水边风景，极富变幻的时间段和天候条件下的云雾缭绕、若隐若现、光影交错、渺渺向远的湖岸景色。潇湘八景的构成要素有气候、远浦、山峦、地域。潇湘八景不仅只是作为文人心中追求的理想风景模式，更是一种被赋予人文色彩的自然模式，具有极高的审美意

图6.3 〔南宋〕王洪《潇湘八景图》

（图片来源：中华珍宝馆）

境和丰富的内涵，是中国传统山水意境中空寂、幽远、旷奥兼备的理想环境模式。潇湘八景既有鳞次栉比的人文景观，亦有平沙落雁等自然景观，给人以多维度、多空间、多层次之审美意境，将中国传统文人对于山水城市的人居环境之美，以一种诗情画意的形式表达出来。其中的烟雾、岚光、雪雾、寺观、舟船、渡口、南街集市等场景在各地方八景中多次出现，形成具有高度凝练的类型化与模式化特征。

宋元以后，各地八景兴起，如北京地区的“燕山八景”，最早见于金朝的《明昌遗事》。“地方八景”在明清时期逐渐形成了一种景观文化模式，并以八景为特色在全国进行文化类型模式推广，如长安八景和西湖十景，就是这种模式的典型代表。“地方八景”对朝鲜、日本的地方绘画及营造产生了深远影响。

明清时期，地方八景的评定与建设成为地方风景营造的标准，使得八景成为一种遍及大江南北的普适模式，如英州八景（广东）（图6.4）、秦州八景（甘肃）、涞滩八景（重庆）、方正八景（黑龙江）、长汀八景（福建）、赣州八景（江西）、浯溪八景（湖南）、会同八景（湖南）、汤溪八景（浙江）、泰宁八景（福建）、临江八景（吉林）、万州八景（重庆）等，都可以看出各地八景建设的兴盛（表6.8）。

图6.4　西安碑林秘藏清代条屏式《关中八景图》

（图片来源：碑林博物馆珍藏）

3. “长安八景”

“长安八景”又名“关中八景”，作为北方的地域性八景文化的代表，最迟在元代就已经出现。由于长安地区具有丰富的历史文化资源，唐代

表6.8　古代各地的“八景模式”记载

八　　景	名　　称
关中八景（陕西）	华岳仙掌、骊山晚照、灞柳飞雪、曲江流饮、雁塔晨钟、咸阳古渡、草堂烟雾、太白积雪
秦州八景（甘肃）	麦积烟雨、净土松涛、仙人送灯、石门夜月、伏羲卦台、南山古柏、玉泉仙洞、诸葛军垒
涞滩八景（重庆）	经盘霁日、渠江渔灯、峡石迎风、字梁濯波、鹫峰云霞、层楼江声、佛岩仙迹、龙洞清泉
万州八景（重庆）	岑洞水帘、峨眉碛月、长虹横渡、曲水流觞、秋屏列画、玉印中浮、西山夕照、天城倚空
燕京八景（北京）	太液秋风、琼岛春阴、金台夕照、蓟门烟树、西山晴雪、玉泉趵突、卢沟晓月、居庸叠翠
邢台八景（河北）	鸳水灵井、郡楼远眺、野寺钟声、达活名泉、仙翁古洞、玉泉夕照、鼎梅晴雪、柳溪春涨
丰镇八景（内蒙古）	青山宝藏、碧海风涛、云门古洞、烟浦灵泉、牛心独秀、马脊双流、海楼夜月、山寺朝霞
临江八景（吉林）	鸭江春景、猫山耸翠、獐坞垂纶、卧虎新雪、庙前古树、正阳集帆、夕阳晚渡、理寺晨钟
安图八景（吉林）	白山积雪、老岭朝霞、白河瀑布、古洞奔涛、松江争渡、江楼秋月、牙湖晚钓、天池鼍鼓
方正八景（黑龙江）	梨园春晓、松江雪浪、莲渚秋雨、方潭印月、古寺丹枫、尖山耸翠、蜓水拖蓝、东皋晚照
长汀八景（福建）	龙山白云、云镶风月霹雳丹灶、拜相青山、朝斗烟霞、宝珠晴岚、苍玉古洞、通济瀑泉
赣州八景（江西）	三台鼎峙、二水环流、玉岩夜月、宝盖朝云、储潭晓镜、天竺晴岚、马崖禅影、雁塔文峰
浯溪八景（湖南）	浯溪漱玉、镜石涵辉、浯亭六庆、摩崖三绝、峿台晴旭、窊尊夜月、香桥野色、书院秋声
潇湘八景（湖南）	平沙落雁、远浦帆归、山市晴岚、江天暮雪、洞庭秋月、潇湘夜雨、烟寺晚钟、渔村落照
会同八景（湖南）	端山耸翠、赵水凝香、奎塔凌霄、溢溪泻碧、白鹤摩空、佛子露顶、奇峰多异、大海澄潭
景宁八景（浙江）	鹤溪春水、莘岭寒泉、石印呈奇、卓峰拱秀、鸦顶晴云、敕峦霁雪、牛峤朝岚、铁岩夕照
汤溪八景（浙江）	九峰仙迹、千松梵音、花台春日、芝山夜雨、白石晚霞、青峰晴霭、越溪渔唱、葛陇农谈
泰宁八景（福建）	堂北双松、城东三涧、旗峰晓雪、垆阜晴烟、奎亭怀古、南谷寻春、金铙晚翠、宾阁晴云

所遗留的大量物质文化遗产和景观资源，成为长安八景营造的重要凭借。“长安八景”是关中各地区典型代表之八种景观，该八种景象受长安地区宗教理想、历史文化、山水美学、文人思想和城市生活等多重因素影响，形成了具有典型意义的地域景观风格。

长安八景形成于元代（图6.8），直到明清时期才得以定型，即华岳仙掌、骊山晚照、灞柳风雪、曲江流饮、雁塔晨钟、咸阳古渡、草堂烟雾、太白积雪。有诗赞八景云：“华岳仙掌望峭涵，雁塔晨钟响城南。骊山晚照披秦地，曲江流饮绕长安。灞柳风雪三春暖，太白积雪六月寒。草堂烟雾紧相连，咸阳古渡几千年。”长安八景选取了关中地区以长安为核心的八个典型景观，其多样景观类型的拟定与划分对后世八景模式确立具有重要的借鉴意义，如古渡、寺观、山岳、夕照等景观，都为后世各地八景兴造作出典范。

长安碑林博物馆珍藏一方有明确纪年且确切提出“关中八景”这一称谓的石刻碑，刻于清康熙十九年（1680年），石碑共分一十六格，其上书、画、诗为一体，采用一画一景一诗的表述方式，其篆刻者为一清初民间画家朱集义。

（1）华岳仙掌

华山位于长安以东，其北濒黄河，南依秦岭，奇峰突兀，巍峨壮丽，以“险、奇、峻、绝、幽”而名冠天下，自古为五岳之一，道教洞天福地，有玉泉院、百尺峡、回心石、千尺幢、长空栈道和东、西、南、北峰等。

（2）骊山晚照

骊山位于长安以东，古时山上青松翠柏，郁郁苍苍。每当夕阳西下，云霞满天，苍山绣岭涂上万道红霞，景色妩媚动人，骊山不仅有“周幽王烽火戏诸侯”的传说，更有杨贵妃和唐明皇的爱情故事传说，在历史上具有重要的地位。

（3）曲江流饮

曲江池位于长安南郊。自隋唐时期起，曲江池两岸就楼台起伏、绿树环绕、水波粼粼，每当新科进士及第，总要在曲江宴饮，放杯至盘上，放盘行于曲流上，盘随水流转至谁面前，谁就执杯畅饮，遂成一时盛事，“曲江流饮”由此得名。

（4）雁塔晨钟

长安城南荐福寺内的小雁塔，是十五级密檐式砖构建筑，雁塔旁保存有一口铸造于金明昌三年（1192年）的大铁钟，每天清晨僧人都要按节律敲击大铁钟报晓，清脆的钟声远震长安城内外，成为长安地区远近著名的“声景观”。

（5）灞桥风雪

灞桥位于长安东郊，因其临近灞水而名。行人东出长安城常于此亭中送别亲友，刘长卿在其《送友人东归》中言：“对酒灞亭暮，相看愁自深。河边草已绿，此别难为心。关路迢迢匹马归，垂杨寂寂数莺飞。怜君献策十余载，今日犹为一布衣。”此外，《〈三辅黄图〉校注》中也有“灞桥折柳赠别确为唐代风习”的记载。

（6）草堂烟雾

草堂寺位于长安南郊的圭峰山下。该寺创建于后秦，后秦王姚兴迎西域高僧鸠摩罗什于此，率三千弟子一起翻译佛经。寺内有建于唐代的姚秦三藏法师的舍利塔一座，塔北竹林内井中常有烟雾升腾而出，与圭峰的景色遥相呼应。

（7）太白积雪

太白山是秦岭山脉的主峰，太白山得名已久。《水经注》载：“汉武帝时，已有太白山神祠，其神名谷春，是列仙传中人。”①五代杜光庭在《录异记》中载：“金星之精，坠于终南主峰之西，因号为太白山。”山巅有四个高山湖泊，池水清澈，由于山高气寒，山巅的积雪终年不化，即使三伏盛暑，仍然皑皑白雪，银光四射，其景致格外壮美。

（8）咸阳古渡

咸阳紧邻渭水，自古就是关中地区的渡口，有“咸阳古渡几千年”之赞，据咸阳地方志记载，“咸阳古渡”重建于明嘉靖年间，为古长安通往西北和西南的咽喉要道，过客众多，为“秦中第一渡”。

4.小结

八景文化，经历了从魏晋诗人沈约的“东阳八咏”，到唐代王维的“辋川二十景”、卢鸿一的“嵩山十景”、柳宗元的“永州八记”“龙门八咏”、杜位的“新昌八景”，到宋代的潇湘八景、西湖十景，再到元代的“长安八景”等一系列的演化过程，从山水画到诗歌题咏，从山庄别业到地方风景，其间不断成熟和完善，最终形成地方风景营造的标准和特色，并以“八景十景”的形式来概括。至清代，每一个地方城市都有“八景”“十景”或“十二景”，并成为地方风景营造传统。八景的营造不仅涉及山水、古迹、城市、标志建筑、自然景观等不同对象，还包括远眺型、登临型、凭吊型、纪念型、民俗性等不同类型，以及春、夏、秋、冬和

① 〔北魏〕郦道元：《〈水经注〉校证·卷四·河水四》，陈桥驿校证，北京，中华书局，2007年，第1版，第164-165页。

晨、夕、雨、雾等不同时节和气象条件下的特殊景象，“八景”也是地方文化与景色的集成体现和地域性表达。

二、山岳、山居景观文化模式

（一）“朝山”模式

1.“朝山”模式的释义

“朝山”，又称为向山、面山、见山。“朝山”指与“来龙”遥遥相对的山峰或山脉，形势犹如朝拜来龙，故曰“朝山”。朝山思想最早形成于对山岳的崇拜，以山作为方位的判断，面向山进行祭祀的活动，有向山岳朝仰、朝拜之意，此所谓“远处进香，谓之朝山”或“拜岳朝山”。朝山思想后来被向山朝向的城市和建筑营造思想所吸收，并逐渐和风水思想结合，形成了祖山、案山等一系列的山脉和人居环境的关系。在古代山岳崇拜思想的影响下，人们不仅对于自然山川具有向往之情，而且在城市营建中极力引入山景形成大尺度的对望关系，并不断发展为特定的“观山”模式。北宋欧阳修在作于庆历三年（1043年）的《章望之字序》中云：“名山大川，一方之望也；山川之岳渎，天下之望也。”山岳崎峻、势态恢宏即形之所胜，而儒家文化影响下所形成的某些特定山体的“气盛”与“神灵”，则是其内涵所在。山岳——城市的轴线关系一方面起到视线引导的作用，另一方面地处朝山轴线上的建筑，也是对于皇权、宗教神圣性的强调。

2.“朝山”模式的历史源流与演化

自秦汉以来，由对山岳崇拜的传统逐步形成了五岳封禅的仪式，朝向山岳建庙就成了庙宇和山岳精神合一的表现，如泰山庙、华岳庙等的建设，都以向山为主旨。西汉时期，桓宽的《盐铁论》曰：“古者无出门之祭。今富者祈名岳望山川，椎牛击鼓，戏倡舞像。”[①]如汉代西岳庙就与华山主峰呈现出朝对关系，为获得良好的朝山视线，西岳庙的建设并非正南正北朝向，而是根据望岳视线向西南方向进行调整。西岳庙主建筑万寿阁作为制高点，登高可望华山峰峦耸翠之景。在汉代，还出现了汉长安城东门直对骊山的朝山案例，而汉代的朝东思想，源于先民一直以来的朝向东方日出之处的太阳崇拜思想，也从侧面反映出来太阳崇拜

---

① 〔西汉〕桓宽：《盐铁论·卷六》，王利器校注，北京，中华书局，1992年，第1版，第351-352页。

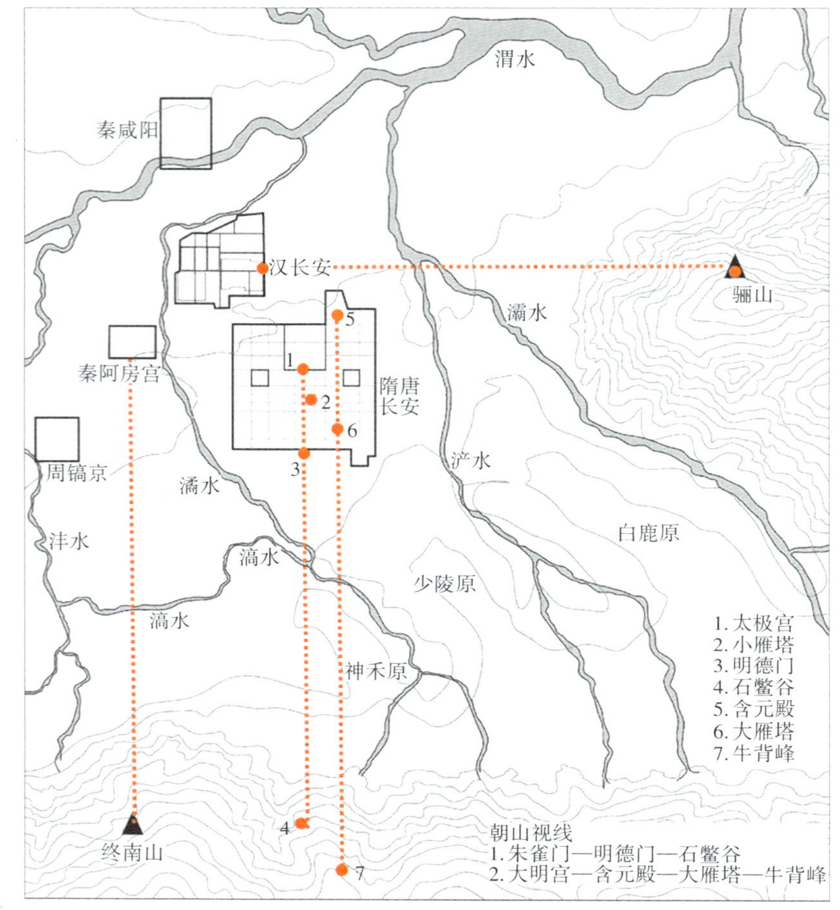

图6.5 秦、汉、唐皇城朝山图

（图片来源：作者自绘）

和山岳崇拜之间的关联。

唐长安大明宫营造中，将宫殿的中轴线正对牛背峰，形成大明宫、大雁塔、牛背峰直对的空间格局，通过朝山的方式，借山川之势而壮建筑之形，取得皇家宫殿和山岳精神合一的表达，成功塑造了城市政治与宗教信仰的轴线空间。

在宋代，由山岳崇拜产生的朝山祭拜逐渐转化为一种“见山”景观模式进入园林，甚至不少园林名称或者景点名称直接以“见山”为题，譬如司马光独乐园中的见山台、邵雍的“买宅重见山”、吕午的见山庵、王安石的见山阁、黄彦平的见山堂、林岊的见山阁、家铉翁的见山亭、释道燦的见山楼，可见其为两宋私园中很常见的一种造景方式，也体现出对陶渊明“采菊东篱下，悠然见南山”此种悠然心境的再现。

图6.6 泰山寺庙图

（图片来源：曹婉如《中国古代地图集·清代》）

清代，城市中多沿用朝山思想进行空间秩序的营造，如泰安县呈现出对望泰山、朝慕山景的规划特点。华阴县城也以华山为对望的目标，北起衙署，向南通过华山门、迎阳门，最后直指华山制高点，据《华阴县志》记载："遂中创华灵毕萃楼，稍西建镇西楼，与附垣经阁鼎峙而立，应接三峰，如揖拱。"[①]文庙、武庙坐落轴线两侧，北城墙上的镇西楼、华灵毕萃楼、尊经楼与武庙、衙署、文庙相呼应。此外，清代南通古城也以北部毓秀山和东南的狼山五峰为朝山设立中轴线，使得毓秀山、古城、东南五山处于同一轴线上，呈现出南北均可对望山景的城市格局。古人还在狼山上设置支云塔、广教寺，对峙成阙，形成城市的门户空间，使得其从地理位置上的自然标志转化为具有社会文化的形胜之地。此外，在地方上也应用较多，如佛山霍家祠堂朝对龟冈，形成中轴线布局。

3. 小结

自秦汉以来，由山岳崇拜形成的朝山思想，成为城市空间规划的重要模式之一。华阴县朝对华山三峰、南通县朝对狼山、泰安县朝对泰山，这样的案例在全国各地比比皆是。除了城市与山岳建立了轴线秩序外，建筑也通过朝对山岳与自然关联起来，例如，汉代西岳庙就朝对华山主峰，唐代大明宫朝对牛背峰，等等。"朝山"模式不仅建立起城市、庙宇、祠堂、园林建筑与地方山岳之间的关联，同时将城市内外空间依此基准进行置陈布势，建立城市的人文轴线，将人们的信仰和活动文化轴线依次展开，形成一个境界高远的整体秩序[②]。朝山模式反映出中国传统城市深邃的文化价值理念，历代规划家的创造实践都在遵循、完善和丰富这一思想，累代相因，渐成传统。正是受到朝山价值观念的影响，朝山也成为建构城市秩序的一种规划模式，对中国古代城市规划设计实践有着深刻的影响。

（二）"五岳"模式

1. 五岳模式的释义

五岳，即嵩山、泰山、衡山、华山、恒山，五岳文化模式源自对山岳的祭祀文化。西岳华山，五帝时称"太华"，夏商时称"西岳"，雅称"华岳"，被尊为五岳之首，号称"天下第一山"，被视为崇高、神圣的象征，故有"五岳独尊"之说；南岳衡山，古属长沙，其态势如龙眠，借

① 华阴市地方志编纂委员会:《华阴县志》,北京,作家出版社,1995年,第1版,第2–12页。

② 参见王树声、石璐、李小龙:《一方之望:一种朝暮山水的规划模式》,《城市规划》2017年第4期。

名申义，所以衡山有“寿岳”之称。东岳泰山，“天高不可及，于泰山上立封禅而祭之”；北岳恒山，亦名“太恒山”，古称玄武山；中岳嵩山，位于天中之地，不同于其他四山，时常颂之为“嵩高维岳”。

早期在《禹贡》中记载：“禹敷土随山刊木，奠高山大川。”①《抱朴子·登涉》中记载：“山无大小，皆有神灵。山大则神大，山小则神小。”②《周礼》首次提出了“五岳四镇”和“九州镇山”的观点，在《周礼·夏官·职方氏》中对“镇”做出了解释：“镇，名山，安地德者也。四镇，山之重大者。”③《礼记·王制》曰：“天子祭天下名山大川，五岳视三公，四渎视诸侯。诸侯祭名山大川之在其地者。”④后来岳镇分离，形成了五岳独尊的局面⑤。

2.“五岳”模式的历史源流与演化

早在周代就有统治阶级以高山为神祇，以崇高的礼仪祭祀高山。然而高山远离都城，路遥且险，于是慢慢演化为人为模拟圣山，就近修筑便于祭祀。《禹贡》所记载的五岳名山，起源于人类原始的山岳崇拜，《禹贡·导山》记述了先秦时期重要山岳的名称、地理位置以及分布特点，虽具有神话色彩，但总体较为真实地还原了先秦时期的山川特征。《禹贡》记载的五岳名山体系结合五方五行、五方四神思想，产生了五岳名山体系。可以说，五岳是五行观念和帝王封禅相结合的产物。

东汉三国，受到道教“洞天福地”之说的影响，神仙已不再飘逸于海上或云游于昆仑，而是定居于现实的名山之中，于是出现了转而如实地再现客观自然山水，五岳作为道教的修行圣地，被引入皇家园林景观营造中，东汉的大内禁苑“西园”中堆筑假山模拟、效仿少华山，张衡《东京赋》中有：“西登少华，亭候修敕”之句。

魏晋时期，代表五岳神山模式的《五岳真形图》绘成。东晋葛洪《抱朴子·内篇》也说：“为道者必入山林”，“合丹当于名山之中，无人

---

① 崔东壁的《考信录》通过由远及近、自北向南的顺序对《禹贡》的山川四列做出了解释：“导岍及岐，至于荆山，逾于河；壶口、雷首至于太岳；砥柱、析城至于王屋；太行、恒山至于碣石，入于海。西倾、朱圉、鸟鼠至于太华；熊耳、外方、桐柏至于陪尾。导嶓冢，至于荆山；内方，至于大别。岷山之阳，至于衡山，过九江，至于敷浅原。”

② 〔晋〕葛洪：《抱朴子·内篇·登涉卷》，王明校注，北京，中华书局，1985年，第2版，第299页。

③ 杨天宇：《〈周礼〉译注》，上海，上海古籍出版社，2004年，第1版，第480–486页。

④ 〔西汉〕戴圣：《礼记·月令》，张博编译，沈阳，万卷出版公司，2019年，第1版，第145–177页。

⑤ 五岳的最早记载，见《尔雅·释山》：“泰山为东岳。华山为西岳，霍山为南岳，恒山为北岳，嵩山为中岳。”〔晋〕郭璞注：《尔雅》，王世伟校点，上海，上海古籍出版社，2015年，第1版，第113–117页。

之地”，否则“药不成矣”[①]。此后，随着道教思想的继续传播，道门中人寻仙炼丹，渴望长生，几近迷狂。他们为顺利迁入神山，绘制了早期神仙地理学著作《五岳真形图》，其中记载：“五岳真形者，山水之象也……山则为根本，水则为血脉。自古建邦立国，先取地理之势，生王脉络，以成大业”[②]（图6.7），山水被赋予灵魂甚至与天下兴亡相关联，也就形成了较早的五岳崇拜。

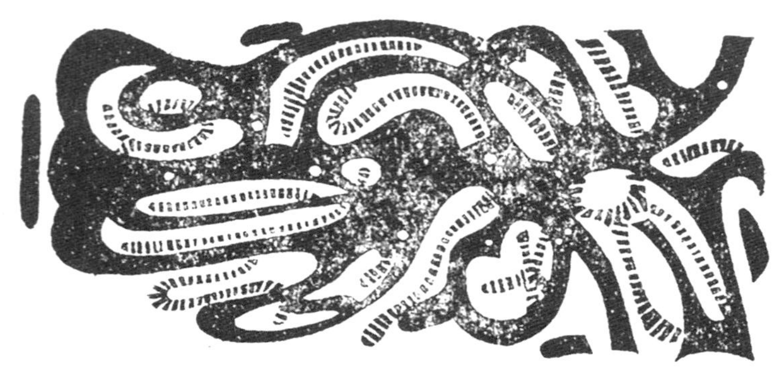

图6.7 六朝时期的《东岳真形图》

（图片来源：富冈铁斋旧藏）

南北朝时期，五岳被作为一个整体的山石景观引入皇家园林之中。北齐在邺南城西建仙都苑，内有一大池，大池内有五座山象征五岳，据《历代帝王宅京记》中记载：“仙都苑周围数十里，苑墙设三门、四观。苑中封土堆筑五座山，象征五岳。五岳之间引来漳河之水分流四渎为四海——东海、南海、西海、北海，汇为大地，又叫作大海。”[③]仙都苑规模宏大，其园林部分筑山理水，引漳河之水汇入苑内，形成大池，海中堆砌连璧洲、杜若洲、靡芜岛、三休山，还有万岁楼建在中央，象征了五岳，而园林叠山所谓三仙山：蓬莱、瀛洲、方丈，此为一大新意。仙都苑中还将城市用水和园林用水结合，将大池分流为四条水道，象征四渎，而非一进一泄，又是一项创新手法。在园林中设置五岳四海象征天下，可谓“移天缩地在君怀”。在大池周围分布殿、堂、屋、观等建筑群，开创了山水建筑宫苑的先河，四海、四渎更是对秦汉仙苑式皇家园

① 〔晋〕葛洪：《抱朴子·内篇·金丹卷》，王明校注，北京，中华书局，1985年，第2版，第84-85页。

② 〔晋〕葛洪：《抱朴子·内篇·遐览卷》，王明校注，北京，中华书局，1985年，第2版，第336-337页。

③ 〔明〕顾炎武：《历代帝王宅京记》，广州，广文书局有限公司，1970年，第1版，第150-210页。

林象征手法的继承和发展。

唐代，“以山为国镇”的制度体系逐渐完备，并成为重要的祭祀活动，“名山殊大者”逐步成为国家对四方进行统治和控制的象征。唐人孔颖达云：“每州之名山殊大者，以为其州之镇。”杜光庭更是综合老子思想将其具体化为名山五岳崇拜。随着道教思想的发展，五岳还被绘制成抽象的平面图像，成为道教的神物，随身携带用以辟邪。这种风俗习惯在民间广为流传，如《宣和博古图》中收录了一枚刻在铜镜背面的“唐五岳真形鉴”（图6.8）印章。这种文化在宋、元、明、清各朝代得以相传，例如：泰山石敢当是泰山精神物化的景观模式，被广泛地应用于古代街道的转弯之处，用以辟邪；泰山模式在清代各地园林中出现，而清代皇家园林圆明园四十景之一的西峰秀色，则是以庐山为原型营建的小庐山，这些都是对五岳文化模式的继承。

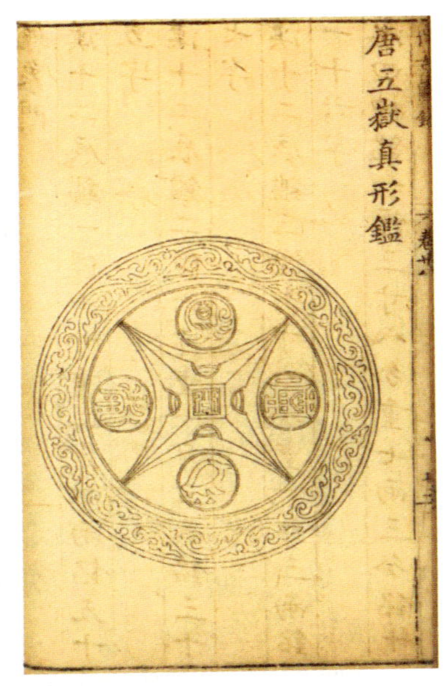

图6.8　唐五岳真形鉴

（图片来源：《宣和博古图》收录）

3.小结

古代先民对山岳的祭拜行为，后来逐渐演化成五岳、五镇的国家祭祀体系以及多种文化的主要载体，进而成为地域、景观、文化上的复合体，最终成为国家象征的五岳景观意象进入园林，反映出历代统治者心中的天下意识和山岳祭祀观念。魏晋以来，五岳与道教五行思想相结合，五岳成为人们寻仙问道之地，在城市、园林营建中仿效五岳之形，也反映出道教的仙山思想和修行观念在民间的盛行。

图6.9　《西峰秀色》

（图片来源：〔清〕唐岱《圆明园四十景图咏册》）

（三）“洞天”模式

1“洞天”释义

“洞天”，又可称为“洞天福地”，来自上古时期的山岳崇拜与洞穴崇拜，其名称最早见于《真诰》《道迹经》等历史书籍，“洞天”意谓山中有洞室通达上天，贯通诸山；“福地”谓为得福之胜地，在此修炼可得道升仙①。“洞天福地”是道教仙境的一部分，为地上仙山、真人居所，因其多以名山胜地为景，或兼有山水，也被誉为人间仙境。②《道迹经》中“五岳及名山皆有洞室”之言，亦可为之佐证。“洞”在此处有两重含义，其一指通，即贯穿，通达。其二指孔穴，《紫阳真人内传》有云：“天无谓之空，山无谓之洞，人无谓之房。”③而“天”在此处亦有两重含义，其一指天界、仙境；其二指天地、世界。故而“洞天”一词，也就有了两种意义，一是指通达上天，二是指洞窟之中的理想天地，将二者相合起来，便正如《太上洞玄灵宝天尊说救苦妙经注解》中描述：“洞者，通也，上通于天，下通于地，中有神仙，幽相往来。天下十大洞、三十六小洞，居乎太虚磅礴之中，莫不洞洞相通，惟仙圣聚则成形，散则为气，自然往来虚通，而无窒碍。”④狭义的洞天仅限于实体的洞穴或道观建筑。广义的洞天主要是幽静、灵异的祉天福地，蕴含天地精华，是返璞归真的理想场所，是行气、静心修炼的世外桃源，且“是以古之道士，合作神药，必入名山”⑤。

2.“洞天”的历史源流

早在上古时期，受山岳崇拜的影响，就已有首领帝王寻访仙山，问道于仙的典故，《庄子》中便记载了黄帝于崆峒石室之中问道于广成子的故事（图6.10）。秦汉时期，皇帝寻访神山、仙岛以求取丹药的活动也不在少数。但终究神山难至，仙岛难求，于是帝王便转向于那些可达可及的山岳，进行封禅活动。《史记·孝武本纪第十二》有云：“中国华山、首山、太室、泰山、东莱，此五山黄帝之所常游，与神会。”⑥封禅活动将山

① 参见张晓瑞：《道教生态思想下的人居环境构建研究》，博士学位论文，西安建筑科技大学，2012年。

② 参见付其建：《试论道教洞天福地理论的形成与发展》，硕士学位论文，山东大学，2007年。

③ 〔明〕张学初：《正统道藏·洞真部·纪传类》，日本京都，株式会社中文出版社，1986年，第1版，第2923-3937页。

④ 李莉：《浅析道教思想对山西道观的影响》，《文物世界》2019年。

⑤ 〔晋〕葛洪：《抱朴子·内篇·金丹卷》，王明校注，北京，中华书局，1985年，第2版，第84-85页。

⑥ 〔西汉〕司马迁：《史记·孝武本纪第十二》，上海，上海古籍出版社，2011年，第1版，第324页。

岳神圣化，为后期山岳向着洞天演化创造了前提条件。

图6.10 南宋·佚名《仿马远洞天论道图》

（图片来源：中华珍宝馆）

东晋时期，“洞室”“洞穴潜通”等概念就已经出现，但最早对“洞天”的描述，见于梁朝陶弘景所著《真诰》中，其中已提及“洞天”这一概念，但那时洞天并无大小之分，并且只有十个洞天拥有名号[①]。

唐代时，司马承祯首次建立了“洞天福地”的完整体系，他在《天地宫府图》中，详细描述了洞天福地合计一百一十八处，其中洞天四十六处，分十大洞天、三十六小洞天，洞天福地体系由此定格，名山修仙和宫观建设达到高潮。《天地宫府图》云：“十大洞天者，处大地名山之间，是上天遣群仙统治之所。”[②]“洞天福地”必须具备三个基本条件：山川之秀、道德之士、宫宇之盛。道教宫观多建于名山之上，这与中国古代道教中的山岳崇拜有密切关系。

宋代时，皇帝崇信道教，宋徽宗曾经“令洞天福地修建宫观，塑造圣像”[③]，同时，还在皇家园林中营造洞天修行，如艮岳的玉霄洞。明清以后，凡有山川如仙境者，常被冠以“洞天”之名，“洞天”的思想逐渐融入皇家园林、私家园林、城市景观的营造之中，且实例甚多，如圆明园的“别有洞天”、留园的“别有洞天”等，形成了洞天景观的普及与泛化。

3.各地的“洞天”模式

各地洞天福地的建设，因年代的不同和场所的不同，营造思想和空间特征都有所不同，大概分为以下三种模式：洞中修行的“洞隐”模式、结合山洞营造道场的“因洞”模式、结合山峦建造宫观形成的“壶天”模式。

① 参见张广保：《唐以前道教洞天福地思想研究》，上海，上海古籍出版社，2003年，第1版，第20–21页。

② 〔北宋〕张君房：《云笈七签·卷二十七》，蒋力生校注，北京，中华书局，2003年，第1版，第609页。

③ 〔元〕脱脱：《宋史·卷二十一·徽宗本纪（三）》，上海，汉语大词典出版社，2004年，第1版，第319页。

（1）洞中修行的“洞隐”模式

早期道者修行时，提倡远离尘世于山中修道。《抱朴子》中说，修炼至高仙药金丹的“场”，必须在与世俗疏离的山林中，即所谓“山林之中非有道也，而为道者必入山林”[①]。而道教认为宇宙皆是由“道”演化而来，因此修行也必须复归于道，反其所生，回到与母体为一的原初状态，称为“胎息”。“胎息”语见《抱朴子·释滞》：“得胎息者，能不以口鼻嘘吸，如在胞胎之中。”[②]所以在山中选择修行场所时，也刻意选择象征母体的洞窟，以回归本性求得永恒（图6.11）。

图6.11　开帐与胎息

（图片来源：作者自绘）

实际上，“洞天”思想的影响，并不限于道教一宗之内，历代文人逸士的隐居思想，也是与之不谋而合的，文人逸士从“洞天”思想中汲取养分，进行大量的文学、绘画、营造方面的创作，有必要对其进行深入的研究。这一类模式虽是最早出现的，但在漫长的历史发展中并未断绝，后世仍时有见之。但因此种模式不适营造，故而无建筑遗存，只在文字、图画描述中得以窥见（表6.9）。自上古起，就有隐逸之士居洞中修行，遗风至今犹存，魏晋南北朝之后，随着山水画的发展，出现了大量以“洞”和“洞隐”为主题的画作，以下取其中几幅进行梳理总结。

表6.9　山水画中对“洞天”的描述

标号	图名	内容
图7	〔五代〕董源《洞天山堂图》	图中绘有两洞，左下一洞口，似通往云雾之中的仙宫楼阁；中央一洞口，其内若有光，其后群山连绵不绝，仿若与天相接
图7	〔明〕仇英《玉洞仙源图》	图中左下有一洞窟，水流自洞中流出形成河流，洞后云雾缥缈，其中楼阁掩映；洞前高士静坐抚琴
图7	〔清〕吴历《晴云洞壑图》	图中央有一洞窟，洞中有一高士静坐修行，洞后山脉绵延直上，仿若通天

① 〔晋〕葛洪：《抱朴子·内篇·明本卷》，王明校注，北京，中华书局，1985年，第2版，第187页。

② 〔晋〕葛洪：《抱朴子·内篇·释滞卷》，王明校注，北京，中华书局，1985年，第2版，第149页。

将这些画作整理，可以发现两种形式：一是山中有一小豁口，为洞天世界的入口（图6.12、6.13、6.14）；二是山中央有一洞窟，为仙人居所或道者修炼场所。

图6.12 〔五代〕董源《洞天山堂图》

图6.13 〔明〕仇英《玉洞仙源图》

图6.14 〔清〕吴历《晴云洞壑图》

（图片来源：中华珍宝馆）

（2）结合山洞营造道场的"因洞"模式

对于道教来说，选择洞窟作为修行场所，一是"洞天"思想的影响，认为洞穴幽深，可以通天；二是道法自然思想的影响，提倡尊重自然，不欲破坏自然。对早期道教修行者而言，只要有能够遮风避雨的洞窟，再有清洁的水源，便足以支持修行了。然而，天然的洞窟石室毕竟有其局限性。第一，适宜修行的石室并不是非常容易寻找，《真诰》中就曾说："茅山通无石室，则必应起庐舍。"[①]第二，石室可以满足个人清修的需求，但随着修行内容的增加和修行规模的扩大，天然的洞窟石室在客观上已经难以满足道教修行所需，汉代道书《太清金液神丹经》便说："吉日斋合神丹，宜索大岩室足容部分处。若无岩室，乃可于四山之内丛林之中无人迹处作屋。"出于以上原因，修行的"场域"逐渐以洞为中心

① 〔南朝梁〕陶弘景：《真诰》，〔日〕吉川忠夫等编，朱越利译，北京，中国社会科学出版社，2006年，第1版，第360-366页。

向外扩散，在临近洞窟的位置建造的静舍、丹室等建筑来满足团体修道、炼制外丹等需求。关于早期的“因洞”模式，在史书、道书中多有描述：“于名山之侧，东流水上，别立静舍，六百日成。”[①]“外静舍，当以俟游宾从憩止，非自住修行之所”[②]。

山中修行的场所逐渐发展，至南朝时期，已经形成了具备一定规模的“馆”。据《梁书》的描述，陶弘景在茅山时，曾与弟子等人建造了华阳馆。华阳馆分上馆与下馆，上馆主要为修行所用，下馆主要为炼制外丹所用。后来，又于上馆处新建三层建筑，顶层为其个人所居，中层为其弟子所居，底层为款待来宾之用。除此之外，另建有一些辅助用房，用以存放炼丹药材及道书典籍。

（3）结合自然建造宫观形成“壶天”模式

宋代以后，随着道教的发展，单纯的洞窟以及简陋的静室已不能满足其规模上的需求，“非宫宇无以示教，非山水无以远俗”[③]，建造大规模的宫观已经成为一种必然。道教在山中活动空间开始扩散、延展，其景观模式亦有更新与拓展的需要。在道教的神话体系中，其理想世界的模式有多种，如带水环山的“昆仑模式”，水中岛屿的“仙岛模式”，口小腔大的“壶天模式”。洞天福地多取壶天模式构筑仙境，主要是因为相较于其他模式，选取壶天模式更有利于借助山中的自然环境[④]。此外，对道教而言成型的“洞天”不再指“洞”这一独立个体，而是指以洞穴、宫观及景观为中心的整个山川环境[⑤]，山岳的“通天”与山洞的“通天”，本就是一体两面，选择壶天模式也能够回应“洞天”的传说。

“壶天”即“壶中天地”，此处的“壶”指“壶卢”，今写作“葫芦”。对道教而言，葫芦，常用来装盛丹药。道教八仙之首的铁拐李，背上便常背一葫芦，葫芦中装有仙药，铁拐李周游四方，以仙药济世救人。《后汉书·费长房传》记载了“壶公”的故事：“市中有老翁卖药，悬一壶于肆头，及市罢，辄跳入壶中……长房旦日复诣翁，翁乃与（之）俱入壶

---

① 〔晋〕葛洪：《抱朴子·内篇·金丹卷》，王明校注，北京，中华书局，1985年，第2版，第84-85页。

② 〔南朝梁〕陶弘景：《真诰》，〔日〕吉川忠夫等编，朱越利译，北京，中国社会科学出版社，2006年，第1版，第360-366页。

③ 张继禹：《中华道藏·第四十七册·清神观记》，北京，华夏出版社，2004年，第1版，第204页。

④ 参见王波峰：《山林道教建筑导引空间形态研究》，硕士学位论文，西安建筑科技大学，2007年。

⑤ 参见陈蔚、谭睿：《道教“洞天福地”景观与壶天空间结构研究》，《建筑学报》2021年第4期。

中。”[①]后世所谓“悬壶济世”，即由此而来。“壶天”与“洞天”的意象是非常相似的，都是由一个很小的入口进入内部很大的理想世界。通过对一些具有“壶天”结构的名山宫观的布局特点进行梳理，可以得到总结出三种基本类型，以下进行分别讨论。

1）入口—围合

“入口（壶口）—围合（壶腔）”是一种比较经典的“壶天”空间结构，其四周被山峰或是茂林围合，只留一个小的入口与外界相通。总体来看，这种布局模式充分满足了道教徒对山中修炼场地所需的庇护、捍域、隔离和空间辨识等多重功能的需求[②]。元代黄公望的《天池石壁图》中便描述了这样的景象：画面右上角有瀑布激流而下，汇聚成所谓“天池”，池上凌空建造楼阁，四周被峭壁环绕，形成较为封闭的环境，只在前方有两石壁夹成的豁口与外界相通（图6.15）。这描述的就是典型的“壶口—壶腔式”格局，此类格局在现实宫观营造中亦常有见之，图所示的华山金天宫、紫云宫上清宫的营造便属此列。

图6.15 〔元〕黄公望《天池石壁图》中的洞天

（图片来源：中华珍宝馆）

2）入口—走廊—围合

“入口（壶口）—走廊（壶颈）—围合（壶腔）”是另一种比较常见的“壶天”空间结构，与上一种不同的是壶口不直接与壶腔相连，而是在中间加入了一段象征壶颈的走廊连接二者，形

① 〔南朝宋〕范晔：《后汉书·卷一百一十二》，上海，汉语大词典出版社，2004年，第1版，第1659页。

② 参见苗诗麒、金荷仙、王欣：《江南洞天福地景观布局特征》，《中国园林》2017年第5期。

成延长的空间序列。曲折的走廊反映了求仙问道的艰辛，在道教徒的心目中，这个线性空间象征着由尘世通往仙境世界的过渡[①]。

清代《天下名山图》中有多幅图对此类结构进行了描述，如其中的白岳图：图面中央有一宫观，华丽壮美，其四周茂林与高山围合，空间封闭，为绝佳修行场所。宫观场域的两侧均有山道与其相连，山道盘曲，至尽端有一洞口即是“壶天”入口。

3）入口—半围合

“入口（壶口）—半围合（半壶腔）”也是一种比较常见的“壶天”空间结构，与上两种不同的是，壶腔形成半围合，道观以悬壁、据高等方式依附于壶腔。华山就是典型的半围合方式，古代长安地区华山为道教第四大洞天，古来便有修行者于此隐居且留下诸多遗存，如表6.10、表6.11。

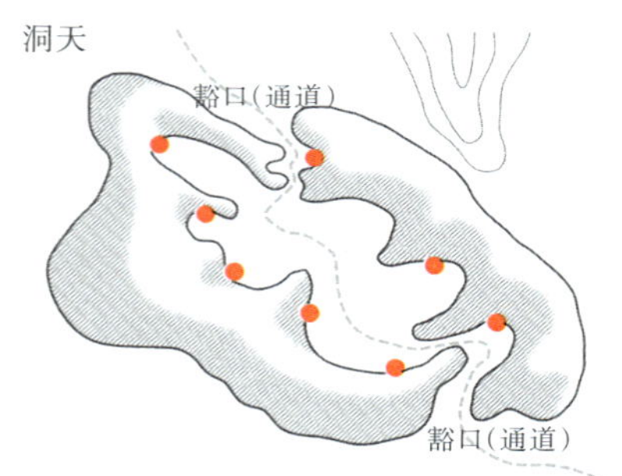

图6.16　洞天福地模式——围合

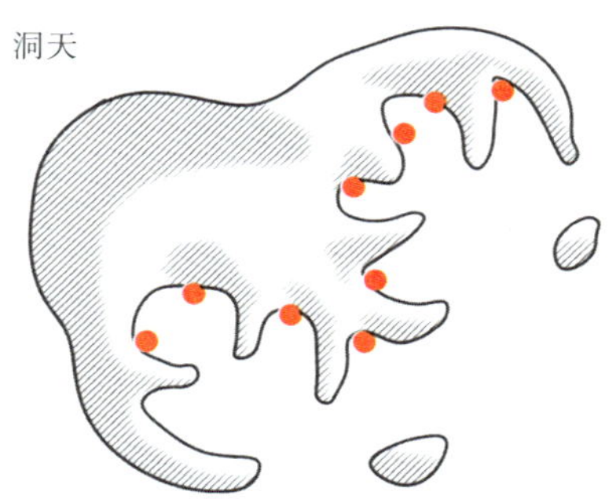

图6.17　洞天福地模式——半围合

（图片来源：作者自绘）

表6.10　华山道洞建造时间及位置

洞名	建造时间	位置
长春石室	唐贞观年间	云台峰
希夷匣	宋仁宗皇祐年间	五里关
太极总仙洞	金代	毛女峰
壶公石室	金代	毛女峰
毛女洞	宋元时期	毛女峰
仙人洞、水帘洞、西玄洞、昭阳洞、正阳洞	宋金时期	毛女峰
朝元洞	元代	南峰
雷神洞	元代	南峰

① 参见吴会、金荷仙:《江西洞天福地景观营建智慧》,《中国园林》2020年第6期。

续表6.10

洞名	建造时间	位置
贺老石室	元代	南峰
三茅洞	明代	东峰
金天洞、三元洞	未明	日月岩
莲花洞	未明	西峰
东华洞	未明	南峰
张华樵归洞	清代	青柯坪
迎阳洞	未明	北峰

表6.11　洞天模式的史料记载

名称	文献记载	文献出处
华山	“夫太华者，坐抱三公，抗衡四岳，终南、太白却立而屏息，首阳、王屋不敢以争雄，……目之于十八水府之数，则车箱有潭，东南有海，地脉潜通，载祀典而为常经。”	〔清〕东荫商《西岳华山经》
	“华山有四大洞，南曰正阳，北曰水帘，东曰昭阳，西曰西玄。”	〔梁〕陶弘景《登真隐诀》
	“西玄洞周回三千里，名极真洞天，其中天地高大，日月星辰、风云草木与外无异，唯日月停轮耀赫，朗接太空，乃长春之境也。宫阙楼台尽是七宝金玉所成，傍生紫林芳花，玉髓金精。”	《大洞天记》
	“华山西玄洞为道教十大洞天中之第四洞天，称三元极真之天。”	〔北宋〕张君房《云笈七签》
	“金母元君者，九灵太妙龟山金母也。一号太灵九光龟台金母，一号曰西王母。乃西华之至妙，洞阴之极尊。在昔道气凝寂、湛体无为，将欲启迪玄功，生化万物。”	〔五代〕杜光庭《墉城集仙录·金母元君》
	（羊公石室）“洞室空濛，昔有隐此峰者，莫知姓名，常乘白羊往来，因以名峰。每至三元八节，即有神灯或三或五线于崖端。”	《雍胜略》
	“王刁三洞，在岳之东。……上洞莫能到，中洞有飞石遮于洞门，下洞隐居者皆在其中。”	〔金〕王处一《西岳华山志》
	“（水帘洞，又名石仙洞）其洞深三百里，中有瑶台玉室，树则苏茅芳林，泉则石髓金精，尽为水石草木之精华。而且时有五色云气飘出，神秘莫测。”	〔梁〕陶弘景《登真隐诀》
终南山	“终南，周之名山中南也。”	《诗经》

续表6.11

名称	文献记载	文献出处
	“又按仙经，可以精思合作仙药者有，华、泰、霍、恒、嵩、少室、长、太白、终南、地肺、王屋……盖竹、括苍，此皆是正神在其山中，或有地仙之人。”	〔晋〕葛洪《抱朴子内篇·金丹卷》
	“今有司除茂才明经外，其次有熟庄周、列子书者，亦登于科。”	〔唐〕皮日休《皮子文薮》
	“本周康王大夫尹喜宅也。相传至秦没，皆有道士居之。晋惠帝时再修，其地旧有尹仙人楼，因名楼观。”	〔唐〕李吉甫《元和郡县图志》
天台山	“赤城山，土色皆赤。岩岫连沓，状似云霞，悬霤千仞，谓之瀑布，飞流洒散，冬夏不竭；山谷绝涧，峥嵘无底；长松葛藟，幽蔼其长。”“《道书》以为第六洞天，名上清玉平之天，即天台之南门。”	〔南朝宋〕孔灵符《会稽记》
	“往天台当由赤城为道径。”	〔晋〕支遁《天台山铭·序》
	“赤城山，天台之南门也。”	〔清〕法若真《天台山图》
	“‘赤城山内，则有天台灵岳，玉室璇台。’由赤城山，经瀑布山，到石桥，进入神仙洞府，即孙绰所说的‘寻不死之福庭’。”	〔宋〕李昉等《太平御览》
太白山	“道教三十六洞天之第十一洞天(德元洞天)。”	《云笈七签》
天目山洞	“其上台观皆金玉，其上禽兽皆纯缟，珠玕之树皆丛生，华实皆有滋味，食之皆不老不死。所居之人皆仙圣之种，一日一夕飞相往来者，不可数焉。”	〔战国〕列御寇《列子·汤问》
茅山	“复自襄汴，来抵江淮，茅山天台、四明仙都、委羽武夷、霍桐罗浮，无不遍历。”	〔宋〕李昉《太平广记》
委羽山	“委羽山，天下第二洞，号大有空明之天。”	〔梁〕陶弘景《登真隐诀》
	“委羽山大有空明洞在黄岩县南数里，即大有真人之所治焉，一云青童君主之。”	《十大洞记》
青城山	“道教十大洞天之‘第五洞天’，名曰：‘宝仙九室天’。”	〔五代〕杜光庭《洞天福地岳渎名山记》

3.小结

由上古时期的原始自然崇拜，到秦汉魏晋的寻仙问道学说，到隋唐时期“洞天福地”理论和理想景观模式的形成，再到宋、元、明、清“洞天”景观的泛化，在漫长的历史发展过程中，道教教徒将理想宇宙观实化，结合名山的自然环境，融入古代传统的理想景观模式，开展现实的“洞天”营造活动，产生了一处处“洞天”景观。同时，道教讲求的清虚自持、返璞归真、俭朴隐居的精神模式与自然环境相结合，形成了道教独特的山岳道观择址体系，其主要表现在善用自然环境因地制宜，以洞殿结合营造出道教理想仙境，由此发展成“洞天福地”的择址模式和风景营造特征。“洞天”是传统道教信仰中生命的庇护与修行场所，它体现着中国古代传统哲学对自身与宇宙二者关系的深刻思考，塑造出一种乌托邦式的理想天地，表达着古代先民对于理想生活的不懈追求。

（四）“五台”模式

1. 五台释义

五台模式，常用于山岳寺庙的空间布局。五台模式源于佛教“四埵拱卫”“四台环峙”“莲花环抱”的理想景观模式。据明代《清凉山志》记载：“东震旦国清凉山者，乃曼殊大士之化宇也，亦名五台山。以岁积坚冰，夏仍飞雪，曾无炎暑，故曰清凉。五峰耸出，顶无林木，有如垒土之台，故曰五台。”[①]由此可见，五台空间模式是指：在重峦峻岭中，五座环峙耸立挺拔俊秀的山峰，其峰顶皆如台面般平坦宽广，故曰“五台”。北宋《广清凉传》：“五台有四埵，去台各一百二十里。”[②]描述了四埵与五台的空间关系，五台和其四方四埵共同构成五方定位。五台四埵是须弥山四大天王的化身，转译作护法共同守卫五台，仿其建制形成五方山岳布局，构建了中国佛教的“须弥圣境”。五台山立其四方之外的四座山峰作为具有护法意义的“四埵”。五台山之于“四埵”，等同于忉利天之于四大王天，这是佛教天王信仰在大尺度地理空间上的转译而形成的四方四埵，拱卫五台山的五方山岳布局。

古代中国在宗教名山选址的过程中，表征出宏观尺度下的空间对位和空间控制关系，而大地理空间中具有五台空间格局的山岳，被佛教赋予“须弥胜境”的神域空间，逐渐形成了以“五台”命名的名山体系，亦称五峰山、五顶山、清凉山。如崆峒山，据明代文豪赵时春《游崆峒记》记述道：“佛刹遍诸峰，登绝巅以俯视，层峦献奇，寺宇宏布，宝塔矗立于中峰，四台环峙以回抱，有似我佛拥莲座以布法雨焉。”由此说明五台模

① 〔明〕释镇澄：《清凉山志·卷二》，康奉等校点，北京，中国书店，1989年，第1版，第17–52页。

② 王志勇：《清凉山传志选粹·广清凉传》，崔玉卿点校，太原，山西人民出版社，2000年，第1版，第43页。

式以“四台环峙以回抱，佛拥莲座以布法雨”为空间范式与文化原型。

2.五台模式的源流及其演化

五台的原型为佛教宇宙观中的“须弥世界”模式，“须弥世界”模式以须弥山为中心，东、南、西、北四方有四大部洲，从而形成最初的五方布局模式。后来随着佛教教义的不断发展，佛教的宇宙结构逐渐完善，形成了更为具体的五方布局结构，如须弥山顶忉利天的善见城、林苑、法堂，以及四大部洲内部各自的结构布局等，均体现着五方布局的空间关系。后来佛教须弥山宇宙观中的五方布局体系逐渐与中国传统的天地宇宙观念相融合，经过历代的发展最终演变出了中国传统景观规划中的“五台模式”。

公元前2世纪末，佛教由古印度西北部进入西域诸国，后向东沿丝绸之路传入汉朝，自此佛教传入中国。在佛教初步传入阶段，外来的僧人带来了许多佛教典籍，并对其初步翻译，由此佛教的宇宙观开始出现在中国大地上，这个时期表现佛教“须弥世界”五方布局形式的题材，主要为对佛教“须弥世界”的客观表现，以及忉利天善见城五方布局空间格局的客观模仿。如敦煌、云冈石窟中的壁画、浮雕、中心柱窟的中心柱，东汉洛阳白马寺①以佛塔为中心、周匝环绕廊庑的建筑空间格局。

东晋十六国到南北朝时期，是佛教在中国的大发展时期。这个时期佛教中的五方布局体系与中国传统的五方、五行、五色、五音学说相融合，将复杂的天地人关系抽象为五方观念。这一点主要表现在随着佛教典籍的不断传入与译经水平的提高，出现了汉传佛教的“六家七宗”，体现着中国人对佛教教义的独特理解。在这个过程中，由于其与中国昆仑宇宙观神话体系的相似性（宇宙之中、通天之路、河源之地等），佛教宇宙观很有可能逐渐受到了中国传统思想的影响。如莫高窟初唐332窟中心柱南向面所绘，须弥山山腰间除了日月还出现了双龙缠绕，山顶的宽广台面上置佛塔楼阁，融入了中国神话体系的佛国世界模式。

隋唐时期，是汉传佛教的鼎盛时期，此时中国佛教“八大宗派”产生了，在此后至宋朝的这段历史中，佛教与中国传统道教和儒家思想互相影响、融合，标志着佛教本土化的完成。这个时期，佛教宇宙观的五方布局体系，在中国大地理观上对应了“五峰五台”的形式，形成了以五台山为代表的中国佛教须弥世界图景，并在各地广泛复制营建。其代表性的有终南山南五台、药王山北五台等，并且出现了寺庙仿五台山形

① “自洛中构白马寺……为四方式。凡宫塔制度，犹依天竺旧状而重构之。”〔北齐〕魏收：《魏书·卷一百一十四》，上海，汉语大词典出版社，2004年，第1版，第2443页。

式的西五台，形成了中国传统风景营建中的“五台模式”。

山西省五台县境内连绵的山脉中有五座孤峰，形状各异，环峙耸立，峰顶有宽广平坦的平台，故曰“五台”。五台之名，始见于北齐。唐代五台山被佛教徒公认为文殊菩萨应化道场[①]，是我国四大佛教名山之首，和周边四埵[②]形成五方定位，构建了拱卫五台山“须弥圣境”的轴线对位关系。敦煌莫高窟第61窟西壁上绘制的五代时期《五台山图》，图中自右向左依次为东台、北台、中台、西台和南台，表现了五台在地理空间中的方位关系（图6.18），是佛教中国化的进程中首次具体展现五台空间分布的图像。五台山是后世有关五峰、五寺、五台的空间格局等原型，其“五方布局”的山岳空间也成为五台山独特的佛教理想景观特征，表现了古人对须弥山仙境的独特认知。

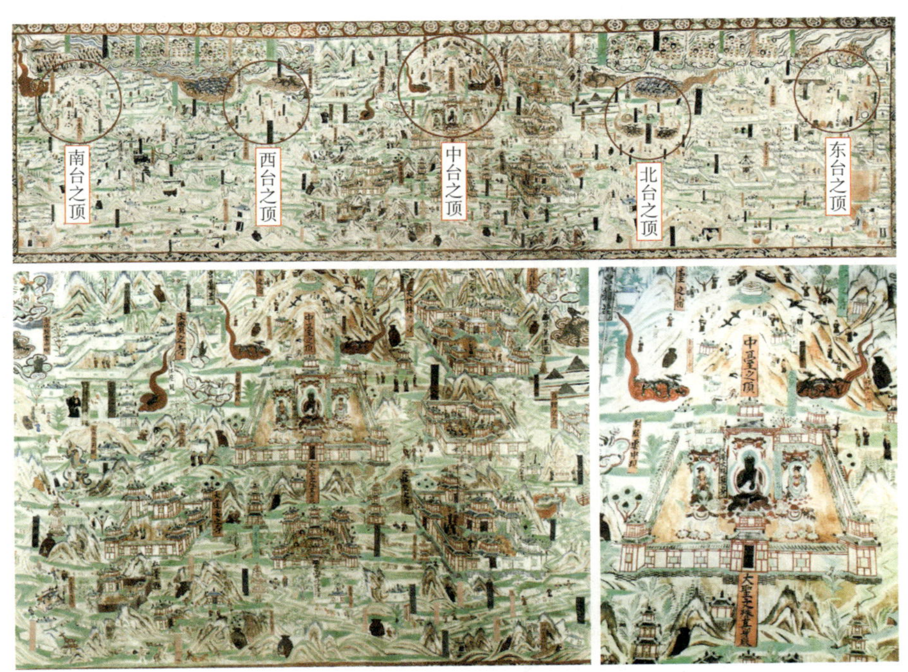

图6.18　敦煌第61窟《五台山图》及其局部

（图片来源：数字敦煌）

① 五台山的五台分别为：北台名叶斗峰、东台名望海峰、西台名挂月峰、南台名锦绣峰、中台名翠岩峰。每个峰上供奉一位文殊菩萨，东台望海寺供聪明文殊、南台普济寺供智慧文殊、西台法雷寺供狮子吼文殊、北台灵应寺供无垢文殊、中台演教寺供孺童文殊。

② 在佛教一小“世界”中，须弥山山腰有四埵，四天王各住一埵各护一天下，四天王也为具有护法能力的天神，因此四埵作为四天王所居之处，也被赋予了护法内涵。

藏传佛教始于7世纪中叶，形成于10世纪后半期。藏传佛教中的五方布局观念主要表现在五方佛曼荼罗的空间图式之上，其所蕴含的五方观念影响了藏传佛教建筑群落的空间布局、金刚宝座式塔的建造形式以及唐卡绘画等方面，而大地理观中的五方布局体系也主要仅仅表现在皇家园林空间布局中，如北京故宫万岁山五峰、五亭、五佛的布局形式（表6.12、表6.13）。

表6.12　五台模式营造记载

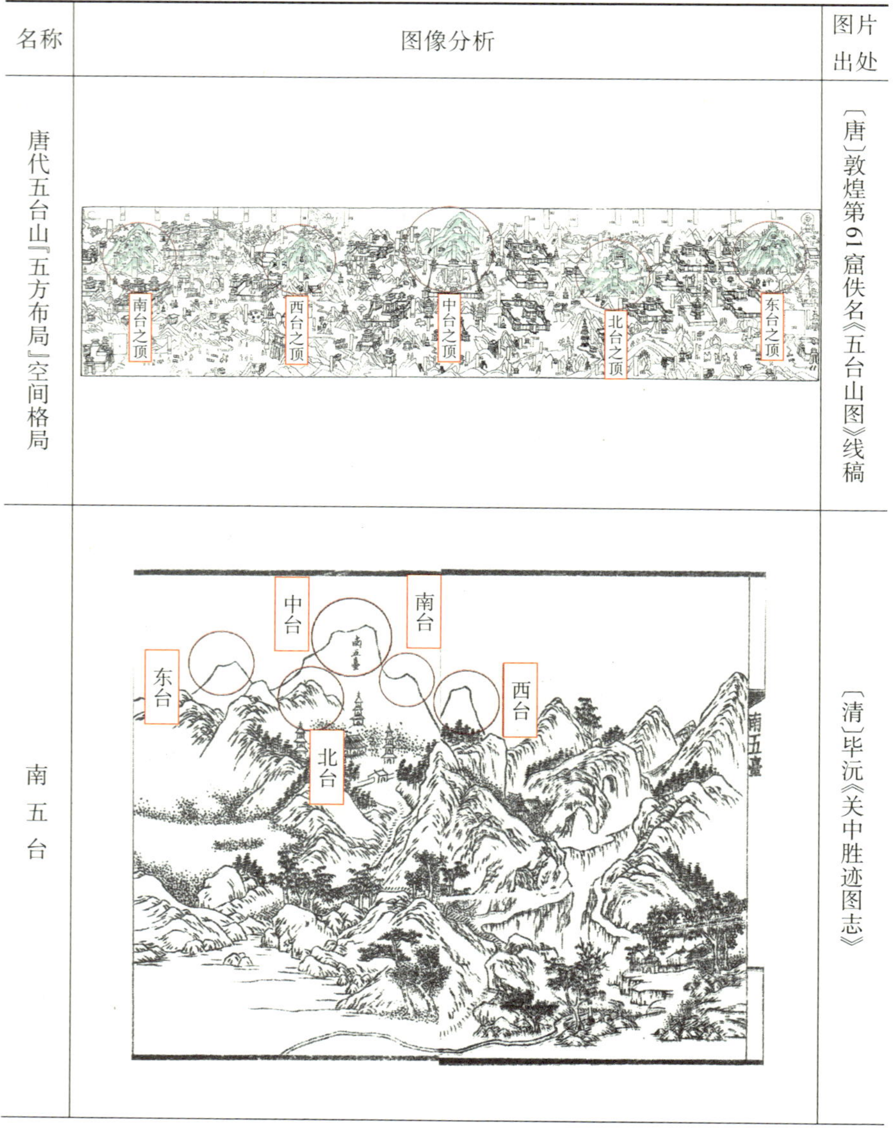

名称	图像分析	图片出处
唐代五台山『五方布局』空间格局	（图：南台之顶、西台之顶、中台之顶、北台之顶、东台之顶）	〔唐〕敦煌第61窟佚名《五台山图》线稿
南五台	（图：中台、南台、东台、西台、北台）	〔清〕毕沅《关中胜迹图志》

续表6.12

名称	图像分析	图片出处
崆峒山图	 崆峒山圖 西台 北台 中台 南台 东台	〔明〕嘉靖三十九年（1560年）赵时春《平凉府志》
五台山图	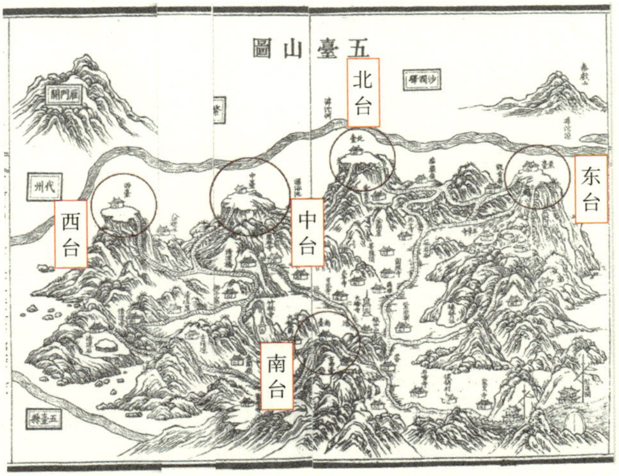 五臺山圖 北台 东台 西台 中台 南台	〔清〕周三进《五台县志》

表6.13　国内外"类五台"山岳名胜

名称	地区	文献记载
山西五台山	山西省忻州市	佛教传入中国后，在17世纪逐渐出现了佛国"四大名山"，五台山为"四大名山"之首，是佛教文殊菩萨的道场。五台山的五台之上分别建制一座寺庙，用来供奉各方文殊。《清凉山志》载："于南瞻部洲东北方，……其中有山，名曰五顶，文殊童子游行居住。"章嘉若白多吉的《五台山志》记载："中峰为身，东峰为意，南峰为功德，西峰为语，北峰为业。五峰依次是毗卢遮那佛、阿閦佛、宝生佛、阿弥陀佛、不空成就佛。"其将五台山的五峰，分别对应于密教中居于金刚界曼陀罗的五佛。此外，五台山四埵记载见于明代《清凉山志·卷二》："五峰之外，复有四埵。"除了四埵，五台山四周还有四座雄关，守卫在去往五台山的必经之路上。《清凉山志》中记载："五台山雄踞雁代，盘礴数州，在四关之中，周五百余里。"这四关分别是雁门关、牧护关、龙泉关和平型关
唐长安终南山南五台	陕西省西安市	隋唐时期，终南山寺院林立，效仿五台山而建的南五台是当时佛教文化的中心。《陕西通志》曰："其山五峰峻拔，凌霄如画，上有洞有寺，寺僧名山曰五台。"清代毕沅纂《关中胜迹图志》谓："今南山神秀之区，惟长安南五台为最……则太乙当属之。"作为秦岭终南山的一脉，南五台是终南山最为神秀之区域，其由五座台状山峰组成。宋代张礼《游城南记校注》中有记，太乙山五座小台"曰观音，曰灵应，曰文殊，曰普贤，曰现身，皆山峰卓立"，故得名五台；隋代始建圆光寺、西林罗汉洞、圣寿寺、弥陀寺等寺院，逐渐发展成中国佛教名山
唐长安西五台	陕西省西安市	西五台是位于长安城内玉祥门的著名佛教圣地，建制原因为唐太宗之母信奉佛教，为了不使母亲过于劳顿，李世民在宫城广运门之西的太极宫城南墙上，仿照南五台的空间关系筑起五座建有佛殿的高台，称西五台，供其母朝拜。至宋朝时期，此地又因台建寺，称安庆寺。雍正《陕西通志·祠祀》引总督鄂海碑记云："西五台在城西北隅。是台基于唐，创于宋，屡葺于明。有祷必应，六月大会，岁以为常。"
药王山北五台	陕西省铜川市	北五台即药王山，是唐代医学家孙思邈隐居之地，药王山之名由此而来。明《雍大记》："五台山，在耀州东五里，有孙真人隐居石洞。五山对峙，顶平如台。此北五台。在终南者，曰南五台。"药王山北五台与终南山南五台遥遥相望，均为五台佛教名地。药王山北五台也有五座顶平如台、形如五指的山峦，后人在此修庙、建殿，亦呈现出五台独特的五峰五殿模式。清代顾曾烜诗云："古柏千株翠作堆，城东佳气若浮来。非关黄白飞升事，胜概无如北五台。"

续表6.13

名称	地区	文献记载
崆峒山五台	甘肃省平凉市	早在秦、汉时期，崆峒山上就建有庙宇，后经历朝历代的发展，规模渐大，宫观庙宇在山间鳞次栉比。明人赵时春在《游崆峒记》描写崆峒山时曰："佛刹遍诸峰，登绝巅以俯视，层峦献奇，寺宇宏布，宝塔矗立于中峰，四台环峙以回抱，有似我佛拥莲座以布法雨焉。"可以看出，其五台以"四台环峙以回抱，佛拥莲座以布法雨"为空间范式与文化原型
静海东五台寺	天津市静海县	东五台寺系山西五台寺分寺，建于明朝崇祯年间，位于天津市静海县，与唐长安西五台同属寺院类五台形式。即：在寺庙群落布局中，仿五台山的五方布局模式建造五座台面，台面上置佛殿，供奉五方之佛
北魏华林苑清凉台	河南省洛阳市	北魏华林苑是以须弥山宇宙空间为模式的园林，《洛阳伽蓝记》中记载："华林园中有大海，即汉天渊池，池中犹有文帝九华台，高祖于台上造清凉殿。"可见北魏时期，华林园中的天渊池即赋予了大海的意象；池中所筑九华台，海中之台，已暗含须弥山海的空间模式；上建"清凉殿"，而台上的清凉殿即为五台模式的象征
北京景山五峰	北京	北京景山公园位于故宫北侧，即"万岁山"。沿景山山脊五峰有五座亭台，此五亭建于乾隆十五年（1750年）。当时的奏案记载："五方佛石座五份，椴木雕作须弥座五份，莲花五份，背光五扇。"可知，五亭均有佛像供奉，为五方佛曼陀罗意象，是谓金刚界五方佛之形制。从元代开始，皇帝便被称作"文殊菩萨大皇帝"，即文殊菩萨在世间的转轮君王。乾隆通过景山五峰五亭五佛的建造，使景山具有佛教须弥世界的空间意象，凸显了紫禁城为宇宙中心的地位，更加加深了其"真命天子"的神圣身份
小五台山	河北省张家口蔚县	清代光绪年间《蔚州志》记载："（五台山）在城东一百里，其山五峰突起，俗称小五台，又曰东五台，以别于晋之清凉山。"
东五台	天津蓟州区	又称盘山，山有五峰，自魏武帝始，在唐、辽、金、元、明、清历朝都有寺院修建。乾隆皇帝于乾隆九年（1744年）在盘山南麓开始建造规模浩大的离宫——静寄山庄，并先后32次巡幸盘山，将盘山作为隐括了文殊五台意象的近都圣山
小五台山	太原阳曲县	金代诗人元好问《过晋阳故城书事》中有"君不见系舟山头龙角秃"之句。小五台山有铜环铁轴，称"金环银地橛"，小五台山是太原的镇城之山。小五台山的"系舟信雨"为阳曲县的古八景之一，碑记中有"数数降甘霖之露，频频显智慧之灯"

续表6.13

名称	地区	文献记载
朝鲜五台山	朝鲜溟洲白头山大根脉	高丽王朝著名高僧一然所著《三国遗事》卷三《台山五万真身》载，慈藏见文殊化现，被告知"汝本国艮方溟洲界有五台山"，归国后，慈藏遂将形似五台山的溟洲白头山大根脉改名为五台山，并模仿五台各有其名而为白头山5座山峰分布命名，形成了佛—菩萨—罗汉共存一山的新罗五台山模式
日本五台山	日本长冈郡	日本圣武天皇统治时期，唐代高僧慧祥所撰《古清凉传》传入日本。圣武天皇将长冈郡一座形似五台山的山峰命名为五台山，并将神龟元年(724年)所建寺庙命名为竹林寺，号称五台山金色教院，该寺所在的村庄亦命名为五台山村

3.五台模式的主要特征

（1）五佛五塔

"五佛"，又名五智如来，主要指佛教密宗《金刚顶经》中以大日如来为中心的横纵两向五尊佛①，其各居于中、东、南、西、北不同方位。密宗中五佛最核心的思想是"五佛显五智说"，即五种佛分别代表五种智慧，各居一方，构成佛的三维空间状态，与宇宙观义理相契合，是宇宙观的具体象征（图6.19、图6.20）。用五塔同居于一座台基来象征五佛五智的空间模式，又称金刚宝座式，即发展为藏传佛教的金刚宝座塔。②除五智外，五佛又对应于五蕴、五大、五识、五境。

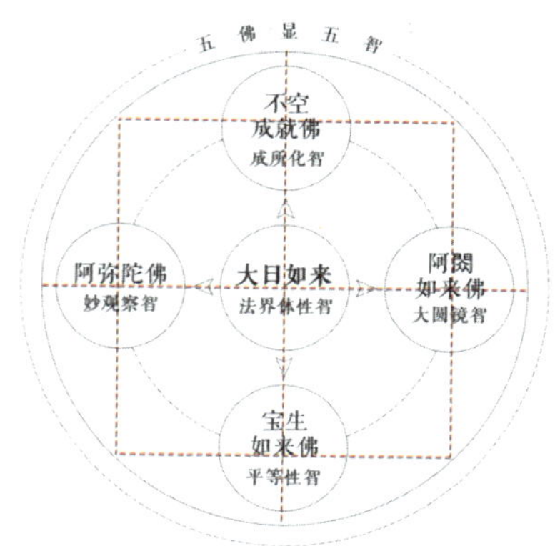

图6.19 "五佛显五智"关系图

（图片来源：作者自绘）

图6.20 五智如来曼陀罗

（图片来源：榆林窟003窟主室北壁）

① 即正中毗卢遮那佛、南方宝生佛、东方阿閦佛、西方阿弥陀佛、北方不空成就佛。

② 参见丁剑：《佛教宇宙观对佛教建筑及其园林环境的影响研究——以北方汉传佛教建筑为例》，硕士学位论文，河北工业大学，2015年。

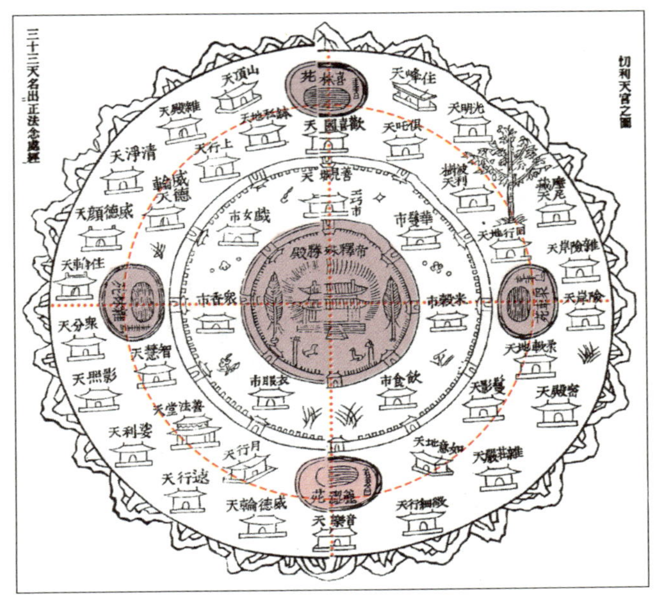

图6.21 三十三天宫"忉利天"图

（图片来源：据明·仁潮《法界安立图》改绘）

（2）五指五峰

宋人施护译在《一切秘密最上名义大教王仪轨》中提到了《金刚顶经》手印五指与五佛关系。而佛教传入中国较早的须弥山图像中，须弥山是呈手指状凸起的山峰，可见于云冈石窟第10窟浮雕及敦煌第249窟壁画，更早可追溯到克孜尔石窟。此外，在克孜尔石窟中，窟顶菱形的山岳构图也是佛教传播过程中早期的须弥山意象形式。[①]

（3）高山平台

在佛教经典中，须弥山上广下狭，顶部平坦，为忉利天。《大楼炭经》译本中就有记载："（须弥山）下狭上稍广，上正平。"佛教传入中国后须弥山被图像化，产生了上部宽广的须弥山图。而中国宇宙观神话中的昆仑山和东海三山，亦有上广下狭的记载，《水经注·卷一·河水一》引东方朔《十洲记》云："（昆仑山）如偃盆，下狭上广。"[②]《拾遗记·高辛》云："（东海三山）形如壶器。此三山上广、中狭、下方。"[③]

① 参见〔日〕宫治昭：《涅槃和弥勒的图像学》，北京，文物出版社，2009年，第1版，第376页。

② 〔北魏〕郦道元：《〈水经注〉校证·卷一·河水一》，陈桥驿点校，北京，中华书局，2007年，第1版，第12页。

③ 〔晋〕王嘉：《拾遗记译注·卷一》，孟庆祥、商微姝译注，哈尔滨，黑龙江人民出版社，1989年，第1版，第23页。

敦煌所见上广下狭的须弥山图，与昆仑山等中国宇宙观中仙山的共同特点均是上部宽广，很可能须弥山宇宙空间意象在传入中国时受到了昆仑山神话的影响，逐渐趋向中国化。

（4）四方四埵

须弥山宇宙空间模式中，多强调东、南、西、北四个方位的概念。须弥山山顶广阔，为帝释所居，即三十三天宫，山腰四面出四埵，为四大天王所居。《长阿含经》载："其山直上……其山四面有四埵出……四埵斜低，曲临海上。"[①]由此可以看出，其四方四埵的布局特点。《阿毗达摩俱舍论》记载："其顶四面各八十千……山顶四角各有一峰。"[②]从整体来看，在须弥山的四个方位分布四大部洲及八中洲；从小的宫城布局来看，善见城四方分布四大林苑，围绕善见池四方分布阿耨达池，四大天王城分布于须弥山山腰的四个方向等，均体现出四方布局的空间模式。

4.小结

随着佛教信仰的广泛传播，仿五台山空间模式在全国范围内相继涌现。它们因为也具有"五峰耸峙"的地理空间特征，而承"五台"之名[③]。除终南山南五台、西五台、北五台外，太原阳曲县小五台山、天津蓟州区东五台、河北省张家口蔚县小五台山等皆为"五台模式"。此外，各代大多数帝王也都曾下诏敕建五台，来加固其政权的合法性。西夏、蒙古和契丹的统治者也都依照五台模式仿建"五台山"。如召庙北五台，即为契丹所建辽上京时的皇家寺院。与此同时，日本和朝鲜等国外僧人也多次到中国的五台山巡礼，从而促进了"五台模式"的传播，并实现了五台景观空间模式的异地重建，成功输出了中国风景文化（表6.12）。

五台模式之所以发展成为佛教名山范式，与其独特的五方山岳格局密不可分，其所蕴含的是佛教宇宙模式的一种具象化诠释，象征的是中国化地理空间中的"须弥世界"。五台模式是佛教须弥山宇宙观在中国化的进程中，演变出了以五台山大地理空间模式为主的中国须弥山宇宙空间意象，后通过不断演变形成了"五峰、五台、五寺"的五台景观模式。五台模式在各地衍生转译出不同的景观风貌，对山岳名胜考位、佛教园林营建、寺庙布局择址等都产生了深远的影响，并形成了独具特色的五

---

① 〔后秦〕佛陀耶舍：《佛说长阿含经·卷十八》，上海，上海古籍出版社，1995年，第1版，第1216–1306页。

② 〔印〕世亲：《阿毗达摩俱舍论》，〔唐〕玄奘译，北京，宗教文化出版社，2019年，第1版，第240–264页。

③ 参见孙晓岗：《文殊菩萨图像学研究》，兰州，甘肃人民美术出版社，2007年，第1版，第105页。

台文化现象[1]。

（五）“山居”模式

1.山居模式的释义

“山居”，钱穆将其解释为“许君训底为山居，得其本义矣。凡从厂之字，皆指抵阜山岩，广则厂上有居处也。”[2]山居模式，又称为田园、归隐模式，常用于山林居所、城市园林的空间布局，其源自古代先民归隐山林的栖居模式，是一个多层次结构的组合模式。其子模式主要有辋川模式、桃花源模式、庐山草堂模式、嵩山别业模式等，代表了最早先民们对于洞穴安全庇护所的心理模式需求，如，桃花源正好反映出这种独立环境、洞口空间的理想景观模式。这种模式成为一种中华民族理想的栖居模式，不仅在山居模式中广泛应用，更是在城市大尺度环境及道教洞天模式中被广泛应用，也体现出文化模式的同源同构现象。从审美层面来讲，神话体系中神仙居于昆仑山悬圃已表现出人们对山水而居的向往，后世无论是出于隐逸思想和宗教需求的山中栖居，还是“中隐”“吏隐”思想下于城市周围结庐造园，以此表达自己的“栖盘之意”，均可视为“山居”的一种（表6.14）。

表6.14　山居模式文献记载

“山居”描述内容	文献出处
在解释“底”字时，许慎认为其意为居住山上。“底，山居也。一曰下也，从广，氏声。”	〔西汉〕许慎《说文解字》
《史记》曰：“陆地牧马二百蹄，牛蹄角千，千足羊，泽中千足彘，水居千石鱼陂，山居千章之材，安邑千树枣；燕、秦千树栗；蜀、汉、江陵千树橘。”	〔西汉〕司马迁《史记·货殖列传》
“尧遭洪水，人民泛滥，逐高而居。尧聘弃，使教民山居。”	〔东汉〕赵晔《吴越春秋》
“山居不营世利。”	〔晋〕皇甫谧《高士传巢父传》
“林泉既奇，营制又美，曲尽山居之妙。”	〔北齐〕魏收《魏书·逸士传冯亮》

① 参见李凤仪：《五台山风景名胜区风景特征及寺庙园林理法研究》，博士学位论文，北京林业大学，2017年。

② 钱穆：《中国学术思想史论丛》，台北，台湾东大图书股份有限公司，1998年，第1版，第52-53页。

2.“山居”模式的源流与演化

早期巢居与穴居均可看为其早期发展的一个形式，后恶劣的生活环境也迫使大部分居民向山而居，汉代赵晔在《吴越春秋·吴太伯传》里记述：“尧遭洪水，人民泛滥，逐高而居。尧聘弃，使教民山居，随地造区，研营种之术。”[①]因此可以将“山居”简单地理解为“居”于与“山”意象相通的各处中。

西汉时期，出现了依山傍水而构建的宅园，如茂陵富人袁广汉“于北邙山下筑园，东西四里，南北五里。激水注其内，构石为山高十余丈，连延数里。”[②]由此可以看到，此时期造园活动常常为权势之人所组织，大多以扩张心态为主，以“雄壮”为美。同时期在宗教、时政影响之下，也存在不少于深山岩穴的隐居之士，为在山林中“养粹岩阿，销声林曲”[③]，多栖身于幽岩石室中，但此处交通不便，生活条件简陋，他们所选择的“岩栖”可看作“山居”的前一阶段。

魏晋时期，长期处于封建割据和连绵不断的战争，社会动乱，但思想解放，崇尚自由，玄学的出现更是对文人思想的进步有极大冲击。文人此时为避免卷入政治斗争、求道长生、寻求“净土”等，其中隐逸思想兴盛，也由此发展出较全面的山水审美和造园活动。从中国古代园林的发展过程来看，园林是从超越物质性需求进入精神性需求，才开始真正发展起来的，这个起点便是在魏晋南北朝时期。宗白华先生讲：“晋人向外发现了自然，向内发现了自己的深情。山水虚灵化了，也情致化了。”[④]

陶渊明的归隐思想是早期“山居”的主题。“结庐在人境，而无车马喧。问君何能尔？心远地自偏。采菊东篱下，悠然见南山。山气日夕佳，飞鸟相与还。此中有真意，欲辨已忘言。”（《饮酒（其五）》）陶渊明《归去来兮辞》中所倡导的理想生活，如此明确地将具体园林想象为桃花源并通过洞天内部形式表现出来，这种洞天模式也称为隐居模式，其内部世界也称之为壶天世界。

谢灵运的《山居赋》全面总结了“山居”思想的主题立意、相地选址、空间营造、设计手法等方面，并被后人称为“山水之奇不能自发，而灵运发之”。其美学思想受到道教思想及玄学的影响，寻找自然之境。

① 〔东汉〕赵晔：《吴越春秋·吴太伯传》，周生春辑校，上海，上海古籍出版社，1997年，第1版，第13页。

② 〔晋〕葛洪：《两京杂记全译》，成林、程章灿译注，贵阳，贵州人民出版社，1993年，第1版，第100页。

③ 〔唐〕房玄龄：《晋书·陶潜传》，黄公渚选注，北京，中华书局，2000年，第1版，第1643页。

④ 宗白华：《美学散步》，上海，上海人民出版社，2005年，第1版，第215页。

将仙境、净土引入现实生活中，形成山水“仙境”化的美学思想和“净土”山水美学。

唐朝是中国历史上的民族大统一的盛世王朝时期，但却隐逸风尚炽盛，这是因为“这时出现了更多不再是传统的政治无道和独善其身意义上的山居隐逸”[①]。此时，“以隐求仕”成为初盛唐山居隐逸的主流。《旧唐书·隐逸传序》称：“高宗天后，访道山林，飞书岩穴，屡造幽人之宅，坚回隐士之车”[②]，卢鸿一、王维、柳宗元、杜甫等都是典型代表。卢鸿一[③]建有嵩山别业，画《草堂十志图》，其草堂山居总结继承了魏晋南北朝的多种模式，如崖居，坐石临流、松居、云居。王维营造辋川别业二十景，形成其旷达、疏淡、隐逸、玄静之山居之美，并以《辋川集》与《辋川图》的“诗中有画，画中有诗”[④]的对照空间，和物我同一的思想一起形成经典的“辋川模式”。柳宗元在永州时期，营造过法华寺西轩、法华寺东丘、龙兴寺西亭、愚溪四处园林。其中愚溪园林“以愚寄托此时痛苦的心灵，也给予了矢志不移的执着意愿”[⑤]，以愚溪、愚泉、愚池、愚堂、愚亭、愚岛等景色，形成“永州八愚”。杜甫营造“子美草堂”，其诗词《狂父》：“万里桥西一草堂，百花潭水即沧浪”，以及《茅屋为秋风所破歌》：“安得广厦千万间，大庇天下寒士尽欢颜”，都体现出隐居而又心怀天下的情怀。

中唐之后，社会动乱，文人备受压迫，但遁隐的清苦和寂寞又难以忍耐，于是白居易的“中隐”思想应运而生[⑥]，是文人隐逸思想的重要转折点，能调和折中“大隐”与“小隐”的矛盾利弊，平衡互补，两全其美[⑦]。其“中隐”态度与“始知真隐者，不必在山林”的观点亦成为理解“城市”与“山林”关系的重要突破。

宋元时期，隐逸传统仍在延续，此时的“山居”理念已逐步走向城

---

① 刘雪梅:《生态文化视野中的中国古代山居文化研究》,博士学位论文,北京林业大学,2013年。

② 〔后晋〕刘昫:《旧唐书·卷一百九十二·列传第一百四十二》,上海,汉语大词典出版社,2004年,第1版,第4397页。

③ 卢鸿一,唐画家、诗人,著名隐士。玄宗多次下诏征聘,赴征不久后,固辞,放归嵩山。

④ 〔北宋〕苏轼:《东坡题跋·二》,上海,商务印书馆,1936年,第1版,第94页。

⑤ 汪梅林:《溪居方悟“愚”滋味——由愚溪诗序探析柳宗元的永州情怀》,《科教文汇》2013年第3期。

⑥ 中隐,“大隐住朝市,小隐入丘樊。丘樊太冷落,朝市太嚣喧。不如作中隐,隐在留司官。似出复似处,非忙亦非闲。不劳心与力,又免饥与寒。终岁无公事,随月有俸钱……人生处一世,其道难两全。贱即苦冻馁,贵则多忧患。惟此中隐士,致身吉且安。穷通与丰约,正在四者间。”

⑦ 同①。

市“山居”。与此同时，叠石理水成为塑造园林空间的重要手段，加上墙体的运用，使得造园家们可以通过“小中见大”的方式，以城市中的微缩山居园林来模仿自然中真实“山居”，而达到不出城而见山林的效果。如司马光的独乐园、苏舜钦的沧浪亭，都是城市山居的典型代表。

明清时期，江南地区的城市园林成为文人隐居的场所，如王献臣的拙政园、吴宽的“东庄”等。拙政园为明朝吴地人王献臣所构筑的隐居场所，其以水景见长，山水相依，建筑散落其间，自然朴实的园林形式，将农庄的野趣转换为更为雅致的文人园林空间。突出表现园中的果园、嘉木与古木，如梧园、槐树、柳树、古柏及古松等。王献臣的“农隐”为基本造园理念，“农隐”更注重于“文士雅赏、集会的精神需求，在兼顾农园的基础上着意于园林古雅空间的营造”[①]（表6.15）。

表6.15　历代名人“山居”思想及其园林作品

时期	春秋战国 秦汉	魏晋 南北朝	隋唐		宋元	明清
思想	遁隐	退隐	虚隐（以隐出仕）	中隐	亦官亦隐（吏隐、壶天之隐）	虚隐（以隐求仕）
人物	董仲舒、张衡、仲长统、	陶渊明、谢灵运、竹林七贤、陶弘景	王维、白居易、柳宗元、卢鸿一		苏轼、司马光、沈括、苏舜钦	文徵明、吴宽
园林作品	舍园	始宁庄园、桃源、金谷园	辋川别业、嵩山别业、庐山草堂、愚溪园林		独乐园、梦溪草堂、东坡雪堂、沧浪亭	拙政园、留园、东庄
著作	《归田赋》	《寻山志》 《桃花源记》 《山居赋》	《辋川集》 《庐山草堂记》 《永州八记》		《梦溪自传》 《洛阳名园记》 《林泉高致》	《园冶》 《长物志》 《吴风录》
模式	自然“山居”		草堂“山居”		城市“山居”	
特点	文人开始于自然山水之间描绘、建造舒适生存空间，体验山野之趣		文人逐渐于丘园、城傍建造别业，“师法自然”		“山居”渐入城市后，山水成为模拟对象，文人越来越多“创造自然”	

① 参见韦秀玉：《文徵明〈拙政园三十一景图〉的综合研究》，博士学位论文，华中师范大学，2014年。

表6.16　历代山居模式的图绘

名称	史料记载	图像	图像出处
〔晋〕陶渊明桃花源	“林尽水源，便得一山，山有小口，仿佛若有光。便舍船，从口入。初极狭，才通人。复行数十步，豁然开朗。土地平旷，屋舍俨然，有良田、美池、桑竹之属。阡陌交通，鸡犬相闻。其中往来种作，男女衣着，悉如外人。黄发垂髫，并怡然自乐。”		〔清同治〕《桃源县志·桃源洞图》局部
〔唐〕杜甫草堂	诗圣杜甫留宿的“子美草堂”也是邑内一大胜景。子美草堂位于邑内的飞龙峡口，因唐乾元中期子美避难居此作草亭而得名。		〔清乾隆十七年（1752年）〕《成县新志·子美草堂图》
〔唐〕王维辋川别业	辋川二十景		〔民国〕《辋川志》辋川全图

3.小结

从上可见，山居模式与文人的隐居思想和山水审美密切相关。秦汉时期，魏晋南北朝时期，社会混乱，玄学发展冲击之下，文人“自由”之愿越来越强烈，宗炳更是在《画山水序》中提出“澄怀观道，卧以游之”和“畅神”的审美观念。后来谢灵运于《山居赋》中对其有了较全面的定义，将之与“丘园”“岩栖”“城旁”做了区分，并从“山居”的审美主客体、环境营建等方面较完全地将文人于自然山水中栖居的具体手法描述出来，其遁隐[①]、退隐心态占据主要文人思想。隋唐时期早期隐逸之风盛行，甚至出现“以隐出仕”的行为，但仍有另外两部分文人，一部分坚持隐居，如卢鸿一等；另一部分始终抱有家国情怀，如杜甫、王维、白居易等。第一部分发展之前的“山居”思想，虽仍居于山野，但已将庄园融合进去；第二部分逐渐发展“中隐”思想，于城旁、城市建造草堂，怀着“境由心生”“物我同一”的思想构园。宋元时期，制度混乱，但艺术发展兴盛，越来越多的人对城市有抵触心态，但长时间后却出现了“虽在山林却思城市”的“杂音”，文人对山林与城市之间的关系不停思辨，最终逐渐形成“吏隐”和“城市山居”模式，此时草堂“山居”仍然存在。直至明清，文人大量在城市中构园以创造自然，形成了古典文人园林中的山居模式。

三、水系景观文化模式

（一）“蓬莱”模式

1.蓬莱模式的释义

蓬莱模式，又称为壶天、三山一池模式，常用于园林、园囿水系空间营造。蓬莱三岛，即东海之东的归墟之中的蓬莱、方丈、瀛洲三座神山，据《山海经》记载：“蓬莱山在海中，上有仙人，宫室皆以金玉为之，鸟兽尽白，望之如云，在渤海中也。蓬莱之山，玉碧构林。金台云馆，皓哉兽禽。实维灵府，玉主甘心。”[②]《拾遗记·高辛》：“三壶则海

① 遁隐的解释亦作“遯隐”，犹隐藏。柳宗元《始得西山宴游记》：“尺寸千里，攒蹙累积，莫得遯隐。”一本作“遁隐”。遁世隐居。柳宗元《龙安海禅师碑》：“遁隐乖离，浮游散迁，莫徵旁行，徒听诬言。”郭沫若《我们的文学新运动》：“我们宜不染于污泥，遁隐山林，与自然为友而为人生之逃遁者。”

② 〔晋〕郭璞注：《山海经·卷十二·海内北经》，周明初校注，杭州，浙江古籍出版社，2000年，第1版，第191–192页。

中三山也。一曰方壶，则方丈也；二曰蓬壶，则蓬莱也；三曰瀛壶，则瀛洲也。形如壶器。"[1]后世皆以"三山一池"来模仿蓬莱仙境，而成为园林营造的主要手法。

2.蓬莱模式的演化发展

蓬莱模式起源于蓬莱神话，蓬莱最早记录在春秋战国的《山海经·海内北经》里。传说中蓬莱三神山居渤海之中，是仙人的居所，也是不死神药的所在地，在后代的《三齐略记》[2]《梦溪笔谈》[3]中，也都有记载，先人们认为蓬莱仙境是确实存在的，蓬莱仙话随着历史的发展，不仅没有消失，反而让后代人们更加神往，并津津乐道地去增补它的内容，使得缥缈神奇的蓬莱神话得以源远流长。

秦始皇对蓬莱充满向往之情，屡次派人求仙药，求而不得后修建兰池宫，在湖中造假山以象征蓬莱仙山。《史记》中记载的许多内容与蓬莱仙话息息相关，同时《史记》中也记载："秦始皇都长安……逢盗处也。"据《元和郡县图志》《秦记》记载，兰池宫"筑蓬莱山，刻石为鲸"，即兰池宫的人工湖中有一座假山，象征着蓬莱山，其中的石头是照着鲸鱼的形状雕刻的。秦始皇作为第一个在园林中筑造蓬莱山的皇帝，对后世产生了很大影响。

汉武帝刘彻也曾多次派人去往东海求仙药，然而神仙未遇、仙药不得，遂在建章宫修建太液池，据《史记·孝武本纪》记载："其北治大池，渐台高二十余丈，命曰太液池，中有蓬莱、方丈、瀛洲、壶梁，象海中神山龟鱼之属。[4]汉武帝在池中砌"蓬莱，方丈，瀛洲"三座仙山象征蓬莱仙山，自此形成了"一池三山"经久不衰的蓬莱园林模式（图6.22）。

魏晋南北朝，蓬莱仙话经过迅速的发展达到了最高峰，变得比先前更加详细和系统化。东晋时期张湛《列子注》中对仙山的起源、形状以及周围环境做出了详细描述。北魏时期，华林园以天渊池作为构图中心模仿蓬莱三山。《水经注·穀水》《六朝事迹编类》中都有记载，华林园中有"文帝于池中立蓬莱、方丈、瀛洲三神山。"又根据《洛阳伽蓝记》记载，世宗在池内设置蓬莱山，山上建有仙人馆、钓鱼殿。《水经注》中

---

① 〔晋〕王嘉:《拾遗记译注·卷一》,孟庆祥、商微姝译注,哈尔滨,黑龙江人民出版社,1989年,第1版,第23-24页。

② 《三齐略记》:"大方山,山顶方平,东一峰特起,春日晴明,云雾周护,起伏变幻,有城池、楼阁、旌旗、树木、人马之状,经时乃灭,若海市然。"

③ "时有云气,如宫室、台观、城堞、人物、车马、冠盖,历历可见。"〔北宋〕沈括:《梦溪笔谈·卷二十一》,包亦心编译,沈阳,万卷出版公司,2019年,第1版,第231-238页。

④ 〔西汉〕司马迁:《史记·孝武本纪》,上海,汉语大词典出版社,2004年,第1版,第185页。

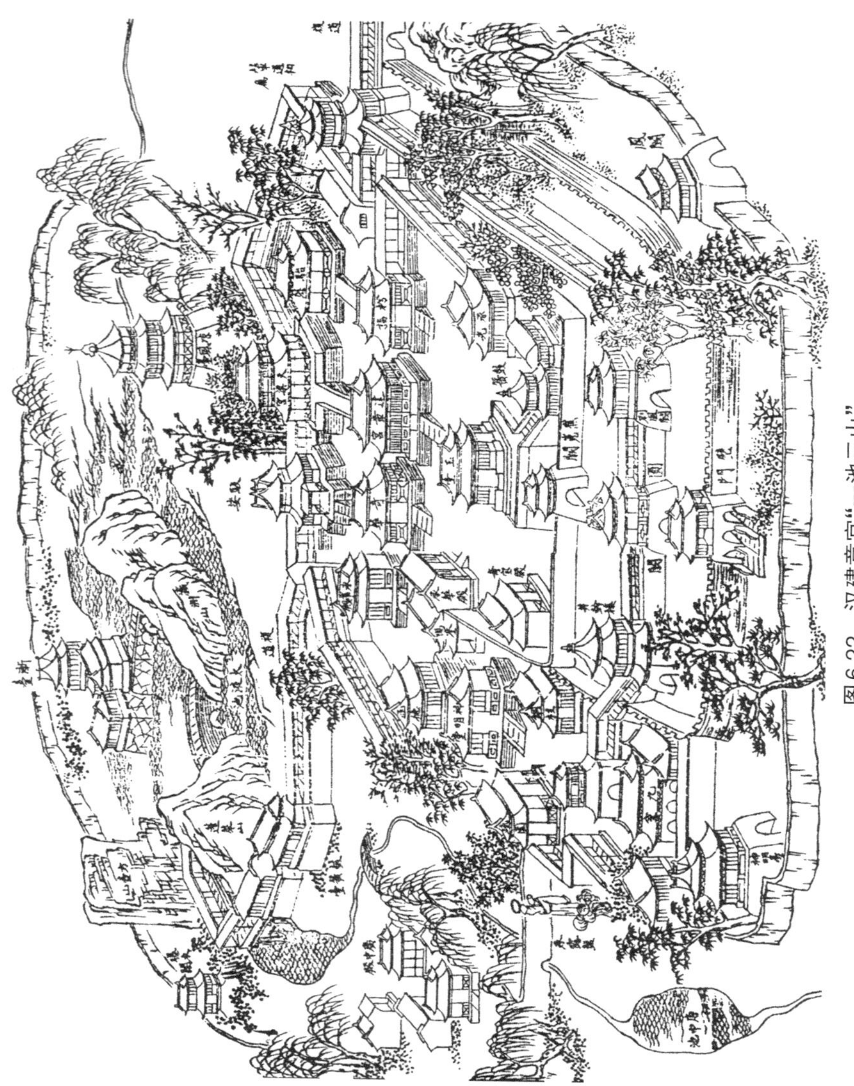

图6.22 汉建章宫"一池三山"

（图片来源：〔清〕毕沅《关中胜迹图》）

也有关于蓬莱山虹霓阁的记载："游观者升降阿阁，出入虹陛，望之状凫没鸾举矣。"[①]虹霓阁即为连接两座建筑的高架廊道，远观如同彩虹桥一般，登临则有凌山跨谷之感。另外，张衡《东京赋》中也对阁道做了描述"阁道相通，不在于地"。可见华林园天渊池无论是山水设置还是建筑营构，其建设宗旨都是营造乘虚往来的仙境之感。

隋唐时期的洛阳西苑营造"三山一池"，据《东都赋》记载："若蓬莱之真侣，瀛洲之列山"，又据《大业杂记》《隋书》记载，洛阳西苑中有海曰"大海"，海中仿建蓬莱、方丈、瀛洲三仙山。唐长安城大明宫中营造蓬莱池，池中有"蓬莱山"，山上有"蓬莱亭"。此外，唐长安曲江池的蓬莱山也引用了蓬莱的概念。

宋代杭州西湖亦仿照蓬莱三山格局而建，整个湖面被孤山、白堤、苏堤、杨公堤分隔，湖中心有小瀛洲、湖心亭、阮公墩三个岛屿，形成一池三山格局。元大都大内御苑遵循着历代皇家园林中"一池三山"的建设理念，皇城内部有太液池，池中有三岛。

清代皇家园林圆明园史称"万园之园"，主体景区为福海，海中设置

图6.23　清圆明园"方壶圣境"

（图片来源：中华珍宝馆）

① 〔北魏〕郦道元：《〈水经注〉校证·卷十六·谷水、甘水、漆水、浐水、沮水》，陈桥驿点校，北京，中华书局，2007年，第1版，第394页。

图6.24　清圆明园“蓬岛瑶台”

（图片来源：中华珍宝馆）

蓬莱、瀛洲、方丈三座岛屿，三岛上建楼阁式建筑，以喻蓬岛瑶台、仙山楼阁。清代颐和园始建于乾隆十五年（1750年），主体景区为昆明湖，湖中堆筑岛屿，西湖中为阁岛，养水湖中为山岛、南湖中为南湖岛，由此形成了“一池三山”的格局（表6.17）。

3.小结

蓬莱仙境作为上古时期较早形成的景观原型，对我国古代文化具有深远的影响，蓬莱景观模式在历代园林中应用得非常广泛。从秦代兰池宫“筑蓬莱山”到汉代建章宫太液池，从北魏华林园天渊池到南朝建康玄武湖，从隋唐洛阳西苑、曲江蓬莱山、蓬莱原到唐大明宫蓬莱池、蓬莱亭、蓬莱殿，从宋代艮岳曲江池蓬莱堂到西湖瀛洲，从清代圆明园到承德避暑山庄、清漪园等园林，蓬莱模式都作为主要的景观题材被反复地营造和传承，而历代对蓬莱模式也进行了不断的诠释和再创造。不仅皇家园林和城市公共园林对蓬莱模式大量应用，私家园林对蓬莱模式的应用也屡见不鲜，如拙政园、留园等江南私家园林都将“一池三山”作为园林水系布局的主要方法，在一片水域中堆土积岛，象征东海仙山，岛屿之间以桥梁和堤坝相连，其间大大小小的水系千姿百态，蜿蜒流转在园林建筑和岛屿之间，相互联系、呼应，形成一个完整的水系。这种造园模式不仅丰富了水面景观的空间层次，而且建立了多视线的观赏模式，逐渐成为园林营造的经典手法，为后世园林景观广泛运用。蓬莱模式体现了中华民族对于理想仙境的无限追求和向往，同时也为后世发展复杂多样的园林山水格局奠定了基础，对我国古典园林的发展具有重要意义。

表6.17　历代蓬莱文化模式记载

名称	史料记载	图像分析
〔汉〕建章宫	《三辅黄图》卷四载："太液池，在长安故城西，建章宫北，未央宫西南。太液者，言其津润所及广也。"《西京赋》曰："神山峨峨，列瀛洲与方丈，夹蓬莱而骈罗。"	
〔北魏〕华林园天渊池『一池三山』	北魏华林园天渊池中立蓬莱、方丈、瀛洲三座神山。	

续表6.17

名称	史料记载	图像分析
〔唐〕大明宫『一池三山』	大明宫中有一池，名曰蓬莱池（太液池），池中有一山，名曰蓬莱山，山上建一亭，称之为蓬莱亭	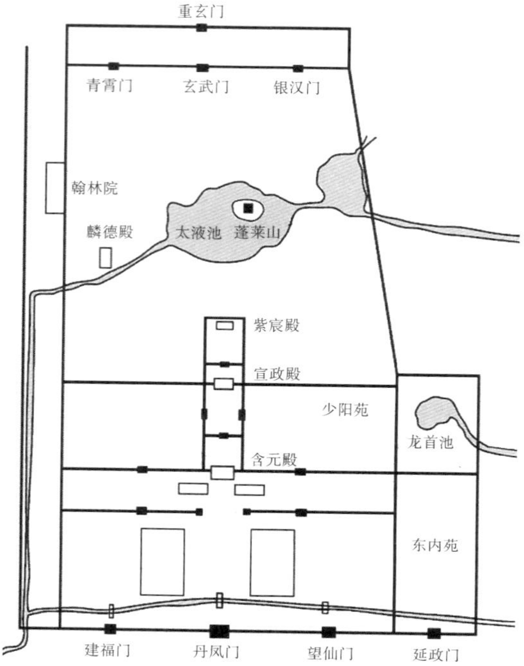
〔宋〕西湖『一池三山』	杭州西湖被孤山、白堤、苏堤、杨公堤分隔，湖中心有小瀛洲、湖心亭、阮公墩三个岛屿，形成“一池三山”格局	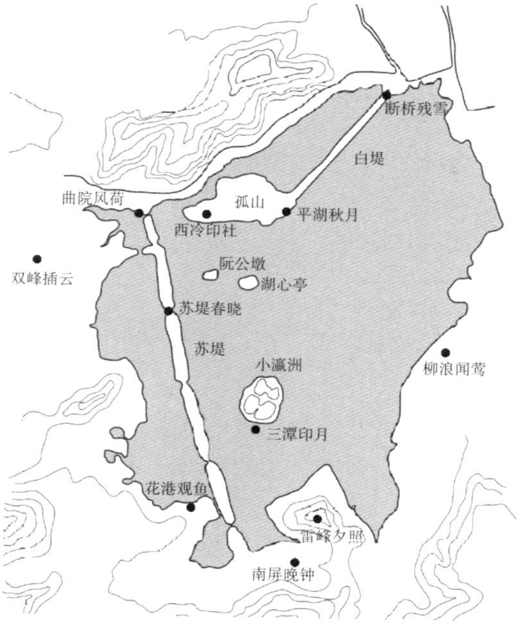

续表 6.17

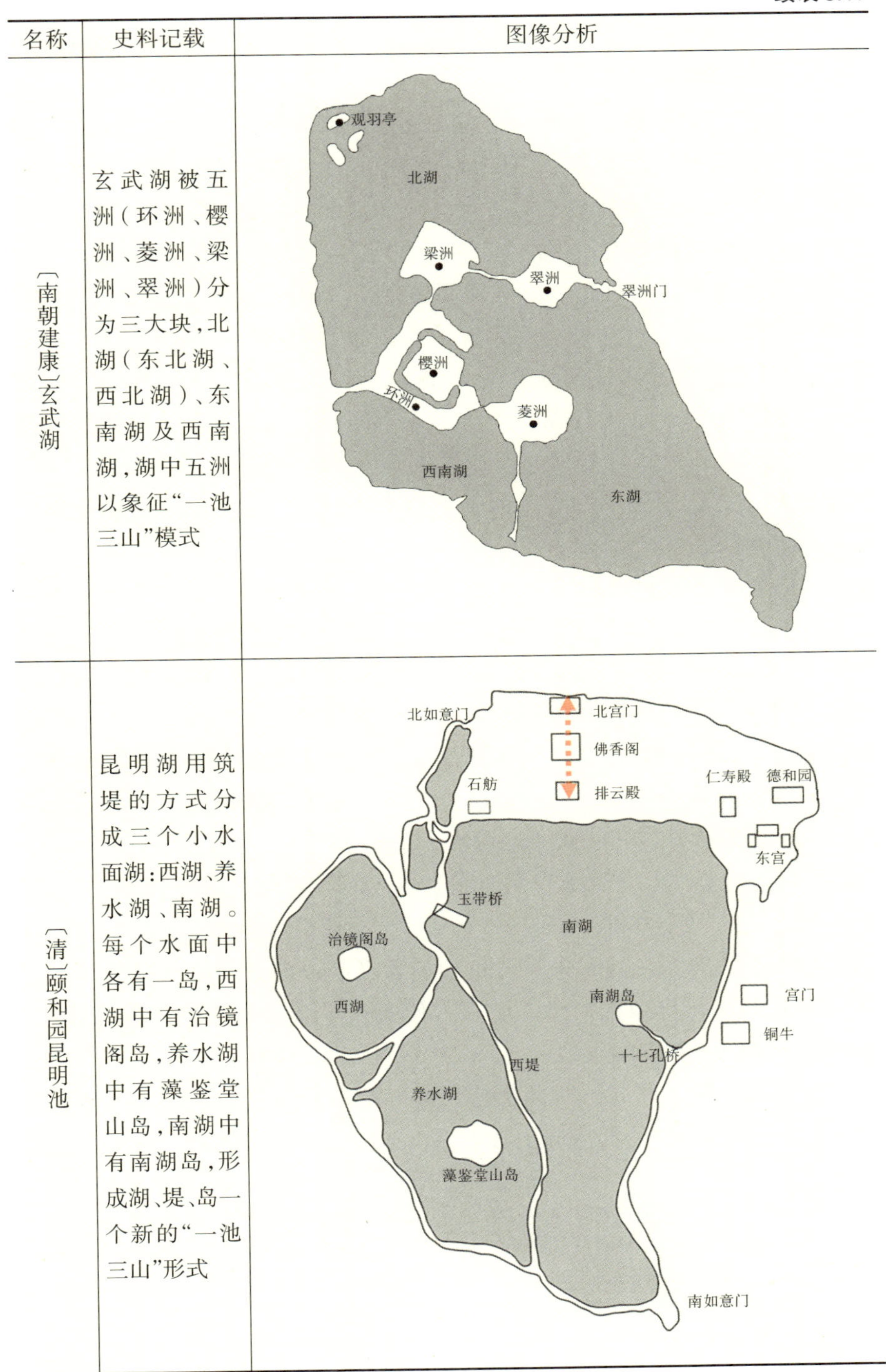

名称	史料记载	图像分析
〔南朝建康〕玄武湖	玄武湖被五洲（环洲、樱洲、菱洲、梁洲、翠洲）分为三大块，北湖（东北湖、西北湖）、东南湖及西南湖，湖中五洲以象征“一池三山”模式	
〔清〕颐和园昆明池	昆明湖用筑堤的方式分成三个小水面湖：西湖、养水湖、南湖。每个水面中各有一岛，西湖中有治镜阁岛，养水湖中有藻鉴堂山岛，南湖中有南湖岛，形成湖、堤、岛一个新的“一池三山”形式	

（图片来源：作者自绘）

（二）“四海”模式

1. 四海的释义

“四海”，即东海、西海、南海、北海。四海模式，常用于园林、园囿水系空间营造，是将水系由陆地分割出四个海池，并以方位命名，也可衍生为一个大池被岛屿、堤桥划分成多池的营造格局。古代先民认为华夏大地四面临海谓之“四海”，四海之内为“海内”，五山在海内之中，四海之外为海外，海外再向外延伸便是大荒。《礼记·曲礼》曰：“天下，谓外及四海也。”[①]《尚书》提到天子“文命敷于四海”[②]，《孟子·告子下》：“禹之治水，水之道也，是故禹以四海为壑。”[③]《淮南子·俶真训》：“神经于骊山、太行而不能难，入于四海、九江而不能濡。”[④]这都体现出先民意识中四海的概念。在漫长的历史发展中，“四海”只是一个空泛的名称，代指中国四周的海疆，后来人们“因名求实”才渐渐有了方位的含义。

2. 四海模式的历史源流与演化

“天下”一词，最先在西周的《尚书·召诰》中的“用于天下，越王显”[⑤]，意思是说在天下施行此道，君王的功能就会显扬光大。《召诰》中的“天下”指以洛阳为中心的四方。春秋战国时期，随着天下观的逐渐成熟，形成了由方位、层次和夷夏交织而成的新天下——可以指华夏与蛮夷戎狄组成的四海之内，也可以是普天之下，以四方、四海见天下之方位，以中国和九州为天下之疆域。

秦统一全国后，“四海”逐渐成为“天下”的代名词。《汉书·地理志》中记载：“秦遂并兼四海……分天下为郡县。”[⑥]由此可见，四海具有国家与天下的内涵，同时也具有辽阔的含义。以四方、四海见天下之方位，以中国和九州为天下之疆域。古代文人士族也常常用“奄有四海”形容天子所统治的广阔土地。

南北朝时期，北齐邺城仙都苑营造五岳四海的景观。据《历代帝王宅京记》中记载：“仙都苑周围数十里，苑墙设三门、四观。苑中封土堆

---

① 〔西汉〕戴圣：《礼记·曲礼》，张博编译，沈阳，万卷出版公司，2019年，第1版，第1–35页。
② 〔春秋〕孔子：《尚书·卷二·皋陶谟（上）》，北京，中华书局，1986年，第1版，第82–88页。
③ 〔战国〕孟子：《孟子·告子下》，北京，北京教育出版社，2011年，第1版，第190–207页。
④ 〔西汉〕刘安：《淮南子·俶真训》，哈尔滨，北方文艺出版社，2013年，第1版，第23–41页。
⑤ 〔春秋〕孔子：《尚书·卷十八·召诰》，北京，中华书局，1986年，第1版，第400页。
⑥ 〔东汉〕班固：《汉书·卷二十八·地理志八（上）》，上海，汉语大词典出版社，2004年，第1版，第702页。

筑五座山，象征五岳。五岳之间引来漳河之水分流四渎为四海——东海、南海、西海、北海，汇为大池，又叫作大海。”[①]都说明仙都苑内引漳河之水形成四海，汇聚而成大池，以此象征天下河山。

隋洛阳城的上林西苑营建北海，海的周长十余里，海中叠筑有蓬莱、方丈、瀛洲三座神山，高出水面百余尺，在海的北面有人工开凿的水道，即“龙鳞渠”，渠宽二十步，曲折萦回周绕十六院，形成了完整的水系，渠水蜿蜒曲折，景致意趣丰富。龙鳞渠不仅发挥了引水等实用功能，通过作为一种造景要素结合建筑划分园林空间。其十六院相当于十六座园中之园，以水道串联为一个有机的整体。据唐《隋炀帝海山记》：“又凿五湖，每湖方四十里，南曰迎阳湖，东曰翠光湖，西曰金明湖，北曰洁水湖，中曰广明湖。湖中积土石为山，构亭殿，屈曲盘旋广袤数千间，皆穷极人间华丽。又凿北海，周环四十里，中有三山，效蓬莱、方丈、瀛洲，上皆台榭回廊，水深数丈。开沟通五湖四海，沟尽通行龙凤舸。”则北海之南还有五个较小的湖，整个园林的形式意象象征帝国版图。此外，隋唐时期的洛阳宫还设有九州池，池中设多座岛屿，并不拘泥于“一池三山”的“三山”，象征“九州”。岛上建有殿宇、亭子等建筑物，各岛屿之间以虹桥相连接，岛上沿岸还有各具特色的庭院，整个景观空间有张有弛，收放自如。

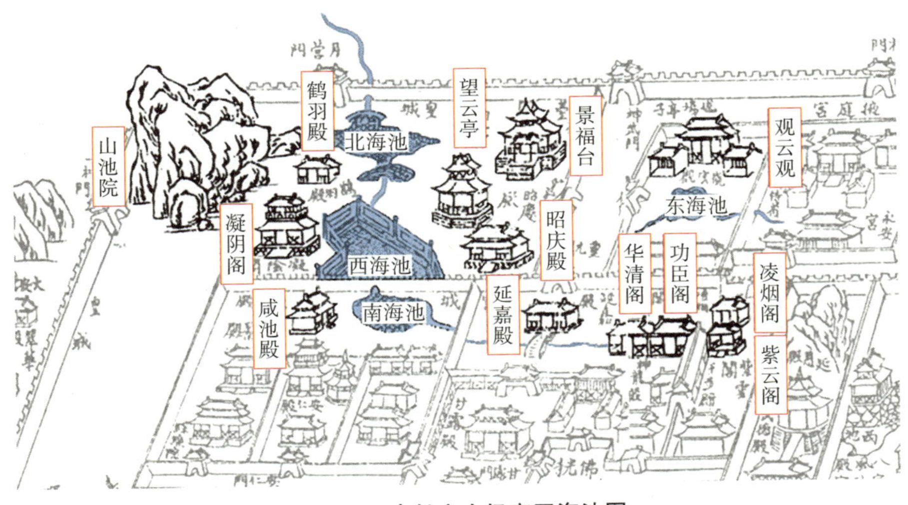

图6.25　唐长安太极宫四海池图

（图片来源：据〔清〕毕沅《关中胜迹图志》改绘）

---

① 〔明〕顾炎武：《历代帝王宅京记》，广州，广文书局有限公司，1970年，第1版，第150–210页。

唐长安时期，在太极宫的西北侧有山池院，旁北有鹤羽殿，南为凝阴阁，与东北侧望云亭隔北海池、西海池相望，海池由清明渠引水入城自北向南为北海池、西海池、南海池，从城南流出。龙首渠引水入城形成东海池，再从城南流出。大明宫的水是从城内的清明渠和龙首渠引来的，据《长安志》有云："北入宫城广运门，注为南海，又北注为西海，又北注为北海……北流入宫城长乐门，又北注入山水池，又北注为东海。"①

此外，北京故宫的中南海是中海和南海的合称，与故宫西侧的北海合称三海，原为元大都大内御苑的太液池，明代在继承元大都原有格局的基础上，将太液池向南拓建，从而形成北、中、南三海，并在南海中设置南台，中海设置小瀛洲。西苑三海一直是皇家避政宣听、游玩之所，中海、南海、北海有着清晰的地域划分，三海中有三岛，象征"蓬莱三山"，又有天下四海的寓意，是蓬莱模式与四海模式的结合（表6.18）。

表6.18　历代"四海"典型案例与图式

名称	范式解读	图像分析
〔北齐〕邺城四海图	北齐邺城是在曹魏旧城基址上补充扩建形成的，邺城分为南北两城，邺都南城西侧则为仙都苑，引漳河之水形成四渎，四渎汇聚而成大池，以此象征天下河山	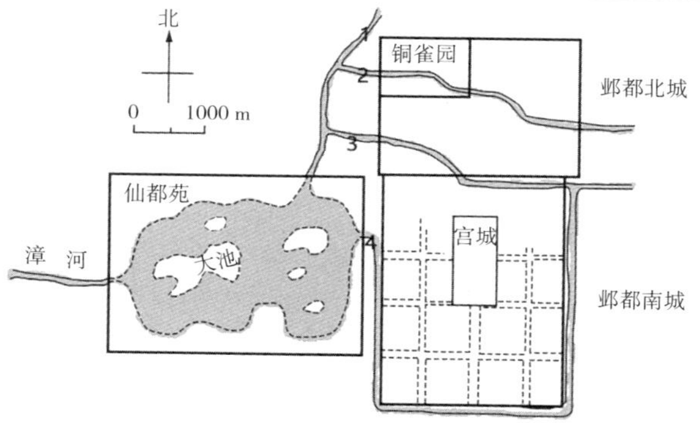 北 0　1000 m 铜雀园 邺都北城 仙都苑 宫城 漳　河 大池 邺都南城 1 2 3 4
〔唐〕太极宫	太极宫西北山池院前有四个海池，最北的一个为北海池，位于凝云阁北，池水经流望云亭西汇为西海池，南流在咸池殿东侧汇成南海池，而后东流入金水河，往东北汇成东海池	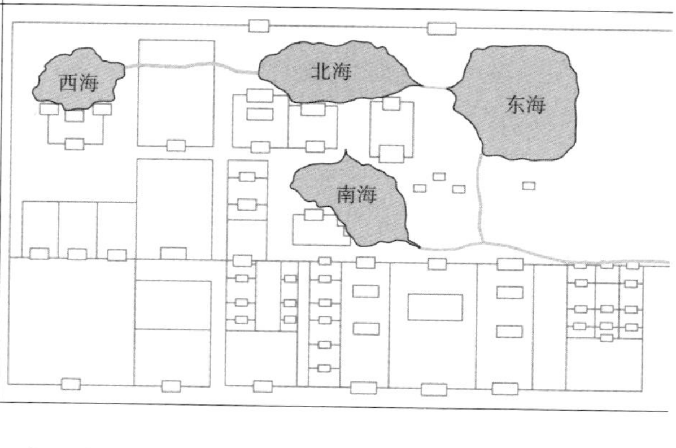 西海 北海 东海 南海

① 〔北宋〕宋敏求：《长安志·卷六·宫室四》，辛德勇点校，西安，三秦出版社，2013年，第1版，第232–238页。

续表6.18

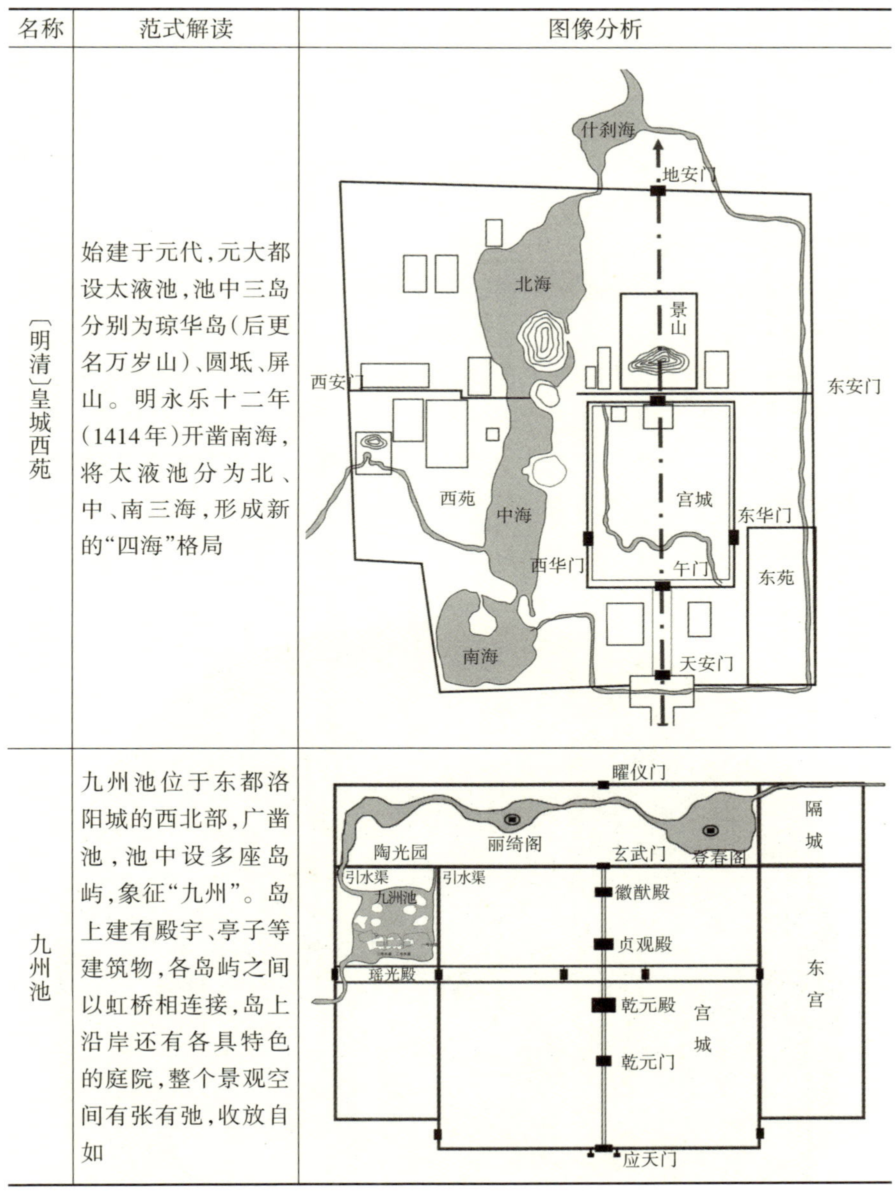

名称	范式解读	图像分析
（明清）皇城西苑	始建于元代，元大都设太液池，池中三岛分别为琼华岛（后更名万岁山）、圆坻、屏山。明永乐十二年（1414年）开凿南海，将太液池分为北、中、南三海，形成新的“四海”格局	
九州池	九州池位于东都洛阳城的西北部，广凿池，池中设多座岛屿，象征“九州”。岛上建有殿宇、亭子等建筑物，各岛屿之间以虹桥相连接，岛上沿岸还有各具特色的庭院，整个景观空间有张有弛，收放自如	

（图片来源：作者自绘）

3.小结

从上述可以看出，“四海”“九州池”等在历代的皇家园林中应用都比较广泛。自从秦汉统一王朝的建立，“四海”逐渐浮现出“天下”的寓意，隋洛阳宫建“九州池”以寓意天下，北齐邺城仙都苑设“五岳四海”，唐太极宫以四池为“四海”，明清北京城设北、中、南三海，圆明园仿照五岳四海，都体现“禹分九州”“四海天下”的寓意，是古代统治者对“天下疆域”的理想化表达，反映了古代帝王正统和“国家”“天下”的概念。

（三）“曲水”模式

1.曲水模式的释义

曲水模式，又称为曲水流觞、九曲流觞模式。曲水、九曲是黄河上游地区的一种特殊河流景象，是先民对于生存自然环境的认知，“流觞”原是一种祈求繁衍生子的祭水仪式，有临水浮卵、水上浮枣和曲水流觞等方式，后逐步变成了上巳节的一种民间节日活动。每年三月第一个巳日举行“祓禊”活动，在水中沐浴、洗涤污秽、求福消灾、去除不祥，形成了曲水流觞的主要活动内容，而后逐渐演化为文人临水流杯赋诗，游览赏景的活动（图6.26）。

图6.26 〔五代末宋初〕郭忠恕《兰亭禊饮图》

（图片来源：中华珍宝馆）

2.曲水模式的源流与演化

曲水流觞文化源远流长，早在周代，即有曲水流觞宴。据记载，周公迁都洛邑，宴请有功之臣，行曲水流觞之礼，故又有周公为“曲水之宴”之说。

汉代，关于曲水流觞最早的记载为《南齐书·梁冀西第赋》：“玄石承输，虾蟆吐写，庚辛之域，即曲水之象也。”在东汉时期南越王宫营建有流杯石渠，长达150米，底部为黑白相间的鹅卵石，石渠蜿蜒曲折，由此可见曲水流觞在汉代就已经作为景观要素进入园林。

魏晋时期，即有流杯亭的记载，魏明帝于洛阳天渊池设置石渠流杯：“魏明帝（曹睿）天渊池南，设流杯石沟，宴群臣。”①至南北朝时期，东晋大书法家王羲之、谢安等人在浙江绍兴兰亭宴请宾客，饮酒赋诗，并留下千古佳作《兰亭序》，由此以兰亭为代表的曲水流觞开始盛行于文人集会活动。兰亭雅集真可谓“曲水流觞”景观主题形成的标志，彼时正值魏晋风流、审山水之美的特殊时代，自然被重新发现，并具备了审美的含义，文人士子于山水中修禊游乐，形成对山水审美的自觉。自此，“兰亭曲水”便成为标志性的景观主题，在历代风景营造活动中屡被效仿。

南北朝时期，南朝建康的华林园营建流杯渠，据《洛阳伽蓝记》记载：“柰林西有都堂，有流觞池。堂东有扶桑海。凡此诸海，皆有石窦流于地下，西通谷水，东连阳渠，亦与翟泉相连。若旱魃为害，谷水注之不竭；离毕滂润，阳谷泄之不盈。”②华林园流杯渠利用两山之间的一片谷地，将曲水引流并加以人工砌筑成渠。

隋唐时期，曲水流觞景观非常兴盛，一般表现为流杯江、流杯池、曲水殿、流杯亭等形式，隋代洛阳皇宫园囿营造曲水殿与曲水流觞池，形成“曲水绕殿阁”的布局（图6.27），唐长安大明宫有九曲宫和九曲山池，唐代李德裕平泉庄中的曲水亭形成九曲四环的微缩水形，最著名的当数唐长安城曲江的“曲江流饮”（图6.28）。盛唐时期，长安城郊水源通过黄渠源源不断地引入曲江池，将原有的水面扩大形成曲江池岸线曲折、江流屈曲的形态，曲江两岸树木葱郁，楼阁林立，成修禊流觞活动的场所。王维《三月三日曲江侍宴应酬》写道：“万乘亲斋祭，千官喜豫游。奉迎以上苑，祓禊向中流。”

---

① 〔西晋〕陈寿:《三国志·魏志三》,上海,汉语大词典出版社,2004年,第1版,第39-48页。

② 〔北魏〕杨炫之:《洛阳伽蓝记》,尚荣译注,北京,中华书局,2012年,第1版,第92页。

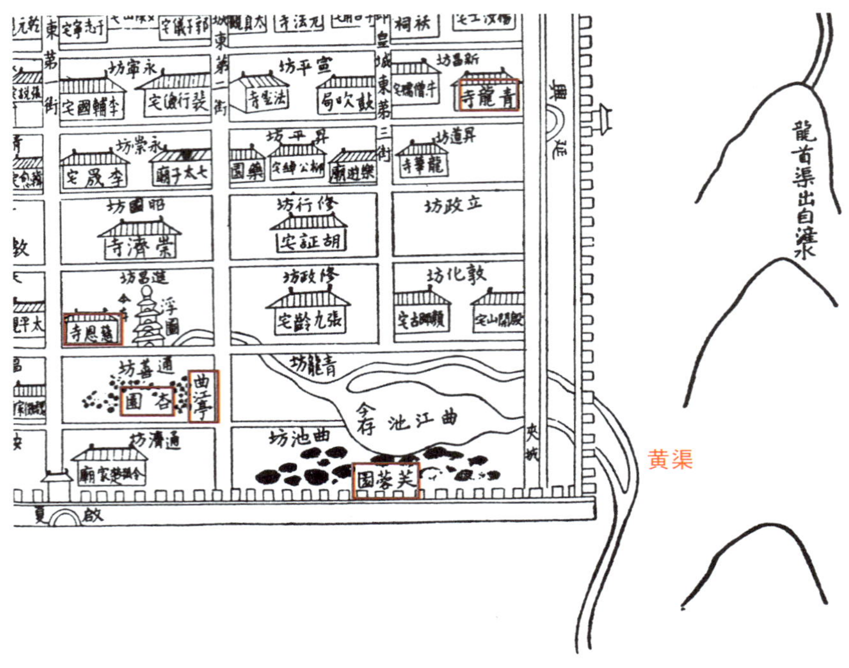

图6.27　唐长安城图中的曲江池

（图片来源：据〔清〕王森文《汉唐都城图》改绘）

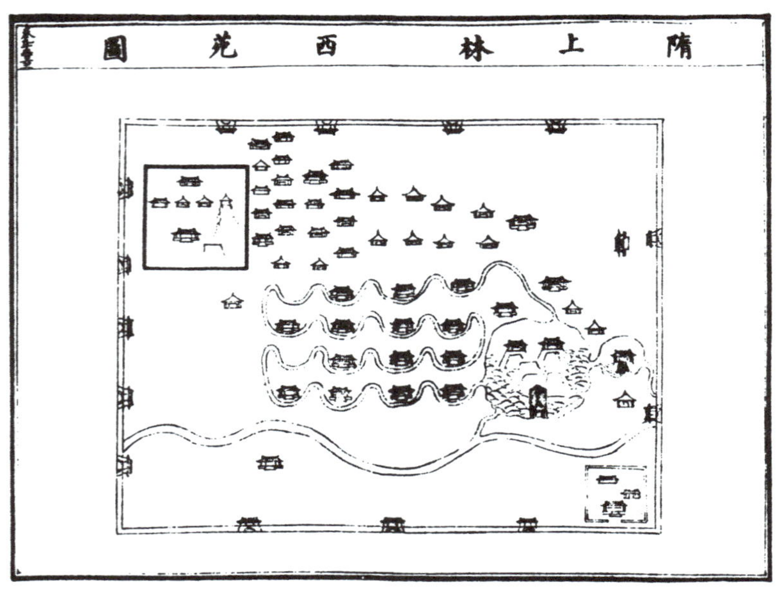

图6.28　隋上林西苑图曲池图

（图片来源：据〔清〕《元河南志》改绘）

宋代，在园林中出现了高度抽象符号化的刻石曲水，尺度小巧精致，简洁明朗，并充满了生活气息，更好地适应园林的营建。北宋时期李斌的《营造法式》中就记载了早期官式流杯渠样式，并分为“国字流杯渠”和“风字流杯渠”，将蜿蜒曲折的溪流抽象化为篆文形式的渠道，此类流杯渠尺度小，为整块石板凿刻拼合而成，从造型上已属于定型化的流杯渠景观。①

到了明代，曲水流觞模式和流杯亭在中国南北方都已普遍存在，同时传入朝鲜和日本。在清代，仅北京地区的皇家园林里就建有7座流杯亭，如故宫乾隆花园禊赏亭的流杯渠、崇福宫流杯渠。圆明园四十景之一的“坐石临流”即以“曲水流觞”为题材，其结合所处自然地形，进行人工疏凿加工，形成三面环山、西面开敞的布局，引西山山腰处的瀑布为“曲水”，并在曲水上营建亭子，形成坐石临流的文化意象。不仅皇家园林，在各地的私家园林和城市园林中，曲水景观更是数不胜数，如万州的鲁池流杯、四川成都的流杯池等，可见其模式应用之广泛（表6.19）。

表6.19　历代风景营造的“曲水模式”的记载

形式	名称	文献记载	文献出处
自然形态式	韶州曲江	“韶治曲江襟带五邑，东则翁山盘踞，西则桂岭巉元，英岗列嶂于南，韶石排云于北，浈武二江汇而南下，乐泷浈峡，不减瞿塘，交广之咽喉，湖湘之唇齿。”	《韶州府志·山川》
	扬州曲江	“凡长江有别名，则有京江、瓜步江、乌江、曲江。”	徐坚《初学记·卷六·地理中》
		“观于广陵之曲江。曲江，今扬州也。”	枚乘《七发》
	兰亭曲水	王羲之为代表的少长群贤会与会稽山阴之兰亭	王羲之《兰亭集序》
效法自然式	曲江流饮	清代曲江流饮碑石	

① 参见王贵祥：《从上古暮春上巳节祓禊礼仪到园林景观“曲水流觞”》，《建筑史》2012年第2期。

续表6.19

形式	名称	文献记载	文献出处
		“临曲江之隑州兮，望南山之参差。”	〔汉〕司马相如《吊秦二世赋》
		“水自山阿绕坐来，珊瑚台上木棉开。”	〔唐〕熊孺登《曲江陪宴即事上窦中丞》
	华林园流杯渠	“柰林西有都堂，有流觞池。堂东有扶桑海。凡此诸海，皆有石窦流于地下，西通谷水，东连阳渠，亦与翟泉相连。若旱魃为害，谷水注之不竭；离毕滂润，阳谷泄之不盈。”	〔北魏〕杨炫之《洛阳伽蓝记》
	〔隋〕西苑十六院的溪流曲水	“流杯殿东西廊、殿南头两边，皆有亭子，以间山池，此殿上作漆渠九曲。从陶光园引水入渠，隋炀帝常于此为曲水之饮。”	〔宋〕李昉等《太平御览·卷二百五十七》
	〔北宋〕汴京艮岳	“东曲水朝于玉华殿，上步西曲水，循荼醿架。”	〔北宋〕蔡京《保和殿曲宴记》
		“唐明皇书山水字于右，天圣初自长安辇入苑中，构殿为流杯，尝令侍臣馆客官赋诗。”	〔清〕徐松《宋会要辑稿·方域·东京大内》
	圆明园坐石临流	“白玉清泉带碧萝，曲流贴贴泛金荷。”	〔清〕乾隆皇帝《坐石临流》
	上海曲水园	嘉庆三年江苏学使刘云房、范青浦，应知县杨东屏之邀，在园中吟诗饮宴，遂取王羲之兰亭集宴，曲水流觞之意，易名为“曲水”	上海青浦曲水园
	洛邑流水泛酒	“昔周公卜城洛邑，因流水以泛酒。”	〔南朝〕吴均《续齐谐记》
抽象符号式	〔西汉〕南越王宫流杯石渠	汉流杯石渠长150米，渠底密铺黑色并黄白色鹅卵石	西汉南越王宫苑遗址
	四川宜宾流杯池	北宋诗人黄庭坚居戎州时于此凿石饮水为池，曰“流杯池”	宋代“宜宾流杯渠”遗址

续表6.19

形式	名称	文献记载	文献出处
	故宫禊赏亭	坐西面东，面阔3间，前出抱厦1间，抱厦内地面凿石为渠，称“流杯渠”，取“曲水流觞”之意	故宫永寿宫
	崇福宫流杯渠	流杯渠为砖造，在方台基上穿石而建，曲水被设计在台基中央，水的入口和出口并排在同一方向	嵩山南麓宋崇福宫遗址
	国字流杯渠和风字流杯渠	“方一丈五尺（用方三尺石二十五锻造），其石厚一尺二寸，剜凿渠道广一尺、深九寸（其渠道盘屈，或作‘风’字或作‘国’字）。”	〔北宋〕李诫《营造法式·卷三·石作制度》
	承德避暑山庄的曲水荷香亭	康熙为流杯亭题写匾额赋诗：“荷气参差远益清，兰亭曲水亦虚名。八珍旨酒前贤戒，空设流觞金玉羹。”	〔清〕康熙《曲水荷香》
	北宋汴梁大内宫殿后苑流杯殿	“延福宫北有广圣宫天圣二年建，名长宁，景枯二年改。内有太清、玉清、冲和、集福、会祥五殿，建流杯股于后苑。”	〔元〕脱脱、阿鲁图《宋史》

3.小结

从周王曲洛宴饮开始，曲水流觞文化就已经形成。汉代以后，“曲水”文化进入园林成为园林景观。魏晋以后，曲水流觞成为文人雅集的必要活动，形成流杯池、流杯江等景观。隋唐时期，曲水流觞文化非常兴盛，曲水殿、流杯亭等景观形式大量出现。宋代，园林中出现了高度抽象符号化的官式流杯渠样式。到了明清时期，流杯池和流杯亭在中国大江南北普遍存在，已形成固定的景观范式。此外，曲水景观不止于流杯池、流杯亭，还有和九曲文化相关的九曲墙、九曲溪，如：武当山九曲墙、象山县九曲溪、武夷山九曲溪，都是曲水模式在各地景观中的应用，同时也体现出曲水文化与黄河九曲的渊源。“曲水”模式从最初的自然山水形态演化为高度抽象的符号式景观模式，并在众多园林中被效仿和借鉴，也体现出“曲水”模式从起源、发展、演化过程中，始终受社会背景和文化生活、审美观念的影响。

（四）“环水”模式

1.环水模式的释义

环水模式，又称为二水、四水、八水环绕模式，常用于城市、园林、宫殿、高台的水系布局。环水模式，源于昆仑山“弱水环绕”的理想景观模式，《山海经》记载：“黑水之前，有大山，名曰昆仑之丘。有神，人面虎身，有文有尾，皆白，处之。其下有弱水之渊环之。”[①]且《山海经·海内西经》中有这样的描述：“海内昆仑之虚，在西北，帝之下都。昆仑之虚，方八百里，高万仞。”[②]弱水环绕昆仑山的理想景观，营造了一个先民不可到达的神圣之地，高山与环水则是昆仑山的主要特点，其中“高山”逐渐演化为“高台模式”，而“弱水环绕”则演化为“环水模式”。

2.环水模式的历史源流与演化

上古时期，水体便被认为人类的生存繁茂的源泉，并认为神潜之所，因此古人便产生了对水体的崇拜。《山海经·海内西经》称昆仑山有“赤水出东南隅……”[③]《淮南子·地形训》曰：“凡四水者……以润万物”[④]。在古代水是天神的代表，古人建造人工湖，作为天神的栖息地，这种人工湖称作“灵沼”。同时，在自然界中往往山水相依，因此古人认为具有神性的水和山之间有着不可分割的联系，便是神山之上也有池，最具有代表性的便是地位无比崇高的昆仑山，如“禹乃以息土填洪水”[⑤]。于是在神话传说中的仙境景色的基础上，发展成了“群山环一水，一水环一峰”的最原始景观格局，这种山水结合的景观模式便牢固地存在于古人的意识之中。这种模式被广泛地应用于后世的聚落环水和高台环水，最早的半坡聚落以沟渠环水作为原始氏族聚落的防御体系，

---

① 〔晋〕郭璞注：《山海经·卷十六·大荒西经》，周明初校注，杭州，浙江古籍出版社，2000年，第1版，第228页。

② 〔晋〕郭璞注：《山海经·卷十一·海内西经》，周明初校注，杭州，浙江古籍出版社，2000年，第1版，第181页。

③ “赤水出东南隅，河水出东北隅，黑水出西北隅，弱水出西南隅。”〔晋〕郭璞注：《山海经·卷十一·海内西经》，周明初校注，杭州，浙江古籍出版社，2000年，第1版，第182页。

④ 《淮南子·地形训》：“凡四水者，帝之神泉，以和百药，以润万物。”〔西汉〕刘安：《淮南子》，哈尔滨，北方文艺出版社，2013年，第1版，第71–84页。

⑤ 《淮南子·地形训》：“禹乃以息土填洪水以为山名，掘昆仑虚以下地（池）。”〔西汉〕刘安：《淮南子》，哈尔滨，北方文艺出版社，2013年，第1版，第71–84页。

以抵御外来的野兽攻击及侵害，而传说中的黄帝的明堂，亦采用高台环水模式。

周代设灵沼、灵台、灵囿，也是以高台环水来营造空间的神圣性。春秋时期的淹城环水而建，遗址位于江苏省常州市湖塘镇，具有“三城三河”层层嵌套的规划特点，被称为“中国第一水城”。春秋时期的鲁国故城的西、北两面城墙，就直接利用洙水环绕，以自然河流作天然护城河。

汉代的明堂辟雍，即堂外环圆形水池，辟雍之“辟”通“壁”，代指的是圆形水体，而“雍”通“壅”，代指围合。西汉《毛诗故训传》云：“水旋丘如璧曰辟雍，以节观者。”东汉《白虎通义》称：“天子立辟雍何？所以行礼乐、宣德化也。辟者璧也，象璧圆又以法天；于雍水侧，象教化流行也。辟之为言积也，积天下之道德也；雍之为言壅也，壅天下之残贼，故谓之辟雍也。”明堂辟雍为国家等级最高的建筑，以象征天子居所。

唐代，长安城引渭河、泾河、沣河、涝河、潏河、滈河、浐河、灞河等八水环绕，并设置沟渠引水入城，建立起城市和水系的相生相依的关系。《上林赋》记载：“终始灞浐，出入泾渭；酆镐潦潏，纡馀委蛇，经营乎其内。荡荡乎八川分流，相背而异态。”[①]

自宋代以来，环水模式成为城市建造的一种普遍现象，尤其是南方地区水系发达，环水沟渠是城市防御的第一道屏障，同时设水门和城市水网方便交通运输，如：宋平江城、靖江城、建康城等都是典型的环水模式。南宋静江府城池图[②]中，城池“倚山为壁，因江为池”，形成了依山就势，山、水、城融为一体的城市格局。此外，宋朝的建康府，据宋中书舍人季陵言云：“雄山为城，长江为池，舟车漕运，数路辐辏，正今日之关中、河内也。”[③]反映出当时建康以长江、护城河为屏障的环水模式。

明清以后，城池环水成为城市的依仗，明清时期延续了这种城市环水的模式，并成为一种范式被各个城池所效仿，让这种环水模式遍布大江南北。据清嘉庆《松江府志》记载：“（松江）东南濒海无崇山叠嶂，坦然如砥，数百里间，水光接天，仙禽浪鹤，江之湊，实为五湖地脉四达，衍为松江，川原沃衍。”[④]（表6.20）

---

① 〔西汉〕司马相如：《上林赋》，哈尔滨，黑龙江美术出版社，2023年，第1版，第4页。

② 为宋代胡颖修筑城池时主持刻绘，并于咸淳八年（1272年）刻成。

③ 〔宋〕马光祖：《景定建康志》，南京，南京出版社，2017年，第1版，第24页。

④ 〔清〕宋如林：《松江府志》，扬州，江苏广陵古籍刻印社，1988年，第1版，第92页。

表6.20 “环水”营造的记载

名称	文献记载	图像分析
《山海经》昆仑环水	“河水出焉，而南流东注于无达。赤水出焉，而东南流注于泛天之水。洋水出焉，而西南流注于丑涂之水。黑水出焉，而西流于大杅。”	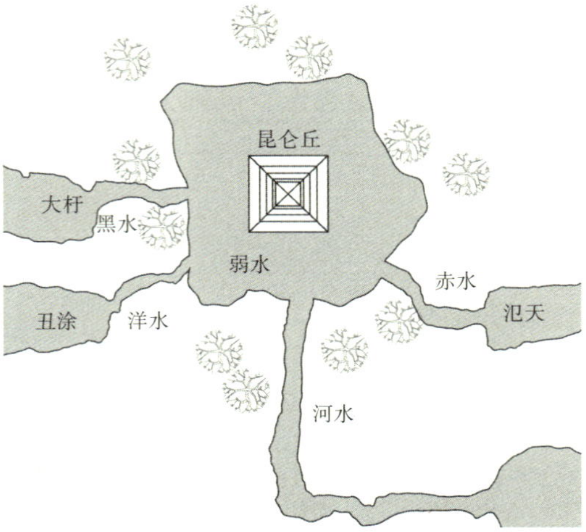 昆仑丘 大杅 黑水 弱水 赤水 氾天 丑涂 洋水 河水
春秋淹城	淹城建于春秋时期，遗址位于江苏省常州市湖塘镇。具有“三城三河”层层嵌套的规划特点，被称为“中国第一水城”	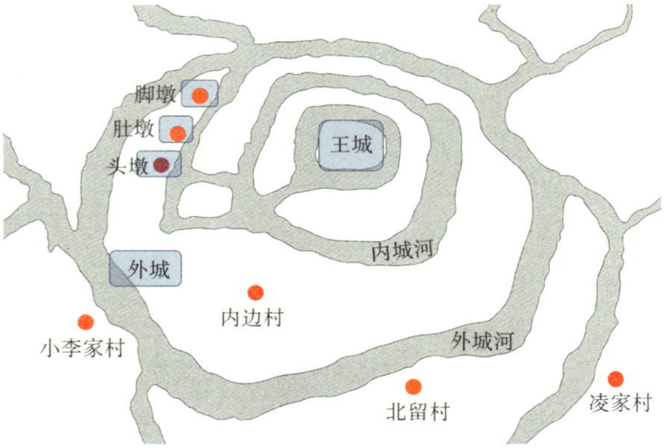 脚墩 肚墩 头墩 王城 内城河 外城 内边村 小李家村 外城河 北留村 凌家村
唐长安八水图（自绘）	“八水”绕长安，指的是渭河、泾河、沣河、涝河、潏河、滈河、浐河、灞河等八水环绕唐长安	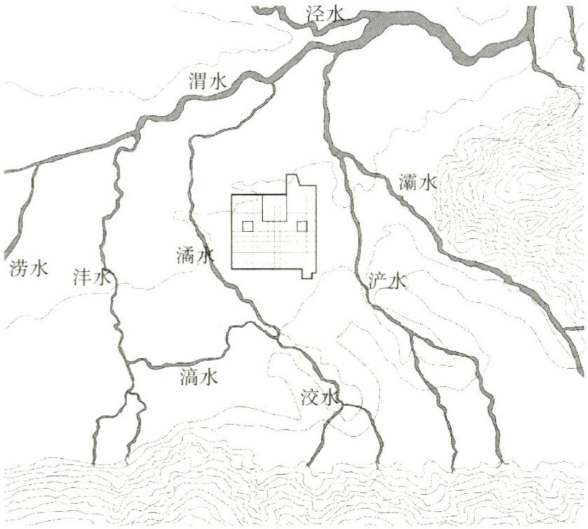 泾水 渭水 灞水 涝水 沣水 潏水 浐水 滈水 洨水

续表6.20

名称	文献记载	图像分析
（南宋）静江府环水（〔宋〕《静江图》碑刻拓本）	宋代静江府城池图为宋代胡颖修筑城池时主持刻绘，并于咸淳八年（1272年）刻成。城中山、水、城、池、门、楼、沟、渠、亭、台、官署、兵寨、道路、桥梁以及竹木植被等均做了翔实标识，并“倚山为壁，因江为池”，形成了依山就势，山、水、城融为一体的城市格局	
（清）《嘉庆松江府志·松江府治图》）	清《嘉庆松江府志》叙：“（松江）东南濒海无崇山叠嶂，坦然如砥，数百里间，水光接天，仙禽浪鹤，江之凑，实为五湖地脉四达，衍为松江，川原沃衍。”	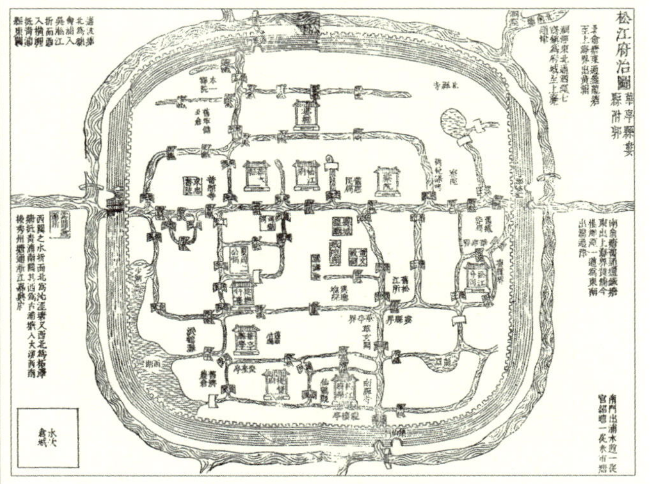

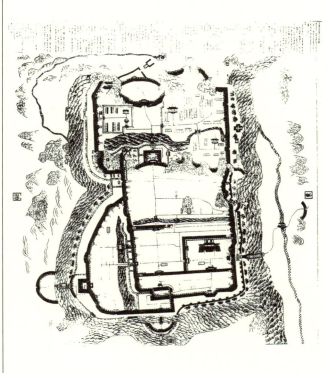

3.小结

昆仑山“弱水环绕”的理想景观模式，影响了各朝各代的园林建筑水系布局。例如：黄帝明堂的高台环水、周代的灵沼与灵台、汉代辟雍明堂的环水，都是以水建立起的围合边界，形成了纪念性的仪式空间。古代城市规划中也用环水的方式，建立城市的天然防护带。从春秋时期的淹城环水而建，到鲁国故城的洙水环绕，唐长安城八水环绕，都引自然河流形成天然护城河。自宋代以后，环水成为城市建造的一种普遍现象，尤其是南方地区水系发达，环水沟渠是城市防御的第一道屏障，同时设水门和城市水网方便交通运输。例如：宋平江城、靖江城、建康城等，都是典型的环水模式。明清以后，城池环水成为城市防御的依仗，这种模式遍及大江南北。从昆仑山“弱水环绕”到明堂环水，再到城池环水，体现出环水模式“神性”的退却，以及从精神性向实用性和物质性的转变。

（五）“龙池”模式

1.龙池模式的释义

龙池模式，常用于园林水池的空间布局。“龙池”源自中国古代的龙文化信仰，出自龙能降雨的传说。龙池出现于全国各地，起到蓄水、灌溉的作用，龙池也成为龙信仰祭祀的场所（表6.21）。后因“鲤鱼跳龙门”的传说而形成鱼龙文化，龙池与龙舟、鲤鱼形成不可分割的关联，“龙池”也成为龙舟竞渡的主要场所。

表6.21　全国各地龙池的记载

地名	文献出处	文献记载
山东定陶县	《史记·夏本纪第二》【正义】引《括地志》云	“菏泽在曹州济阴县东北九十里，故定陶城东北，今名龙池，亦名九卿陂。”
广西桂林市	《方舆纪要·卷一零七·临桂县》	龙池“在尧山下。颇为民利，岁久湮塞。宋张维重浚，以石甃之”
四川峨眉山市	《寰宇记·卷七十四·嘉州峨眉县》	《李膺记》：“峨眉山下有池，广袤十里，号龙池。”
云南昭通市	《华阳国志·南中志·朱提郡》	文齐“穿龙池，溉稻田，为民兴利”
河北顺平县	《方舆纪要·卷十二·完县》	龙池“旧有灌溉之利，今湮”

续表6.21

地名	文献出处	文献记载
山西 运城市	《方舆纪要·卷四十一·安邑县》	"龙池在县南二十里,与盐池相近,一名黑龙潭。"
江苏 宜兴市	《清一统志·常州府一》	龙池山"有龙池"
安徽 六安市	《方舆纪要·卷二十一·六安州》	龙穴山"山脊有龙池,味甘美,亦名龙池山"

2. 龙池模式的历史源流与演化

在红山文化时期,先人们就雕刻各种玉龙、兽玦玉等作为礼器,拜祭天地山川。据记载,早在炎黄时代,龙就成为中华民族各部落联盟的共同图腾,之后夏朝以黄龙为图腾,商周时期龙文化更得到广泛的传播,在各种精美的青铜器和玉器中,龙的形象经常出现。战国时期屈原在天问中称"禹用应龙",体现了龙文化和帝王身份的相互结合。

汉代以后,道教堪舆学兴盛,"龙"成为最常见的术语,道教方士常将自然山水比喻作龙,把山脉直呼作"龙脉",把曲折的流水呼作"水龙"。东晋《华阳国志·南中志》记载:"穿龙池,溉稻田,为民兴利。"[①]

唐代,长安城兴庆宫设龙池,据宋敏求《长安志》记载:"本是平地,自垂拱、载初后,因雨水流潦成小池,后又引龙首渠支分溉之,日以滋广……常有云气,或见黄龙出其中。……俗呼五王子池,置宫后谓之龙池。"[②]兴庆宫的龙池不同于一般意义上的民间龙池,具有纪念性和祭祀性,是李隆基皇帝身份的象征。此外,"龙池"在唐长安主要有龙首池、鱼藻池等,而历史上有赛龙舟活动记载的是大明宫的鱼藻池,由李昭道绘制《龙舟竞渡图》,池中有湖心岛、水心殿,拱桥连接水岸与湖心岛,湖面上有龙舟穿越,形成了龙池的基本模式,并流传后世。《旧唐书》中记穆宗、敬宗,均有"观竞渡"之事,唐代诗人张建封的《竞渡歌》描写了龙舟竞渡的盛况:"五月五日天晴明,杨花绕江啼晓莺。使君未出郡斋外,江上早闻齐和声。"元代王振鹏的《大明宫图》中,也有描述唐代

① 〔东晋〕常璩:《华阳国志·卷四》,济南,齐鲁书社,2010年,第1版,第55页。

② 〔北宋〕宋敏求:《长安志·卷九·唐京城三》,辛德勇点校,西安,三秦出版社,2013年,第1版,第306页。

大明宫鱼藻池赛龙舟的场景。龙舟竞渡活动，也成为唐代风景的重要组成部分，而鱼藻宫、鱼藻池的皇家园林建制，对其后中国各朝代以及朝鲜、日本等国的皇家园林都有重要影响。

宋代的金明池，又称为龙池，更将这一模式标准化、规范化，宋张择端绘制的《金明池争标图》描绘了北宋皇帝于临水殿观看金明池内龙舟竞渡的情景。金明池开放之日，称为"开池"，日期定为三月初一至四月初八，且对百姓开放，游人络绎不绝，"虽风雨亦有游人，略无虚日矣"。北宋金明池开池可谓空前绝后，其中有彩船、乐船、小船、画舱、小龙船，虎头船等可供观赏、奏乐，还有长之四十丈的大龙船。除大龙船外，其他船列队布阵，争标竞渡，作为娱乐，甚至在表演中增加了水傀儡等水上演出项目。元代王振鹏绘制《龙池竞渡图》，亦描绘此景（表6.22）。

表6.22　历代龙池文化模式记载

图像名称	文献记载	图像
〔唐〕李昭道（传）《龙舟竞渡图》	画中的情景当为宫廷中欢度端午的场面，龙舟灵动飘逸，分布于湖面多个地方	
〔宋〕张择端（传）《金明池争标图》	《东京梦华录》记载北宋皇帝曾于临水殿看金明池内龙舟竞渡之盛况。金明池水殿的水面上有彩船、乐船、小船、画舱、小龙船、虎头船等可供观赏、奏乐，还有长达四十米的大龙船	

续表6.22

图像名称	文献记载	图像
〔元〕元佚名《龙池竞渡图》	描绘北宋崇宁间三月三日，在金明池龙舟竞渡争标之景。卷首绘御座大龙舟在四艘龙头、虎头船的前后摇旗下护送。池中央有水殿楼阁，通过拱桥与平台相连；卷尾画有高大的宝津楼矗立，十二艘龙、虎船，正朝标杆急驰	
〔清〕佚名《雍正十二月行乐图轴》	描绘的正是五月时分，皇家欢度端午的盛景，画中的雍正身着汉装，与众皇子、皇妃欢坐于码头楼阁之上观看数艘华丽的宫廷龙舟驰骋水面，整幅画卷呈现出一派祥和欢乐的气氛	

明清以后，在皇家园林中观看赛龙舟，成为一种仪式性的活动，明代帝皇在中南海紫光阁观龙舟，看御射监勇士跑马射箭。清代则在圆明园的福海举行竞渡，乾隆、嘉庆帝等均前往观看。清代绢本设色画作《雍正十二月行乐图轴》描绘的正是五月时分皇家欢度端午的盛景，画中的雍正身着汉装，与众皇子、皇妃欢坐于码头楼阁之上数艘华丽的宫廷龙舟驰骋水面，整幅画卷呈现出一派祥和欢乐的气氛。而从历代的龙舟竞渡和“龙池”图中可以看出，龙池中有湖心岛，岛上有用于观景的水心殿，通过拱桥与水岸连接各殿，龙舟在水中穿行，成为龙池景观的范式。

3.小结

龙池模式源于古代的龙文化信仰，由于历朝历代的龙池大小以及所属性质的不同，体现出不同的空间特点。一方面，由于龙文化信仰的盛行，龙池用于祈雨而成为祭祀性空间的典范，如唐代的兴庆宫龙池以及各地祈雨的龙池；另一方面，由于皇家观赏鱼藻和龙舟竞渡的需要，龙池又成为娱乐的场所，如大明宫鱼藻池、宋代金明池等。龙池是龙作为中华民族文化信仰和民族象征的具象化表现。

（六）莲池模式

1.莲池模式的释义

莲池，也称“七宝池”“放生池”，是佛家信徒种植莲花和放生的水池。因释迦牟尼出生时“七步生莲”“九龙浴佛”的典故，莲花成为佛教的圣花。佛国又称为莲花国，是圣洁、清净的象征，佛教称极乐世界为莲邦，观音菩萨普度众生往生莲邦，佛教的核心思想就是促使信仰者相信其死后能够在佛国净土——西方极乐世界莲池的莲花中得以重生和永生，称之为“莲池化生”或“莲花化生”（图6.29）。据佛教高僧罗什翻译的《阿弥陀经》有云：

> 又舍利弗，极乐国土有七宝池，八功德水充满其中，池底纯以金沙布地，四边阶道。金银、琉璃、玻璃合成。上有楼阁，亦以金银、琉璃、玻璃、砗磲、赤珠、玛瑙而严饰之，池中莲花大如车轮，青色青光，黄色黄光，赤色赤光，白色白光，微妙香洁。①

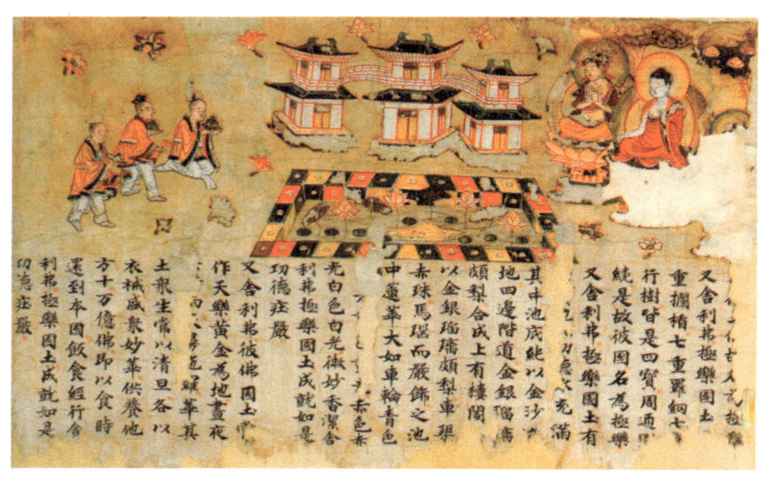

图6.29　七宝池原型图——《妙法莲花经并图》

（图片来源：唐·敦煌绘画68）

① 谈锡永：《〈阿弥陀经〉导读》，北京，中国书店，2007年，第1版，第19-32页。

莲池最早见于曹魏时康僧铠译《佛说无量寿经》和隋朝阇那崛多译《佛本行集经》中，从佛经描述中可以看出，古代印度的佛教庭园都是以方形水池为中心，以此来构成富丽堂皇的佛寺庭园。佛教莲池的景象最早出现在唐代敦煌壁画中的各类宫殿、佛寺建筑的空间布局中，可以看出《药师净土变》《弥勒净土变》《阿弥陀经变》等图像中的佛殿建筑空间构图极为相似，都是以大量水池平台为中心，佛殿精舍环绕水池而设。这种景观布局形式源于佛经中的妙法莲花七宝池和佛教香水海的景观原型。

2.莲池模式的历史源流与演化

“莲池化生”的典故在印度早期的佛教文化中已见端倪，如巽伽王朝时期（公元前2世纪）建造的巴鲁特塔围栏上就有莲池化生的形象。佛教传入中国后，其形象以多种不同形式出现在佛教净土信仰中。早在东晋时期，佛教净土宗祖庭的庐山东林寺就建有莲池，以宣扬佛教“圣洁、干净”的教义。在唐代净土宗的《妙法莲花经并图》中也有方池的出现，方池中种植有大量莲花。唐代诗人孟浩然《题大禹寺义公禅房》有诗句云：“看取莲花净，方知不染心。”唐长安城中的名寺几乎都会修建莲花池，这些莲花池常被用来养鱼、虾，种植莲花（图6.30）。其中最为有名的当数唐长安西明寺的莲池，据唐人元稹《寻西明寺僧不在》云：“莲池旧是无波水，莫逐狂风起浪心。”反映出诗人在寺庙中观莲池时超脱世俗、清正淡泊、

图6.30　敦煌莫高窟172窟
盛唐观无量寿经变中的莲池
（图片来源：数字敦煌）

返璞归真的心境。

莲池不仅出现在唐代的佛教寺庙中，还频繁地出现在唐代的经文壁画中。唐代敦煌壁画中出现了许多成组的、恢宏的大型佛寺建筑组群及庭园景观，庭园中安排了诸多殿堂和亭、台、楼、阁以及水池等，而这些描绘佛国世界的景观，无疑反映了佛经中描述的西方理想的净土世界，而建筑和景观的形式却都是参考唐代长安的宫殿建筑及景观绘制而成的。为了表现佛经中的莲花池、“八功德水”，唐代敦煌壁画中都有方形水面和莲池的描述，有的场景中甚至毫无陆地，建筑全部架空，漂浮在平整的水面之上，正如《大本经》云：“阿弥陀佛，讲堂精舍，皆自然七宝，相间而成。复有七宝，以为楼观栏楯。”[①]如敦煌莫高窟第217窟北壁西方净土变、莫高窟85窟西方净土变、榆林25窟南壁无量寿经变、莫高窟172窟寿经变图等，都有一个共同的特点，即画面中建筑围绕庭园中的方形水池，构成画面的中心空间，画中大量的楼阁群建筑都架立在广阔的莲花池水面之上。这种景观布局方式虽然不一定是唐代佛寺的普遍情况，但它间接地反映出唐代寺庙宅邸中的水池庭园空间与佛教净土世界相结合的理想景观。从唐代佛教律宗初祖道宣高僧的《关中创立戒坛图经》中可以看到，其所显示的佛寺模式图，在图中三重楼的左右两侧分别设有两个方池，东侧的方池为“九金镬”以喻“九龙浴佛”，西侧的方池为“方华池”（图6.31），是一定程度上佛教“莲池”在中国佛寺语境下作为庭院景观的本土化转译与再现。

宋代，莲池在寺庙中大量建设，成为“观法”“修行”的场所。最有名的如明州（宁波）保国寺的莲池，又名“净土池”，位于天王殿后，据《保国寺志》载，“池长四丈八尺，宽二丈二尺，深丈许。”有诗写道：“涵空一碧映诸天，四色曾闻产妙莲。净水可知由净土，笑看尘世隔天渊。”在僧人们的眼中，莲池能使佛教徒得到往生净土的智慧。“好向池中植妙莲，当知东土即西天……倘能念佛求真脱，七宝庄严在眼前。”“清净池中清净莲，花开异样叶鲜鲜。僧心若了无生灭，那得弥陀不现前。”净土池更多的是引起人们对净土佛国的种种联想，信众们从池边走过便会想到净土的种种美妙以涤荡红尘。此外，还有宋代昆山莲池禅院，又名莲花池、古莲寺，位于五保湖畔菱塘湾口，宋孝宗为怀念陈妃病殁，下旨在此设僧建寺，为陈妃诵经超度。后又命众僧在寺院东侧挖池种荷，始称莲花寺，遂成江南负有盛名的佛门圣地之一。

---

① 范迪安：《巴利文大藏经·大本经》，福州，福建美术出版社，2010年。

图6.31 〔唐〕道宣《关中创立戒坛图经》中的莲花池（方华池）

（图片来源：据〔唐〕道宣《戒坛图经》改绘）

明清以后，莲池在各个寺庙中普遍存在，并和地方八景文化结合成为一种普遍的佛教文化景观。例如：明代四川峨眉山的无穷禅师在大佛禅院建成三大放生莲池，分别为“圆觉”“等觉”“妙觉”，在妙觉莲池的水面有峨眉金顶的倒影，形成当地一大胜景。建于明万历年间（1573—1619年）保定府涞源县莲池寺，因泉水为池而命名，以“莲池”暗喻西方极乐世界的八宝莲池。明代普陀山普济寺在山门前建“海印池”，也称“放生池”“莲花池”，后形成海印池映月夜的景色，成为当地负有盛名的八景之一“莲池夜月”。

3.小结

莲池模式源于古代的佛教文化信仰，反映了佛教观法莲池、莲花得以重生和永生的思想，代表了佛教“七宝池”“八功德水”等景观原型和西方极乐世界景象。晋唐以来，随着佛教文化的兴盛，在寺庙中大量应用，尤其是净土宗寺庙，将莲池与其“圣洁、干净”的教义紧密结合，使得莲池成为“观法”“修行”的场所。唐以后，莲池文化逐渐与放生池、地方八景文化相融合，形成特定的佛教文化景观，集放生、观景、修行等活动为一体，并成为佛教寺庙园林中的一种特定的景观范式。

第七章　唐长安城的整体营城模式

中国早期先民栖息居住多选择盆地以及背山面水的平原地带，可以说，正是这种地理环境因素造就了中国的传统文化。北京大学教授俞孔坚在《风水与理想景观的文化意义》一书中提到，中国文化是一种“盆地文化”，最为理想的景观模式就是山水环绕的围合模式，其具有聚落空间布局上的对内向心性和对外防御性两种特征。

唐长安城位于关中盆地中央，唐长安城的选址、规划以及城内的院落布局，都体现出中国传统的“盆地文化”特征，大到城市格局，小到院落住宅，都体现出向内的围合方式。城市以城墙作为围合的主要边界要素，形成郭城、皇城、宫城的三重城墙相套格局，城内形成里坊布局，“墙套墙”或“院套院”成为传统空间的核心，体现古人“家国同构”的特征以及复杂结构的“自相似性”秩序。长安里坊空间同构的类型本质，简言之，即为空间的“围合”，更体现出中国盆地文化的一种模式效应，由于中国先民千百年来对“盆地”这一基本环境的空间体验，最终演化出建筑理想的空间原型——合院，唐长安城也可以看作多重尺度的合院单元组合体。这种“合院”的空间原型是在物质环境和文化观念的共同作用下而形成的，根深蒂固地渗透到聚落成员的潜意识之中。当这种合院的空间原型被传统的儒家文化赋予了伦理的寓意后，也就被神圣化而表现出极大的稳态性，与儒家的伦理纲常紧密地联系在一起，成为建筑布局的一种基本模式。

在关中盆地的自然环境下，在中国传统文化的滋养和孕育下，唐长安城基于“合院”这一单元组合模式营城，采用“象天法地”“体国经野”的方式，以天阙、北辰、九宫等文化模式，建立起城市的人文环境，形成整体城市的空间秩序。

一、“象天法地”的营城模式

（一）宇宙秩序——以象天汉

古人视上天为有人格、有意志的最高主宰，将天体星宿与地区以及方位相联系，星宿具有辨明方位的作用。自上古时期，古人就将黄道附近的二十八星宿分为四组，即“东（左）属青龙、西（右）属白虎，南（前）朱雀、北（后）属玄武”，称之为“四象”。二十八星宿以及四象作为传统文化的组成部分，被广泛应用于宗教、天文、文学以及城市与建筑点位布局等方面，尤其是以城市和建筑布局对星象、四季的崇拜和模仿，营城“以象天汉”，来显示人间秩序对天地秩序的回应。

关中地区的都城营造，自古就有象天法地的规划传统，自秦始皇营造秦咸阳，就以渭水象征天河，跨渭河营城以“天象设都”，并以宫殿象征天极。《史记·秦始皇本纪第六》记载：“为复道，自阿房渡渭，属之咸阳，以象天极阁道绝汉抵营室也。”[①]《水经注·卷十九·渭水三》记载：“秦始皇作离宫于渭水南北，以象天宫。”[②]《三辅黄图》曰：“渭水灌都，以象天汉，横桥南渡，以法牵牛。”[③]汉代长安被称为“斗城”，其南城墙的角楼、西安门、安门与东城墙的霸城门、宣平门共同构成北斗意向。

隋唐长安城在规划布局时，遵循了“建邦设都，必稽玄象”的原则，依靠“象天”来增加都城的神权色彩，增强都城的空间仪式感。在其营建之初就有“开国维东井，城池起北辰”的说法，采用象天设都的思想，以渭河为界，将唐十八陵设于山南水北而沿山布置。长安城位于山北水南，渭河象征银河，唐陵位于北天，而长安城位于南天。唐长安全城一百零八坊（总数应为一百一十坊，东南曲江池占去两坊）以应天上星宿之数，“南北尽一十三坊，象一年有闰”。据《隋三礼图》记载，长安城的皇城内的四坊代表四季，南北十三坊则表示十二月与闰月之和。而长安城的东西南北四向，分别以朱雀、玄武、青龙、白虎四神兽代表，其观念起源于中国天文中的“二十八星宿”和“四神相应”思想，地上建筑与环境的东、西、南、北方位都得一一对应，亦使用标志天上四大方位的“四象”或“四灵”符号命名建筑和道路，如朱雀门、玄武门、朱雀大街等。同时，唐长安太极宫位于整个城市北部居中，建在九二高坡上，“太极”代表着宇宙的根源。皇城建在九三高坡上，所居地势较高，有地位尊显，俯瞰全城之意。大明宫位于长安城东北的龙首原高地上，

---

① 〔西汉〕司马迁：《史记·秦始皇本纪第六》，上海，上海古籍出版社，2011年，第1版，第174页。

② 〔北魏〕郦道元：《〈水经注〉校证·卷十九·渭水三》，陈桥驿点校，北京，中华书局，2007年，第1版，第452页。

③ 〔清〕孙星衍：《三辅黄图·卷一》，何清谷校注，西安，三秦出版社，1995年，第1版，第21页。

与太极宫相互呼应和联系，形成了俯临和统领全城的姿态。大明宫紫宸殿，象征着天上的北极。大明宫的丹凤门，将皇权所在的皇宫放置郭城北面象征着皇权的紫薇垣北极星所在的位置上，使得皇城中的百官衙署"众星拱之"。正如《论语·为政》云："为政以德，譬如北辰，居其所而众星拱之"，外郭城则有北极星外的群星寓意。唐长安城通过"象天法地"的方式，取得城市布局与天上星宿、四方神灵之间的对应关系，从而达到彰显皇权、顺应天命的目的。

隋唐长安的规划师宇文恺曾言："在天成象，房心为布政之宫，在地成形，丙午居正阳之位。观云告天下本月，顺生杀之序；五室九宫，统人神之际。"[①]此语虽是其在炀帝大业年间讨论明堂建设时的开篇之语，但就先前规划大兴城（唐长安）来看，也无疑受此思想影响。将宇宙图像在城市规划中以空间形式表现出来，并在其中"顺生杀之序""统人神之际"，使整个城市达到当时人们认为臻于完善的状态。城市空间秩序把"天""地""神""人"之间的关系在大地上清晰展现出来，城市本身便成了人的宇宙理想、政治理想、社会理想、宗教理想四者合一的综合体。这种特点在唐长安城规划中体现得尤为鲜明，它所形成的一系列典型制度和独特模式成为后世都城规划设计的典范，其影响之深远贯达至今。

（二）自然秩序——山川为轴

古代城市营造不仅放眼于城内，而且将视野投入更为广阔的城外空间，力求达到内与外的协调与平衡。环绕城市的庞大山系成为城市的空间坐标，城市范围的山水营造往往具有远距离、多层次、大尺度的特点。这种方式一方面赋予自然山景文化价值，另一方面强调了城市格局，提升了城市境界。

终南山作为长安平原南侧的门户空间，自古受到历代君王的重视，终南山是长安地区自然地理上的屏障，是道教文化主要的发祥地，也是"终南捷径""寿比南山"等文化典故的诞生地，具有"终南仙境""天下第一福地"的美誉，对于古代长安而言，兼具地理防御意义与人文意义。《史记·秦始皇本纪第六》秦阿房宫"表南山之颠以为阙"，程大昌《雍录》记载："今据子午谷乃汉城所直，隋城南直石鳖谷"。在长安地区的都城以及重要建筑营建中，终南山都是作为地理形胜标志出现的，巧妙借用终南山特有的山谷、山峰与城市建筑形成对景，建立城市空间与自

---

① 〔唐〕魏征：《隋书·卷六十八·列传第三十》，上海，汉语大词典出版社，2004年，第1版，第1430页。

然环境的有机联系，强调天、地、人之间和谐统一的深层哲学理念（图7.1）。

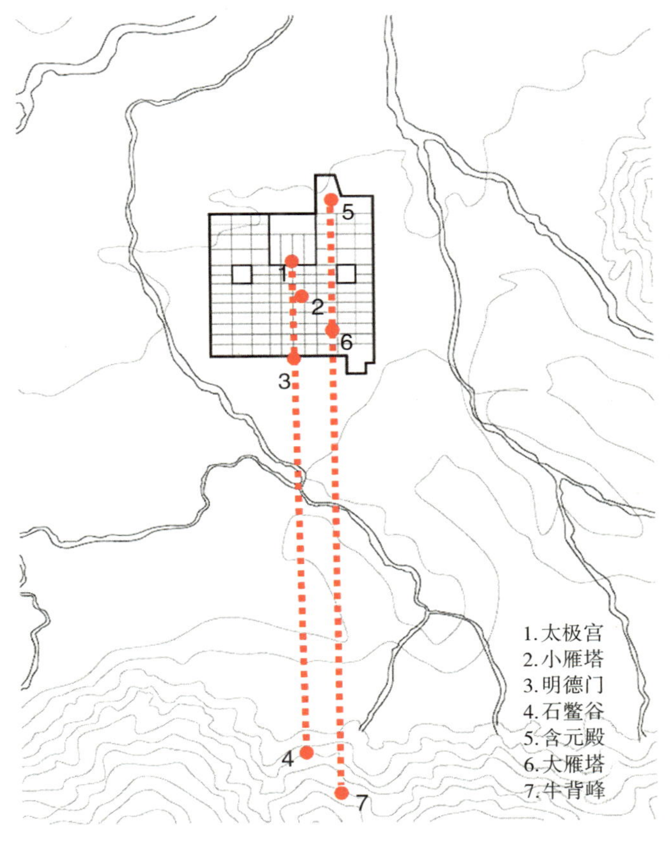

图7.1　北阙—南山轴线

（图片来源：作者自绘）

唐长安城以终南山为地理坐标，确立了城市的轴线，建立都城和山岳的关联，进而达到天、地、人的有机统一。唐长安城以龙首原高地作为规划基点，在观察自然山水环境的基础上，通过寻胜、察势，找出背后蕴含的形势和规律，从而确定一种秩序，指导城市山水空间的营建。

隋唐长安城南直石鳖谷，形成“太极宫—明德门—石鳖谷”城市中轴线，人文坐标与自然地理坐标相结合而形成的具有文化意义的轴线，统一了整个城市的空间形态和区域景观秩序，使得区域山水与城市坊市、祖庙、寺观有机结合在一起。初唐时期，随着大明宫的建设使得城市政治经济中心开始东移，同时随着大雁塔的建成，唐长安城形成了新的城市轴线，即“含元殿—大雁塔—牛背峰”轴线，城市视觉景观节点与自然地理形胜相联系，使得长安城市山水空间开始连续。此外，就城市内部中轴线而言，太极宫以及朱雀大街建立起了长安城尊卑有序的礼制秩序，强调了帝王居中为尊的等级观念。

唐长安大明宫位于东北部的龙首原高地，地势高爽，视线开阔，大明宫大朝含元殿前设置翔鸾阙与栖凤阙，两阙与城外终南山形成朝对关系。除了地理空间上的联系，唐代文人常用北阙指代当朝为官的士族生活，而南山则代表了归隐田园的隐逸生活。终南山山系连绵，山灵毓秀，风景极佳，同时也是道家重要的发祥地。终南山的宗教文化浓厚，文人雅士钟情山水，常聚集于此，终南山山水文化也随之发展。这使得终南山不仅成为城市景观向外延伸的空间，也成为文化向外扩展与延续的空间（图7.1）。

（三）礼制秩序——周礼营城

《周礼·考工记》云：“匠人营国，方九里，旁三门。国中九经九纬，经涂九轨。左祖右社，面朝后市，市朝一夫。”[①]从中可见城市营建中的九宫布局以及礼制规范，唐长安城在《周礼》和儒家思想的影响下衍生出等级分明、尊礼重势的规划方式，将帝王意志与自然山川相结合，各项制度也空前完备。作为都城，唐长安城除了利用“六坡”建立比附出“君、臣、神、人”的空间秩序关系，还在皇城内规划太庙与大社东西相对，外郭东、西、南三面各置三门，以达到营国制度中“左祖右社”和“旁三门”的要求。长安城以朱雀大街为南北的中轴线，将宫城、皇城和郭城依次向南排列，体现了天子居高、百官朝贺、万民臣服的思想和礼制尊卑秩序，同时采用三重方城、九经九纬方式布局，城墙东、西、南、北各设三门，东城墙设“通化门”“春明门”“延兴门”，西城墙设“开远门”“金光门”“延平门”，南城墙设“明德门”“启夏门”“安化门”，北城墙设“芳林门”“玄武门”“玄德门”。唐长安城依据《周礼·考工记》的“左祖右社”格局，皇城南部设置宗庙和社稷，东南部有太庙，西南部有太礼，城内东设东市“都会市”、西设西市“利人市”。此外，隋文帝时规划新都之初，便围绕着新都城建立了比以往任何一个朝代都要完

① 杨天宇：《〈周礼〉译注》，上海，上海古籍出版社，2004年，第1版，第665页。

备的坛庙制度，先是“为圆丘于国之南，太阳门外道东二里。”[①]“又于郭城以南十三里启夏门外道左立雩坛，于郭城四面置青、赤、黄、白、黑五坛……并于宫北三里为先蚕坛，郭城西北十里为司中、司命、司禄三坛。郭城东北七里通化门外为风师坛，西南八里金光门外为雨师坛”[②]。如图7.2所示，长安城四方设置祭坛，城外东方设“日坛”“先农坛”，西方设“月坛”“白帝坛”，南方设“皇帝坛”“圆丘”，唐长安城“圆丘”是位于京郊南端的圆形祭坛，是皇帝祭天的场所。据记载：“（圆丘）在明德门外东南二里……皆依古仪祀地之制。其丘四成，各高八尺一寸，下成广二十丈，再成广十五丈，三成广十丈，四成广五丈”[③]。长安城北设“雷师坛”，是皇帝祭风、雨、雷、电诸神的场所。

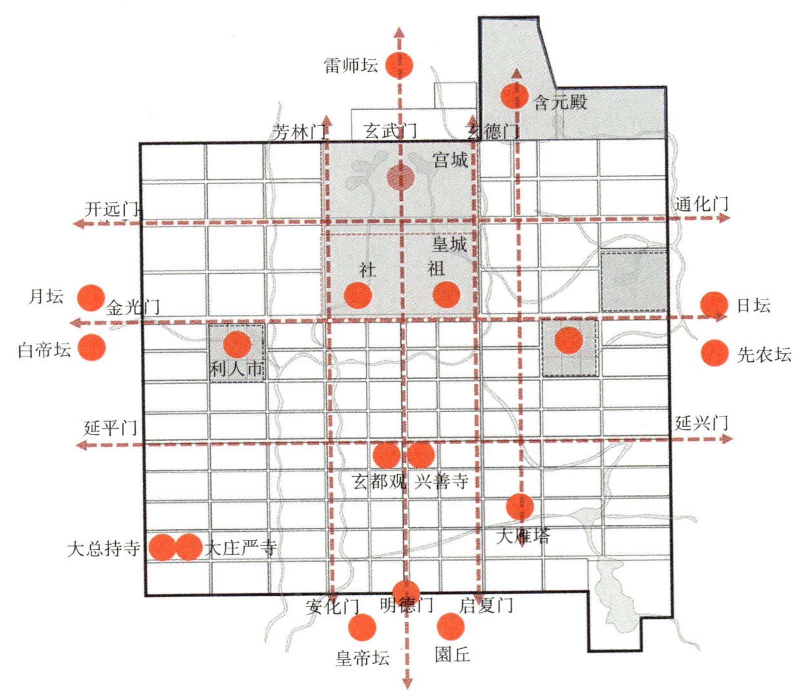

图7.2　唐长安坛庙礼制格局

（图片来源：作者自绘）

① 〔唐〕魏征：《隋书·卷六·志第一·礼仪一》，上海，汉语大词典出版社，2004年，第1版，第96页。

② 《隋书·礼仪二》：“青郊为坛，郭城以东春明门外道北……赤郊为坛，国南明德门外道西……黄郊为坛，国南安化门外道西……白郊为坛，国西开远门外道南……黑郊为坛，宫北十一里丑地。”〔唐〕魏征：《隋书·卷七·志第二》，上海，汉语大词典出版社，2004年，第1版，第110页。

③ 〔唐〕王泾：《大唐郊祀录·卷四》，扬州，广陵书社，2004年，第1版，第774页。

长安城除了按照《周礼》布局外，建筑的等级和色彩绘画按照《礼记》规制进行。据《礼记》记载：“礼有以多为贵者，天子七庙、诸侯五、大夫三、士一……天子之席五重，诸侯之席三重，大夫再重。…此以多为贵也。礼有以大为贵者，宫室之量，器皿之度，棺椁之厚，丘封之大，此以大为贵也。礼有以高为贵者，天子之堂九尺，诸侯七尺，大夫五尺，士三尺。天子诸侯台门，此以高为贵也。礼有以文为贵者，天子龙衮、诸侯黼、大夫黻、士玄衣纁裳。……此以文为贵也”[①]。“文”即指在建筑上的雕梁画栋的装饰、色彩等，如，皇帝所在的大明宫的殿基都是用石或砖包砌，柱础多用覆盆式复莲形，有的上加线刻。墙壁多为夯土筑成，内外墙面抹灰，粉刷赭红或白色，室内多为白色，贴地面加紫红色线。大明宫的木构梁柱多是赭红或朱红色，屋顶瓦以黑色有乌光的青棍瓦为主；檐口及脊上用少量绿色琉璃，鸱尾也多为青褐黑色。其正殿含元殿建在十多米的高台上，有三层台阶，都用石块包砌，装青石雕花栏杆，三层台阶中，最下面是墩台，台中心又夯筑二层台基，下层为陛，上层为阶，阶上建殿，其身面阔十一间、进深四间、四周加一间进深的副阶、外观十三间的重檐大殿。这些都体现出大明宫建筑巍峨独尊、富丽堂皇，且“九天阊阖开宫殿，万国衣冠拜冕旒”的皇家气概。

二、“城陵相守”的陵邑模式

陵邑制度，即在皇帝陵墓附近设置县城，陵邑是帝陵的重要组成部分。陵邑最早设立的目的是满足修葺、保护、祭拜以及承担陵寝所需之职能，其中修缮职能由陵户直接承担，承担保护职能的是都城派遣的部队，祭拜则是由皇上派遣的大臣来负责。陵邑在皇陵中扮演着守卫、供奉、朝拜的作用，所以一般陵邑都正对陵墓而设，形成“城陵相守”的格局（图7.3）。

早在秦代（公元前231年），秦始皇在骊山下修建寿陵时，就在寿陵东北十里处设置了陵邑——丽邑。而秦始皇开创陵邑的做法，也为西汉王朝所承袭。汉高祖刘邦为消弭各方的反抗势力，大量迁徙贵族到关中，其中很多人被迁至长陵。此后，惠帝、文帝、景帝、武帝、昭帝均在陵旁置邑。在帝陵旁设置陵邑，既保证了陵区的繁荣和守护，也成了西汉

① 〔西汉〕戴圣：《礼记·礼器》，张博编译，沈阳，万卷出版公司，2019年，第1版，第178–195页。

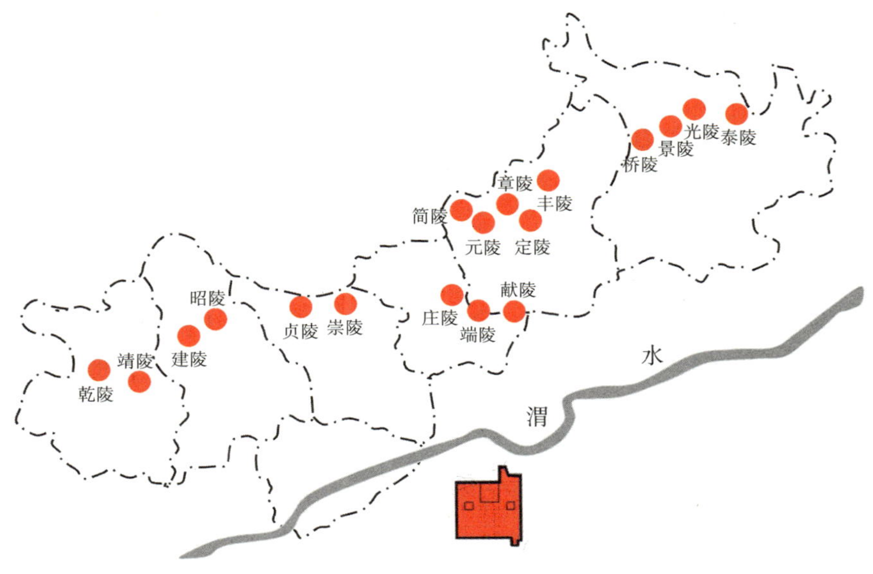

图 7.3　唐长安“城陵相守”

（图片来源：作者自绘）

前中期一度奉行的制度。如果说秦代帝王的陵邑主要是为帝陵修筑工程而设置的，而西汉帝陵设陵邑，则是为了供奉陵园和迁徙达官贵族，巩固中央统治，繁荣陵邑经济和文化。最有名的莫过于汉杜陵邑，汉宣帝曾把“丞相、列侯、将军、吏二千石”等都迁到杜陵邑，使得西汉中、晚期时，“全国政治中心在三辅；三辅中心在诸陵邑；诸陵邑中心在杜陵”。杜陵邑成为当时长安以外的重要政治舞台，同时，陵邑的人口成分构成也渐趋繁杂，达官显贵、俳优世家、学者文人等各种人群“五方杂厝”，形成了别具特色的陵邑城市。

隋唐时期，延续了秦汉时期的陵邑制度，在各个陵墓附近设置陵邑，如乾陵与乾邑、昭陵与礼泉邑、定陵与富平邑等，都是陵邑制度的产物。唐代“因山为陵”的出现，使得帝陵多选取位于渭河以北的山岭地区，形成帝陵与长安城相互守望的格局。而这种北向定陵的方式，不仅体现了唐代居北为尊的礼制思想，同时借助城市北向开阔的视野，使得后代帝王可以一直缅怀祖先，守望皇朝蜿蜒的龙脉所在。唐陵在布局上也以长安城为扇轴呈扇形展开，自西南向东北方向依次布置，体现出“因山为陵、象天法地”的气势，使得陵墓的发展走上一个新的高度。

（一）乾陵—乾邑

乾县，古称奉天城，位于陕西省咸阳市，地处关中平原。唐睿宗时，奉天城筑以龟形，以奉乾陵。据史料记载："奉天，次赤。文明元年（684年）析礼泉、始平、好畤、武功、邠州之永寿置，以奉乾陵。"[①]乾陵的陵邑称为奉天县，陵署位于陵县之中，负责管理陵县。奉天县（奉天城）在唐朝地位很高，县令可以上升到五品官员。唐代形成了公卿巡陵制，而"奉天城"承载的功能就是供每年春夏两季从长安城出发巡陵的大臣休憩。由此可以看出，奉天城无论在功能上还是在地理位置上都是与乾陵紧密连接的，城陵两者都是不可分割的一个整体。据历史文献记载，唐代"诗圣"杜甫的父亲杜闲在开元二十年至二十五年（732—737年），任奉天县令达五年之久，后奉天城历经五代、明、清多朝修筑，伴随着城市的发展，许多旧城区的街巷脉络和城市肌理沿袭至今，有着相对稳定的历史文化空间形态。

（二）昭陵—礼泉邑

礼泉邑，今陕西省咸阳市礼泉县，最早设县时城市以昭陵为轴线，并与东九嵕山的主峰南北相对，形成城陵相守的格局，后因洪水，县城多次迁徙。

唐昭陵的选址和长安城有着非常密切的关系，昭陵选址在长安乾位，同时，与长安城内的乐游原形成对望关系。由于长安城内的乐游原的地势高旷，游眺周遭景色可一览无余，因此，乐游原登临纵目的诗篇是最具有兴味的唐诗内容。唐朝杜牧诗云："欲把一麾江海去，乐游原上望昭陵"，指出了乐游原与昭陵的互望格局（图7.4）。登乐游原向西北望，可见长安城西北角与昭陵同处于同一方位。此外，乐游原上寺观遍布，青龙寺即坐落其中，常年香火不断，行人游客络绎不绝，成为唐代长安城内部的公共游览胜地，同时也是文人抒发情感的文化圣地。而从乐游原北望，可以掠过长安的城池而聚焦于渭水北岸的唐陵和历代皇城遗址，让人顿生"念天地之悠悠"的历史苍茫之感，如李频的《乐游原春望》："五陵佳气晚氛氲，霸业雄图势自分。秦地山河连楚塞，汉家宫殿入青云。未央树色春中见，长乐钟声月下闻。无那杨华起愁思，满天飘落雪纷纷。"就说明了唐五陵、汉未央宫遗址与乐游原的对望关系。

---

① 〔北宋〕欧阳修、宋祁：《新唐书·卷三十七·地理志》，上海，汉语大词典出版社，2004年，第1版，第761页。

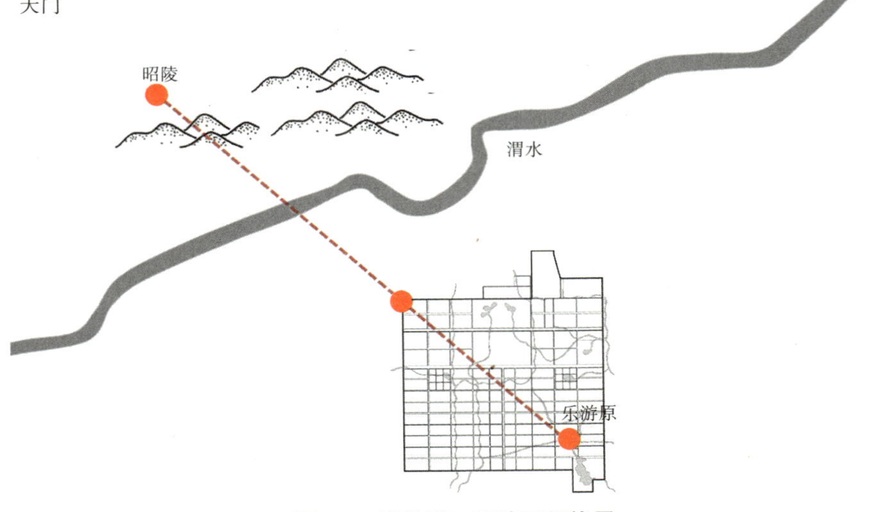

图 7.4 乐游原—昭陵互望格局

（图片来源：作者自绘）

在唐代，就已经对唐昭陵定期地守护，并设定相应的法令，对其加以保护，使其传之后世。《新唐书》中记载，在唐高宗时期，左威卫大将军权善才、右监门中郎将范怀义二人误砍了两棵昭陵的柏树，“高宗曰：是使我为不孝子，必杀之。”[①]高宗认为守陵即守孝，后狄仁杰劝谏才免除二人的死罪。太宗皇帝驾崩时少数民族首领希望以身殉葬昭陵，高宗没有应允，而是依照他们的形象雕刻成十四国藩人像放置昭陵的神道上，同时依照夏至、冬至、夏伏等重要节日进行上食，此外，邑人亦建立了相应的“守户”管理制度，使其得以长效保护。“至于建陵及泾阳德宗之陵，陵冢尽垦，急宜依冢筑围垣百余丈。又郭子仪、李光弼二墓，均当亟治，不容少待。昭陵陵户一名，地三十亩。建陵陵户二名，地各二十亩。二陵共陵户三，地七十亩，今问县人，并无一户一亩。若阁下面谕，邑令动帑修陵，必无苟且涂饰者矣。且开东谒诸陵，有一陵而陵户十余人，陵地四五百亩不等，即富平李光弼墓并无墓田，每年给守户口食银六两。昭陵以一帝一后，太子公主诸王将相词臣勋戚百余人，而竟无一亩之地，一户之守请更酌量公项，共置守户二十名，陵地七八百亩，散布于山下二十里之内，以为守户之资。既确着于志，复记于册，以为常

① 〔北宋〕欧阳修、宋祁：《新唐书·卷一百一十五·列传第四十》，上海，汉语大词典出版社，2004年，第1版，第2845页。

典，是阁下庇一昭陵，而百余墓之英灵，赖以妥侑，其为功德溥且远矣。”[①]由此可见，对于守陵政策，历代统治者一致重视，目的是向民众宣扬其奉天承运的统治地位，这种守陵制度延续到清朝封建统治末期才结束。《醴泉县志》有云：“昭陵封内一百二十里，陪葬之墓有去陵二十余里者，多在山下，平地谓之乱冢坪，此等墓既无碑碣，又鲜识认，宜一概立碑，大书唐昭陵陪葬诸臣之墓，其新筑垣外五步不许耕种。”[②]

（三）五陵春色—富平邑

唐代五陵中的中宗定陵、代宗元陵、顺宗丰陵、文宗章陵、懿宗简陵，都位于富平县之西北，形成了“五陵秋色”的景色，五座皇陵沿着乔山的山形自西向东分布，并同连绵起伏的山脉浑然一体。中宗定陵“在富平县龙泉山。《唐书·睿宗本纪》云：‘（景云）元年（710年）十一月己酉，葬孝和皇帝于定陵。’《文献通考》：‘定陵在京兆富平县界。’”[③]顺宗丰陵“在富平县东北三十里金瓮山”。文宗章陵“‘在富平县天乳山。’宋敏求《长安志》：‘在县西北二十里天乳山。’”懿宗简陵“‘在京兆府富平县界。’宋敏求《长安志》：‘在县西北四十里紫金山。’”这五座陵墓依山为势，气派雄伟，居北面南，俯瞰泾渭，彰显着帝王气势、皇家风范，金秋季节时五陵上黄花遍野、红叶烂漫，令人思绪联翩、感慨万端，是人文景观与自然景观的高度融合，有诗曰：“五帝陵前书似阴，剑弓埋没素秋深。寝园址在松楸合，享殿瓦平禾黍侵。光弼有心陪瘗玉，温韬何意苦搜金。凄凄草树迷荆顶，石马嘶风杂暮砧。”[④]

富平邑以龙泉山定陵为轴线，其他各陵按照昭穆制度依次沿着乔山山脉展开，形成“山城相守，五陵环抱”的格局，最终演化出富平邑著名的八景之一——“五陵春色”，历史上的富平县也因五陵而闻名（图7.5）。

---

① 〔清〕蒋骐昌、孙星衍：《醴泉县志·卷三·陵墓》，清康熙三十八年（1699）刻本。

② 田屏轩：《乾县新志·卷十四·文征志·各体文》，西安，西京克兴印书馆，1941年，第1版，第370–380页。

③ 〔清〕吴六鳌、胡文铨：《〈富平县志〉校注·卷二·建置·陵墓》，徐朋彪、惠军昌、路海玲校注，长春，吉林大学出版社，2019年。

④ 〔清〕吴六鳌、胡文铨：《〈富平县志〉校注·卷八·艺文·诗》，徐朋彪、惠军昌、路海玲校注，长春，吉林大学出版社，2019年。

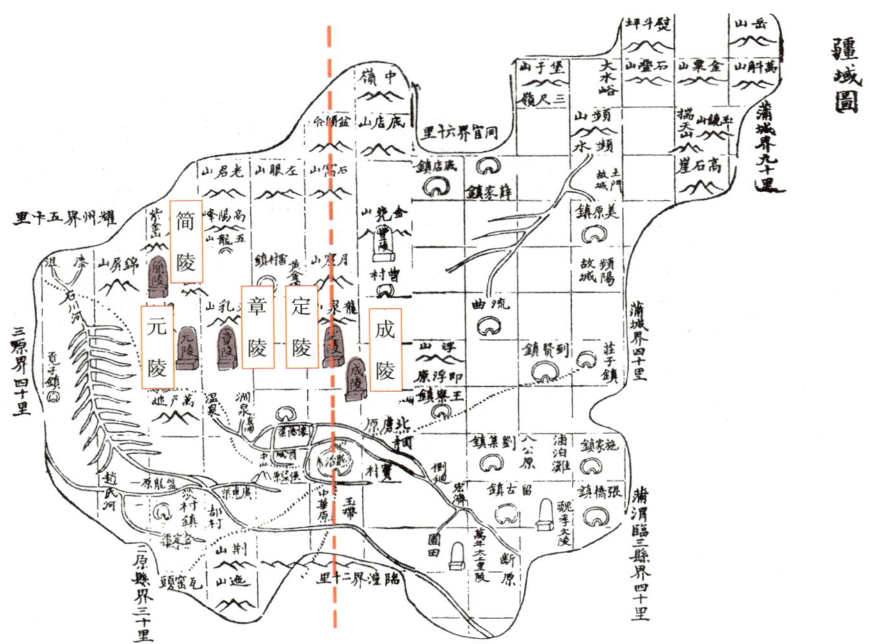

图7.5 富平邑的唐代“五陵春色”空间布局

［图片来源：〔清〕乾隆四十三年（1778）《富平县志·疆域图》］

三、“城寺一体”的净土模式

佛教净土思想在西晋时期就已经传入我国，高僧慧远在庐山时，就“于精舍无量寿像前，建斋立誓，供期西方”（《高僧传·晋庐山释慧远》），表达了他想通过佛教修行来“缅谢”三途轮回，“长辞”天宫之乐而往生“西方净土”的意愿，他认为神界高于天宫，涅槃超越天宫享乐的境界，正是因为佛教传递给众生这样一种理想国度景象，才让佛教在隋唐时期得到了大力发展（图7.6）。

唐代佛教兴盛，长安作为都城寺院星罗棋布，佛教的各种活动更是丰富多样，寺院成为城市民众公共生活的舞台，上至帝王将相、下至平民百姓，都崇佛、信佛。可以说，佛教影响到城市生活的各个方面，朝廷在寺庙举行节日庆典，僧众在寺庙举行佛事活动，不论是僧人开坛讲法，还是庙会舞乐表演，都对百姓有吸引力，使得佛教寺院成为百姓生活娱乐的场所。此外，佛教寺庙中的园林兴盛，以佛寺为代表的宗教场所追求佛国仙界，庭院中山水交融、花木苍翠、清静幽然，并广泛吸收当时士人园林的造园特点，形成了宗教化的园林空间。

图7.6　佛教舞乐表演

（图片来源：〔唐〕敦煌壁画，榆林窟025窟）

唐长安是佛教僧人汇聚的中心，由于唐王朝各代皇帝的礼佛之心，吸引了众多的高僧前来，甚至印度、日本、朝鲜等国的僧人也来到长安，一时间人才济济，汇聚一堂。同时，长安成为当时中国最大的佛经翻译中心，译经常由国家主持，译场主要设在长安各大寺庙，大兴善寺、大慈恩寺、大荐福寺、草堂寺是当时著名的四大国立译场。在翻译的同时，寺庙中还设讲经台、讲经堂来弘扬佛法，敦煌壁画中有大量的讲经说法的描述。长安还是中国佛教宗派创立的中心，隋、唐时代形成了八个佛教宗派，其中有六个都在长安创立：高僧鸠摩罗什在草堂寺创立“三论宗”；玄奘在大慈恩寺创立“唯识宗”；法藏在华严寺创立“华严宗”；善导在长安创立“净土宗”；道宣在净业寺创立“律宗”；惠果在青龙寺创立“密宗”。一时之间，长安城出现的大大小小寺庙竟有五百多个，呈现出了“寺庙林立”、千佛万塔的佛国景象。据《增订唐两京城坊考》记载：“唐长安有僧寺九十，尼寺二十八。”①地方上也是佛寺遍布，“十族之乡，百家之间，必有浮图（屠）”②。

---

① 〔清〕徐松：《增订〈唐两京城坊考〉》，李健超增订，西安，三秦出版社，1996年，第1版，第50页。

② 姚生民：《甘泉宫志》，西安，三秦出版社，2003年，第1版，第29-32页。

（一）长安“里坊”与佛教“莲花藏世界”

佛教经文中描述了一个极为庞大、复杂而又系统的世界空间结构和宇宙观，而这个宇宙都藏匿在莲花中，佛教称为“莲花藏世界”。如果从大到小地来看这个对应于宇宙的佛教世界，最大的则是“一真法界”，其由东、南、西、北、中、东南、东北、西南、西北、上、下共十一个世界海构成，“莲花藏世界”就是其中的一个世界海，位于一真世界的中心。一日一月所照的范围是一个小世界，每一小世界之中心是一座须弥山（图7.7）。

图7.7　须弥山与世界海

（图片来源：〔唐〕敦煌壁画，莫高窟85窟）

“莲花藏世界”，在《华严经》和《梵网经》中的说法不同。《华严经》描绘的华藏世界，“有无数香水海，每一香水海中各有一大莲花，每一莲化都包藏着无数世界。”[①]《华严经》中的大千世界垂直于莲花之上，

① 俞孔坚：《理想景观与生态经验——从理想景观模式看中国园林美之本质》，载《园林无俗情——中国首届风景园林美学研讨会论文集》，南京出版社1994年版，第55-69页。

第十三层就是我们所在的娑婆世界。《梵网经》中所描述的大千世界则是藏在一片一片的莲花瓣中，《梵网经菩萨戒》有云：“我今卢舍那，方坐莲花台，周匝千花上，复现千释迦。一花百亿国，一国一释迦，各坐菩提树，一时成佛道。”[①]莲座代表了整个华藏世界，一叶莲瓣就是一个大千世界，每叶莲瓣都有一尊释迦牟尼佛，照管着他的大千世界。

在各个朝代《莲花藏世界图》中我们可以看到，莲花中包含了无数个小世界，每个世界都是以须弥山为核心的佛教净土，佛云：“十方国土，是佛化境。”“化”是佛经中的特殊含义的语汇，本意为变化的、教化的、改变的，如化土、化城等。化境专指佛教经典中的“可教化”的境，唐长安就是佛国在人间的化境，是佛的化身在人间布道的场所，每一个里坊都是大千世界中的组成部分，是佛莲中的一个莲子，里坊中间是象征佛国的佛塔。而敦煌壁画中也有大量的唐代里坊的描述，这些数量众多且以墙体围合的空间，代表了世间的一个城市、一个寺庙、一个里坊，都是佛教须弥山在人间的化境，是以佛教的理想世界为原型的（图7.8），而这些城市、里坊、建筑都以中国的城市和建筑为版本进行塑造，体现出外来佛教文化的“中国化”和本土化特征。

图7.8　敦煌壁画中的《莲花藏世界图》

（图片来源：〔唐〕敦煌壁画，莫高窟85窟）

① 《梵网经菩萨戒》大乘佛教菩萨戒律之一，于公元401年，由鸠摩罗什译成中文。

（二）“佛塔”与佛教“须弥山”

佛教自东汉由丝绸之路传入中原以来，逐渐融入中华民族的信仰体系，最终形成了中国特有的佛教理想景观表现模式，主要表现在佛域空间的地理山水择址、建筑空间格局、园林景观要素等，这种景观模式同样与须弥世界的宇宙模式密不可分。须弥山“九山八海”“四大部洲”等空间的布局中，均体现着佛教宇宙观中严格的层级性，其向心、对称的空间格局体现的是以须弥山为“点”，以东、南、西、北四个方位构成“十字”以及“方”“圆”为涵盖要素的空间模式。这一空间秩序在须弥世界中的各大部洲、园囿及建筑中也有所体现。宫治昭在《涅槃和弥勒的图像学》中，将印度窣堵波上方的平头视为须弥山顶的天界宫殿，从图像的角度来看，印度窣堵波确实可能含有须弥山宇宙空间模式的象征意义。

图7.9　佛教理想景观与唐代城市、寺庙、里坊、庭院

（图片来源：〔唐〕敦煌壁画第61窟五台山图局部）

佛教沿丝绸之路最先传入我国的西域地区，而具有强烈向心性的“回”字格局佛寺型制成为西域地区最主要的汉传佛教建筑形式。汉传佛教虽然形成时期较早，但受到中国传统建筑思想的影响，空间布局中对须弥山空间的体现较为隐晦。中国最早建立的佛寺为洛阳白马寺，据《魏书·释老志》云：“自洛中构白马寺，盛饰佛图，画迹甚妙，为四方式。凡宫塔制度，犹依天竺旧状而重构之，从一级至三、五、七、九。

世人相承，谓之‘浮图’或云‘佛图’”[①]。可以看出，白马寺以佛塔为中心建筑，佛塔平面呈方形，分一、三、五、七、九级不等，周围环绕堂阁建筑。《魏书》中提到白马寺“犹依天竺旧状而重构之”，而“天竺旧状”便是以佛塔为中心的印度佛寺。说明早期的汉传佛寺均是以佛塔象征须弥山，以遵循着须弥山空间模式的印度佛寺为原型。

三国魏明帝时洛阳佛图寺，据《魏书·释老志》记载：“魏明帝曾欲坏宫西佛图。外国沙门乃金盘盛水，置于殿前，以佛舍利投之于水，乃有五色光起，于是帝叹曰：‘自非灵异，安得尔乎？’遂徙于道阙，为作周阁百间。”[②]《后汉书·陶谦传》对三国笮融所建浮屠寺记载：“上累金盘，下为重楼，又堂阁周回”。[③]其中“周阁百间”“堂阁周回”清楚地描述了类似白马寺的中央为塔，周匝百间廊阁的平面布局，遵循以须弥山为核心的佛教理想空间模式。

（三）“星罗棋布”的唐长安佛寺

由于佛教的兴盛，长安城内外佛教寺院星罗棋布，分布有五百多座寺院且名寺众多。城内的寺观大多为隋初所建，其与隋文帝崇尚佛学密宗有密切的关系，宋代的宋敏求在《长安志·颁政坊》中有述：“文帝初移都，便出寺额一百二十枚于朝堂，下制云：有能修造，便任取之。”[④]而这些寺庙，保留到唐初的就有76所，寺院的布局特点也别具一格，总体上佛寺遍布城坊，根据曹尔琴在《唐长安的寺观及有关的文化》一文中统计，“外廓城共10坊，其中77坊设有寺观，共计159座”[⑤]。同时，唐长安城“以宅为寺”“舍宅为寺”的现象较为普遍，即以自己的住宅为寺，而且这种情况下多为达官贵人自愿献宅，因此城坊内一些寺院建筑规模宏大，装饰上富丽堂皇，成为长安城文明昌盛的标志。由于城坊是市民的主要居住区，这种寺院布局便于百姓就近礼佛，为佛教文化的民众化提供了条件，唐长安规模空前的佛教寺庙，也营造了“灯王照不尽，中夜寂相传”的城市景象。

---

① 〔北齐〕魏收：《魏书·卷一百一十四》，上海，汉语大词典出版社，2004年，第1版，第2443页。

② 〔北齐〕魏收：《魏书·卷一百一十四》，上海，汉语大词典出版社，2004年，第1版，第2443页。

③ 〔南朝宋〕范晔：《后汉书·卷一百三》，上海，汉语大词典出版社，2004年，第1版，第1448页。

④ 〔北宋〕宋敏求：《长安志·卷十·唐京城四》，辛德勇点校，西安，三秦出版社，2013年，第1版，第328页。

⑤ 曹尔琴：《唐长安的寺观及有关的文化》，《唐都学刊》1985年第1期。

唐长安城内寺塔林立，并且塔寺都位于城市关键地段，把控城市格局，佛寺之间通过佛塔形成相互之间的视线关联。例如：位于长安内高地的乐游原新昌坊青龙寺，寺院内建设木塔，登塔可鸟瞰全城；怀远坊建造大云经寺，“寺内有二浮图（屠），东西相值。东浮图（屠）之北佛塔，名三绝塔，隋文帝所立。塔内有郑法轮、田僧亮、杨契丹画迹及巧工韩伯通塑作佛像，故以三绝为名”[①]；龙朔三年（663年），崇仁坊内建资圣寺塔；常乐坊建设赵景公寺木塔，“塔下有舍利，三斗四升……移塔之时，僧守行建道场，出舍利”[②]。塔作为古代城市为数不多的高层建筑，丰富了城市内部的建筑类型，高层塔式建筑也是城市空间组织中的重要节点空间，控制了区域景观的形态与风貌。

1.“玄都观—兴善寺”对峙成阙

长安城大寺庙占据重要位置，形成相望、对峙的关系（图7.10）。例如：唐长安城中的兴善寺、玄都观以城市中轴线朱雀大街为轴，东西“对峙成阙”，大兴善寺，其“制度与太庙同”[③]；玄都观，位于崇业坊，“隋开皇二年，自长安故城徙通道观于此，东与大兴善寺相比……九五贵位，不欲与常人居之，故置此观及兴善寺以镇之”[④]。玄都观始建于后周时期，位于汉代长安城遗址内，大兴城规划之初，为镇九五贵位，遂将玄都观迁建于崇业坊内，与大兴善寺形成对望格局，大兴善寺建于晋武帝泰始二年（226年），原名“遵善寺”，隋开皇年间（581—600年）将其改建扩充，称大兴善寺，位于城内靖善坊内，唐张乔《兴善寺贝多树》对大兴善寺做出描述：“势随双刹直，寒出四墙遥。”此外，在丰乐坊的法界尼寺木塔与安仁坊荐福寺小雁塔也隔街相望。

2.“大明宫—大雁塔”南北相直

大明宫建于唐贞观八年（634年），这使得唐政治经济中心从位于城市中轴线的太极宫向东移。大明宫内部主要有含元殿、宣政殿、紫宸殿三大殿居中布置，其中含元殿位于龙首原南沿，高出地面约10米，《唐六典》记载：“阶上高于平地四十余尺。”[⑤]唐高宗永徽三年（652年），

---

① 〔北宋〕宋敏求：《长安志·卷十·唐京城四》，辛德勇点校，西安，三秦出版社，2013年，第1版，第338页。

② 〔北宋〕宋敏求：《长安志·卷九·唐京城三》，辛德勇点校，西安，三秦出版社，2013年，第1版，第308-309页。

③ 〔北宋〕宋敏求：《长安志·靖善坊》，辛德勇点校，西安，三秦出版社，2013年，第1版，第259页。

④ 〔北宋〕宋敏求：《长安志·崇业坊》，辛德勇点校，西安，三秦出版社，2013年，第1版，第315页。

⑤ 〔唐〕李林甫：《唐六典·卷七》，陈仲夫点校，北京，中华书局，1992年，第1版，第218页。

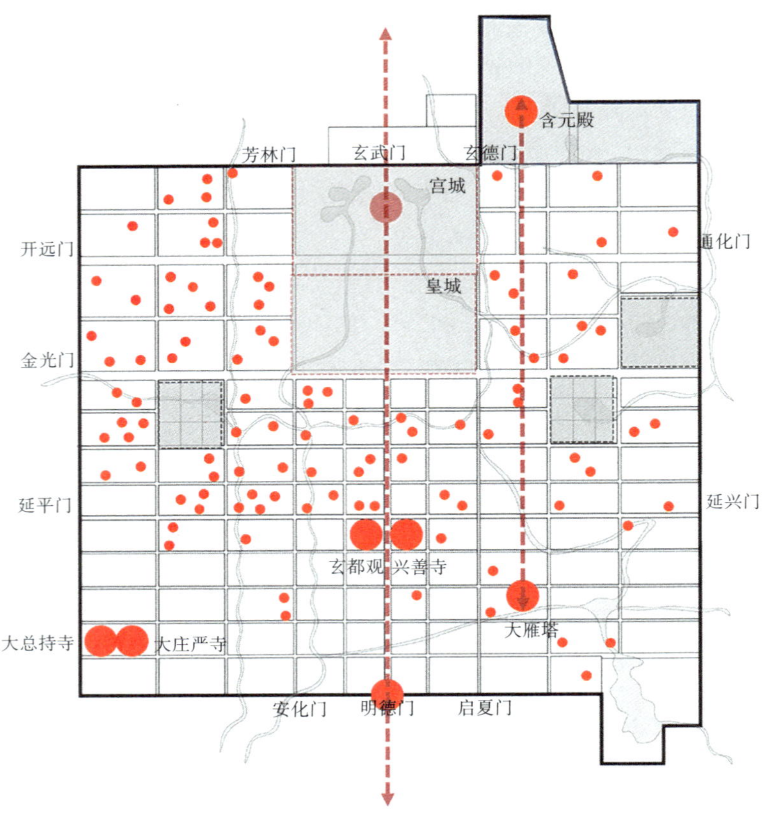

图 7.10　唐长安城佛教寺庙布局图

（图片来源：据〔日〕妹尾达彦《8 世纪前半的长安宫城、皇城、外郭城》图改绘）

在晋昌坊东建设大慈恩寺，据《大慈恩寺三藏法师传》云：“永徽三年春三月，法师欲于寺端门之阳造石浮图（屠），安置西域所得经像，其意恐人代不常，经本流失，兼防火难。浮图量高三十丈，拟显大国之崇基，为释伽之故迹。……其塔基四面各一百三十尺，仿西域制度，不循此旧式也。塔有五级，并相轮露盘，凡高一百八十尺。”[①]大雁塔作为城市内部的制高点，视线开阔，渭水、骊山、终南山等城外景色尽收眼底，邻近曲江池、紫云楼、杏园，区域景观风光秀丽，行人络绎不绝，文人墨客也常聚集于此吟诗作对。每年进士及第，在曲江进行宴饮，后登临大雁塔题名留念。大雁塔以曲江游览区为依托，向北与龙首原高地的大明宫遥相呼应，向南又联系了城南牛背峰秀丽景色，成为城内外风景的转换节点与核心。而作为唐长安城最重要的宫殿——大明宫，与大慈恩寺

① 〔唐〕慧立、严悰：《大慈恩寺三藏法师传·卷七》，北京，中华书局，1983 年，第 1 版，第 155 页。

塔以及终南山牛背峰，共同构成了一条贯通城市内外的政治轴线，形成大雁塔和大明宫南北相直的格局。

3.“庄严寺—总持寺”左右呼应

庄严寺位于永阳坊与和平坊东半部，始建于隋文帝仁寿三年（603年），是文帝为纪念独孤皇后所建，初曰“禅定寺”。由宇文恺主持修建，在永阳坊建设庄严寺，寺内木塔高达三百三十尺，《两京新记》记载：“永阳坊……半以东，大庄严寺，隋初置，仁寿三年为献后立为禅定寺。宇文恺以京城西有昆明池，地势微下，乃奏于此建木浮图（屠），高三百三十（尺），（周）匝百二十步，寺内复殿重廊，天下伽蓝之盛，莫与之比。”[①]紧邻庄严寺的和平坊又建大总持寺，《两京新记》云：“（永阳坊）半以西，大总持寺，隋大业元年（605年）炀帝为父文帝立，初名禅定寺，制度与庄严同，亦有木浮图（屠），高下与西（东）浮图（屠）不异。”[②]由于长安西南区域地势较低，宇文恺“建木浮图”补其形势。后隋大业三年（607年），隋炀帝即位后为文帝于永阳坊与和平坊西半部修建大禅定寺，其规模建制与禅定寺相近，同时也修建木浮屠，因隋文帝法号“总持”，独孤皇后又称“庄严”，遂将大禅定寺与禅定寺改名为“大总持寺”“大庄严寺”，形成长安城内“庄严寺—总持寺”左右呼应的格局。

4.“南五台—西五台”南北相对

长安以南的终南山五峰与长安以北的耀州药王山的北五台相望，就有了南五台的称谓了，南五台作为秦岭终南山的一脉，拔地而起，直插青冥，由五座山峰组成，俗称五台，即大台（又称观音台）、文殊台、清凉台、灵应台、舍身台。在台顶既能望见长安城，又不受尘嚣的干扰。唐代白居易曾有七绝《登观音台望城》说：“百千家似围棋局，十二街如种菜畦。遥认微微入朝火，一条星宿五门西。”而唐太宗李世民在唐长安城皇城西侧城墙上与南五台相对的位置，仿照“南五台”而设置“西五台”以礼佛，最终形成“南五台—西五台”南北相望的格局（图7.11）。

总之，长安城内佛教寺庙与宫殿、城墙一起共同构成了城市的轮廓线，佛塔之间遥相呼应，控制了垂直方向的城市形态。高大的寺塔建筑形成城市内部的门阙空间，如玄都观与兴善寺地处长安城中轴线朱雀街两侧，左右呼应，规制相近，又如大总持寺与大庄严寺也是成对出现，塔的高度相近，在城市区域内形成双塔对立的格局。这些星罗棋布、数

---

① 〔唐〕韦述:《两京新记》,北京,中华书局,1985年,第1版,第69-70页。

② 同①。

量众多的佛塔和佛寺占据长安城的关键位置，构筑了唐长安的宗教信仰空间体系，形成了唐长安城“城寺一体”的净土模式。

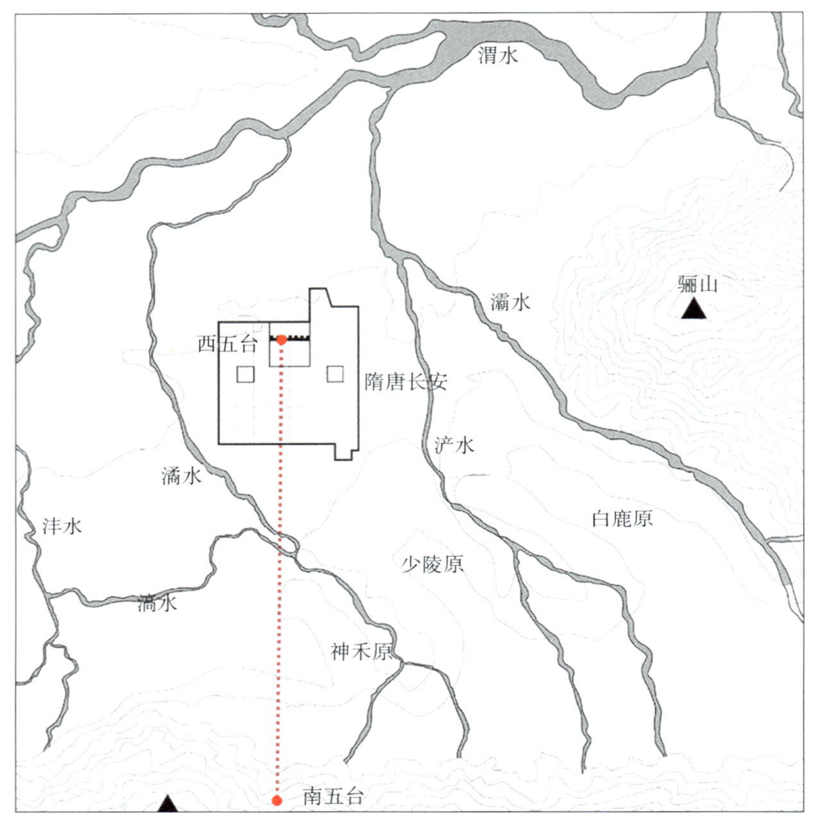

图7.11　唐长安南五台和西五台的直对相望格局分析

（图片来源:作者自绘）

第八章　唐长安风景园林美学特征与价值

一、唐长安风景园林的美学特征

（一）唐长安风景园林的山水秩序之美

历代都城营建中都极为重视城市周边的山川格局。唐长安城位于关中盆地中心位置，关中平原自古就被称为“金城千里，四赛以为固”的形胜之地，其四面天然屏障，南、北、西三面环山，东临黄河，在东、南、西、北要冲之处分别设“四关”。唐长安以关中盆地为大格局，四周八水环绕，群山阻隔，其以华山和吴山为左右屏障，以终南山为阙，以嵯峨山为祖山，占据天时地利，是中国古代的形胜要冲之地。

自然山水一方面为都城的生活和生产提供物质保障，另一方面也是星象在地面的参考坐标。天上星宿与山川大河是都城定位的重要依据，强调了古人建都中的天地结合思想，“辨方正位”体现了古人对自然星象与山水环境的朴素认知。终南山作为隋唐长安城南部的屏障，自然风景秀丽且具有防御意义。长安城的两条轴线：“朱雀门—明德门—石鳖谷”轴线与“大明宫—大雁塔—牛背峰”轴线均与终南山发生联系，成为城市景观向外的延伸线。唐长安的轴线创造性地将天地轴线、山川轴线与城市轴线真正全面地重合在一起，从而完成了中国人对于国家与民族的空间地理坐标与精神思想坐标的终极建构①。

隋唐长安城的规划有序，在体察自然山水环境的基础上，通过寻胜、察势，找出背后蕴含的形势和规律，将山、池、河、塬融入城市发展的大空间区域之内，形成了“山—水—城—塬”一体化的空间秩序。城内的重要建筑布局大多采用了据高形胜的思想进行选址营建，以六爻台地依次布局城市里坊，城市外部的高地也布置了帝陵、别业、寺观与行宫等建筑群。城市内外的眺望点之间也相互关联，多点环望。俯瞰长安城，整体上以骊山、秦岭以及北山为垂直方向的背景，以山、

① 参见吕宁兴：《唐长安城市审美气象研究》，博士学位论文，武汉大学，2011年。

水、川、塬作为景观的水平基底，八水、湖池、水渠等镶嵌其中，通过帝陵、行宫、塔寺、别业等人工点染，形成具有地域特色的长安山水之美。通过对自然山水的体察与寻找，长安城在所处大地环境中寻得了设计的空间坐标与秩序参照，进而有意识地将地方风景格局与山水进行统筹经营，强化这种山水秩序之美。这一实践过程突出地表现在唐长安对终南山与城市轴线及空间形态的经营，六爻塬地与关键建筑的选址营建，建筑的主方位、主轴线与终南山山峰遥相直对，进而将唐长安风景轴线、骨架、视廊与之相重合，形成风景格局与山水环境秩序拟合及多层次对景关系。

唐长安风景营造的历史进程，既是一个发掘关中地域自然山水之隐在结构的过程，又是一个嵌置文化意象结构的过程。风景的价值，恰恰是在这一过程中展现出城市的地方特性，攸关地域之文脉，突显出独属一方的空间意义和场所精神，实现地域人居环境的凝练和升华。对于这一本土特有的风景建构传统，仍有大量内涵需要发掘，更需总结提炼以形成具有科学意义的本土风景营造方法，这显然对于当代人居建设以及风景园林学科发展的“中国性”基础奠定具有重要的启示意义。

（二）唐长安风景园林的礼制格局之美

唐长安风景园林的规划与营建继承了中国古代儒家的礼制格局和“理想王城”的基本精神，“长安的工整和等级观念，比汉魏南北朝更为严格。它是在统一国家的首都中最早完善了三朝制度的，成为成熟的儒家城市文明和城市结构的典范。”[①]体现出了古代城市营建的礼制格局之美。

首先，唐长安城规划是以中国传统都城规划思想《周礼》为基础，形成“前朝后室、左祖右社、九经九纬”的空间格局，并通过东市、西市的对称以及古代的规制形成了网格状的城市格局。在政治理想和社会理想上，长安城继承了祖社关系，创新了朝市关系，并以宫城作为全城的基本模数，形成了九五关系的空间布局，长安规划将魏晋以来的佛道信仰纳入城市整体构架，结合城市特殊的自然山水形势，立兴善寺、玄都观于都城轴线两侧之九五高坡，成为城市整体文化秩序的有机组成部分，使都城呈现出全新格局，展现了多元文化融合的中国智慧。与此同

① 薛凤旋:《中国城市及其文明的演变》,北京,世界图书出版公司,2010年,第1版,第164-167页。

时，它还继承了民族古老的宇宙观，在理想宇宙秩序设计方面有了新的发展，在都城东、西、南、北四方设计了圜丘、日坛、月坛等，形成“都城—宇宙”空间秩序营造的典范。

其次，唐长安城建立起山水空间与城市空间的秩序关联，通过城市轴线与山的朝对、建筑与山的朝对，形成建筑与环境、城市与环境之间的关联。唐长安城的礼制中轴线是以太极宫为起点的人文坐标与以石鳖谷为自然地理坐标结合形成的富有文化意义的轴线，统筹整个城市空间形态与区域山水秩序，里坊、集市、寺观、祖庙等城市建筑群落规整分布在轴线两侧，体现了严格规整的城市礼制秩序。沿轴线对称的寺观形成的阙与石鳖谷形成对照关系，将城市与山川空间有机地联合在一起，整体性超过以往任何城市。唐初增筑大明宫，长安城空间因之重构，构建了以“含元殿—大雁塔—牛背峰”为主线的城市轴线，并通过视觉景观空间将城市关键建筑与自然山川充分联系在一起，增加城市山水空间层次的连续性。城市中轴线的东移，城外别业、园林也间接受到影响，向东面集中分布。城市轴线充分体现了将城市规划、重要建筑和山水环境紧密融合的规划设计思想。这种城市设计方法在城市建设的实践中并不是一种既定的模式，是在逐步认识自然、积累建设经验的过程中逐步形成、发展、完善的。

再次，唐长安通过中轴线的营造，强化了城市的礼制格局和空间秩序，提升了城市空间的仪式性。长安城利用地形高低变化布置重要建筑，将建筑作为形式增补的重要手段，以塔寺、宫殿等方式来补充地形中的高低起伏错落关系。城外行宫、寺观、别业、帝陵等要素成堆集中于轴线两侧，规模宏大，严整恢宏，显示至高无上的皇权，使得城市中轴线更加突出。

总而言之，唐长安城是凝聚了中华民族的宇宙理想、政治理想和社会理想的一座都城，是中国古代文化进入新时代的标志，亦是古代城市规划成熟的标志。

（三）唐长安风景园林的空间意境之美

唐长安风景园林的空间意境，整体可以概括为“雄浑之美”，体现出唐长安强盛、雄健、宏大的气势和文化特征，是盛唐文化的一种外在体现，也反映出唐朝特定的社会条件下全社会或者主要群体对风景园林文化艺术的审美习惯等。对于“雄浑”的含义，唐人司空图的《二十四诗品·雄浑》有云：

大用外腓，真体内充。返虚入浑，积健为雄。具备万物，横绝太空。荒荒油云，寥寥长风。超以象外，得其环中。持之匪强，来之无穷。①

其认为的“雄浑”，是返回虚静达到浑然之境，蓄积正气而显出豪雄。“雄浑”包罗了万物的气势。唐朝是中国风景园林文化发展的成熟和鼎盛时期，其城市、宫殿、园林、里坊、陵寝、寺塔之类都强烈体现出磅礴之气，成为时代光辉的文化标志，体现出规模宏大，气势雄浑，格调高迈的特色。

唐代在风景营造中象天法地，因山为陵，以山为阙，以九州为原型，以四海为图，采用了大尺度的山水轴线与遥望关系，将自然环境和城市、建筑、园林格局一体化。唐代的建筑雄浑雅健，李华在《大明宫赋》中言：“虽欲宫昆仑而馆不周，城八极而隍四海……玉阶三重镇秦野，金殿四墉抚周原。平楼半入南山雾，飞阁旁临东野春。”唐代的园林以蓬莱为原型，以四海为寓意，体现“家国天下”的建筑思想意识，从“冠山抗殿”到“包山揽河”，从“表南山之颠为阙”到“乐游原上望昭陵”，从曲江的曲水流觞到大明宫的“南山北阙”，从八水绕长安到名山为镇，从六爻到九宫，从高台宫阙到龙池竞渡，从三山五岳、四海九州的天下情怀，到远望南山、山河一体的磅礴气势，无一不体现出来一个民族的自信，这种自信无不体现在唐代的诗词歌赋和历史记载中。其体现的不仅是当时的一种政治和经济实力，更是一种民族的强盛和文化的自信，一种大气磅礴的雄浑之美，这种雄浑之美中更包含了唐人披荆斩棘、气吞万里的自信。正是因为这种大气包容和开拓创新所带来的强势文化，引得四海内外、万国来朝纷纷效仿和学习，促使了唐代文化的广泛传播，才有了唐代开元盛世、丝绸之路、佛教文化中心的鼎盛局面和其所产生的历史性、国际性的影响。

二、唐长安风景园林的价值

（一）“体国经野”的整体性价值

《周礼》中规定国家都城的营建需要遵循天下九州、天文历象、营城

① 〔唐〕司空图：《二十四诗品·雄浑》，罗仲鼎、蔡乃中译注，杭州，浙江古籍出版社，2018年，第1版，第3–5页。

治国、建筑宫室、沟洫道路等礼制而建[①]。据《周礼·天官·序官》有云："惟王建国，辨方正位，体国经野，设官分职，以民为极。"[②]所谓"体国"是指营建国都，设立国家体制，"经野"指丈量田野，统筹"城—郊—野"的关系。"体国经野"，即按照《周礼》建立国家五服差序格局与封疆层次，确立国家政治秩序、礼乐制度，建立四方、五岳、九镇和王城择"地中"的关系与山水空间秩序。同时，确定城市规模与等级，规范庙宇殿堂、宫室市场等营造体制，通过一系列规章制度的建立，明确国家到地方的政治管理建设体系，唐长安的建设就是按照《周礼》建设的"体国经野"典范。

城市选址方面，唐代长安城具有强烈的家国天下意识，长安位于当时中国版图的中心位置，"关中原是微垣，长安落于垣宿中，为中干之尊也"[③]，体现都城选址以中为尊、择中立国的思想，达到居天下之中以稳固政权的目的。同时，唐长安城的选址具有强烈的国家防御意识，早在都城计划之初就已经将山、湖、河、塬融入城市的发展大空间区域之内。长安所处的关中平原自古就被称为"金城千里，四塞以为固"的形胜之地，且在关中东、南、西、北要冲之处分别设"四关"，"南侵终南子午谷，北据渭水，东临浐灞，西枕龙首"。长安城处于关中平原的龙首原南部开阔地带，占据龙首原、少陵原、乐游原、曲江池等制高点，易守难攻，居高临下，控制整个区域的发展。

山水格局方面，唐长安北有嵯峨山、九嵕山，南有终南山，东有华山，西有吴山，形成山岳包围的四方格局，渭、泾、沣、涝、滈、潏、浐、灞八条河流环绕长安，其山水结构可谓"山环水绕，帝都居中；东华西吴，二阙同高"。长安四面重山叠嶂有险可依，而八水环绕在给都城提供水源的同时，也是天然的军事屏障。另外，以传统风水选址中的"四灵"来看，长安城地处形胜之地，北方嵯峨山系对应"玄武"，秦岭诸山对应"朱雀"，西岳华山对应"青龙"，六盘山则对应"白虎"，渭水横穿而过"以象天汉"。

城市布局方面，唐代以长安建立天下的中心，形成从中心向四周放射的国家差序格局。唐长安则以周九宫为基本模式，以"九经九维"为

---

① 参见贺业矩:《考工记营国制度研究》,北京,中国建筑工业出版社,1985年,第1版,第1-38页。

② 杨天宇:《周礼译注》,上海,上海古籍出版社,2004年,第1版,第2页。

③ 〔北宋〕宋敏求:《长安志·卷一》,辛德勇点校,西安,三秦出版社,2013年,第1版,第3-6页。

城市的基本道路骨架，以皇城、宫城、郭城的三重城墙为防护体系，以里坊制为城市的基底与组成单元，建立唐代城市的基本模式，进而在各地进行城市差序格局布置，形成了以长安城为代表的九州天下一体的家国同构模式。

城野统筹方面，唐长安利用关中平原沃野千里，八百里秦川的生态基底，满足唐长安城大尺度的规模营建和百万人口需求，其改变秦汉时期笼山水为苑的大型园囿建设，宫城北面的皇家园林——禁苑相对小而精巧，留出大量土地以作农业开发，城外四郊寺观、别业、园林的分布也缓解了长安城内部的压力，满足贵族大量用地的需求，城市内部空间实现集约式发展，体现城野统筹规划的思想。此外，为了应对都城的粮食所需，长安城还兴修水利，灌溉农田，广开漕渠，形成遍及关中盆地的水利系统和水路交通网。

国家祭祀方面，唐长安城内外布置坛庙、帝陵等祭祀体系。城内设置“左祖右社”的社稷祭祀体系和宗庙祭祀体系，城外东、南、西、北四郊设置坛庙，对天地、日月、风雨、鬼神及疆域内五岳、四方进行祭祀，并成为国家政治秩序建构的重要组成部分。同时，唐长安沿着渭河北岸布置唐陵，形成“帝陵星列，守望祖陵”的格局，国家祭祀体系的建立体现出唐王朝的皇权正统地位。

城市水运交通方面，唐代继承了前代的交通格局，并不断加以完善，形成了四通八达的道路交通系统，对于秦直道以及西汉丝绸之路的继承，促进了长安城的繁荣昌盛。此外，唐代修复了秦汉的漕运体系，交通运输更为发达。同时，利用隋代开凿大运河，将长江、黄河以及淮河三大水系连接起来，并以渭水为廊道与外界联系，为长安与全国交流提供了便利，也为都城的粮食运输提供了保障。

总之，唐长安的营建大到天下格局、城野分布、国家祭祀，小到宫室营建、水利沟渠，都建立了相应的体系和完善的制度，反映出当时国家的经营状况与建设体制，体现出对于传统文化思想和礼制格局的遵循，展现出国家意志下的都城营建特征，为后世的都城规划做出了典范。

（二）“取巧形胜”的自然价值

“取巧形胜”的思想在唐长安城营建中起到了重要作用。取巧形胜主要指巧妙利用自然山水的特点，因地制宜，通过适当的营建来完善理想景观。唐长安的营建是通过在观察自然山水环境的基础上，分析关中盆地自然地理特征，确定都城的选址和确立城市轴线，建立山川与重要的人工建筑物之间的视觉与空间联系，通过自然山水秩序确立了城市空间秩序，形成“寻天造地设之巧，人工暇缀尔”的营建效果，其体现出的正是古人营城时利用自然山水“取巧形胜”的营城思想。

从山水秩序与城市秩序的关系上，隋唐长安城在其规划之初即考虑到与周边山川地理环境的关系，八水绕城、三面环山的格局既滋养了关中沃野，为城市居民提供了便利，也形成了以山体为屏障、具有军事防御意义的地理空间。同时，长安城将城外终南山山谷地理标志引入城市，以此为依据确立了城市主要的轴线。隋建都时，长安城以终南山石鳖谷为坐标，形成“太极宫—明德门—石鳖谷”城市中轴线，人文坐标与自然地理坐标相结合而形成的具有文化意义的轴线，统一了整个城市的空间形态和区域景观秩序，皇城太极宫以及朱雀大街建立起了长安城尊卑有序的礼制秩序，强调了帝王居中为尊的等级观念，使得区域山水与城市坊市、祖庙、寺观有机结合在一起。初唐时期，随着大明宫的建设，城市政治经济中心开始东移，同时随着大雁塔的建成，唐长安城形成了新的城市轴线，即“含元殿—大雁塔—牛背峰”轴线，唐长安大明宫位于东北部的龙首原高地，地势高爽，视线开阔，大明宫含元殿前设置翔鸾阙与栖凤阙，两阙与城外终南山形成朝对关系，形成“北阙—南山”的空间格局，城市视觉景观节点与自然地理形胜遥相呼应。

唐长安城中还通过在城市关键地段处布置重要建筑来把控城市格局。例如：位于长安内高地的乐游原新昌坊青龙寺，寺院内建设木塔，登塔可鸟瞰全城。怀远坊建设大云经寺，据《长安志·卷十·唐京城四》记载：“寺内有浮图（屠），东西相值。”[①]城内还有“大明宫—大雁塔”南北相对，“庄严寺—总持寺”左右呼应，“玄都观—兴善寺”对峙成阙，“皇帝坛—圜丘”中轴线左右对称布局，城市内外“南五台—西五台”南北相望，都是通过空间关联达到强化轴线仪式性的目的。

综上，唐长安城在营建中将自然山水考虑其中，将山水环境与人工建筑做整体考虑来设计城市的意象格局，以周边环境的气势来增强建筑本身的崇高性。唐长安的风景营造不仅重视景观的具体形态，还重视各个景观之间的相互关联，以及景观与山水环境的相互关联，同时建立大尺度的生态环境圈层与风景区的依存关系，进而构架风景园林的整体秩序、整合场所的空间文脉。

---

① 〔北宋〕宋敏求:《长安志·卷十·唐京城四》,辛德勇点校,西安,三秦出版社,2013年,第1版,第337-338页。

（三）“以文弘道”的人文价值

社会物质形态是人类精神的外在反映，体现了人类的思想文化、价值观念以及社会结构关系。唐长安城通过城墙、宫殿、里坊、公共园林、寺观的建造，处处彰显当时的人文精神与思想观念，反映出社会伦理道德、社会秩序、人文生活等多种方面，体现出“以文弘道”的价值取向，主要有下几点：

首先，唐长安城的风景规划建设体现出强烈的国家意识和民族情怀。唐长安城作为国家都城，不仅承载物质生活等各方面的需求，而且事关国家政治、文化等多个方面，所以在城市营造中通过将国家治理思想融入城市物质空间建造中，达到教化、宣传与物质空间使用的统一。在儒家文化模式的影响下，长安城内所有的空间方位都具有特定的含义，体现着唐朝的等级秩序、礼乐文化与伦理纲常。例如：唐长安根据《周礼》所记载的礼制格局设立“左祖右社”、四方坛庙等，都是通过强调文教礼乐的治化功能，彰显国家的礼乐精神，树立典章制度，体现国家治化意志。唐长安城规划中更是通过应用九宫、北辰、天阙等方式，宣扬了皇家正统的统治地位以及人伦礼制关系。整个唐长安城的布局通过仪式性的轴线强化空间的纪念性主题，让城市显得庄严而神圣，而长安城四郊的天、地、日、月、风、雨、雷、神坛庙的营建，更是强化了城市空间布局的纪念性主题。

其次，唐长安城的风景规划建设宣扬了道教和佛教的宗教文化。风景体现出来的是宗教本源的深刻哲学思想及文化价值观，如道教“道法自然”的宗教文化，通过“一池三山”“蓬莱仙境”等园林景观建设来模仿世人心中的圣地与仙境。再如大明宫、曲江池等宫殿园林，都以蓬莱、“一池三山”为原型，结合道家的神仙文化塑造人间仙境，通过对理想世界原型的模仿来普及道教思想。而佛教风景则体现出来的是对于轮回思想和须弥世界的一种解释。佛教庙宇依托终南山脉及山城之间的台塬地设立诸多庙宇和佛塔，同时营造五台、莲花池等具有佛教文化教义的风景园林。正如《华严经》所云：“十方国土，是佛化境。”佛教正是通过建立无数的人间“须弥山”范本，以达到宣扬光大佛教的目的。唐长安城通过城市中诸多祠庙、城市信仰空间的营造，从整体秩序层面架构城市人文空间，而华山、终南山都有大量的道观庙宇，如集灵宫、拜岳坛、西岳庙、楼观台，通过定期的祭祀活动带动城市周边的人居建设。“以文弘道”使唐长安城的人文价值得以提升，中华文化在此处彰显、继承并得以升华。唐长安城与自然山水环境长期互动，形成的具有稳定性、普适性与传承性的营城智慧，蕴藏着中国人对城市空间营造的一种文化认知和价值取向，它尊重了原有的自然生态环境，继承了传统的营城思想与山水观念，更蕴藏着中国传统的信仰、宗教、礼制等文化精神，寻找到了城市与山水的共生模式，达到一种诗意的栖居境界。

再次，唐长安城的风景规划中处处彰显着对历史的传承和人物的纪念。例如：唐十八陵与长安城跨渭河两岸而设，城内乐游原上可直望昭陵以致思；兴庆宫龙池代表了对于李隆基生平的纪念；沉香亭是对玄宗与杨贵妃之间爱情的纪念；花萼楼主要纪念兄弟之间的友谊，同时给世人树立了一个宣扬孝悌的典范。长安城通过风景营建所传达的人文精神，除“思化”“思道”的意义之外，更是将视觉空间的联系构建到城市的风景体系中，作为有生命的文化世代传承，而这种纪念性空间的营造体现出古代以物作为人物精神的载体，并“寄情于物”的文化共鸣现象。

此外，唐长安城的风景营造注重历代风景及历史遗迹的传承，通过建造亭、台、碑等，纪念历史上重要的名人和事件。例如，骊山华清池对“鸿门宴”等历史典故发生地的标识和碑亭营建，体现出风景的纪念性意义与价值。唐长安城的营建重视古迹，但并未止于古迹，而是重视古迹形成与产生的文化缘由，“因为人重，所以其迹亦重”，这种古迹是具有纪念性意义的风景。唐朝通过长安城内祠庙、佛塔的建设，来纪念某些人物和事件，强化城市记忆，宣扬某些道德价值观念。例如：唐长安城的荐福寺小雁塔是为了存放唐代高僧义净从天竺带回来的佛教经卷、佛图而修建的；大雁塔是为了纪念玄奘法师从西域带来的佛经而修建的。重要的历史事件与建筑风景的营建有了直接的关系，使得城市建设具有了人文价值和纪念意义。唐长安城的风景营造是将文化信仰和人文精神在城市层面进行物化，并在城市层面进行社会整合，进而形成城市中的纪念性空间。它们在保持城市稳定性和完整性等方面都起到了重要的作用，甚至成为整个城市秩序的起点，充分体现了当时社会的核心价值观念，对整个社会的稳定和发展起到了重要的支撑作用。[①]

唐长安风景园林在人文胜境的营造过程中还引用了大量历史上的经典文化模式，如天阙模式、曲水模式、四海模式、蓬莱模式、山居模式、北辰模式等。这些景观文化模式以各地山水为基础，加上文化原

---

① 参见崔陇鹏、石璠：《城市纪念性风景的地域性文化基因与文化脉络》，《中国城市林业》2020年第2期。

型的注入，形成了风景原型，后又历经千百年的经营，成为后世风景营造所效仿的对象与参考范本。唐长安城的风景园林营造正是通过对历史上经典文化模式的传承、创新，达到塑造城市人文空间而实现“以文弘道”的目的。

第九章 唐长安风景园林文化模式在东亚地区的传播

唐朝时期，正值中国社会的经济处于繁荣昌盛阶段，成为东方的经济文化中心，在商业、经济交往的同时，唐长安文化在东亚地区广泛传播，并对周边国家的经济、文化产生了深刻的影响，尤其是东亚地区的朝鲜、日本、琉球，受到唐朝文化的巨大影响，并形成了以唐长安为核心的东亚文化圈。除东亚和东南亚外，唐朝与中亚、西亚、欧洲甚至非洲都有比较频繁的商业、经济和文化方面的往来。

东亚文化圈的特点是以唐文化为基调，在诸多方面都表现出相应的共同性和“文化共相”[①]，造成这种“文化共相”的因素很多，如儒学、佛教的传播、贸易网络的扩张等。因为地域性的差异，东亚各国文化虽然在外在“形象化”的具体程度上有所不同，但在知觉和认识的不同层次上形成一种共享事物的“结果”，即唐长安“文化共识”或者“文化模式”。这种“文化共识”通过各种渠道在东亚地区不断传播，并先后融入东亚各国文化、经济政治和城市建设方面，经历了一系列的融合、演化和再造过程。唐长安文化模式在东亚地区的传播、发展演变，带有系统的整体性及联动性，作为子系统的东亚风景园林亦如是，其总体特征是以中国风景园林体系为渊源，以自然式风景园林为基本形式和风格，以中国造园艺术的内涵为情趣和意境所在，形成具有统一造园原则及一致审美情趣的造园体系。[②]

---

① 参见石守谦:《移动的桃花源:东亚世界中的山水画》,上海,生活·读书·新知三联书店,2015年,第1版,第13-72页。

② 参见张十庆:《〈作庭记〉译注与研究》,天津,天津大学出版社,2004年,第1版,第47-66页。

一、城市景观文化模式的传播

（一）九宫模式的传播

由于唐长安文化的大量输出与广泛传播，东亚地区的各个国家都纷纷效仿唐长安城的九宫模式进行城市布局，如渤海国上京，日本藤原京、平城京（今奈良）、平安京等都仿照唐长安城进行建设。

渤海国是唐代时粟末靺鞨民族在东北地区的地方政权，由该族首领大祚荣建于唐圣历元（698年），当时尚未有国号，大祚荣自号“震国王”。唐中宗时，派侍御史张行岌对大祚荣进行招抚，“祚荣遣子入侍”。唐玄宗先天二年（713年），“遣使拜祚荣为左骁卫大将军、渤海郡王，以所统为忽汗州，领忽汗州都督。自是始去靺鞨号，专称渤海”①，其国隶属于唐王朝，历代国王都要经过唐王朝的册封。渤海国都城模仿唐制，设有五京（上京龙泉府、中京显德府、东京龙原府、南京南海府和西京鸭渌府），其中上京龙泉府、中京显德府和东京龙原府都先后作为都城使用过。②从考古挖掘的城市遗址图上可以看出，渤海国上京龙泉府，按照唐长安城空间模式，将皇城放在北部中央，形成棋盘网格状的九宫布局。

日本是东亚地区学习唐长安文化较多的一个国家。约公元3世纪左右，日本本州的大和部落积极引进中国的先进技术和文化，政治和经济实力大幅度提高，逐渐征服、兼并了周围的其他部落小国，实现了日本历史上的第一次统一，约于公元5世纪建立了大和朝廷。公元694年，日本政府积极地推行外交政策，派遣唐使学习中国文化，效仿唐长安营建自己的都城——藤原京，并于公元710年，营建日本著名的城市——平城京（奈良），而后于公元794年，迁都于位于今天京都的平安京。这三座京城的先后建立，使得日本逐渐将唐长安的先进文化及设计思想吸收，并与日本本土文化融合。

从藤原京的布局看，其九宫格局非常明显，都城的中心是“藤原宫”，其周围布置成棋盘状道路网的京域，形成从中心到四周逐渐放射的

---

① 〔北宋〕欧阳修、宋祁：《新唐书·卷二百一十九·列传第一百四十四·渤海列传》，上海，汉语大词典出版社，2004年，第1版，第4728页。

② 参见王树声：《中国城市人居环境历史图典·天下卷》，北京，科学出版社，2016年，第1版，第151–213页。

序列等级。在天子居住的内里，有处理政务和举行仪式的场所，如，大极殿、朝堂院以及官署排列的官厅街；在京里，则规划配置了贵族、役人（官吏）、庶民的住宅和寺院、市场等。从形制上看，它在许多方面都带有唐长安城的痕迹，如藤原宫前的南北轴线上设朱雀大街，并在轴线左右布置寺庙，但尺度比唐长安城小了许多。藤原京由于地形局促，所以作为都城的时间非常短，仅有16年，之后就新建了平城京。

平城京面积是藤原京的三倍，宫城位于全城的北部中央，是皇帝会见朝臣、处理朝政以及太子、嫔妃等居住之处。皇城位于宫城之南，是中央衙署机关的所在地，南北主轴线仍设朱雀大路，东西两侧设左京、右京等等，城内左右两侧学习唐长安分别设置了“东市”“西市”。棋盘式的条坊制格局、横八竖九的街道等这些唐长安模式都体现在平城京中，而且很多建筑完全仿照唐风来建造。

平安京是日本最后的古都，与藤原、平城二京一样，也是以唐长安城为蓝本建造的方形都城，坐北面南，于北部中央置大内里，京内也仍以通向南北的朱雀大路为中心，均分为左、右两京，东、西、南、北亦均呈笔直的大路和小路交错的棋盘状，甚至有的地方将长安坊名直移至此。大内中心宫殿冠名效仿唐长安城大明宫，仍命名以“紫宸殿”。同时，还将左京比为洛阳，右京比为长安等等，都反映了唐长安城模式在日本的广泛传播。

从藤原京时期开始营建的日本古代都城，无论在规划设计、建筑风格上，还是在文化内涵上，均带有唐长安城的鲜明痕迹。日本学者千田稔在《唐文明的导入：宫都的风光》[①]一书中指出：在中国唐文化中“宫都代表着宇宙”，而日本宫都在象征的形象意义上与中国发生亲缘关系始于藤原京时代。从那时开始，宫被置于城内的北部，以宫为中轴向南笔直延伸至罗城门的大路被称为“朱雀大路”，中国都城所固有的象征意义，在日本被承传下来。可以说，日本古代在都城建设中，全面学习和吸收了中国古代都城规划理论和艺术，藤原京、平城京和平安京的建成，正是缘于日本对唐长安城的学习和借鉴。

---

① 参见〔日〕千田稔：《唐文明的导入：宫都的风光》，东京，角川书店，1990年，第1版，第15-59页。

表9.1 九宫模式在东亚各国的应用

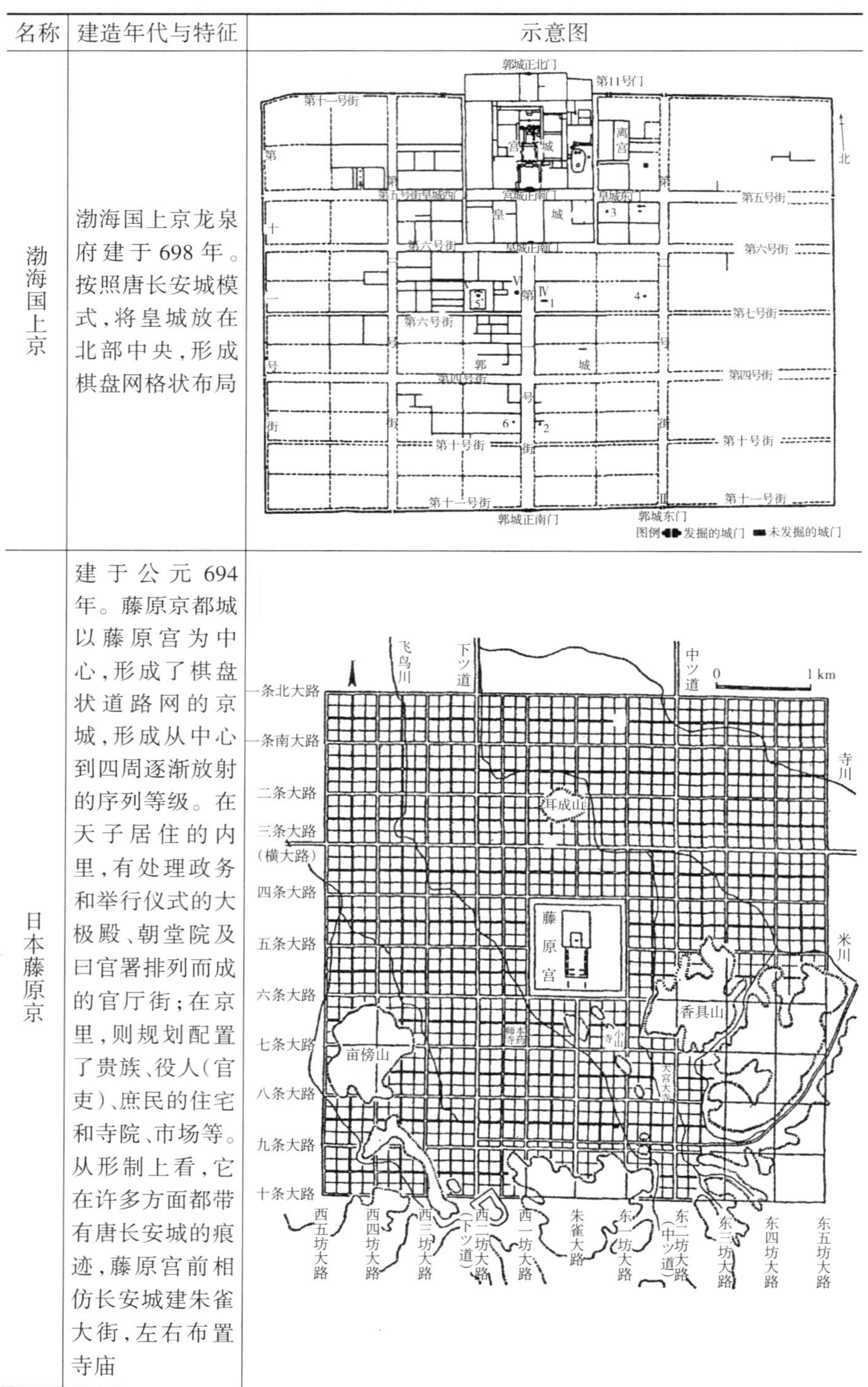

名称	建造年代与特征	示意图
渤海国上京	渤海国上京龙泉府建于698年。按照唐长安城模式，将皇城放在北部中央，形成棋盘网格状布局	
日本藤原京	建于公元694年。藤原京都城以藤原宫为中心，形成了棋盘状道路网的京城，形成从中心到四周逐渐放射的序列等级。在天子居住的内里，有处理政务和举行仪式的大极殿、朝堂院及曰官署排列而成的官厅街；在京里，则规划配置了贵族、役人(官吏)、庶民的住宅和寺院、市场等。从形制上看，它在许多方面都带有唐长安城的痕迹，藤原宫前相仿长安城建朱雀大街，左右布置寺庙	

续表 9.1

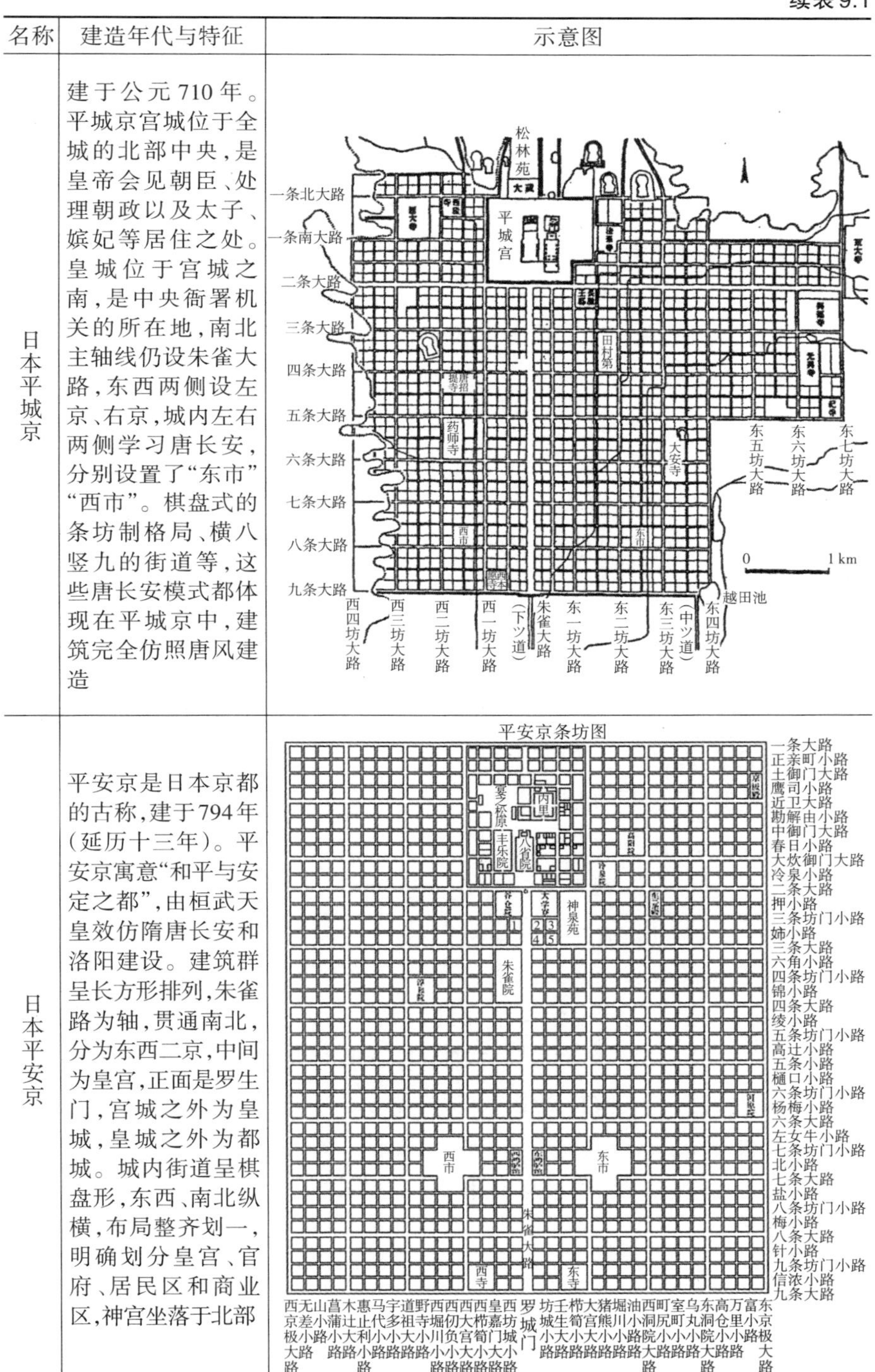

名称	建造年代与特征	示意图
日本平城京	建于公元710年。平城京宫城位于全城的北部中央，是皇帝会见朝臣、处理朝政以及太子、嫔妃等居住之处。皇城位于宫城之南，是中央衙署机关的所在地，南北主轴线仍设朱雀大路，东西两侧设左京、右京，城内左右两侧学习唐长安，分别设置了“东市”“西市”。棋盘式的条坊制格局、横八竖九的街道等，这些唐长安模式都体现在平城京中，建筑完全仿照唐风建造	
日本平安京	平安京是日本京都的古称，建于794年（延历十三年）。平安京寓意“和平与安定之都”，由桓武天皇效仿隋唐长安和洛阳建设。建筑群呈长方形排列，朱雀路为轴，贯通南北，分为东西二京，中间为皇宫，正面是罗生门，宫城之外为皇城，皇城之外为都城。城内街道呈棋盘形，东西、南北纵横，布局整齐划一，明确划分皇宫、官府、居民区和商业区，神宫坐落于北部	

（图片来源：日本古代史《王城与都城》的最前线）

（二）八景模式的传播

八景文化形成于魏晋时期沈约的“东阳八咏”，后有唐代王维的“辋川二十景”、卢鸿一的“嵩山十景”、柳宗元的“永州八记”与“龙门八咏”、杜位的“新昌八景”，一步步推进了八景文化的成熟。到宋代，八景文化利用文学体裁描绘或加以润色各地域、城市名胜古迹，形成了“潇湘八景”“西湖十景”等独具特色的地方风景文化，“潇湘八景”是在洞庭湖附近所形成的八个景点，分别为：雨（潇湘夜雨）、雪（江天暮雪）、湖水（洞庭秋月）、雁（平沙落雁）、舟（远浦归帆）、寺（烟寺晚钟）、渔村（渔村夕照）、山市（山市晴岚）等八个景色。“潇湘八景”建立了“地方八景”营造的传统，并以诗画的方式进行传播。

宋代以后，八景文化逐渐开始在东亚地区大面积传播，尤其是对朝鲜和日本的影响较为深远，而文化传播的主要方式则是对宋迪的“潇湘八景”图卷的仿绘。高丽人士早在12世纪初即借由入华画家李宁传入中国的潇湘八景图绘，因而带动了韩国的八景营造，而在其地方八景的建构上还产生如以“西江月艇”（高丽“松都八景”之一）呼应“洞庭秋月”等现象外，还具体地带去了原来宋迪描绘时所使用的华北系山水画风格。这种风格一直留存至朝鲜初期的潇湘八景山水画中，成为朝鲜地区潇湘八景意象的突出特色①。

1.八景文化在日本的传播

宋代以后，由于大量中国禅僧东渡，八景文化在日本开始广泛流传。八景以“潇湘八景”四言诗的方式，让潇湘八景融入日本文化，构成完美的“和化”潇湘八景。自此以后，日本各地产生了无数的“八景”，如博多八景、大慈八景、近江八景、金泽八景等。

日本的八景文化除了效仿“潇湘八景”外，还受到宋代“西湖十景”的深刻影响，日本的“八景”主要以湖泊水岸为主景，体现当地独特的地域性自然景色、气候特点和人的生活场景，如葛饰北斋（1760—1849年）的浮世绘版画《富岳三十六景》就是以富士山为中心，从不同角度描绘其周边自然风光及其民众的生活、生产状况（图9.1）。

① 参见石守谦：《移动的桃花源：东亚世界中的山水画》，上海，生活·读书·新知三联书店，2015年，第1版，第13-72页。

图9.1 〔日〕葛饰北斋(1760—1849年)浮世绘版画《富岳三十六景》

（图片来源：中华珍宝馆）

八景文化在日本传播初期，首先是作为绘画题材而被接受的，而作为诗作题材则是通过日本禅宗文学的普及得以实现的。同时，在日本各地逐步以其地名或风物为题材选出“八景”。其中，最早选出的是“博多八景”，在14世纪初期，由禅僧铁庵道生（1262—1331年）选定。“博多八景”为“香椎暮雪、野古归帆、箱崎蚕市、志贺独钓、浦山秋晚、长桥春潮、庄滨泛月、一崎松行”。“博多八景”与“潇湘八景”有较大的差异性，如“博多八景”的前二字，全是博多湾周边地名，如“箱崎”“香椎”处有大神社，“能古”“志贺”是位于博多湾入口的岛，“一崎”是松林延绵的海岸，都以环绕博多湾地区的耳熟能详的地名来赋名“八景”。而八景的后二字，“春潮”“蚕市”加入了“春”，用“独钓”而不是“渔村”，让人不由地联想日本“隐者”，以“落雁”之雁行换置为“松行”，都体现出日本独特的地域性文化特征。

2. 日本主要“八景”简介

（1）“大慈八景”

14世纪晚期，在日本大慈寺周边形成“大慈八景”，该八景命名虽然极力排除固有地名，却依然继承了“潇湘八景”的原本文化精神，竭力保持着八景命名的方法。“大慈八景”分别为西寨夜雪（江天暮雪）、龙山春望、古寺绿荫（烟寺晚钟）、渔浦归舟（远浦归帆·渔村夕照）、桥边暮雨（潇湘夜雨）、野市炊烟（山市晴岚）、江上夕阳（渔村夕照）、东营秋月（洞庭秋月），从中都可看出对“潇湘八景”命名的模仿和景色再现。

（2）“近江八景”

17世纪初期，日本东海道与北陆道的交通要冲处的琵琶湖南部湖岸线的八处名胜，被选定为“近江八景”，并按照潇湘八景定为：坚田落雁、矢桥归帆、粟津晴岚、濑田夕照、石山秋月、唐崎夜雨、三井晚钟、比良暮雪。17世纪后期，日本出现了许多“近江八景”绘画，其中葛饰北斋、安藤广重、今村紫红的“近江八景”绘画广受日本民众喜爱（图9.2）。“近江八景”是八幅独立的风景画，以日本浮世绘艺术进行表达而使得八景文化获得了更为广泛的传播。

图9.2 〔日〕今村紫红《近江八景图》

（图片来源：中华珍宝馆）

（3）“金泽八景”

“金泽八景”，位于日本武士都城镰仓东面区域的码头附近，这一带湖泊、江流纵横交错，周边山峦起伏。八景分别为：洲崎晴岚、濑户秋月、小泉夜雨、乙舻归帆、称名晚钟、平泻落雁、内川暮雪、野岛夕照，八景名称是由17世纪从中国来日本的禅僧东皋心越选定的，《金泽八景图》是一幅整体表达的中绘风景画，是从一个高地向下眺望而形成的八景全图（如图9.3）[①]。

① 参见堀川贵司、冉毅：《潇湘八景在日本的受容与流变》，《湖南科技学院学报》2017年第3期。

图9.3 〔日〕佚名《金泽八景图》

（图片来源：神奈川金泽文库藏）

此外，八景还向越南、琉球等国传播。据史料记载，明天顺七年（1463年），潘荣应琉球国大夫程均、文达力请，参观新创寺庙，留下题咏《中山八景记》，形成了琉球中山八景：那霸夜雨、景满秋月、末好晚钟、泊汀落雁、西崎归帆、金岳暮雪、首里晴岚、洋城夕照等，据万历三十三年（1605年）袋中良定《琉球神道记·序》："琉球国者，虽为海中小岛，而神明权迹之地也。……当初撰国中高处卜城，名中山府。景该于八，隅离于三。神祠远围绕，而卫护有验。禅刹近罗列，尔祈祷无阙。"[①]八景还在朝鲜广为流传，据《高丽史·方技传·李宁》记载："子光弼，亦以画见宠于明宗。王命文臣，赋潇湘八景，仍写为图。"[②]从上述资料中可以看出，八景文化在东南亚地区广泛流传。

不难看出，八景文化中的"潇湘八景"更适合于朝鲜、日本、越南地区的山水环境，更具有地缘上的传播优势，进而形成了一个在东南亚地区广泛分布的模式。这种模式伴随着汉语的诗词意境，将地方的景观特色，以一种耳熟能详的方式总结和表达出来，形成一种跨国界的不同地域之间人群的文化交流而达成一种精神上的共鸣，显现出文化模式的扩散和衍生现象，还能很清晰地看到不同地区对于阳光、湿度、自然山水以及人文意境，不同国家对于不同景色的不同感悟。

---

① 〔日〕袋中良定：《琉球神道记·序》，东京，大岗山书店，1943年，第1版，第1–21页。

② 〔朝鲜〕郑麟趾：《高丽史·卷一二三》，朝鲜太白山史库本，1613年，第1版，第10–12页。

表9.2 东南亚一些国家的八景[1]

越　南	
宜春八景	鸿山列障、丹涯归帆、孤犊临流、双鱼戏水、江亭古渡、群木平沙、花品胜厘、澜澄名寺
义安八景	演域石堡、高舍龙冈、鹫岭春云、冯江秋月、夜山灵迹、碧海归帆、妙屋莲潭、天威铁港
琉球国	
中山八景	那霸夜雨、景满秋月、末好晚钟、泊汀落雁、西崎归帆、金岳暮雪、首里晴岚、洋城夕照
琉球八景	泉崎夜月、临海潮声、条村竹篱、龙洞松涛、筍崖夕照、长虹秋霁、城岳灵泉、中岛蕉园
日　本	
近江八景	坚田落雁、矢桥归帆、粟津晴岚、濑田夕照、石山秋月、唐崎夜雨、三井晚钟、比良暮雪
博多八景	香椎暮雪、箱崎蚕市、长桥春潮、庄滨泛月、志贺独钓、浦山秋晚、一崎松行、野古归帆
大慈八景	龙山春望、古寺绿荫、野市炊烟、渔浦归舟、桥边暮雨、江上夕阳、东营秋月、西寨夜雪
金泽八景	洲崎晴岚、濑户秋月、小泉夜雨、乙舻归帆、称名晚钟、平泻落雁、内川暮雪、野岛夕照
朝　鲜	
八景诗	畿甸山河、都城宫苑、列署星拱、诸坊碁布、东门教场、西江漕泊、南渡行人、北郊牧马

二、水系景观文化模式的传播

（一）蓬莱模式的传播

中国蓬莱文化在唐朝传入日本时，就受到了天皇和大名们的追捧。受到海上仙山传说的启发，只要是海中岛上布满常春藤的山峦就被称为“富士山”，因为“富士”在日语中有“藤”的意思，“常春藤者，千岁

① 参见小峯和明、冉毅:《潇湘八景在东亚的展开》,《湖南科技学院学报》2017年第5期。

也”，以此来象征长寿。据记载，日本飞鸟时期的大臣苏我马子，就在自家庭院模仿蓬莱仙山掘池筑岛，人们都称呼其为“岛大臣”。

奈良时期也出现了文人模仿筑岛造园的现象。当时的著名诗人大伴旅人就曾与妻子在院内筑岛并在岛上种植梅树。早期的苏我马子和大伴旅人表现出的仍是一种未成体系的初期蓬莱思想阶段，直到后期日本许多文人笔下渐渐出现蓬莱的描述，如葛野王《题龙门山》诗：“命驾游山水、长忘冠冕情。安得王乔道，控鹤入蓬瀛。”又如巨势多益须在《春日应诏》诗中写道：“岫室开明境，松殿浮翠烟。幸陪瀛洲趣，水论上林篇。”园林中的蓬莱仙山景观意象得以逐渐成熟。

平安时代是日本园林发展的重要时期，战乱使得宋朝和日本文化交流中断，日本形成了自己的园林文化。飞鸟时代就引进的寝殿前造庭院的形式，这种广受贵族阶级喜爱的园林形制是受到中国唐风园林的影响而演化发展来的。这种园林形制不再以三山为中心，取而代之的是以寝殿为中心，周边布置泉池，除此之外寝殿前建造明堂（庭）以提供活动场所，明堂前有水池，池中有岛，以桥连接，岛上有房舍，寝殿左右有钓殿、泉殿，以廊轩连接。园林内部积极地利用这些自然的优越条件，因地制宜地予以创造，建筑也模仿唐风建造，打造气势磅礴之气势。

日本第一部造庭法秘传书《前庭秘抄》和平安时代后期《山水并野形图》分别总结了前代造园经验，并对“一池三山”式的水石庭布局有明确的定式，《山水并野形图》更是对池中仙岛、溪流、假山以及石的分布组合都有了定位。除此之外，日本文学作品《竹取物语》和《源氏物语》中已经有蓬莱仙岛的具体描写，现存的劝修寺、大乘寺、法金刚院、圆成寺等园林都是由平安时期发展而来的。这些园林的布局全为池岛结合的形式，并且以三座神山之名来命名岛屿。平安末期，武将平清盛执掌天下后，在八条馆园中拟神仙岛造了蓬壶，以寄托权势盛久不衰、长生不老的愿望。①

从镰仓时代到安土桃山时代，日本园林设计手法和景观模式开始多样化，但蓬莱模式在造园方面的应用仍有不可取代的地位，由于日本上层社会对权贵和长寿的追求，蓬莱仙岛依然是他们很好的精神寄托。如桃山时代的醍醐寺三宝院庭院，就是采用了蓬莱的“一池三山”造园手法。

室町时代，枯山水园林盛行，海上仙山的蓬莱模式仍被广泛应用，

---

① 参见曹林娣：《“蓬莱神话”与中日园林仙境布局》，《烟台大学学报（哲学社会科学版）》2002年第2期。

虽然园内无水池，但在置景方式上仍深受蓬莱神话影响。最常见的就是用白沙代表汪洋大海，沙上置石象征海上仙山，有时还会附带一些植物象征“常春藤”。这一时期所建的蓬莱结构的典型枯山水庭院有：大德寺大仙院庭、大德寺本坊庭和退藏院方丈西庭。例如大仙院，院内东北部设置的两块大青石，就代表蓬莱山。

江户时代，蓬莱模式发展为“三岛一连之庭”的形式并被广泛应用，甚至还出现了直接以蓬莱冠名的森林（原址在东京，已废）。江户初期发行的《诸家茶庭名迹图会》指出：“三岛一连之事，蓬莱、方丈、瀛洲也。”

表9.3 “一池三山”在日本园林中的应用示意表

名称	建造年代	布局	示意图
醍醐寺三宝院庭院	桃山时代	三宝院庭院可以分为三个主要部分：表书院与纯净观及其南面的主池；宸殿与松月亭及其东临的小池；东南角枕流亭茶室及其露地。《三宝院平面图》作者改绘，原始图出自《醍醐寺大観·第三卷》和《京都の庭園》	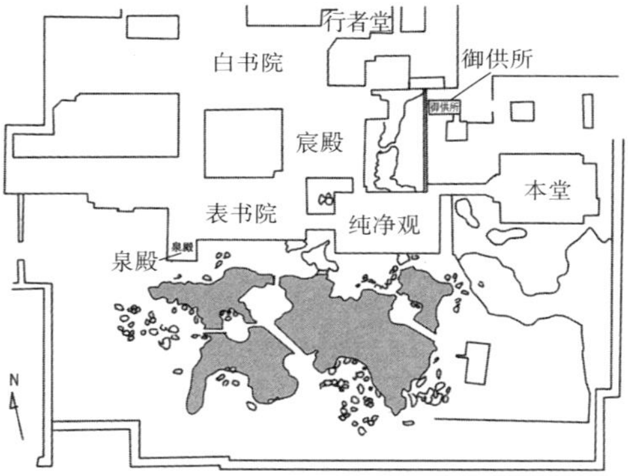
京都御所	始建于平安时代	园内以大水池为中心，池中布置有三个小岛，为“一池三山”格局，中岛名蓬莱岛，成龟岛样式。并仿照大明建紫宸殿	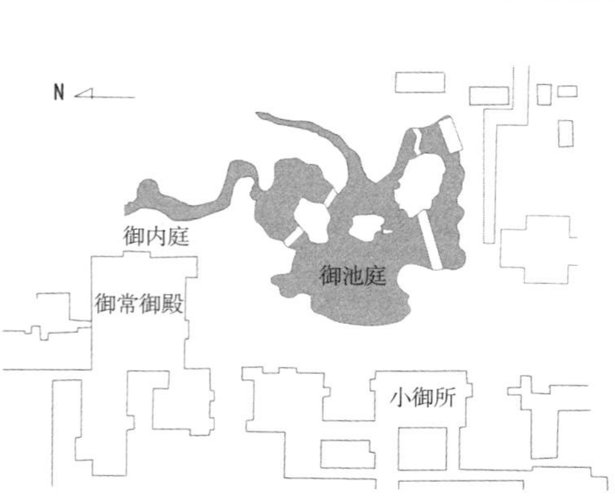

续表9.3

名称	建造年代	布局	示意图
西芳寺	飞鸟时代	园内理水以黄金池为主水，池内各种小岛和半岛互相连接，分割水面，同时围合出局部小的水面空间	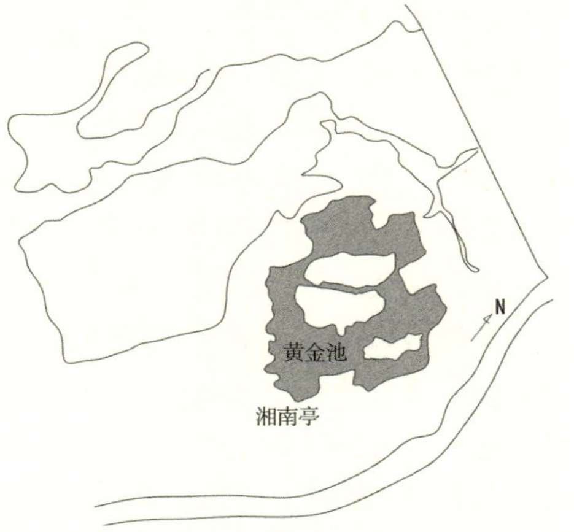
彦根城玄宫园	1677年井伊氏建造	玄宫园以唐玄宗的离宫庭园为概念，在彦根城中兴建了玄宫园。模仿中国的“潇湘八景”建成了近江八景。池内的三座小岛，与中国园林的“一池三山”布局有很大的相似性	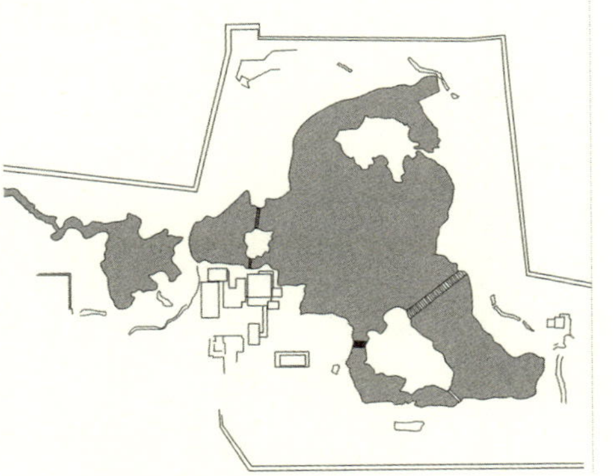
桂离宫	智仁亲王1620年开始建造桂离宫，1625年建成	造园时总体布局的依据就是白居易的《池上篇及序》。园林堂、笑意轩、月波楼、赏花亭都来自中国诗文	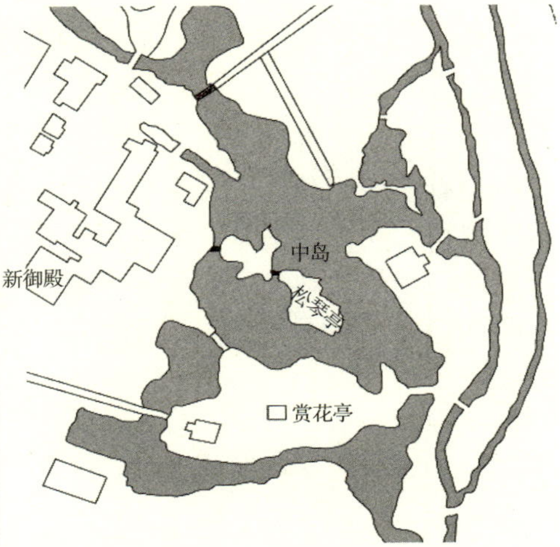

（图片来源：作者自绘）

中国蓬莱模式中的“一池三山”常做成海中立三山的形式以象征传说中的蓬莱、方丈、瀛洲。与中国不同的是，日本的“一池三山”模式到了后期有了自己的独特模式，常见形式是池中有一大岛、两岛、三岛或多岛的情况。若为一座岛，则称为蓬莱岛或者神仙岛，若做成两座岛，两岛分别为“龟岛”和“鹤岛”，取其长寿的寓意。有时，龟岛与鹤岛不是分别而立的，而是重叠在一起的，这种形式一般是龟下鹤上，取鹤立于龟背之上的意思[①]。这种新的形式的出现，也体现出日本园林文化对中国“蓬莱模式”再创作的过程。

自唐宋以来，蓬莱模式已经逐渐根植于中国乃至与我国一衣带水的日本园林文化之中。在盛唐时期，中国向日本的文化输出，使得日本园林文化深受中国文化的熏陶而得以良好发展，尤其是我国的蓬莱文化对其有着直接的作用，让蓬莱模式成为日本园林文化的重要组成之一。

（二）曲水模式的传播

东晋永和年间的兰亭雅集之后，“曲水兰亭”形成了较为固定的文化模式，随着《兰亭序》、兰亭诗、历代《兰亭修禊图》的广泛传播，在隋唐时期，更是成为一种士族之间的主流文化，出现在各种社交场所。据《太平广记》记载：“月上巳日，（隋炀帝）会群臣于曲水，以观水饰。”[②]每年三月上旬巳日，隋炀帝都会聚集群臣于曲江池饮宴观水，杂以木雕、百戏、乐舞，坐享曲水流觞之趣。隋炀帝把魏晋南北朝的文人曲水流觞故事引入宫苑之中，给曲江赋予了一种人文精神，让曲江的“曲水之宴”逐渐成为一种文化习俗。

日本关于“曲水之宴”的记载最早见于485年的《日本书纪》中，“显宗天皇元年三月上巳，增后苑曲水宴。二年三月上巳，幸后苑曲水宴，是时盛集公卿大夫臣连国造伴造为宴，群臣频称万岁。”[③]此后历代不时会有相关记载。三月上巳成为天皇赐赏大臣，饮酒赋诗宴乐之日而备受瞩目。从圣武天皇（724—749年）开始到奈良时代每年三月初三都曾举办过这类活动。奈良后期“曲水之宴”在日本相当盛行。但到了平安时期，因恒武天皇（781—806年）在三月驾崩，所以“曲水之宴”中

① 参见曹林娣：《“蓬莱神话”与中日园林仙境布局》，《烟台大学学报（哲学社会科学版）》2002年第2期。

② 〔北宋〕李昉：《太平广记·卷二百二十六·伎巧二》，武汉，崇文书局，2012年，第1版，第1227页。

③ 〔日〕舍人亲王：《日本书纪》，成都，四川人民出版社，2019年，第1版，第207-218页。

止举办。后来嵯峨天皇（809—823年）重新举办了“曲水之宴”，从此“曲水之宴”逐步扩展到宫廷及贵族官邸中举办。到了藤原时期，藤原氏模仿中国在河中漂着酒杯举办“曲水之宴”，使其更加盛行。日本每年三月初三是“桃花节”，也被称为“女孩节”。从中国传来的“曲水之宴”与日本当地的风俗习惯相结合，也被称为上巳节，一直流传下来。

平安时期，日本贵族建造的宫殿庭院内多有曲水流淌的“遣水”。日本平安时期的《作庭记》中还详细地记载了其做法，要求“遣水”的水源向东求取，方向系数讲究“一尺则三分，一丈则三寸，十丈则三尺”，即百分之三为宜。至今日本还留有大量曲水流觞的遗迹，如留存于平城京的左京三条二坊庭园的曲水、毛越寺的曲水庭院等。早期园林中效法自然式的“曲水”还可见于日本平城、韩国庆州等地的曲水园林遗存。

表9.4　日本的曲水宴记载[①]

年　代	文献记载
推古天皇 二十八年(620年)	《圣德太子传历》推古天皇“二十八年(620年)三月上巳，太子奏曰：‘今日汉家天子赐饮之日也，即召大臣已下，赐曲水之宴。请诸蕃大德，并汉百济好文士，令裁诗，奏赐禄有差。’”
圣武天皇 神龟五年(728年)	《续日本纪》载：圣武天皇“神龟五年(728年)三月己亥(三日)，天皇御鸟塘宴五位已上，赐禄有差。又召文人令赋曲水之诗。”
淳仁天皇 天平宝字六年(762年)	又召文人令赋曲水之诗：“云云。三月壬午(三日)，于宫南新造池亭设曲水之宴，赐五位已上禄有差。”
称德天皇 神护景云元年(767年)	“三月壬子(三日)幸西大寺法院，令文士赋曲水，赐五位已上及文士禄。”
光仁天皇 宝龟八年(777年)	“三月乙卯(三日)，宴次侍从已上于内岛院，令文人赋曲水，赐禄有差。”
桓武天皇 延历六年(787年)	“三月丁亥(三日)，宴五位已上于内里，召文人令赋曲水，宴讫赐禄各有差。”

① 参见〔日〕藤原继绳、菅野真道、秋篠安人：《续日本纪》，日东印刷株式会社，1938年，第1版。

江户时期（1603—1867年）涌现出了不少《兰亭曲水图》画作。例如：中林竹溪[①]在其《兰亭修禊图》画作的纵轴布局之中，河流、山崖、远山、茂林，错落有致。兰亭（坐落于水边的锥形重檐屋顶建筑物）位于葱郁茂林的中央，河流则由上而下蜿蜒流淌。兰亭之后，柳树与修竹交相辉映。桥位于河的下游，参加宴会的文人则散落于河岸（图9.4）。

图9.4 〔日〕中林竹溪《兰亭修禊图》

（图片来源：中华珍宝馆）

曾我萧白[②]的水墨画颇负盛名，其所绘制的《兰亭图》画面洋溢出的浓郁纯正的唐宋绘画气派（图9.5）。在兰亭图中绘画元素丰富，山、林、松、竹、石，楼台、水中高台、茅屋、流觞曲水、人（成团围坐）、拱桥由远及近，相继出现。兰亭（坐落于高地的建筑物）被葱郁的松、竹掩映，兰亭之后，云雾缭绕，宛若仙境。河流则由上而下蜿蜒流淌，其间点缀水中高台，有文人盘坐其上，更有小桥可登台观景。木桥位于河的下

① 中林竹溪（1816—1867），江户时代末期南宗国画家，中竹洞的长子，京都出身的人。通称为金吾，名立业，字绍父亲。竹溪号，别称地卧河居士。

② 曾我萧白（1730—1781），日本江户时代的画家。本姓三浦，名晖雄。父亲吉右卫门、京都商人。20岁左右师从狩野派高田敬辅。绘画多取材中国典故，绘画技巧卓越，画风狂傲不羁。

图9.5 〔日〕曾我萧白《兰亭修禊图》

（图片来源：中华珍宝馆）

游，穿桥而过，便可看到几户人家跃入眼前。

从上可以看出，曲水文化根植于一代代文人、画家心中，成为人们文学创作的常用主题与素材。不仅影响着中国传统园林景观的营造，甚至对朝鲜、日本等国家的园林及绘画创作产生了深远的影响。

唐长安文化模式传入东南亚诸国，形成了广泛的影响，但是由于不同的国家、民族和地缘的因素，文化模式在传播和演化中反映出较大的差异性，体现出文化模式在传播过程中的变异性与创造性。中华民族自古就是一个以汉族为主体的多民族国家，历史上各个朝代的统一和建立都不是基于宗教，而是基于民族文化的认同。文化的包容性则是中华民族文化最主要的特点，唐长安风景园林的文化内涵正体现出这样的特性：九宫文化体现了天下、九州、四海一家的大同世界；八景文化体现了地域性风景的发掘和本土家园人文情怀；蓬莱文化体现出人们对于美好仙境世界的向往；曲水文化体现出士族与民同乐的雅集文化精神。正是由于东亚各国对唐长安的文化认同，才使得唐长安的风景文化模式得以源远流长。

第十章　结语

长久以来，风景园林学科的发展习惯于依附西方的理论体系，而缺乏从中国自身文化出发而形成的本土风景规划理论与方法，中国风景园林形成于悠久的历史长河和广阔的地理空间中，在众多的人文活动与持续不断的求索实践中，必然产生形成自己的规律、法则和基因。这种规律、法则和基因在古代文化中随着中国文化的传承而从未有中断过。与西方外来的风景园林相比，这种法则和基因，才是未来中国风景园林发展的依据，而构成这一基因序列的则是中国风景园林的基本特征、基本组成原型与元素，这才是中国本土风景园林研究的重中之重。对唐长安风景园林的研究，正是基于对于其文化基因的挖掘和文化模式的梳理。

一、唐长安风景园林文化模式的后世传承

唐代风景园林文化模式对后代产生了巨大的影响，尤其是宋代形成的诸多风景园林中，都存在着对于唐代文化模式的传承。宋代文人士大夫阶层的兴起和宋理学的形成，将儒、释、道的文化模式和文化精神融会贯通，通过整合不同的文化模式而形成了“三合一”的新文化模式，开启了中华民族文化模式的新纪元，而这种新的文化模式都是源于对古代经典模式的传承和再创造。例如：天下文明的岳阳楼，就是传承和发展了高台模式和环水模式，以及范仲淹“先天下之忧而忧”的精神，重新产生的名楼模式；苏轼的放鹤亭、苏舜钦的沧浪亭传承和发展了曲水模式和兰亭模式，形成纪念性的名亭模式；在周敦颐的《爱莲说》与朱熹“半亩方塘一鉴开”的影响下，宋代书院中广泛出现了方池、莲池等景观，这种景观方式在传承习郁的“习家池”模式和白居易的“池上”模式的基础上，注入了“出淤泥而不染”的莲花精神，最终形成了方池模式与莲池模式。

宋代市民阶层的兴起，使得城市公共园林的营建遍及全国，杭州西湖更是以蓬莱模式和八景模式为原型进行创造，形成了后来举世闻名的“西湖模式”，成为其他各地效仿的典范。宋代皇家园林“艮岳”是园林中的集大成者，应用了蓬莱、天阙、洞天、曲水、西湖等诸多文化模式。

此外，还有司马光的“独乐园”模式、邵雍的“安乐窝”模式等，都是在继承前人山居模式的基础上的创新和发展。宋代大理的三塔是对佛教须弥山模式的继承和创新，而南宋震泽的垂虹桥则是继承了唐长安鱼藻池的“龙桥”、北宋“金明池（龙池）”、《清明上河图》中的“虹桥”模式的产物，这些风景文化模式在后世的发展和应用，都在不断诠释着中国古人对于传统文化继承、发扬的民族精神。

元代，元大都规划更是采用周九宫模式进行布局，恢复“左祖右社，前朝后市”的传统宗法礼制思想和以皇城为中心的三套方城、宫城居中、中轴对称的城市格局。皇家园林以太液池为园林的中心，也是对唐代太液池和蓬莱“一池三山”文化的继承。

明清时期，江南私家园林和北方皇家园林是封建时期园林发展的高潮，拙政园、留园、网师园、狮子林等，在继承蓬莱“三山一池”等文化模式的基础上，进行的文化整合创造。皇家园林中的圆明园和颐和园，更是对全国各地的文化景观的效仿和整合，如洞庭湖、岳阳楼、西湖、庐山、桃花源、卢沟桥等景色，都体现出文化的集成、整合和再创造的特征，而承德避暑山庄更是借用了佛寺的“八庙”、金山寺以及汉文化的蓬莱、曲水、天一阁等多种文化模式组合在一起，更体现出中华民族文化的包容性和共同性，以及不同民族、不同文化之间的交流。

从历史的演化中可以看出，中国风景园林文化模式中亦蕴含着中国人特有的基本观念：天人合一的宇宙观；仁者爱人的互助观；阴阳交合的发展观；兼容并包的多元文化观。同时包含着中国人处理人与自然、人与人关系时的价值观念和理想目标，追求天人关系的和谐、人际关系的和谐、阴阳矛盾关系的和谐以及多元文化关系的和谐。

二、唐长安的文化自信与文化复兴

当代，我们感受的唐长安文化更多存在于唐代文学记载与历史遗迹的凝视中，虽然无法客观地还原唐代文化的全貌，但却仍然能被唐代文化大气磅礴的气息所触动。从文化属性上来说，强势文化是一种遵循事物规律的文化，而弱势文化就是依赖强者的文化。正所谓，强势文化造就强者，弱势文化造就弱者，一个民族的文化模式可以决定一个民族的命运。唐长安文化模式是开拓进取的文化，是四海天下的文化，其文化属性代表着创新、包容、开拓和进取，唐长安文化就是一种独立自主的强势文化。唐长安文化中的雄浑之美，传递出唐代强势文化的大气、包容、自信的特征；而宋代文化艺术中的悲壮和婉约之美，体现出文化由盛而衰的无奈；明清文化中的精细之美，则反映出自我封闭、自我欣赏的雕梁画栋的情怀。从唐朝到清代的历史变迁中，可以清楚地看到中国文化逐渐从开放的文化走向了封闭的文化，从一种磅礴大气的强势文化走向了孤芳自赏的弱势文化。中华民族的文化模式在不断地延续和扩展，而文化特征和文化属性却在不断地从强势变成弱势，这是因为文化在自身的进化中缺少了自我更新、整合和创造的能力，传统文化中的开拓、进取和创新精神被反复地打压和排斥，而文化中的保守中庸和自我封闭，却被作为核心文化而延续下来。从唐代的强势文化到明清的弱势文化，透射出了中国整个社会变迁中文化的转型和民族从自信到自卑的转变过程，文化特征所体现出来的文化审美，清楚地折射出中国文化如何从一种开放的、对外的优势文化，逐渐变成了一种保守的、落后的文化的过程。

在数千年的历史长河中，文化的强势和弱势，因时、因地、因环境的不同而随之改变，曾经的强势文化由于自我欣赏、保守和封闭，逐渐地变为一种弱势文化，而曾经的弱势文化也可能因为自强不息、改革进取变成一种强势文化。唐代是中国封建社会经济、政治和军事实力的鼎盛时期，所以唐长安文化艺术中体现出“雄浑”的文化特征，是一种强势文化的文化属性，是遵循了自然规律和社会发展规律的文化，而明清时期，相较于世界其他国家经济、文化的复兴，中国文化逐渐地从适应社会的潮流和发展，向依附、依靠和追随世界文明的发展转化而成为一种弱势文化，同样的文化模式因环境、时代的不同，其文化属性的强弱则随之转换，主要取决于，在文化进化和抉择的过程中，是否进行了“去其糟粕、取其精华”，是否对于优秀文化基因进行了传承和发扬光大，是否因环境的变化而不断予以改革发展。

文化模式不仅能稳定社会，强化民族的凝聚力，其本身也会制约社会的发展，不同的文化模式具有不同的文化属性，如北辰模式和九宫模式，含有中国封建时代的尊卑思想，代表了帝王文化和皇权至上思想；曲水文化代表的与民同乐、平等、共享、公共性的文化；五岳、四海模式代表的天下、统一的文化，体现出中华民族的凝聚力；天阙龙门代表中华民族坚忍不屈的精神；高台模式、环水模式、蓬莱模式等，代表了中国长久以来对于昆仑和蓬莱神仙境界向往的终极世界，是一种民族的信仰；山居模式代表了中国文人品行高洁、不与世俗同流合污，但又心怀天下的家国情怀；五台模式、洞天模式代表了中国传统的佛道的神性空间；八景模式代表了地方性风景营造的法则。

唐长安城作为文化的传承者和传播者，在历史的长河中起着承上启下的过渡作用，它不仅大量地应用历史上出现的风景原型，还不断地促进风景模式的创新发展，如曲江模式就是蓬莱模式与曲水模式的组合和再创造。这些文化模式之所以被传承千年，历经风雨沧桑而生生不息，绝大多是因为其体现出了中华民族博爱、自强不息的作风，体现了中华民族勇于变革、勇于创新的民族气节。在不同的时代，对于不同模式的传承和演进具有不同的要求，保留强化具有中华民族向上的、奋斗不息的、平等博爱的文化模式，改变中国古代封建意识的糟粕，是新时代树立正确的文化价值观，传承优秀民族文化基因，与世界其他文化平等、互利、共存的基础和前提条件。唐文化本身中的包容性、非排他性和韧性，是中华文明文化存在数千年得以延续的根本，唐文化也是今天文化复兴和文化自信的来源和文化基础。

三、文化模式对当代中国本土风景园林营建的意义

文化模式是中国本土风景园林最重要的核心词汇，文化模式的本质是一种文化共识，代表着绝大多数人的集体意识和认知，体现的是一种模式化的景观营造方式，代表的是优秀的传统文化基因，所以经历了四千年文明的不断演进发展，这些优秀的风景模式依然被继承和传扬下来，体现出其悠久的生命力和生生不息的文化价值、深刻的中华文化基因。从某种意义上说，对于某一民族的文化模式的认知，有利于了解该民族的心理行为、认知规律、价值观念，一个城市的风景规划从本质上是为大众服务的，需要反映绝大多数人的意志和共同价值，从空间格局形态上把握其文化模式的内在精神，把握其文化语义，才能创造更好的人文环境和自然环境。而风景园林设计的本质，是通过营造活动使自然环境、人文环境和建筑环境融为一体，追求人与人、人与自然的和谐共处，进而延续历史文脉，发掘本土文化价值，传承民族文化精神，对于一个国家、一个民族来说，精神比形式更为重要，只有深入地通过挖掘这种隐藏在人意识中的共性知识结构，才有可能创造出契合于民族文化和民族价值的作品。

当代背景下，对中国古代纪念性风景的保护与风景文化模式的传承有着重要的意义。走出现代城市遗产保护的语境，从传统视野下看，古代纪念性风景营造与城市中的物质建设、精神建设、人文活动是不可分割的整体，彼此之间是协调发展、相互促进的。如雅典卫城是雅典城市

中的纪念性风景，它的存在对于占统治地位思想认同的社会秩序的形成，对于保持城市自身的稳定性和完整性，以及在城市层面精神价值的建构上均起到了重要的作用。同时，在对纪念性风景的地域文脉和历史精髓进行保护与传承的基础上，结合当地的历史文化创造一个有纪念意义的风景空间才有可能获得认同感，正如汪裕雄先生在《意象探源》中所说："若以民族精神论中国人心目中的山水之美，即可断言：风景乃是中国文化精神的完美体现。"[①]地方性的山水、地方性的人物、地方性的精神都凝聚在这一场所，风景由此成为地方文化坐标与地方"名片"而被世界所广知，更被历代所传承，又如刘易斯·芒福德在《城市发展史：起源、演变和前景》一书中曾有这样的描述："没有任何一个地方能像希腊城邦，首先像雅典那样勇敢正视人类精神和社会机体二者间的复杂关系了；人类精神通过社会机体得以充分表现，社会机体则变成了一片人性化了的景色，或者叫作一座城市。"[②]可以说，纪念性风景是传统城市的精神核心，也应该是我们当代城市建设传承与延续的关键，其对于城市形成地方性特色，构建地方"山水城市"[③]，保护地方传统文化，延续中华文脉具有重大意义。

唐长安所应用的文化模式仅仅是中国风景本土模式中的一部分，还有其他大量的风景模式隐藏在各类典籍图绘中，有待我们挖掘和整理。当代本土风景的再创造，离不开对于优秀的古代风景文化模式的借鉴和应用，只有将本土风景园林文化模式理论化和体系化，才能铸造本土风景园林的营造理论。风景模式中蕴含更多的是一种结构关系、文化理念以及一种理想生活方式。这种风景营造理念最终进入中国明清时期的古典园林，形成一种微缩式的园林景观模式并进入世界三大古典园林之列，究其根源，还需要从中国古代风景文化模式出发深入挖掘和梳理其原型与源流，通过探索风景园林形成和发展的内在机制，以图像分析研究其存在的规律、模式与结构特征，揭示图式的基本构成、典型图式和空间组织关系，探索中国传统文化语境下风景园林的模式语言与可应用范式，为当代探索传统文化景观的地域性特征和整体性保护提供了依据和借鉴，并对中国地方风景研究提供参考和借鉴，以期形成中国本土风景园林的设计语汇与设计方法，继而可与现代语境对接，而被当代设计所应用。

① 汪裕雄：《意象探源》，合肥，安徽教育出版社，1996年，第1版，第327–333页。

② 〔美〕刘易斯·芒福德：《城市发展史：起源、演变和前景》，倪文彦、宋俊岭译，北京，中国建筑工业出版社，1989年，第1版，第145–156页。

③ 参见钱学森：《重发钱学森关于"城市山水画"的一封信》，《美术》2004年第10期。

参考文献

［1］DANCY R M. The genesis of the theory of forms: Aristotle's account［M］. Cambridge: Cambridge University Press, 2004.

［2］JOSEPH GWILT. The architecture of Marcus Vitruvius Pollio: in ten books［M］. Forgotten Books, 2018.

［3］DE CHAMOUST R. L'Ordre Francois Trouve dans la nature［M］. Paris: Nyon, 1783.

［4］LI JINGYUN, DONG HUAGUAN, JIANG JIAYI. Prototyping in the design of built landscapes［J］. Landscape architecture frontiers, 2020, 8(4): 90–103.

［5］ALEXANDER C. Pattern language: towns, buildings, construction［M］. Oxford University Press, 1977.

［6］GEOFFREY, SUSAN JELLICOE. The landscape of man: shaping the environment from prehistory to the present day［M］. Thames and Hudson,1975.

［7］孟兆祯. 敲门砖和看家本领——浅论风景园林规划与设计教育改革［J］. 中国园林，2011（5）：14–15.

［8］荣格. 心理类型学［M］. 吴康，等译. 西安：华岳文艺出版社，1989.

［9］赵庶洋. 唐代长安称“西京”之时间考［J］. 中国历史地理论丛，2013，28（02）：124–127.

［10］李昉. 太平御览［M］. 上海：上海古籍出版社，2008.

［11］韩愈. 韩昌黎全集［M］. 上海：世界书局，1935.

［12］华清池管理处. 华清池志［M］. 西安：西安地图出版社，1992.

［13］骆希哲. 唐华清宫［M］. 北京：文物出版社，1998.

［14］《骊山·华清宫文史宝典》编委会. 骊山·华清宫文史宝典［M］. 西安：陕西旅游出版社，2007.

［15］朱悦战. 唐华清宫园林建筑布局研究［J］. 唐都学刊，2005，21（6）：15–18.

［16］杨洋. 华清池园林景观品质提升设计研究［D］. 西安：西安建筑科技大学，2010.

［17］伍珊珊.华清池爱情园景观规划设计研究［D］.西安：西安建筑科技大学，2011.

［18］李宗昱.唐华清宫的营建与布局研究［D］.西安：陕西师范大学，2011.

［19］刘家信.《唐骊山宫图》考［J］.地图，1999（2）：46-49.

［20］董贝.华清宫传统园林营建艺术的传承与发展研究［D］.西安：西安建筑科技大学，2013.

［21］张涛，刘晖.隋唐关中地区风景营造的本土理念与方法研究［J］.中国园林，2016（7）：84-87.

［22］张蕊.从建筑宫苑到山水宫苑：唐华清宫总体布局复原考证［J］.中国园林，2020，36（12）：135-140.

［23］宝鸡市九成宫文化研究会.第二届全国九成宫文化研讨会论文集［M］.西安：陕西人民出版社，2012.

［24］王元军.隋唐避暑胜地九成宫［J］.文史知识，1992（2）：122-125.

［25］李志兴.九成宫文化及其时代意蕴［J］.宝鸡社会科学，2010（4）：39-41.

［26］韩艺.隋唐时期行宫研究［D］.福州：福建师范大学，2018.

［27］祁远虎.唐九成宫、玉华宫历史地理之比较研究［D］.西安：陕西师范大学，2010.

［28］康振友，孟磊松.《九成宫醴泉铭》一段尘封的建筑史［J］.建筑与文化，2016，（10）：226-227.

［29］蔡昶.隋唐时期宫殿建筑台基与基础营造研究——从考古学材料入手［D］.杭州：浙江大学，2016.

［30］王树声.宇文恺：划时代的营造巨匠［J］.城市与区域规划研究，2023，6（01）：129-143.

［31］中国社会科学院考古研究所.隋仁寿宫·唐九成宫——考古发掘报告［M］.北京：科学出版社，2008.

［32］杨鸿勋.宫殿考古通论［M］.北京：紫禁城出版社，2001.

［33］王树声.中国城市山水风景“基因”及其现代传承——以古都西安为例［J］.城市发展研究，2016，23（12）：中插1-中插4，中插28.

［34］陈传席.论故宫所藏几幅宫苑图的创作背景、作者和在画史上的重大意义［J］.文物，1986（10）：70-75.

［35］永瑢，纪昀.四库全书总目提要［M］.北京：商务印书馆，1933.

［36］郭若虚.图画见闻志［M］.北京：人民美术出版社，1963.

[37] 房玄龄.晋书[M].上海：汉语大词典出版社，2004.

[38] 刘昫.旧唐书[M].上海：汉语大词典出版社，2004.

[39] 岩城见一.感性论[M].北京：商务印书馆，2008.

[40] 王贵祥.空间图式的文化抉择[J].南方建筑，1996，(4)：8-14.

[41] 张玉坤.居住解析——湘西苗族居住形态构成[D].天津：天津大学，1990.

[42] 王飒.传统建筑空间图式研究的理论意义简析[J].建筑学报，2011（S2）：99-102.

[43] 俞孔坚.理想景观探源[M].北京：商务印书馆，1998.

[44] 梁璐，许然，潘秋玲.神话与宗教中理想景观的文化地理透视[J].人文地理，2005，20（4）：106-109.

[45] 葛荣玲.景观人类学的概念、范畴与意义[J].国外社会科学，2014（4）：108-117.

[46] 常青.建筑学的人类学视野[J].建筑师，2008（6）：95-101.

[47] 奥斯瓦尔德·斯宾格勒.西方的没落[M].北京：商务印书馆，1963.

[48] 梁漱溟.东西文化及其哲学[M].北京：商务印书馆，1999.

[49] 冯友兰.新事论[M].北京：北京大学出版社，2014.

[50] 露丝·本尼迪克特.文化模式[M].王炜，等译.北京：生活·读书·新知三联书店，1988.

[51] 威廉·A.哈维兰.文化人类学[M].上海：上海社会科学院出版社，2006.

[52] 绫部恒雄.文化人类学的十五种理论[M].中国社会科学院日本研究所社会文化室，译.北京：国际文化出版公司，1988.

[53] 刘承华.文化与人格——对中西方文化差异的一次比较[M].合肥：中国科学技术大学出版社，2002.

[54] 衣俊卿.论哲学视野中的文化模式[J].北方论丛，2001（1）：4-10.

[55] 衣俊卿.文化哲学——理论理性和实践理性交汇处的文化批判[M].昆明：云南人民出版社，2005.

[56] 司马相如.上林赋[M].哈尔滨：黑龙江美术出版社，2023.

[57] 骆天骧.类编长安志[M].黄永年，点校.北京：中华书局，1990.

[58] 张礼.游城南记[M].上海：上海古籍出版社，1993.

［59］程大昌.雍录［M］.黄永年，点校.北京：中华书局，2005.

［60］李吉甫.元和郡县图志［M］.贺次君，点校.北京：中华书局，1983.

［61］史式.清实录［M］.北京：中华书局，1987.

［62］贺业钜.考工记营国制度研究［M］.北京：中国建筑工业出版社，1985.

［63］杨天宇.《周礼》译注［M］.上海：上海古籍出版社，2004.

［64］王树声."天人合一"思想与中国古代人居环境建设［J］.西北大学学报（自然科学版），2009，39（5）：915-920.

［65］老子.道德经［M］.徐澍，刘浩，注译.合肥：安徽人民出版社，1990.

［66］周干峙.中国城市传统理念初析［J］.城市规划，1997（6）：4-5.

［67］姬昌.周易［M］.黄寿祺，张善文，译注.上海：上海古籍出版社，2016.

［68］郭璞.山海经［M］.周明初，校注.杭州：浙江古籍出版社，2000.

［69］杜光庭.《洞天福地岳渎名山记》全译［M］.王纯五，译注.贵阳：贵州人民出版社，1999.

［70］刘培功，单虹泽.从"大同世界"到"万物一体"——论儒家人类命运共同体思想及其当代价值［J］.河南社会科学，2019，27（8）：31-37.

［71］唐小蓉，陈昌文.藏传佛教物象世界的格式塔：时间与空间［J］.宗教学研究，2012（1）：148-152.

［72］世亲.阿毗达摩俱舍论［M］.玄奘，译.北京：宗教文化出版社，2019.

［73］景丹.《俱舍论》之分别世品的宇宙观［D］.长春：吉林大学，2009.

［74］赵晓峰，毛立新."须弥山"空间模式图形化及其对佛寺空间格局的影响［J］.建筑学报，2017（S2）.

［75］王韦韬.敦煌中晚唐须弥山图像龙王考［J］.艺术品鉴，2018（8）：28-29.

［76］佛陀耶舍.佛说长阿含经［M］.上海：上海古籍出版社，1995.

［77］丁剑.佛教宇宙观对佛教建筑及其园林环境的影响研究——以北方汉传佛教建筑为例［D］.天津：河北工业大学，2015.

［78］王韦韬.4至10世纪敦煌地区须弥山图像研究［D］.南京艺术学院，2018.

［79］马忠庚.汉唐佛教与科学［D］.济南：山东大学，2005.

［80］魏收.魏书［M］.上海：汉语大词典出版社，2004.

［81］范晔.后汉书［M］.上海：汉语大词典出版社，2004.

［82］吴庆洲.曼荼罗与佛教建筑（上）［J］.古建园林技术，2000（1）：32-34，60.

［83］吴晓敏，龚清宇.原型的投射——浅谈曼荼罗图式在建筑文化中的表象［J］.南方建筑，2001（2）：90-93.

［84］彭莱.中国山水画通鉴·界画楼阁［M］.上海：上海书画出版社，2006.

［85］王璜生，胡光华.中国画艺术专史·山水卷［M］.南昌：江西美术出版社，2008.

［86］朱景玄.唐朝名画录［M］.温肇桐，注.成都：四川美术出版社，1985.

［87］佚名.宣和画谱［M］.岳仁，译注.长沙：湖南美术出版社，2010.

［88］吴兢.贞观政要［M］.南京：江苏凤凰科学技术出版社，2018.

［89］王溥.唐会要［M］.上海：上海古籍出版社，2006.

［90］徐松.增订《唐两京城坊考》［M］.李健超，增订.西安：三秦出版社，1996.

［91］赵安启.唐长安城选址和建设思想简论［J］.西安建筑科技大学学报（自然科学版），2007，39（5）：667-672.

［92］司马光.资治通鉴［M］.北京：中华书局，2019.

［93］梁克敏.唐代城市管理研究［D］.西安：陕西师范大学，2018.

［94］欧阳修，宋祁.新唐书［M］.上海：汉语大词典出版社，2004.

［95］丁福保.《说文解字》诂林［M］.北京：中华书局，1988.

［96］许嵩.建康实录［M］.张忱石，点校.北京：中华书局，1986.

［97］司马迁.史记［M］.上海：上海古籍出版社，2011.

［98］傅熹年.中国古代建筑史（第二卷）［M］.北京：中国建筑工业出版社，2001.

［99］赵彦卫.云麓漫钞［M］.傅根清，点校.北京：中华书局，1996.

［100］徐涛."大同殿"及相关绘画考［J］.美术研究，2009（3）：45-52.

［101］王树声，李小龙，蒋苑.因势赋形：一种因循大地形势构建城市形态的方式[J].城市规划，2017，41（10）：后插1–后插2.

［102］严少飞，王树声，李小龙.内折外容：一种糅合自然山水环境的城市图绘模式[J].城市规划，2017，41（11）：127–128.

［103］杨程程，郑张盈，张琪，等.中国古典园林景观营设秩序探析——以兴庆宫、大明宫为例分析[J].美与时代·城市，2017（8）：74–75.

［104］孙国良."主题学"视野下的游仙山水画研究[D].北京：中国艺术研究院，2020.

［105］窦鹏.解释春风无限恨　沉香亭北倚阑干——唐·兴庆宫轶事[J].中外建筑，2010（11）：48–51.

［106］佚名.增广贤文[M].魏明世，编译.北京：中国纺织出版社，2015.

［107］杨之凡，兰超.《园冶》中"曲水"的考辨及应用研究[J].艺术与设计（理论），2017，2（4）：88–90.

［108］孔子.论语[M].杨伯峻，杨逢彬，注译.长沙：岳麓书社，2018.

［109］李令福.唐长安城郊园林文化研究[M].北京：科学出版社，2017.

［110］康骈.剧谈录[M].上海：古典文学出版社，1958.

［111］吴永江.唐代公共园林曲江[J].文博，2000（2）：31–35.

［112］康耀仁.李昇《仙山楼阁图》考——兼论金碧山水的传承脉络及风格特征[J].中国美术，2016，（01）：86–96.

［113］张彦远.历代名画记[M].秦仲文，黄苗子，点校.北京：人民美术出版社，2016.

［114］邢鹏飞.李思训、李昭道青绿山水画研究[D].济南：山东师范大学，2009.

［115］杨澍.《中天竺舍卫国祇洹寺图经》寺院格局与别院模式研究[J].建筑与文化，2016（11）：185–188.

［116］王贵祥.隋唐时期佛教寺院与建筑概览[J].中国建筑史论汇刊，2013（2）：3–64.

［117］李德华.唐代佛教寺院之子院浅析——以《酉阳杂俎》为例[J].中国建筑史论汇刊，2012（2）：63–85.

［118］钟晓青.初唐佛教图经中的佛寺布局构想[J].美术大观，2015（10）：84–89.

［119］圆仁.入唐求法巡礼行记［M］.白化文等，校注.石家庄：花山文艺出版社，1992.

［120］王展.慈恩寺与唐代文学［D］.上海：上海社会科学院，2015.

［122］慧立，彦悰.大慈恩寺三藏法师传［M］.北京：中华书局，1983.

［122］云告.宋人画评［M］.长沙：湖南美术出版社，2010.

［123］彭定求.全唐诗［M］.北京：中华书局，1960.

［124］毕沅.关中胜迹图志［M］.西安：陕西通志馆印，1936.

［125］宋敏求.长安志［M］.辛德勇，点校.西安：三秦出版社，2013.

［126］彭德.终南山与山水画六论［J］.画刊，2019（4）：77–83.

［127］王圻，王思义.三才图会［M］.上海：上海古籍出版社，1988.

［128］王定保.唐摭言［M］.上海：上海古籍出版社，2012.

［129］王敏.宋词中的蓬莱意象群研究［D］.烟台：鲁东大学，2017.

［130］周维权.中国古典园林史［M］.北京：清华大学出版社，1990.

［131］白洁.禅宗美学在我国汉传佛教寺庙园林中的表达［D］.哈尔滨：东北林业大学，2017.

［132］李浩.唐代园林别业考论［M］.修订版.西安：西北大学出版社，1996.

［133］王维.辋川集［M］.南昌：江西美术出版社，2009.

［134］魏征，冷万豪.王维《辋川图》中的空灵静寂美学思想［J］.美与时代（中旬刊）·美术学刊，2020（7）：46–47.

［135］袁利波.儒释道论议与隋唐学术［D］.曲阜：曲阜师范大学，2008.

［136］罗蓉.王维诗歌的隐逸思想研究——浅析王维居辋川所作诗歌［J］.唐山文学，2018（12）：184.

［137］李宗昱.唐华清宫的营建与布局研究［D］.西安：陕西师范大学，2011.

［138］麟游县地方志编纂委员会.麟游县志［M］.西安：陕西人民出版社，1993.

［139］魏征.隋书［M］.上海：汉语大词典出版社，2004.

［140］欧阳询.九成宫醴泉铭［M］.北京：人民美术出版社，2006.

［141］钱易.南部新书［M］.黄寿成，点校.北京：中华书局，2002.

［142］王钦若.册府元龟［M］.北京：中华书局，2003.

［143］郭璞.尔雅［M］.王世伟，校点.上海：上海古籍出版社，2015.

［144］班固.汉书[M].北京：中华书局，1962.

［145］葛洪.抱朴子·内篇[M].王明，校注.北京：中华书局，1985.

［146］郦道元.《水经注》校证[M].陈桥驿，点校.北京：中华书局，2007.

［147］刘红杰.中国名山“天路历程”思想的营造手法及其应用[D].西安：西安建筑科技大学，2007.

［148］张皓.华山风景名胜区游赏资源文化特质研究[D].西安：西安建筑科技大学，2005.

［149］张君房.云笈七签[M].蒋力生等，校注.北京：华夏出版社，1996.

［150］王处一.西岳华山志·道藏[M].上海：上海书店出版社，1988.

［151］华阴市地方志编纂委员会.华阴县志[M].北京：作家出版社，1995.

［152］李昉.太平广记[M].武汉：崇文书局，2012.

［153］刘临安.对中国古代城市“中经线”的文化解读[J].城市规划学刊，2007（2）：93-94.

［154］高沁心.山水城市视角下秦岭北麓区景观角色历史演进研究[D].西安：西安建筑科技大学，2014.

［155］宋敏求.长安志·长安志图[M].李好文，编绘.西安：三秦出版社，2013.

［156］赵永磊.隋唐圜丘三壝形制及燎坛方位探微[J].考古，2017（10）：114-120.

［157］李彦军.《洛阳伽蓝记》的园林研究[D].天津：天津大学，2012.

［158］陈茜.西安户县草堂寺景观设计研究[D].西安：长安大学，2016.

［159］李凤仪，李雄.中国传统“大地理观”在五台山的体现[J].五台山研究，2018（3）：21-26.

［160］殷光明.敦煌显密五方佛图像的转变与法身思想[J].敦煌研究，2014（1）：7-20.

［161］李凤仪.五台山理想景观模式研究[J].风景园林，2020，27（10）：135-140.

［162］刘芳.唐代文人与终南山[D].广州：暨南大学，2007.

［163］李好文.长安志图［M］.西安，三秦出版社，2013.

［164］孔啸.终南山北麓佛寺地景空间格局调查分析研究［D］.西安：西安建筑科技大学，2018.

［165］蒋莺.佛教思想对杭州风景区的影响研究［D］.杭州：浙江农林大学，2015.

［166］孙晓岗.文殊菩萨图像学研究［M］.兰州：甘肃人民美术出版社，2007.

［167］李凤仪.五台山风景名胜区风景特征及寺庙园林理法研究［D］.北京：北京林业大学，2017.

［168］张晓瑞.道教生态思想下的人居环境构建研究［D］.西安：西安建筑科技大学，2012.

［169］付其建.试论道教洞天福地理论的形成与发展［D］.济南：山东大学，2007.

［170］陆琦.西安楼观台［J］.广东园林，2019，41（4）：97-100.

［171］郑国铨.道教名山的文化鉴赏［J］.华夏文化，1995，（3）：30-34.

［172］张建忠.中国帝陵文化价值挖掘及旅游利用模式——以关中三陵为例［D］.西安：陕西师范大学，2013.

［173］沈睿文.唐陵的布局、空间与秩序［M］.北京：北京大学出版社，2009.

［174］胡进驻.中国古代高级贵族陵墓区规划制度浅探［J］.华夏考古，2016（1）：93-102.

［175］秦建明，姜宝莲，梁小青，等.唐初诸陵与大明宫的空间布局初探［J］.文博，2003（4）：43-48.

［176］于志飞，王紫微.从“昭穆”到长安——空间设计视角下的唐陵布局秩序［J］.形象史学，2017（1）：136-155.

［177］乐史.太平寰宇记［M］.北京：中华书局，2007.

［178］潘谷西.中国建筑史［M］.北京：中国建筑工业出版社，2009.

［179］中华人民共和国住房和城乡建设部.中国传统建筑解析与传承·陕西卷［M］.北京：中国建筑工业出版社，2017.

［180］姜宝莲.试论唐代帝陵的陪葬墓［J］.考古与文物，1994（6）：74-80.

［181］程义.关中地区唐代墓葬研究［M］.北京：文物出版社，2012.

［182］拜斯呼朗.重修陕西乾州志［M］.清雍正五年（1727年）刻本.

［183］田屏轩.乾县新志［M］.西安：西京克兴印书馆，民国三十年

（1941年）.
[184] 孙珏.河图括地象[M].北京：商务印书馆，1935.
[185] 列御寇.列子[M].张燕婴、王国轩等，译注.北京：中华书局，2019.
[186] 戴代新，袁满.C.亚历山大图式语言对风景园林学科的借鉴与启示[J].风景园林，2015（2）：58-65.
[187] 李林甫，等.唐六典[M].陈仲夫，点校.北京：中华书局，1992.
[188] 龚崧林，汪坚.重修洛阳县志[M].民国十三年（1924年）石印本.
[189] 石润宏.王世懋《闽部疏》版本考[J].古籍整理研究学刊，2017（1）：32-34.
[190] 庐江县地方志编纂委员会.庐江县志[M].北京：社会科学文献出版社，1993.
[191] 齐洪洲.舶来与移植——关于清代邮票“九宫图式”的图像解析[J].艺术设计研究，2018（3）：84-89.
[192] 陈恩林.河图、洛书时代考辨[J].史学集刊，1991（1）：14-20.
[193] 戴圣.礼记[M].张博，编译.沈阳：万卷出版公司，2019.
[194] 戴德.大戴礼记[M].高明，注译.台北：商务印书馆，1977.
[195] 孟彤.从圆明园的九宫格局看皇家园林营造理念[J].华中建筑，2011，29（11）：94-96.
[196] 桓宽.盐铁论[M].王利器，校注.北京：中华书局，1992.
[197] 王树声，石璐，李小龙.一方之望：一种朝暮山水的规划模式[J].城市规划，2017，41（4）：中插1-中插2.
[198] 刘安.淮南子[M].哈尔滨：北方文艺出版社，2013.
[199] 马光祖.景定建康志[M].南京：南京出版社，2017.
[200] 宋如林.松江府志[M].江苏广陵古籍刻印社，1988.
[201] 朱磊.中国古代北斗信仰的考古学研究[D].济南：山东大学，2011.
[202] 孙星衍.三辅黄图[M].何清谷，校注.西安：三秦出版社，1995.
[203] 左丘明.国语[M].上海：上海古籍出版社，2015.
[204] 袁康，吴平.越绝书[M].徐儒宗，点校.杭州：浙江古籍出版社，2013.
[205] 易中天.艺术人类学[M].上海：上海文艺出版社，1992.

［206］沈括．梦溪笔谈［M］．包亦心，编译．沈阳：万卷出版公司，2019．

［207］杨炫之．洛阳伽蓝记［M］．尚荣，译注．北京：中华书局，2012．

［208］王贵祥．从上古暮春上巳节祓禊礼仪到园林景观“曲水流觞”［J］．建筑史，2012（2）：58-70．

［209］徐坚．初学记［M］．北京：京华出版社，2000．

［210］徐松．宋会要辑稿［M］．刘琳，刁忠民，等校点．上海：上海古籍出版社，2014．

［211］孟子．孟子［M］．北京：北京教育出版社，2011．

［212］孔子．尚书［M］．北京：中华书局，1986．

［213］常璩．华阳国志［M］．济南：齐鲁书社，2010．

［214］宗白华．美学散步［M］．上海：上海人民出版社，2005．

［215］刘雪梅．生态文化视野中的中国古代山居文化研究［D］．北京：北京林业大学，2013．

［216］韦秀玉．文徵明《拙政园三十一景图》的综合研究［D］．武汉：华中师范大学，2014．

［217］苏轼．东坡题跋［M］．上海：商务印书馆，1936．

［218］李远国．洞天福地：道教理想的人居环境及其科学价值［J］．西南民族大学学报（人文社会科学版），2006，27（12）：118-123．

［219］张广保．唐以前道教洞天福地思想研究［M］．上海：上海古籍出版社，2003．

［220］陶弘景．真诰［M］．吉川忠夫等，编．朱越利，译．北京：中国社会科学出版社，2006．

［221］张继禹．中华道藏［M］．北京：华夏出版社，2014．

［222］脱脱．宋史［M］．上海：汉语大词典出版社，2004．

［223］杜雁．道教名山风景名胜肇发和演变析要［J］．中国园林，2016（8）：85-92．

［224］王波峰．山林道教建筑导引空间形态研究［D］．西安：西安建筑科技大学，2007．

［225］陈蔚，谭睿．道教“洞天福地”景观与壶天空间结构研究［J］．建筑学报，2021（4）：108-113．

［226］苗诗麒，金荷仙，王欣．江南洞天福地景观布局特征［J］．中国园林，2017，33（5）：56-63．

［227］吴会，金荷仙．江西洞天福地景观营建智慧［J］．中国园林，

2020，36（6）：28-32.

［228］王志勇.清凉山传志选粹[M].崔玉卿，点校.太原：山西人民出版社，2000.

［229］高楠顺次郎.大正新修大藏经[M].河北省佛教协会，2005.

［230］释镇澄.清凉山志[M].康奉，等校点.北京：中国书店，1989.

［231］曹尔琴.唐长安的寺观及有关的文化[J].唐都学刊，1985（1）.

［232］王树声.中国城市人居环境历史图典[M].北京：科学出版社，2016.

［233］吴六鳌，胡文铨.《富平县志》校注[M].徐朋彪，惠军昌，路海玲，校注.长春：吉林大学出版社，2019.

［234］吕宁兴.唐长安城市审美气象研究[D].武汉：武汉大学，2011.

［235］薛凤旋.中国城市及其文明的演变[M].北京：世界图书出版公司，2010.

［236］崔陇鹏，石璠.城市纪念性风景的地域性文化基因与文化脉络[J].中国城市林业，2020，18（2）：110-114.

［237］石守谦.移动的桃花源：东亚世界中的山水画[M].北京：生活·读书·新知三联书店，2015.

［238］张十庆.《作庭记》译注与研究[M].天津：天津大学出版社，2004.

［239］千田稔.唐文明的导入：宫都的风光[M].东京：角川书店，1990.

［240］舍人亲王.日本书纪[M].成都：四川人民出版社，2019.

［241］平氏.圣德太子传历[M].山中市郎兵卫板，1970.

［242］曹林娣."蓬莱神话"与中日园林仙境布局[J].烟台大学学报（哲学社会科学版），2002，15（2）：214-218.

［243］袋中良定.琉球神道记[M].东京：大岗山书店，1943.

［244］汪裕雄.意象探源[M].合肥：安徽教育出版社，1996.

［245］刘易斯·芒福德.城市发展史：起源、演变和前景[M].倪文彦，宋俊岭，译.北京：中国建筑工业出版社，1989.

［246］钱学森.重发钱学森关于"城市山水画"的一封信[J].美术，2004（10）：89-89.

后　记

《图像视域下的唐长安风景园林文化模式研究》一书，从开始构思、确立、调研、整理、完善一直到现在，已经历了八年的时间，这八年中我满怀着希望和梦想一步步走来，探索过程虽然艰辛，却充满着无穷的快乐，有一种畅怀古今的感觉。

梦回长安，一览昔日繁华的唐朝盛世，追寻李白、杜甫生活的时代和在长安留下的足迹，是每一个中国人心中都曾有过的幻想。所以，在高考填报志愿的时候，我毅然地选择了西安这座古老的城市，想去看一下千百年来，人们所向往的长安模样。2001年，我顺利地考入了西安建筑科技大学建筑学专业，在学习的过程中，我了解了长安这个十三朝古都悠久的历史文化。长安，它不同于这个世界上任何一个城市，从半坡时期，中国人类早期文化就已经在这片土地上生根发芽，当时人们在原始社会还在憧憬和幻想着昆仑、蓬莱等理想仙境。周、秦、汉、唐，每一个朝代都是如此的强盛伟大，创造了长安辉煌的历史文明，让生活在这片土地上的每个人都有一种无比自豪的感觉。这片土地是如此的熟悉、如此的亲切，站在这片土地上，似乎能看到中华民族的崛起与发展过程。今天的西安是一个被历史尘封的世界，处处都能看到历史遗迹，虽然历史一层又一层地被千年的灰尘所掩盖和叠压，但是到处都可以看到古人生活的痕迹。西安的东边是秦阿房宫和周代的丰、镐二京遗址，西北边是汉长安城、乾陵，东边是半坡遗址，西安老城则正好位于唐长安和明清长安的土地上方。西安南面是古人所景仰的神圣终南山，后边是巍峨的嵯峨山。西安城里布满了遗迹、遗址，唐代的宫殿、庙宇、帝王陵墓数不胜数，还有唐代的皇家园林芙蓉园、公共园林曲江池，汉代的昆明湖。可以说，走在这个神奇的城市里面，每一步都能感受到前人留下的足迹，虽前不见古人，后不见来者，但是那几千年怦然跳动的脉搏，如同生命里的脉搏一样起伏和共振。

2006年，我在东南大学读研究生和博士阶段，有机会接触到了建筑历史及其理论，跟随我的导师钱强教授研究中国古代建筑及其思想源流，从类型学、行为学的角度去解读中国建筑的空间范式，开始思考中国古代建筑及其空间营造中所存在的规律和模式，如四合院这种被反复应用的空间模式，而在风景园林中是否也存在着一种成为基本词汇的设计模式，被历代的风景园林营造者所应用呢？这让我对中国古代风景营造的一些思想理念和设计模式产生了极大的兴趣。

2013年，我任教于西安建筑科技大学，并师从于王树声教授，编写《中国城市人居环境历史图典》，接触到了大量的关于中国古代营造的思想和宝贵经验，尤其是在对王树声教授所研究的唐长安拓片——吕大防的拓片——的复原中，了解到了古人城市规划和风景营造的思想，我因之对长安城风景营造的一些理念和模式产生了极大的兴趣，在近八年的不断探索和资料搜寻中，我惊喜地发现，长安城在风景营造上具有文化思想的传承性和模式性。通过大量的资料搜集和图像整理，我不断地归纳出唐长安城风景营造所应用的各种模式，这些模式上可追溯到人类史前时期，下可延续到明清甚至当代的风景营造中。基于这个发现，我和我的团队开始了艰苦卓绝的整理和持之以恒的研究工作，将唐长安按照营造风景的不同类型进行一个一个的整理。唐长安的风景营造在历史上具有重要的地位和价值，其传承了周、秦、汉等不同朝代的文化，而后又为宋、明、清做出了范本，不管是从城市营造还是文化传承上，都承载着优秀的中华民族文化基因，具有不可忽略的价值。更重要的是我通过《中国城市人居环境历史图典》的编写工作，看到了一个前所未有的、浩瀚的史料文献，在其中发现中国传统风景园林营造中应用了大量的文化原型与景观模式。正是基于此发现，所以才进行了风景园林文化模式的研究，才有信心矢志不移地完成此书。

2019年，我在意大利访学，多次在罗马古城考察。唐长安和罗马是当时世界上文化最兴盛的两个国家都城，但是唐长安又不同于罗马古城，罗马作为石头砌筑的城市，留下了众多的地面建筑遗迹，而唐长安的遗迹都被深深地掩埋在地层之下。唐长安的文化是深深刻在中国人骨子里的，是一种更为隐性的文化基因，西方更注重于历史遗产的真实性，而中国更注重于思想和文化精神的传承性。正如唐诗、宋词所蕴含的情感是深深地流在中国人骨子里的血液一样，这种文化是隐形的、记忆性的，是以人作为传播本体的文化，虽然不见古人的风貌，但深知中华文化的精神。中国古代非常喜欢用典故作为文化传承的一种必要手段，而我们从小的教育和记忆中都是大量的名人典故以及所形成的文化模式，如：曲水兰亭、沧浪之水、鸿门宴。而中国各地的遗址遗产大多是围绕着历史人物及其典故所进行的再造。所以，“用典”也是中国文化模式传承的必要工具和手段。

当代对于古代图像研究经常是从其美学及绘画方面进行研究的，而唐长安古图像中包含着大量的风景园林营造思想和方法，对园林图像进行深度解读和分析，能够挖掘其隐藏在图像背后的营造思想、文化模式及其价值体系，进而对唐长安风景营造体系进行整体的、高度的概括，更好地指导当代对传统文化的传承和应用。本书收纳了历代与唐长安相关的近300余幅图，包含有敦煌壁画、唐代山水图像、宋代方志中的唐代地图以及明清的地图和山水画等，其图体现了唐人对于风景文化的认知，以及后人对于唐代风景文化的理解和再探索。本书还通过梳理史料、引用和诠释的方法，形成了近30万字的唐长安风景园林的论述。在大量的图绘文字的梳理过程中，本人深感于中国古代先贤经营城市的境界，从古老的图像中感受到唐长安这块土地上古人的生活理想，感受古人的生命境界和生命美学。通过对大量唐长安图像的分析，以及实地调研、考察和地理信息对应，我们发现古图像中所蕴含的秘密，从而探析到了唐长安规划的智慧和营造的手段，尤其是对唐代长安城的规划者宇文恺充满了深深的敬意。宇文恺可谓精通中国文化精要，不仅规划了唐长安城，还规划了唐洛阳和九成宫等重要的工程。在唐长安城的营造中，我们会发现他无数的巧思，长安城中重要风景建筑的布置以及空间关系都是经过不断思考从而形成空间上的对位，进而营造空间上的仪式感和神圣感。如玄都观和兴善寺在中轴线左右形成对称格局，再如南五台正对西五台形成城市和山岳之间的呼应。

在编著本书的过程中，我深刻地感受到中华民族的统一和经久不衰，源自中国文化中的包容意识和文化认同。几千年来，中国数个大一统朝代而建立起来的文化底蕴和文化自信，是中国统一和经久不衰的原因。从上古时期的炎黄部落到大禹治水，再到周的礼治天下，秦始皇的“书同文、车同轨”，再到隋唐的“天可汗”，都体现出以文化价值认同为导向的九州天下文化，在这种文化体系里，所体现出来的是文化包容性以及协同共生的价值观。如，四海、五岳、曲水模式，都体现出一种四海一家、天下文化殊途同归的理想范式。再如，天阙龙门模式中不仅包含着人对于自身与自然关系的认知，更体现出一种拼搏奋斗、自强不息，改造山河的气魄，而成为中华民族的一种文化精神，这些都是中华民族景观文化模式经久不衰、源远流长的原因，也是我坚持不断挖掘整理唐长安风景园林文化模式的原因所在。

当然，书的完成过程是艰苦的、长久的和不断坚持的，这个过程是从无到有、从少到多、日积月累的结果，体现了本人多年来对于唐长安的理解和思想的浓缩结晶。可以说，个人的成长和成熟，伴随着研究成果的丰富而不断地丰富，而该研究在整个生命中也越来越重要，甚至成为一种目标、期望，一种人生价值和存在意义，成为不得不去做和不能放手的一件事情。从研究本身来说，唐长安城的研究只是个起点，中国风景园林的文化模式达到数百上千种，而唐长安城中所应用的仅仅是冰山一角。在对风景园林历史图像和史料的不断挖掘和整理中，更多的发现则在于宋以及明清以来所形成的范式和所应用的模式，这些都是中国千百年来的文化精华。本人也希望通过不断的探究，能将中国历史上出现的文化模式进行整体的梳理，进而形成风景园林的基本词汇，从而被当代风景园林设计所传承、借鉴和应用。

在唐长安城风景园林文化模式研究的形成之际，本人最想感谢的是我的博士后导师王树声教授，没有他的培养和引路，就没有一个开阔的视野和高纬度的思想认知；其次，还有吴国源教授的指导和学术的指引，让我对中国古代风景园林思想、园林美学、文化模式有了新的认识；再次，还有诸多研究生的帮助以及文献资料的梳理，都对该书的形成具有重要的影响，尤其是胡平、李旭东、牛睿婷、王怡铭、张玉麟、栗轩、赵晓琳、王伟锋、景若岩、姚建华、马文慧、刘琪等同学。

当然，还有父母和爱人，感谢他们默默的支持和所付出的一切。另外，还要感谢喻梦哲、宋辉等志同道合的挚友给予的学术建议。同时，还要衷心地感谢兰州大学出版社雷鸿昌社长和锁晓梅主任给予的高度肯定和重视，以及对于本书在各个方面给予的鼎力合作和帮助。

任何观点都需要考古以及历史文献进行论证，虽然本书已搜集了大量的考古测绘图进行论证，但还有部分论证不够充分，有待于后期进行不断的整理、补充。由于本人的专业背景和学识有限，本书不足之处，还望其他同行前辈指正。

唐长安风景园林文化经历了数千年而流传至今，得力于一代又一代的古代先贤对文化的继承和不断创造，而我们当代亦有此责任，对唐长安的优秀文化进行继承创新和发扬光大，如能达到此目的，则将无愧于自己的使命和时代。

崔陇鹏

2023年元旦于西安